材料的电磁光基础

Fundamentals of Electric, Magnetic and Optic Materials and Devices

第二版

韦 丹 著

科学出版社

北 京

内 容 简 介

本书以麦克斯韦方程组为核心构架,讨论了信息工业的三大要素——存储、传输和输入输出系统的发展历史,以及这些系统中与电磁光材料和器件相关的基本理论. 涉及的重要系统包括录音和录像磁带、计算机硬盘、传输线、电路中的无源器件、电话、无线通信、天线、波导、光纤、电视和电脑屏幕、复印、打印、扫描、数码照相、太阳能电池等. 本书的目的在于引导读者熟悉信息工业的核心领域,并且能从材料的基本电磁光性能出发来分析问题.

本书可作为材料科学与工程、应用物理学、电工学专业的本科生和研究生的教材,也可供信息的存储和通信工业、半导体工业和能源工业的研究人员参考.

图书在版编目(CIP)数据

材料的电磁光基础=Fundamentals of Electric, Magnetic and Optic Materials and Devices/韦丹著. —2版. —北京: 科学出版社, 2008

ISBN 978-7-03-022979-3

I. 材… II. 韦… III. 工程材料-电磁学 IV. TB3

中国版本图书馆 CIP 数据核字(2008) 第 140784 号

责任编辑: 吴凡洁 / 责任校对: 李奕萱
责任印制: 徐晓晨 / 封面设计: 陈 敬

科 学 出 版 社 出版
北京东黄城根北街 16 号
邮政编码: 100717
http://www.sciencep.com

北京厚诚则铭印刷科技有限公司 印刷
科学出版社发行 各地新华书店经销
*
2005 年 7 月第 一 版 开本: B5(720×1000)
2008 年 10 月第 二 版 印张: 21 1/4
2019 年 10 月第四次印刷 字数: 413 000
定价: **128.00 元**
(如有印装质量问题, 我社负责调换)

第二版前言

《材料的电磁基础》的第一版出版后，作者在教学中就发现此书的构架还有许多问题. 恰巧在 2007 年春, 作者刚刚修改完《固体物理》著作的英文版, 反过来思考了一下《材料的电磁基础》与基础物理核心课程和信息工业要素的关系. 信息处理系统中的半导体电子器件的基本原理已在固体物理中讨论过了, 那么其余的三个要素 —— 信息存储、传输和输入输出工业系统就应该在这门课程中讨论.

考虑到第一版《材料的电磁基础》原有的课程结构, 本书首先加上了第八章, 以专门讨论信息的输入输出系统中的主要材料和系统原理. 此后, 对原先的所有章节也都进行了修改, 充实了内容. 例如, 在第七章中, 初步介绍了信息理论, 更详细地探讨了光纤中电磁波传播的问题, 因为这是网络系统中最重要的硬件材料; 在第六章中, 加入网络理论和电话系统简介; 在第五章中, 介绍了光存储和半导体存储的起源, 详细分析了磁信息存储系统的演进过程; 在第四章中, 把静电学和静磁学的解析解与数值解分开, 使得结构更加清晰; 在第二章中, 增加了微分方程的简述, 便于读者参考.

考虑到上述内容的大幅度扩充, 因此本书的书名以《材料的电磁光基础》为宜, 这与美国各大学材料系的研究生基础课 "Electrical, Optical and Magnetic Devices" 在课程宗旨上是一致的. 不过本书的内容广度应该超过美国大学的对应课程. 今后, 还应该向国内外同行学习, 实现每年的内容更新, 使读者能不断接触最前沿的内容.

国内的材料系多半是由冶金系演变而来的, 因此, 以前没有普遍开设固体物理与材料的电磁光基础这两门研究生课, 但这两门课很早就分别在美国的冶金系或材料科学与工程系中开设. 材料的电磁光基础与固体物理都是材料科学与工程专业中电类材料的主要基础课. 美国大学材料系中的研究生固体物理课程往往叫做 "Electrical, Optical and Magnetic Materials", 与电磁光器件的课程名字非常容易混淆, 好在也能一目了然两门课程之间的联系.

我在多年的研究中认识到, 几乎所有信息工业的核心理论都与麦克斯韦方程组有关系. 即使在不同的工业中会用到其他各种各样的理论和实验, 但这些其他的知识必然得与麦克斯韦方程组结合, 才能解释各种现象. 所以, 本书是以麦克斯韦方程组为核心构架, 试图分析信息存储、传输、输入输出系统中的材料、设计和核心理论. 我国在信息电子工业的核心研发领域一直是有所欠缺的, 本书的目的在于引导学生熟悉信息工业的核心领域, 并且能从材料的基本电磁光性能出发来分析问题. 当然, 如果学生再能学习相应的材料制备、结构和性能分析的课程就更好了.

最后, 在此感谢清华大学材料系的同学们, 他们对新知的追求永远是我工作的动力.

韦 丹

2008 年 1 月

第一版前言

触动我开这门"材料的电磁基础"的课，有两个理由. 一是我在跟自己的研究生讨论问题的时候，发现他们在大一学的电磁学基本都忘掉了，很难在研究当中用得上；另外，我在教本科生的"固体物理"的时候，也发现同样的问题，电磁学大家都很不熟悉，麦克斯韦方程组基本不会使用.

材料科学与工程系的研究涉及的范围和领域很广，从接近自然科学的基础研究到与冶金、机械、电子等各类工业应用相关的研究都有. 从自然科学的角度说，电磁力是自然界中的四种基本力中非常重要的一种，既是长程力，又相当强，很多基本科学问题能归于电磁相互作用. 从工科研究的角度讲，几乎所有涉及高科技的工业领域，都跟电磁力的应用有关系. 因此电磁材料已经成为材料科学与工程研究中非常重要的一个类别.

费曼曾经说过，如果再过一万年，回顾人类的发展史的时候，19 世纪最重要的事件，一定是麦克斯韦发现的电磁运动的基本规律. 在同一时期发生的美国内战，相比之下会变成不太重要的事件. 对我们中国人来说，在 19 世纪中期发生的鸦片战争终结了中国的古代社会，使中国进入了痛苦而又精彩的近现代150 年的发展历程. 这个转折对于本民族很重要，但是长期的历史意义还是比不过麦克斯韦的电磁理论.

所以，从 2003 年暑假开始，我就逐渐在读各种书籍，试图找到更适合材料系而不是物理系的课程讲授方法，也就是说这门课必须包含理学的知识，也得有相关的工学的解决问题的方法. 从 2004 年寒假开始写成讲义，以准备在2004 年秋天开课. 本书写作的前提，是假设读者是要做与材料科学，特别是电磁材料或者信息电子工业相关的基础研究的. 不过，即使读者在目前和未来不做研究，本书中有很多内容也可以作为高级科普来阅读 —— 只要把公式跳过去就可以了.

最后，我要感谢几位学界同仁的帮助. 首先要感谢北大物理系的俞允强教授，我在本科期间听过他的电动力学课程，至今仍然觉得获益匪浅. 本系的周济教授对课程的名称提了很好的建议，我觉得是非常恰当的，而且回想起来美国的一些材料系是有材料的电磁基础这样一门主干课的. 对这门课，本系的朱静院士也给过我很多鼓励以及帮助，她对课程的预期和规划设想，促使我更仔细地考虑课程结构以及与材料系的研究之间的衔接关系. 北大物理系的刘川教授让我使用他做好的中文 LATEX 的模板, 这样我可以不太费力就把教材写成一本书的样子, 非常省时间. 在此一并表示最衷心的感谢.

韦 丹

2005 年 6 月

目　录

第一章 绪 论

类生存于其中的这个物质世界, 之所以像我们看到的那样构成和运行, 是因为有四种基本的相互作用力把基本粒子耦合成原子, 原子构成宏观物质, 进而组成宇宙. 这四种基本的相互作用是强相互作用 (strong interaction)、电磁相互作用 (electromagnetic interaction)、弱相互作用 (weak interaction) 和引力相互作用 (gravitational interaction). 强相互作用是在 10^{-15} m 左右的尺度起作用, 对于原子核的构成起着决定作用; 弱相互作用的力程在四种作用中是最短的, 最早是在原子核发射出电子的 β 衰变过程中观察到的; 电磁相互作用是在静止和运动的电荷之间的相互作用, 它是长程力; 引力相互作用是在任何具有质量的物质之间存在的相互作用, 在涉及巨大质量的宇宙结构的解释中起到关键的作用, 也是长程力.

电磁相互作用是相当强的, 在粒子间距相同、粒子带电子电荷的情况下, 它只比强相互作用弱 100~1000 倍, 但比弱相互作用要强 1000 倍. 尤其惊人的是, 两个电子之间的电磁排斥力比引力要强 4.2×10^{42} 倍, 这个比例是自然界存在的基本常数 —— 电子电荷 (e)、电子质量 (m_e)、真空介电常数 (ϵ_0)、引力相互作用常数 (G) 之间的关系, 并没有任何可调的参数参与其中. 爱因斯坦曾经试图研究这个巨大的比例的来源, 但是最终也没有获得一个合理的解释. 这个巨大的比例, 加上自然界正负电荷基本平衡的事实, 也可以解释为何电磁相互作用在微观直到宏观的各个尺度上都很重要.

本书讨论的是电磁现象的自然科学基础及其在各种工业中的应用, 主要围绕与材料相关的问题进行讨论, 因此涉及的内容只是非常丰富的电磁现象及其应用的一小部分而已. 虽然如此, 作者还是希望尽量普遍地分析和讨论这个领域的问题. 有些相关领域的问题, 在本书中也会科普性地介绍一下, 以使读者对电磁现象涉及问题的广度有一个印象. 本章将从比较宏观的角度讨论电磁现象的起源、科学与技术发展的关系、姐妹学科中的相关研究问题以及本课程的基本结构.

1.1 电磁现象的起源

自古以来, 各个民族就分别对电现象、磁现象有了一些观察和认识, 但是直到 19 世纪初, 人类还没有认知到电、磁现象之间是有关系的. 最早观察到的电现象包括摩擦起电、闪电等, 现在英文当中的 electron (电子) 一词, 就是从古希腊的 amber (琥珀) 一词衍生来的, 因为用手摩擦琥珀以后, 琥珀可以吸引稻草屑. 中文的 "电" 这个字, 应该是从闪电来的. 最早观察到的磁现象是发现在自然界存在一些 "石头" 可以吸引铁器. 在中国的战国时代, 古人称磁铁矿 Fe_3O_4 为慈石, 意思是慈爱而具有吸引力的石头. 英文当中的 magnet(铁磁体) 一词, 来源于古希腊本土东北部的一个省 Magnesia, 此地也发现了能吸引铁器的磁矿石 (magnetite).

图 1.1 《梦溪笔谈》书页, 元大德九年 (1305 年) 刻本 (《中国大百科全书》编辑组, 1998a)

1044 年, 北宋的曾公亮、丁度等修撰的《武经总要》中有应用磁石制造水浮型指南针 (compass) 的方法. 其后沈括的《梦溪笔谈》中记述了用丝悬挂或放在碗边平衡着的铁针指向是恒定的, 并观察到铁针所指不是正南而是微偏东的事实 (见图 1.1), 这是源于铁磁体和地球磁场之间的作用, 可惜他未明其理.

16 世纪末, 英国的吉尔伯特 (Sir William Gilbert) 著有 *De Magnete* 一书,

被认为是近代电磁学的发端. 正是吉尔伯特从 amber 一词定义了 electricity 一词. 吉尔伯特通过指南针的悬挂实验, 推论地球本身一定是个大磁体, 地磁的南北极与地理南北极不重合, 但相差不远. 他确认指南针是来自中国的, 在 12~13 世纪已经在远洋海船上使用.

18 世纪中期, 富兰克林 (Benjamin Franklin) 在一个危险的实验中通过闪电获得了电流. 而且, 富兰克林发现在摩擦起电以后, 两个带电物体之间可以相吸也可以相斥, 因此他认为一定存在两种电荷. 1752 年, 富兰克林随机地定义了 "+" 或 "−" 电荷的符号, 这就是为什么我们现在总是认为电子电荷是负的而质子电荷是正的, 实际上这个 "正"、"负" 是可以互换的, 只是年深月久所有人都已经习惯了这个定义.

1800 年, 意大利物理学家伏打 (Alessandro G. A. A. Volta) 发明了电池, 他用一片片潮湿的纸板隔开一对对锌版和铜版, 第一次实现了稳定电流 (见图 1.2). 后人为了纪念他的贡献, 将电动势和电势的单位命名为伏 [特](volt, V). 在 1820 年, 奥斯特 (Hans Christian Oersted) 在给他的物理学生准备做演示实验的时候, 发现电线中流过的电流可以改变旁边的指南针的方向, 从此电磁现象才联系在一起. 后来人们把高斯制中磁场的单位取作奥 [斯特](oersted, Oe) 以纪念他. 电磁学这门学科通过很多学者的努力 —— 特别是通过法拉第 (Michael Faraday) 的一系列精彩的实验 —— 最后于 1864 年在麦克斯韦 (James Clerk Maxwell) 的具有优美数学形式的方程组中成熟.

图 1.2 伏打在演示电堆式的电池 (《中国大百科全书》编辑组, 1998a)

电磁现象是由带电荷的基本粒子之间的相互作用引起的. 这得在 20 世纪物理学经历了相对论、量子物理、粒子物理和高能物理的大发展以后, 才能理解得更清楚. 电荷是基本粒子的内禀性质, 实际上讨论一个基本粒子的电荷, 比讨论它的质量更精确. 这是因为根据相对论的质能原理, 一个粒子的质量在不同的环境中可以是不一样的. 例如, 核子的平均质量在中等原子量的元素中是最小的, 这也是在不违反能量守恒定律的前提下, 裂变和聚变核反应能进行的基本原因. 基本粒子的电荷却是非常稳定的, 自然界中虽然不存在严格的质量守恒, 却存在严格的电荷守恒 (conservation of charge). 电荷守恒的意思是, 在任何物理过程中, 正负电荷之和是个守恒量, 任何相互作用都不会改变这个守恒量. 这是富兰克林最早提出的假设, 后来经过无数实验的验证而无误.

电荷不仅是守恒的, 而且是量子化的. 一般来说, 电荷量子(elementary charge) 就等于质子或电子电荷的绝对值 $e = 1.6 \times 10^{-19}$ C, 其中 e 是自然界中的一个重要常数. 如果分解到核子内部, 那么一个质子 (proton) 或者一个中子 (neutron) 内部有三个夸克 (quark), 夸克的电荷是 $e/3$ 的整数倍. 自然界中一共存在六种夸克, 其中 u 夸克 (up quark)、c 夸克 (charm quark)、t 夸克 (top quark) 的电荷都是 $2e/3$, d 夸克 (down quark)、s 夸克 (strange quark)、b 夸克 (bottom quark) 的电荷都是 $-e/3$. 物质世界中的所有基本粒子可以分为强子 (hadron)、轻子 (lepton) 和中间子 (messenger particle) 三类. 强子主要是指质子和中子这样的构成原子核的粒子, 它们是由夸克组成的. 质子是 (uud) 三夸克组合, 所以质子电荷是 e; 中子是 (udd) 三夸克组合, 所以中子电荷是 0. 轻子主要包含电子和中微子 (neutrino), 电子电荷为 $-e$, 中微子电荷为 0. 中间子是传递相互作用的粒子, 传递电磁相互作用的光子 (photon) 的电荷是 0, 传递强相互作用的中间子胶子 (gluon) 电荷是 0, 传递弱相互作用的中间子 Z 粒子的电荷也是 0, 但 W 粒子的电荷为 $\pm e$. 所有这些基本粒子组成的微观物体或者宏观物体, 其总电荷在任何物理过程中都是守恒的. 在宏观物体中往往正负电荷互相抵消, 呈现为中性, 此时电相互作用力很小, 不容易被人察觉. 这也是直到 19 世纪时电磁相互作用的研究才最终成熟的原因, 这要比在 17 世纪就由牛顿研究清楚的引力相互作用要晚得多.

电相互作用力的精确规律是在 1785 年由法国人库仑 (Charles Augustin Coulomb) 发现的, 为了纪念他的贡献, 电荷的单位就叫做库 [仑](coulomb, C). 电相互作用是直接与电荷联系在一起的, 因为在任何两个带电荷的粒子或者物体之间都有电相互作用力, 即库仑力 (Coulomb force) 或静电力

(electrostatic force). 在 1820 年左右, 奥斯特发现的电流对磁针的作用力和安培 (André Marie Ampere) 精确测量的两根带电流的导线之间的作用力, 显示了磁相互作用力与运动的电荷有关.

原子是物质构成的基石, 原子论的猜想自公元前 5 世纪在古希腊成熟, 经 18 世纪化学家通过精确的化学实验逐渐发现了自然界存在的原子的元素周期表, 到 19 世纪化学家和物理学家发现了原子光谱, 最后到 20 世纪物理学家最终用量子理论解释了原子的结构, 这期间经历了漫长的过程. 在研究磁性的起源的时候, 量子力学的几位创始人发现基本粒子的自旋是原子磁矩的主要来源之一, 铁磁体的磁矩几乎全部来自电子自旋. 由于强相互作用的规律没有完全被人类所了解, 原子核磁矩的来源也不是很清楚, 但是至少知道原子核磁矩是与质子自旋和中子自旋成正比的. 因此, 可以说基本粒子的内禀性质电荷和自旋是电磁相互作用的本质来源.

1.2 科学与技术的关系

伴随着对电磁相互作用和量子物理规律的深入了解和把握, 人类在此基础上发展了大量的利用电磁力的技术, 并开启了一个电磁时代. 如果说现代社会在某种程度上可以称为信息时代的话, 那也是从 19 世纪开始的电磁时代的继续发展和延续. 表 1.1 中列出了部分 18 世纪到 20 世纪中叶的物理学原理发现和技术进步的关系.

自伽利略和牛顿以来, 近现代物理学已经有 350 多年的历史, 其内容是非常庞杂的, 仅就表 1.1 中列出的电磁学和量子物理的基本规律, 就已经很是可观了. 自然科学的研究目的是找到能描述人类积累知识的规律. 可是, 这个寻找的过程是十分复杂的, 费曼 (Richard P. Feynman) 曾经很精彩地分析了这个复杂的过程: ① 不是所有基本规律都已经被人类了解, 如强相互作用的规律就还没有完全研究清楚; ②任何科学规律的正确表达, 依赖于数学, 而数学是非常需要抽象思维的; ③ 为了进一步发现新的科学规律, 一个人必须进行长时间的学习, 因为前人积累的学问越来越多; ④ 最重要的, 目前发现的所有自然规律, 只是物质世界的真理的近似. 这是一种信念, 因为就是像麦克斯韦的电磁理论这么完美的物理学规律, 也有一些不能解释的问题. 例如, 随距离 $1/r$ 下降的电势在三维全空间的积分是无穷大. 这个无穷大是可以通过重整化(renormalization) 的办法来补救的, 也就是说, 只有这个无穷大积分的变化

才能被实验验证 —— 我们都知道科学的原则是以实验验证为准的.

表 1.1   物理学原理的发现和技术进展的关系

电磁学和量子物理基本原理的发现	有重大后续技术应用的科学发现和技术发明
1752, 富兰克林: 定义正负电荷	1800, 伏打: 电池, 第一次实现稳定电流
1785, 库仑: 电荷之间的平方反比力	1807, 戴维: 电解法, 分离出大量纯元素
1819, 奥斯特: 电流对磁体的作用力	1821, 法拉第: 电动机
1820, 安培: 电流之间的力的规律	1831, 法拉第: 电感, 发电机; 亨利: 变压器
1826, 欧姆: 电压与电流之间的线性关系	1833, 高斯与韦伯: 有线电报机原型
1857, 麦克斯韦: 气体分子运动论	1837, 法拉第: 电容
1864, 麦克斯韦: 电动力学	
1869, 门捷列夫: 元素周期表	1873, Guthrie: 白热金属发射电子的效应
1876, 维恩: 热-辐射能谱规律	1876, 贝尔: 电话机
1887, 赫兹: 电磁波存在的实验验证	1887, 赫兹: 电磁波的发射和接收
1887, 赫兹: 光电子电流	1895, 伦琴: X 射线
1897, 汤姆孙: 电子荷质比的测量	1897, 布劳恩 (Braun): 阴极射线管
1900, 普朗克: 光量子理论	1897, 马可尼 (Marconi): 越洋无线电报
1904, 爱因斯坦: 光电效应方程	1904, 弗莱明 (Fleming): 真空二极管
1910, 密立根: 电子电荷的测量	1906, 德福雷斯特 (de Forest): 真空三极管
1911, 卢瑟福: 原子核的 α 散射	1906, 费森登 (Fessenden): 无线电广播
1912, 劳厄与布拉格: X 射线衍射	1928, 范思沃斯 (Farnsworth): 全电子电视机
1913, 玻尔: 原子模型	1934, Knoll 与 Ruska: 电子显微镜
1924, 德布罗意: 物质波	1936, Clecton 与 Williams: 微波频谱分析
1925, 泡利: 不相容原理	1936, 沃森-瓦特 (Watson-Watt): 雷达
1925, 乌伦贝克等: 自旋	1938, Hansen: 微波波导
1926, 海森堡与薛定谔: 量子力学	1948, 巴丁与布喇顿: 固体三极管
1926, 费米与狄拉克: 费米子统计	1949, 肖克莱: pn 结二极管
1927, 戴维孙与汤姆孙等: 电子衍射	1950, 布洛赫与珀塞尔: 核磁共振
1927, 海森堡: 测不准原理	1957, 德州仪器公司集成电路、IBM 计算机硬盘

引自: Spangenberg, 1957.

　　理论和实验是科学研究相辅相成的两种基本方法, 这在表 1.1 的科学进展中也体现得很清楚. 科学理论的源头还是来自古希腊, 柏拉图曾经有过非常好的关于理论的论述, 他关于几何的描述 —— 举例说正方形, 只有在理论上是完美的, 真的用实验去画一个正方形, 永远不可能达到几何原理要求的那种完美, 如线不直不是无穷细, 角度不是精确的 90° 等. 但是, 这是数学, 数学是不依赖于实验验证的. 包括物理学在内的自然科学, 却是要用实验来检验的, 在这个意义上说, 物理学是实验科学, 材料学和电子学等工学更是实验科学. 那么, 理论的意义何在? 费曼认为, 理论实际上是一种想象, 它能从过去有的实验基础出发, 通过推理、想象和猜测, 得到关于自然的新的规律. 实验物理则需要在理论框架的之内和之外验证、想象、推理和猜测. 理论和实验互相推动, 才有了今日的科学成就.

在物理学的发展历史中, 最开始是由古希腊自然哲学衍生来的对空间、时间和世界基本构成的研究, 这在 17 世纪牛顿 (Isaac Newton) 的力学中第一次达到了辉煌的程度, 因为人类能够理解我们存在的宇宙的结构了. 19 世纪成熟的电磁学, 是经典物理 (classical physics) 的第二次伟大成就. 电磁相互作用是物质构成的基础, 原因在于质子和电子这两个粒子既带电荷, 又具有 1/2 的自旋, 都是尺度极小、质量极小的费米子, 它们之间的相互作用正是典型的电磁相互作用. 后来在 20 世纪通过电磁学与量子物理 (quantum physics) 的结合, 才能解释原子结构和化学键形成的基本原理, 进而解释物质结构, 这在表 1.1 中也能看得很清楚. 另外, 电磁波还是信息传播的主要途径之一, 从牛顿发现可见光的七色光谱, 到麦克斯韦建立电磁理论以后, 终于归到一个频率从 0 到无穷大的电磁波谱中, 这个电磁波谱被称为麦克斯韦彩虹(Maxwell rainbow), 光学和电磁学的原理达到了统一. 在研究微观的原子、分子结构及考虑原子、分子与电磁波的相互作用时 (见图 1.3 中的光谱仪), 量子物理是必须使用的. 不过, 本书中讨论的绝大部分现象用经典物理就可以了, 因为在与电磁相关的绝大多数工业应用中, 材料的尺度和质量都不是微观的 (microscopic, $l <$ 1 nm), 一般是介观的 (mesoscopic, 1 nm$< l <$ 1 μm) 或宏观的 (macroscopic, 毫米以上的尺度), 此时量子物理多半是用不上的.

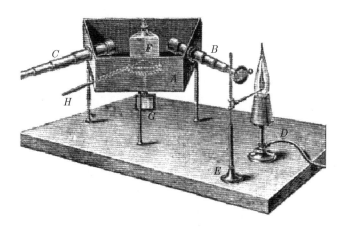

图 1.3 基尔霍夫和本生在 19 世纪后期使用的光谱仪
(《中国大百科全书》编辑组, 1998a)

在表 1.1 中列的技术发明, 与科学原理的发现一样, 同样体现了人类智力的极限. 自然科学的起源是出于对自然的好奇, 想要知道自然界为什么是这样的, 怎么样组成我们所知的物质世界. 工程和技术研究则要关心某项研究和发明对人类有什么用, 对人类的这个用处也许开始的时候只被发明者和极少数人所认识, 如电机、电话、电视、计算机、网络, 但是这些技术最后证明了它们能普遍被全世界各民族接受, 并能极大地改善人类的生活. 科学和技术, 就是这样从先知的好奇、天才的发明, 最后变成我们日常生活的现实. 另外, 历史上也有几位工程师的工作对基础研究有非凡的贡献, 如法拉第之于麦克斯韦的电磁理论, 卡诺之于热力学第二定律, 发明信息论的香农 (Shannon) 对于随机理论、噪声理论和概率论. 科学与工程研究之间确实有相辅相成的关系.

1.3　电磁研究与各学科的关系

电磁相互作用既然是自然界里非常重要而且普遍存在的一种相互作用, 那么它必然与很多学科都有联系. 本节将讨论与电磁相关的研究在各个门类的学科当中的应用.

1.3.1　材料科学与工程

材料科学与工程 (materials science and engineering) 是工学里比较特殊的学科, 因为它与理学中的物理、化学、生物、地质学都有密切的关系, 又与工学中的冶金、机械、航天、电子学很有关系. 材料学的前身是矿冶, 在 20 世纪 60 年代首先因为航天的需求, 要做很多特殊材料的基础研究, 以实现极端的材料性质, 这时美国很多冶金系就改名为材料科学与工程系. 在这个阶段, 金属材料、无机非金属材料、与化工结合紧密的高分子材料, 以及复合材料等学科在材料学内部生长起来. 后来, 随着美国的信息电子工业的发展, 各个大学的材料系都有电磁材料方面的研究, 比较极端的 —— 像斯坦福大学的材料系, 因为临近信息电子工业的大本营硅谷, 全系做的研究大都与电磁材料有关.

材料科学与工程研究的四个环节, 即制备、结构、性能、应用, 都分别与电磁研究有着或多或少的关联. 从制备(preparation) 来说, 最早使用电进行材料制备的是 1807 年化学家戴维 (Humphry Davy) 开创的电解法, 这是后来一切电化学制备方法的基础. 最近几十年, 使用离子束、电子束的薄膜制备仪器, 基本都是使用真空电流的方法进行控制的. 电化学法和真空薄膜制备法能达到传统的烧结、冶炼方法所难以控制的材料的尺寸精度, 特别适用于电子工业使用的材料. 另外, 在超大规模集成电路的制备过程中, 使用的光学刻蚀和电子刻蚀也都与电磁波和真空电子电流的控制有关. 从结构(structure) 研究来说, 最重要的三种结构研究方法, 即光学显微镜法、X 射线衍射法和电子衍射法, 都是在控制电磁波或者控制真空电子电流的基础上实现的. 如果考虑得深一些, 到分子、原子或电子的尺度, 其结构还必须将电磁学与量子物理结合起来研究. 从性能(performance) 来说, 材料学主要研究电磁声、光、热、力等几种性能, 实际上电、磁、光三种性能都与电磁相互作用直接相关. 另外还有研究交叉性能的, 如微电和微磁材料力学. 从应用(application) 的角度来说, 机械和电子是工业"硬件"生产的两大主体领域, 其中信息电子工业领域中的几乎所有的材料应用都与电磁研究有关. 在机械学中, 目前推进的机电一体化研究也要大量用到电气和电子工业中的成果.

1.3.2 自然科学

物理学 (physics) 在自然科学中是最基础的部分, 它集成了古希腊自然哲学的成果, 可以说提供了一种定量化的比较精确的"世界观". 电磁相互作用既然是物质世界的四种相互作用之一, 在物理学研究中的地位不言自明. 实际上, 在高能物理理论中, 处于核心地位的场论, 所谓"规范场"的概念就是直接来自电动力学中磁场的矢量势 A, 只不过电磁学中的矢量势是可对易的, 而高能物理中的矢量势还可能是不可对易的张量, 从对称性上属于非阿贝尔群. 在高能物理实验中, 用电磁场加速带电粒子是最基本的实验方法. 在凝聚态物理中, 大量的研究都跟固体的电磁性质有关, 凝聚态物理或固体物理中最核心的理论之一能带论就是研究自旋 $1/2$ 的费米子电子在周期电势中的能量谱. 在光学中, 最近的强场光学研究实际上跟电磁波脉冲的控制有关, 也跟材料的非线性光学性质有关.

化学 (chemistry) 与物理学有长期共同发展、互相促进的历史. 1800 年, 物理学家伏打发明了电池, 第一次实现了稳定电流. 同年, 化学家戴维从理论上解释了电解过程, 并于 8 年以后用电化学法分离出钾、钠、钙、锶、钡、镁这些纯元素. 1859 年, 物理学家基尔霍夫和化学家本生合作, 开创了光谱学. 电解法和光谱学在 1869 年门捷列夫总结出的元素周期表过程中起到重要的作用. 反过来, 元素周期表的确立对物理学的发展的促进是巨大的. 1913 年, 玻尔原子模型的建立, 如果没有气体光谱学和元素周期表是不可想象的. 从化学理论来说, 目前量子化学是化学的主要理论, 而量子化学就是吸收了物理学中对电磁学和量子物理结合处理的方法, 解释了化学键的形成. 另外, 物理学的基本方法, 如原子分子光谱法、核磁共振法, 目前都是化学家确定分子结构的主要方法, 这些方法中都需要进行大量电磁波的控制和检测, 还有对于原子磁矩和核磁矩的理解.

现代生物学 (biology) 开端于 DNA 结构的测定, 这是一个生物、物理、化学多学科综合的研究成果. DNA 结构是用 X 射线衍射法确定的, 同时对于氢键的理解也是这个结构最终被确定的关键. 由此衍生出的生物物理学, 用物理规律来从微观和介观的层次认识生物现象, 其中大量借用 X 射线衍射法、电子衍射法、核磁共振法和分子光谱法等物理和化学的研究方法, 当然生物学家的理解对研究是至关重要的. 由于电磁波对于信息传输的重要性, 所有与神经、视觉有关的生物学研究都免不了使用电磁学的方法, 因为可见光就是电磁波, 而神经很像具有局部电容和电阻的传输线或者光纤, 这些都是还在研究的领域, 很多问题的最终解决, 离不开生物电流和生物电磁波的研究.

天文学 (astronomy) 的研究起源于星体观测 (见图 1.4), 恒星和行星发射到地球上的光是这种观测得以实现的根本. 天文学实际上比物理学古老, 近代物理学的开端牛顿力学就是脱胎于天文观测的. 现代天文学中兴起了一个新的分支, 对宇宙进行“全电磁波谱”的观测, 按波段不同分别称为射电天文学、微波天文学、红外天文学、X 射线天文学等, 而不仅仅局限于可见光的天文观测. 最近流行的 γ 射线爆研究、中子星研究、黑洞研究, 全部都依赖于宇宙间各种电磁波谱的观测.

图 1.4　宇宙星系 (Feynman et al., 1977)

地质学 (geology) 的研究主题, 与力学关系更大, 与电磁相互作用并无太大的关系——除了还没有理解清楚的地核运动以外. 但是, 地质学的研究方法中, 还是大量使用电磁波的, 因为大地是可以导电的. 另外, 在岩石的地质年代检测的过程中, 也要使用同位素法, 这是核物理和电磁控制相结合产生的方法.

1.3.3 其他相关工学

电工 (electrician, 也称电气、电机) 是最早脱胎于电磁学的工业领域. 实际上它的创始人法拉第既是一个物理学家, 也是一个伟大的电工程师. 电工的研究分为电力生产和发电设备制造两个部分, 它们都和电磁领域的研究有密切的关系. 实际上, 工程电磁学中的一个重要部分就是输电线和电网的研究, 后来发展出来的电话、光纤、电视光缆等有线信息传输方式, 都是脱胎于输电线的. 电机当中大量使用永磁体, 这在现代的机械工业中也是使用广泛的. 现代的能源工业的范围更广泛, 包括火力发电、水力发电、核能发电、太阳能发电、化学电池等各种方法, 但是这些一次能源最终总要转化成电能这种二次能源, 因为电力的传输是最方便的, 而且网络化, 达到各个应用的领域. 电工学是电磁学基础研究第一次大规模的工业应用, 它改变了人类的生活, 这么说也不为过.

电子学与计算机 (electrical engineering and computer science, EECS) 是以电子运动和电磁波的研究和应用为核心发展起来的, 它是现代信息工业的基础. 电子在真空、气体、液体、固体和等离子中运动产生很多物理现象, 电磁波在真空、气体、液体、固体和等离子体中传播发生很多物理效应, 以及电子与电磁波的相互作用的物理规律, 是电子学基础研究的基本内容, 这显然与电磁相互作用直接相关, 只是电子学的研究有明确的应用目的. 实际上, 这与电子和磁材料的研究领域是有所重合的, 只是材料学更重视制备、结构、性能等偏重于器件底层的研究. 电子学已经是现代工学的基础, 因为它的应用简直是无处不在的, 但其最重要的应用在于信息的采集、传输、存储、处理和再现, 这些都离不开电磁波的发射、传播和接受, 以及电流的控制.

早期计算机 (1946~1959 年) 是用阴极射线电子管或用磁鼓和磁芯作为存储器. 晶体管计算机中 (1959~1964 年) 的主存采用磁芯存储器, 外存开始使用计算机硬盘. 1964 年开始, 集成电路计算机开始发展, 半导体存储器逐渐取代了磁芯存储器的地位, 硬盘则成为不可或缺的外存, 因为程序越来越多而且越来越需要大的存储容量. 可见, 计算机硬件技术与电磁方面的研究联系是极其紧密的.

航空航天 (aviation and aerospace) 领域是一个国家综合国力的体现. 航空和航天器本身是个综合学科的成果, 机械、力学、电子和计算机技术都在其中大量使用. 其中首先使用电磁技术的领域, 应该是航空器的定位技术. 在第二次世界大战中, 英国人 Watson-Watt 发明了雷达, 这使地面能测知航空器的位置, 从而予以防范和打击. 1958 年, 美国继苏联之后发射人造地球卫星, 但是美国的卫星是一颗通信卫星"斯科尔", 这开始了卫星通信这个领域, 目前卫星通信已经是洲际信息通信的稳定和可靠的手段. 这也可以归到电子学的领域, 但是确实有它的特殊性, 因为电子设备在外太空没有大气层的保护, 要受到宇宙高能粒子的辐照, 这会产生很多新的问题.

1966 年 IBM 发明的动态随机存储器 (DRAM) 如图 1.5 所示.

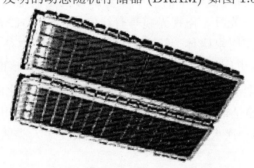

图 1.5　1966 年 IBM 发明的动态随机存储器 (DRAM)

1.4　本课程的基本内容

由前面几节讨论, 我们知道电磁相互作用的基础研究和应用的领域是极其广泛的. 一本书无法将这么多的科学研究和应用面面俱到, 因为这涉及很多的一级学科和专门的学问. 但是, 我们可以围绕材料来讲述电磁相互作用, 同时尽量将所有的应用归类为一些基础电磁现象来进行讨论, 同时就每个专题讨论其可能的应用领域. 材料学本身就是涉猎非常广泛的一门新兴学科, 所以这样的结构是适合本学科的发展的.

第一章试图理清极其纷繁复杂的电磁现象在自然科学和工学中的来龙去脉.

第二章介绍在电磁领域进行定量计算所必不可少的基本数学方法, 包括坐标系、张量和微分方程.

第三章具体讨论物理单位制、真空中以及材料中的麦克斯韦方程组的数学形式、电磁场、势和能量守恒的基本概念, 并导出全电磁波谱 —— 麦克斯韦彩虹.

第四章将从电介质出发讨论静电学基础, 从铁磁体出发讨论静磁学基础, 并以具体的实例介绍静电和静磁问题常用的格林函数和势的解析求解以及计算机数值求解的基本方法, 如镜像法、直接积分法、退矩阵法、有限元法和表面有限元法. 在具体的实例中讨论了电容的计算、感应式磁头场的计算方法.

第五章首先将简介磁存储、光存储和半导体存储的基本原理, 并将详细介绍磁信息存储系统的历史进展和最新成果. 然后以微磁学理论为基础, 讨论磁信息存储理论的一些基本问题, 包括磁性材料磁滞回线的计算、介观软磁薄膜的磁畴分析、硬盘的读写过程以及硬盘的信道与读写过程的关系.

第六章涉及电工学、电子学、材料学和物理学, 因为稳定电流实在是能源工业、电子和微电子工业的重要基础之一. 本章重点讨论电感的计算. 然后在传输线理论的基础上简介电网的基本理论. 与此同时, 还讨论了同轴电缆、电话线、电话发射和接收机等基本电子器件的基本原理. 最后讨论了集成电路中的时间延迟, 以及电视中真空电流的产生和传播.

第七章讨论信息传输的基本原理. 首先讨论载波、带宽等信息传输的基本方式, 并简介香农的信息理论. 然后讨论电磁波在大气、地面和材料中的传播. 电磁波的发射和接收与天线有关. 电磁波的传输则可能通过大气、地面、波导和光纤进行. 电磁波的产生则需要用激光器或者真空管. 因此第七章的后半部分讨论天线、波导、光纤和激光器.

第八章讨论信息输入和输出的原理、相关材料和器件. 首先介绍各类材料的发光原理, 包括白热光、阴极射线荧光、光致发光、电致发光、等离子体发光和调制光等; 同时讨论了各类照明、电视和电脑屏幕系统的工作原理. 在第二部分讨论光电转换材料和器件, 包括光导材料、光电晶体管和光伏器件, 同时介绍了复印、打印、扫描、照相、太阳能系统的工作原理.

在本章即将结束的时候, 再次提一下科学和技术发展的关系. 自然科学的基本规律本身的发现, 未必是有应用目的的, 科学家只是出于对自然的兴趣, 想了解物质世界的基本规律. 技术发明则是需要在理解自然科学的基本规律的基础上, 想出一些能用于人类的工具, 有时候这种工具是用于日常生活的, 但是有时候也会深刻影响基础研究本身. 例如, 计算机已经使科学研究的基本方法从理论和实验变成理论、计算、实验三种方法. 电工和电子学的发展也使得几乎所有科学实验仪器都跟电力和电子有关系. 这些都是电磁相互作用这个辉煌的科学发现, 以及后续发明对于我们这个世界的影响.

本 章 总 结

本章由自然界最基本的电磁相互作用出发, 讨论了科学与技术、理论与实验的关系, 并初步分析了电磁相互作用在理学和工学诸多学科中的普遍存在.

最后, 则介绍了后续章节的基本内容, 便于读者把握.

参 考 文 献

弗·卡约里. 2003. 物理学史. 戴念祖译. 桂林: 广西师范大学出版社.

《中国大百科全书》编辑组. 1998a. 中国大百科全书·物理卷 (I-II). 北京: 中国大百科全书出版社.

《中国大百科全书》编辑组. 1998b. 中国大百科全书·电工卷. 北京: 中国大百科全书出版社.

《中国大百科全书》编辑组. 1998c. 中国大百科全书·电子学与计算机卷 (I-II). 北京: 中国大百科全书出版社.

Feynman R P, Leighton R B, Sands M. 1977. The Feynman Lectures on Physics, I-II. 6th Edition. New York: Addison-Wesley Publishing Company.

Spangenberg K R. 1957. Fundamentals of Electronic Devices. New York: McGraw-Hill.

Terman F E. 1947. Radio Engineering. 3rd Edition. New York: McGraw-Hill.

第二章 电磁问题的数学基础

数学是定量描述和定量计算的学问, 物理学规律的正确描述必须依赖于数学. 虽然在电磁学的发展史上, 有一位伟大的科学家兼工程师法拉第在他一生所有的工作笔记中几乎不用数学公式, 但是他发现的规律最后还是得用麦克斯韦方程组这种美妙的数学形式表述, 才得以发扬光大, 并对后世自然科学和工程研究领域都产生了深刻的影响.

本章将讨论电磁问题研究的数学基础. 在对称性与坐标系 (symmetry and coordinate systems) 一节, 将从空间对称性出发, 讲述如何对空间中的材料或器件建立坐标系, 以备进行解析或者数值的定量计算. 标量、矢量和张量一节将讲述物理量表达的三种形式及其运算方法, 这不仅有数学意义, 与物理规律的表达也直接相关. 梯度算符一节将讨论在直角坐标、柱坐标和球坐标系中如何表达梯度算符, 以及如何运用梯度算符进行运算. 微分方程一节将结合直角坐标、球坐标和柱坐标给出拉普拉斯算符的解析解. 最后的矢量与张量的积分一节将讨论电动力学中常见的多个矢量和张量运算组合以后进行积分的问题, 即高斯定理和斯托克斯定理.

2.1 对称性与坐标系

当一个物理学家解决问题的时候, 他首先需要的是物理直觉. 法拉第用的 "电力线 (field line)" 就是这种直觉最好的体现. 另外, 在模拟或者数字电路的分析当中, 无源器件 (电容、电感、电阻) 和有源器件 (二极管、三极管) 都被抽象成符号, 这对于理解整个电路的性质显然是非常有帮助的. 但是, 这些直觉的方法对于一个研究材料以及电磁器件的人还是不够的, 因为我们需要理解到材料中每一点的电磁性质, 以及其他相关的热性质和力学性质. 因此, 使用更精确的方法 —— 如求解麦克斯韦方程组这样的微分方程是解决问题必需的.

对称性 (symmetry) 是物理学中最基本的概念之一, 也是最重要的物理直觉之一. 它能帮助一个人大大地简化问题, 也就是说, 系统或物理量的对称性越高, 问题越简单. 如果一个物理量拥有无限的空间对称性和时间对称性, 那么它一定是个常数, 就这么简单. 在电磁系统中常用的微分方程也是有对称性的, 这包括解决问题的空间对称性, 一个物理量在极限地点 (如说无穷远处) 的对称性, 还有材料的物理性质和周边环境的对称性. 解的微分方程越多, 越能体会到这种对称性.

从数学上解决问题的第一步, 一般是确定研究对象所在的空间, 然后对空间中的各点坐标进行数学描述. 这么做的原因很简单, 物理量是可能在材料或器件中点点不同的, 所以是坐标的函数. 为了用数学描述物理量, 当然首先需要确定坐标系 (coordinate system). 在三维空间中, 如果一个物体是球形的, 那么建立一个球坐标系就很合适; 对于一个柱形的器件, 可以使用柱坐标系; 对于一块方形的材料当然是使用直角坐标系来描述更方便. 对称性决定坐标系的选取.

直角坐标系 (cartesian coordinate) 是比较普适的, 在 n 维空间中任意一点的坐标可以表达为 $(x_1, x_2, \cdots, x_n)$, 在三维空间中常用 (x, y, z) 来表达, 在二维空间中用 (x, y) 来表达. 在数值计算的时候, $(x_1, x_2, \cdots, x_n)$ 这种表达方式是很方便的, 只要建立一个 n 维数组, 存储这一系列坐标就可以了, 只是此时任一坐标的分量 x_i 不能取连续值, 得有一定的分立程度, 否则这个数组的内存就是无穷大了. 这样, 在数值计算当中一定需要一个或者多个步长来定义坐标, 此时空间坐标必然构成一个网格, 而物理量就定义在分立的网格格点坐标上, 这跟解析求解的时候是很不一样的. 计算数学中著名的有限元法, 是在 20 世纪 60 年代由我国数学家冯康与外国数学家同时提出的, 其基本想法也与网格化空间有关. 至于网格的步长取多少, 完全看这个问题需要的精度, 也就是说要求解的物理量在步长的范围内是缓变的, 这就可以了.

球坐标系 (spherical coordinate) 和柱坐标系 (cylindrical coordinate) 都是

三维空间特有的. 球坐标系中的任意一点的坐标用 (r,θ,ϕ) 来表示, 其中径向坐标 $0 \leqslant r < \infty$, 纬度角 $0 \leqslant \theta \leqslant \pi$, 经度角 $0 \leqslant \phi < 2\pi$; 柱坐标系中的任意一点的坐标用 (ρ,ϕ,z) 表示, 有时也写作 (r,θ,z), 其中 x-y 平面内径向坐标 $0 \leqslant \rho < \infty$, 环绕角 $0 \leqslant \phi < 2\pi$. 在二维空间球坐标和柱坐标都 "退化" 为极坐标 (ρ,ϕ).

直角坐标、球坐标、柱坐标之间都可以互相进行坐标变换 (coordinate transformation). 真实的多晶材料往往十分复杂, 具有多层次、多取向的结构特点, 因此坐标变化在求解问题的时候很重要. 即使整个空间的描述使用的是直角坐标系, 由于多晶材料中颗粒的取向不同, 也往往会涉及颗粒的空间旋转问题, 这时颗粒中每一点的坐标和物理量都会随之变换. 首先来看球坐标与直角坐标之间的变换. 将球坐标 (r,θ,ϕ) 变为直角坐标 (x,y,z) 是直截了当的:

$$
\begin{aligned}
x &= r\sin\theta\cos\phi \\
y &= r\sin\theta\sin\phi \\
z &= r\cos\theta
\end{aligned}
\tag{2.1}
$$

而在其逆变换中, 经度角 ϕ 的表达式则是个多值函数, 依赖于坐标 y 的符号 (注意 arccos 函数的取值范围为 $0 \sim \pi$):

$$
\begin{aligned}
r &= \sqrt{x^2 + y^2 + z^2} \\
\theta &= \arccos\left(z/\sqrt{x^2 + y^2 + z^2}\right) \\
\phi &= \arccos\left(x/\sqrt{x^2 + y^2}\right) \qquad (y > 0) \\
\phi &= -\arccos\left(x/\sqrt{x^2 + y^2}\right) \qquad (y < 0)
\end{aligned}
\tag{2.2}
$$

柱坐标与直角坐标之间的坐标变换更简单, 因为这两种坐标系共有一个坐标 z, 只要使用二维空间中大家熟悉的 (x,y) 和 (ρ,ϕ) 之间的变换就可以了. 只是注意此时由直角坐标系变到柱坐标系, 环绕角 ϕ 的表达式依然是多值的, 取决于坐标 y 的符号, 这和式 (2.2) 中经度角 ϕ 表达为直角坐标时的形式是类似的.

2.2 标量、矢量和张量

物理规律的精确描述必须依赖于数学. 物理量 (physical quantity) 的数学表达形式有三类: 标量、矢量和张量. 广义地来说, 标量和矢量也是张量, 分

别是零阶和一阶张量. 狭义的张量可以是二阶、三阶、四阶以至于更高阶
的, 其中最常用的是具有 $n \times m$ 个分量的二阶张量. 二阶张量也常被称为矩
阵 (matrix).

矢量 (vector) 是描述有大小 和方向 的物理量, 如力学中的位移、速
度、加速度、力、动量、力矩、角动量; 电磁学中的电场、磁场, 以及
下节中要讨论的梯度算符; 波动问题中的波矢; 量子力学中的自旋等.
矢量是有维数(dimension) 的, 在 n 维欧几里得空间中矢量 v 共有 n 个
分量(component)$(v_1, v_2, \cdots, v_n)$.

标量 (scalar) 描述只有大小而没有方向的物理量, 如质量、电荷、能量、
热、功、熵、概率、温度、压强等. 时间虽然是一维地、有方向地流动的, 但
被认为是标量, 这在一般的工学问题中也是对的; 在相对论建立以后, 时间被
认为是时–空四维空间位移矢量的一个分量, 时间和空间是相关的. 标量一般
就是用一个实数来表达. 标量物理量常常体现系统的综合性质, 或者基本粒子
的内禀性质, 因此是很重要的.

当然, 标量和矢量也可以用所在空间的旋转矩阵来更精确地定义: 标
量就是在坐标轴转动时不变的物理量; 矢量是在坐标轴转动的时候按照
转动矩阵变换的物理量. 这个定义不仅在我们所在的三维空间是适用的, 在量
子力学中由一组本征函数或者一组狄拉克本征矢量张开的希尔伯特空间中也
是适用的, 本征矢量 $|n\rangle$ 和 $|m\rangle$ 之间的变换也是由一个 "转动矩阵" R_{nm} 联
系着的, 只是这个 "转动矩阵" 是复数的, 而且可能是无穷维的.

如图 2.1 所示, 三维空间中某个坐标系跟一组单位矢量(unit vector) 是联
系在一起的. 直角坐标系可以用一组单位矢量 $\hat{e}_x, \hat{e}_y, \hat{e}_z$ 来表示; 球坐标系可
以用位移矢量 r 端点处的一组单位矢量 $\hat{e}_r, \hat{e}_\theta, \hat{e}_\phi$ 来表示; 柱坐标系也可以用
位移矢量 r 端点处的一组单位矢量 $\hat{e}_\rho, \hat{e}_\phi, \hat{e}_z$ 来表示. 在三维空间中位移矢量
r 处的一个粒子或一个微元的矢量物理量 v, 在直角坐标、球坐标和柱坐标下
可以分别表达为

$$
\begin{aligned}
r &= x\hat{e}_x + y\hat{e}_y + z\hat{e}_z, & v &= v_x\hat{e}_x + v_y\hat{e}_y + v_z\hat{e}_z \\
r &= r\hat{e}_r, & v &= v_r\hat{e}_r + v_\theta\hat{e}_\theta + v_\phi\hat{e}_\phi \\
r &= \rho\hat{e}_\rho + z\hat{e}_z, & v &= v_\rho\hat{e}_\rho + v_\phi\hat{e}_\phi + v_z\hat{e}_z
\end{aligned}
\tag{2.3}
$$

其中标量 v_i 就是矢量 v 在单位矢量 $\hat{e}_i$ 方向的分量. 注意: 位移矢量 r 在
球坐标中的分量 $[r, 0, 0]$、在柱坐标中的分量 $[\rho, 0, z]$, 与空间 r 处的球坐标

(r, θ, ϕ)、柱坐标 (ρ, ϕ, z) 是不同的. 这是因为球坐标的三个单位矢量 $\hat{e}_r, \hat{e}_\theta, \hat{e}_\phi$ 和柱坐标的两个单位矢量 $\hat{e}_\rho, \hat{e}_\phi$ 随着位移矢量 r 在不停地变化, 如图 2.1 显示的那样, 这样位移矢量就不依赖于角度坐标了.

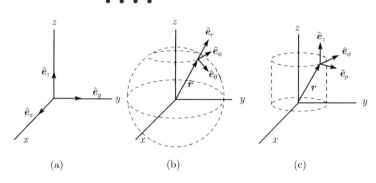

$\qquad$ (a) $\qquad\qquad\qquad$ (b) $\qquad\qquad\qquad$ (c)

图 2.1　(a) 直角坐标系; (b) 球坐标系; (c) 柱坐标系, 以及各自的一组单位矢量

张量或矩阵是为了体现某个空间中的矢量之间的变换而定义的. 例如, 在晶体中, 电位移矢量与电场强度矢量之间由一个介电常数矩阵联系; 磁通强度矢量与磁场强度矢量之间由一个磁导率矩阵联系. 最基础也是最典型的矩阵是旋转矩阵, 体现了空间的两个矢量之间的变换.

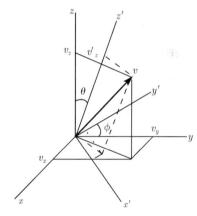

假设三维欧几里得空间中的直角坐标系 (x, y, z) 通过先绕 y 轴转动 θ 角、再绕着 z 轴转动 ϕ 角得到新坐标系 (x', y', z'), 如图 2.2 所示. 那么, 新、旧坐标轴的单位矢量之间可以通过一个旋转矩阵 (rotational matrix) $\tilde{R}$ 互相变换: $\hat{e}'_\alpha = \tilde{R} \cdot \hat{e}_\alpha$, 这对于任何一个坐标轴 $\alpha = 1, 2, 3$ 都是适用的. 旋转矩阵 $\tilde{R}$ 是个二阶张量.

图 2.2　三维空间中直角坐标轴从 (x, y, z) 转到 (x', y', z'), 矢量 v 固定

新的 z' 轴的单位矢量在旧的坐标系中的角度取向为 (θ, ϕ), 因此可表达为

$$\hat{e}'_z = \sin\theta\cos\phi\,\hat{e}_x + \sin\theta\sin\phi\,\hat{e}_y + \cos\theta\,\hat{e}_z \tag{2.4}$$

在旧坐标系中, z 轴 $\hat{e}_z$ 的三个分量为 $(0, 0, 1)$, 坐标系转动以后, 坐标轴按照 $\hat{e}'_z = \tilde{R} \cdot \hat{e}_z$ 的形式变换, 因此旋转矩阵 $\tilde{R}$ 的三个矩阵元

(R_{13}, R_{23}, R_{33}) 应该就是新的 z' 轴单位矢量 $\hat{e}'_z$ 在旧坐标系中的三个分量 $(\sin\theta\cos\phi, \sin\theta\sin\phi, \cos\theta)$.

矢量物理量 v 在坐标轴旋转以后本身是固定的, 由于坐标轴 $\{\hat{e}_\alpha\}$ 按照旋转矩阵 $\tilde{R}$ 变换, 根据式 (2.3), 新坐标系中矢量 v 的几个分量(v_1, v_2, v_3) 必须通过逆旋转矩阵 $\tilde{R}^{\mathrm{T}}$(inverse rotational matrix) 协同变换到新的分量 (v'_1, v'_2, v'_3), 如图 2.2 中的虚线所示, 以补偿$\{\hat{e}_\alpha\}$ 在坐标系旋转以后的改变:

$$v'_i = R^{\mathrm{T}}_{ij} v_j = R_{ji} v_j \qquad (i=1,2,3; \; j=1,2,3) \tag{2.5}$$

$$v_i = R_{ij} v'_j \qquad (i=1,2,3; \; j=1,2,3) \tag{2.6}$$

$$\begin{pmatrix} v'_1 \\ v'_2 \\ v'_3 \end{pmatrix} = \begin{pmatrix} \cos\theta\cos\phi & \cos\theta\sin\phi & -\sin\theta \\ -\sin\phi & \cos\phi & 0 \\ \sin\theta\cos\phi & \sin\theta\sin\phi & \cos\theta \end{pmatrix} \begin{pmatrix} v_1 \\ v_2 \\ v_3 \end{pmatrix} \tag{2.7}$$

式 (2.5) 或式 (2.6) 可以看成建构了一个坐标系的空间中矢量的精确定义. 在式 (2.5) 和式 (2.6) 这两个变换式中, 等式右边要对 $j=1,2,3$ 自动求和, 求和号被略写了, 这种写法叫做爱因斯坦求和约定(Einstein convention). 按此约定, 在一个方程中相同的分量下标是要自动求和的. 在出版爱因斯坦的广义相对论著作时, 是由一个印刷工人首先使用这个求和约定的. 在空间弯曲、时空相关的情况下, 经常要处理四维时空中的矩阵相乘问题, 这时候不写求和号, 对于复杂的矢量、张量运算是非常有用的.

式 (2.5) 和式 (2.6) 意味着旋转矩阵是一个正交变换(orthogonal transformation), 满足 $\tilde{R}\tilde{R}^{\mathrm{T}} = \tilde{R}^{\mathrm{T}}\tilde{R} = 1$ 这样的正交归一关系. 如果写成分量的形式, 那么

$$R_{ij}R_{kj} = R_{ji}R_{jk} = \delta_{ik} \qquad (i=1,2,3; \; j=1,2,3; \; k=1,2,3) \tag{2.8}$$

空间的对称性包括平移对称(translational symmetry)、旋转对称(rotational symmetry) 和镜像对称(symmetry of mirror image) 这三种主要的对称性. 旋转矩阵是体现空间旋转对称性的最基本的二阶张量. 在连续空间中, 平移和旋转对称性都是无限的, 也就是说平移的位移或者转动的角度是任意的; 在晶体中, 平移和转动对称性都是有限的, 这在固体物理中有很多讨论.

标量、矢量、张量之间可以进行相互运算. 标量乘以标量、标量乘以矢量或标量乘以张量, 就是一个简单的数字乘法. 矢量和矢量之间 "相乘" 有三种方式: 点乘、叉乘、并矢, 这三种矢量之间的运算在物理学规律的数学表达中

都是非常重要的. 如果把标量看成零阶张量、矢量看成一阶张量, 那么 N 阶张量和 M 阶张量进行完全的缩并(contraction), 结果是得到一个 $|N-M|$ 阶张量:

$$X_{i_1 i_2 \cdots i_N} Y_{i_1 i_2 \cdots i_M} = Z_{i_{M+1} i_{M+2} \cdots i_N} \qquad (N > M) \qquad (2.9)$$

另外, 一个 N 阶张量自己的任何两个下标缩并, 可以得到 $|N-2|$ 阶张量. 例如, 一个二阶张量或矩阵 $\tilde{X}$ 如果进行缩并, 其结果是一个标量, 就是这个矩阵的迹 (trace)X_{ii}.

两个矢量之间的并矢(diad)AB^{T} 是个矩阵 $\tilde{X}$. 如果坐标轴旋转了, 并矢矩阵 $\tilde{X}$ 的变换形式和一般的矩阵是一样的:

$$X_{ij} = A_i B_j \qquad (i = 1, 2, 3; \ j = 1, 2, 3) \qquad (2.10)$$

$$\tilde{X}' = (\tilde{R}^{\mathrm{T}} A)(\tilde{R}^{\mathrm{T}} B)^{\mathrm{T}} = \tilde{R}^{\mathrm{T}} \tilde{X} \tilde{R} \qquad (2.11)$$

两个矢量点乘(dot product) 得到一个标量, 点乘运算等价于矢量 A 和矢量 B 构成的并矢矩阵 AB^{T} 的一个自缩并:

$$A \cdot B = A_i B_i = A_x B_x + A_y B_y + A_z B_z \qquad (2.12)$$

两个矢量叉乘(cross product) 之后的结果是一个矢量 $C = A \times B$[①]:

$$C_i = \epsilon_{ijk} A_j B_k \qquad (2.14)$$

$$\epsilon_{123} = \epsilon_{231} = \epsilon_{312} = 1 = -\epsilon_{321} = -\epsilon_{213} = -\epsilon_{132} \qquad (2.15)$$

ϵ_{ijk} 是一个反对称 的 $3 \times 3 \times 3$ 三阶张量, 这个三阶张量的 27 个 "矩阵元" 大多数为零, 只有式 (2.15) 中列举的 6 个矩阵元不是零. 另外, 反对称三阶张量 ϵ_{ijk} 还有一个奇妙的特性, 两个 $\tilde{\epsilon}$ 三阶张量缩并掉一个下标, 结果会得到只跟单位矩阵 δ_{jk} 有关的结果:

$$\epsilon_{ijk} \epsilon_{ilm} = \delta_{jl} \delta_{km} - \delta_{jm} \delta_{kl} \qquad (2.16)$$

---

① 利用反对称三阶张量 $\tilde{\epsilon}$ 的特性, 很容易就可以实现一般常见的矢量叉乘公式:

$$\begin{array}{l} C_1 = A_2 B_3 - A_3 B_2, \\ C_2 = A_3 B_1 - A_1 B_3, \\ C_3 = A_1 B_2 - A_2 B_1 \end{array} \qquad \text{或者} \qquad C = \begin{vmatrix} \hat{e}_x & \hat{e}_y & \hat{e}_z \\ A_x & A_y & A_z \\ B_x & B_y & B_z \end{vmatrix}. \qquad (2.13)$$

由于单位矩阵点乘任何矢量都是那个矢量本身, 因此式 (2.16) 是非常有用的.

　　上述这些标量、矢量、张量的运算和变换, 在电磁问题的基础科学研究和工程应用中都是非常常用的. 更高阶的张量运算, 道理也是类似的, 使用爱因斯坦求和符号即可很快地、简洁地予以解决.

2.3　梯度算符

　　牛顿和莱布尼茨创立的微分 的概念, 可以很精确地描述一个物理量 $x(t)$ 随时间 t 的变化, 或者一个函数 $f(x)$ 随着自变量 x 的变化. 这个概念对于数学以及自然科学规律的定量描述是至关重要的. 以空间坐标为自变量的标量、矢量或张量被称为一个标量场、矢量场或张量场 (field). 在三维空间中对于场的微分, 必须通过一个矢量的形式表达, 这个矢量微分算符就是梯度算符(gradient operator).

　　梯度算符的数学符号是 ∇, 它既是微分算符, 又是一个矢量. 在三维空间中, 如果使用直角坐标、球坐标和柱坐标, 梯度算符也可以分别用此坐标系的单位矢量表达:

$$\nabla = \hat{e}_x \frac{\partial}{\partial x} + \hat{e}_y \frac{\partial}{\partial y} + \hat{e}_z \frac{\partial}{\partial z} \tag{2.17}$$

$$\nabla = \hat{e}_r \frac{\partial}{\partial r} + \hat{e}_\theta \frac{1}{r} \frac{\partial}{\partial \theta} + \hat{e}_\phi \frac{1}{r \sin \theta} \frac{\partial}{\partial \phi} \tag{2.18}$$

$$\nabla = \hat{e}_\rho \frac{\partial}{\partial \rho} + \hat{e}_\phi \frac{1}{\rho} \frac{\partial}{\partial \phi} + \hat{e}_z \frac{\partial}{\partial z} \tag{2.19}$$

　　不同坐标系中的梯度算符表达式的定义, 与这个坐标系下的体积微元的表达直接相关. 在直角坐标系下, 空间坐标 (x, y, z) 附近的体积元自然是表达为 $\mathrm{d}^3 r = \mathrm{d}x \times \mathrm{d}y \times \mathrm{d}z$; 如果用球坐标系, 空间坐标 (r, θ, ϕ) 附近的体积元 $\mathrm{d}^3 r = \mathrm{d}r \times r\mathrm{d}\theta \times r \sin \theta \mathrm{d}\phi$; 如果用柱坐标系, 空间坐标 (ρ, ϕ, z) 附近的体积元 $\mathrm{d}^3 r = \mathrm{d}\rho \times \rho\mathrm{d}\phi \times \mathrm{d}z$. 这些都可以从图 2.1 中坐标的定义清楚地得到. 微分与积分本来是互为逆运算, 既然体积微元是这样表达的, 那么梯度算符自然具有式 (2.17)~ 式 (2.19) 那样的表达形式.

　　一个标量场 S 在梯度算符的作用下成为一个矢量, 称为标量场 S 的梯度(gradient). 梯度算符 ∇ 作用到一个矢量场 $\boldsymbol{H}$ 上, 却有点乘、叉乘和并矢三种不同的操作 (operation). "点乘梯度操作"的结果是个标量, 称为矢量场 $\boldsymbol{H}$ 的散度(divergence). "叉乘梯度操作"的结果是个矢量, 称为矢量场 $\boldsymbol{H}$

的旋度(curl). 梯度算符与矢量场的并矢构成一个矩阵 $\boldsymbol{\nabla}\boldsymbol{H}$, 其 (i,j) 矩阵元为 $\partial_i H_j$. 标量场的梯度、矢量场的散度和旋度这三种梯度算符的操作方式, 在以麦克斯韦方程组为代表的电磁问题的数学理论中都是很重要的, 因此是研究电磁场的基本数学运算方式之一.

电荷守恒定律和能量守恒定律也可以很简洁地用时间微分和梯度算符的方式表达出来. 假设空间 $\boldsymbol{r}$ 处的电荷密度或能量密度用标量 ρ 表示, 电流密度或者热流密度用矢量 $\boldsymbol{j}$ 表示, 那么守恒定律的数学表达为

$$\frac{\partial \rho}{\partial t} + \boldsymbol{\nabla}\cdot\boldsymbol{j} = 0 \tag{2.20}$$

这个微分方程的意思是, 如果空间 $\boldsymbol{r}$ 处是个电流的源头, 那么其散度 $\boldsymbol{\nabla}\cdot\boldsymbol{j}$ 是正的. 为了保持电荷守恒, 当地的电荷密度一定是下降的, 显然 $\partial\rho/\partial t$ 必须是负的. 守恒定律是自然界最重要的基本规律之一, 可见微分方程在物理规律的精确描述方面是非常重要的.

具体求某个标量场或矢量场的梯度、散度、旋度的时候, 首先选定坐标系, 然后进行梯度运算. 注意梯度算符是微分算符, 它必须放在物理量的前面, 这跟一般数学运算中乘法的可对易性是不一样的. 在直角坐标系中, 根据式 (2.17) 中梯度算符的表达式, 标量场 S 的梯度、矢量场 $\boldsymbol{H}$ 的散度和旋度分别为

$$\boldsymbol{\nabla}S = \frac{\partial S}{\partial x}\hat{e}_x + \frac{\partial S}{\partial y}\hat{e}_y + \frac{\partial S}{\partial z}\hat{e}_z \tag{2.21}$$

$$\boldsymbol{\nabla}\cdot\boldsymbol{H} = \frac{\partial H_x}{\partial x} + \frac{\partial H_y}{\partial y} + \frac{\partial H_z}{\partial z} \tag{2.22}$$

$$\boldsymbol{\nabla}\times\boldsymbol{H} = \begin{vmatrix} \hat{e}_x & \hat{e}_y & \hat{e}_z \\ \dfrac{\partial}{\partial x} & \dfrac{\partial}{\partial y} & \dfrac{\partial}{\partial z} \\ H_x & H_y & H_z \end{vmatrix} \tag{2.23}$$

直角坐标系下的梯度、散度、旋度的公式是很直接的, 因为 $\hat{e}_x, \hat{e}_y, \hat{e}_z$ 都是常数矢量. 在球坐标系和柱坐标系中, 对标量场 S 的梯度也只要直接将式 (2.18) 和式 (2.19) 中的梯度算符表达式作用在标量场 $S(\boldsymbol{r})$ 上就可以了.

但是, 在球坐标和柱坐标系中, 对于矢量场 $\boldsymbol{A}$ 的散度 $\boldsymbol{\nabla}\cdot\boldsymbol{A}$ 和旋度 $\boldsymbol{\nabla}\times\boldsymbol{A}$ 的运算公式, 却不是那么简单. 原因是上节已经提到的, 球坐标的三个单位矢量 $\hat{e}_r, \hat{e}_\theta, \hat{e}_\phi$ 和柱坐标的两个单位矢量 $\hat{e}_\rho, \hat{e}_\phi$ 随着位移矢量 $\boldsymbol{r}$ 在不停地变化.

在此情况下, 球坐标和柱坐标系中散度和旋度的计算公式必须考虑坐标系的单位矢量的散度和旋度:

$$
\nabla \cdot (A_i \hat{e}_i) = (\hat{e}_i \cdot \nabla) A_i + (\nabla \cdot \hat{e}_i) A_i
$$

$$
= \frac{1}{h_1 h_2 h_3} \left[\frac{\partial (A_1 h_2 h_3)}{\partial q_1} + \frac{\partial (A_2 h_3 h_1)}{\partial q_2} + \frac{\partial (A_3 h_1 h_2)}{\partial q_3} \right] \quad (2.24)
$$

$$
\nabla \times (A_i \hat{e}_i) = (\nabla A_i) \times \hat{e}_i + (\nabla \times \hat{e}_i) A_i
$$

$$
= \frac{1}{h_1 h_2 h_3} \begin{vmatrix} h_1 \hat{e}_1 & h_2 \hat{e}_2 & h_3 \hat{e}_3 \\ \partial/\partial q_1 & \partial/\partial q_2 & \partial/\partial q_3 \\ h_1 A_1 & h_2 A_2 & h_3 A_3 \end{vmatrix} \quad (2.25)
$$

其中 (q_1, q_2, q_3) 在球坐标中为 (r, θ, ϕ), 在柱坐标中为 (ρ, ϕ, z); (h_1, h_2, h_3) 在球坐标中为 $(1, r, r\sin\theta)$, 在柱坐标中为 $(1, \rho, 1)$, 与梯度算符本身的定义有关. 式 (2.24) 和式 (2.25) 中的第一步请读者在作业中自己证明, 只是注意其中使用了爱因斯坦求和约定, 要对下标 $i = 1, 2, 3$ 自动求和. 在证明式 (2.24) 和式 (2.25) 中的第二步时, 需用到单位矢量的散度和旋度的具体表达式, 其中球坐标的三个单位矢量 $\hat{e}_r, \hat{e}_\theta, \hat{e}_\phi$ 的散度和旋度分别为

$$
\begin{aligned}
\nabla \cdot \hat{e}_r &= \frac{2}{r}, & \nabla \times \hat{e}_r &= 0 \\
\nabla \cdot \hat{e}_\theta &= \frac{1}{r \sin \theta} \cos \theta, & \nabla \times \hat{e}_\theta &= \frac{1}{r} \hat{e}_\phi \\
\nabla \cdot \hat{e}_\phi &= 0, & \nabla \times \hat{e}_\phi &= \frac{1}{r \sin \theta} \cos \theta\, \hat{e}_r - \frac{1}{r} \hat{e}_\theta
\end{aligned} \quad (2.26)
$$

柱坐标的两个随着位移矢量变化的单位矢量 $\hat{e}_\rho, \hat{e}_\phi$ 的散度和旋度分别为

$$
\begin{aligned}
\nabla \cdot \hat{e}_\rho &= \frac{1}{\rho}, & \nabla \times \hat{e}_\rho &= 0 \\
\nabla \cdot \hat{e}_\phi &= 0, & \nabla \times \hat{e}_\phi &= \frac{1}{\rho} \hat{e}_z
\end{aligned} \quad (2.27)
$$

式 (2.26) 和式 (2.27) 的证明也需要一些技巧, 证明的基本方法是把单位矢量分解为直角坐标系下的分量表达式进行.

梯度算符和梯度算符之间也可以进行运算, 以描述对空间坐标的高阶微分运算. 任何一个矢量自己跟自己叉乘的结果肯定是零, 梯度算符也是类似的. 利用矢量叉乘的定义中反对称的 ϵ_{ijk} 三阶张量的特性, 标量场的梯度的旋度 $\nabla \times (\nabla S)$ 以及矢量场旋度的散度 $\nabla \cdot (\nabla \times H)$ 都是零, 这可以用爱因斯坦求

和规则很简洁地证明:

$$(\boldsymbol{\nabla} \times (\boldsymbol{\nabla} S))_i = \epsilon_{ijk} \partial_j \partial_k S = 0 \tag{2.28}$$

$$\boldsymbol{\nabla} \cdot (\boldsymbol{\nabla} \times \boldsymbol{H}) = \partial_i \epsilon_{ijk} \partial_j H_k = 0 \tag{2.29}$$

反对称的 ϵ_{ijk} 张量与对称的 $\partial_j \partial_k$ 矩阵缩并, 其结果必定为零. 矢量场的旋度的旋度却不恒等于零: $\boldsymbol{\nabla} \times (\boldsymbol{\nabla} \times \boldsymbol{H}) = \boldsymbol{\nabla} (\boldsymbol{\nabla} \cdot \boldsymbol{H}) - \boldsymbol{\nabla}^2 \boldsymbol{H}$, 这也最好使用爱因斯坦求和符号证明:

$$\begin{aligned} (\boldsymbol{\nabla} \times (\boldsymbol{\nabla} \times \boldsymbol{H}))_i &= \epsilon_{ijk} \partial_j \epsilon_{klm} \partial_l H_m \\ &= (\delta_{il}\delta_{jm} - \delta_{im}\delta_{jl}) \partial_j \partial_l H_m \\ &= (\boldsymbol{\nabla}(\boldsymbol{\nabla} \cdot \boldsymbol{H}) - \boldsymbol{\nabla}^2 \boldsymbol{H})_i \end{aligned} \tag{2.30}$$

为简单起见, 式 (2.28)~ 式 (2.30) 中的证明都是在直角坐标系中进行的.

梯度的散度 $\boldsymbol{\nabla} \cdot \boldsymbol{\nabla}$ 构成一个新的重要算符, 叫做拉普拉斯算符 (Laplacian) $\boldsymbol{\nabla}^2$. 注意, 标量场梯度 $\boldsymbol{\nabla} S$ 的散度是一个标量 $\boldsymbol{\nabla}^2 S$; 而矢量场并矢梯度矩阵 $\boldsymbol{\nabla} \boldsymbol{A}$ 的散度为一个矢量 $\boldsymbol{\nabla}^2 \boldsymbol{A}$. 直角坐标系中拉普拉斯算符的表达式是显而易见的. 但是, 球坐标和柱坐标的拉普拉斯算符的表达式, 必须考虑到在做矢量 $\boldsymbol{\nabla} S$ 的散度运算时, 坐标系单位矢量的散度必须分别服从式 (2.26) 和式 (2.27) 中的表达式. 在三维空间的直角、球、柱坐标系中, 拉普拉斯算子分别可以表达为

$$\boldsymbol{\nabla}^2 = \frac{\partial^2}{\partial x^2} + \frac{\partial^2}{\partial y^2} + \frac{\partial^2}{\partial z^2} \tag{2.31}$$

$$\boldsymbol{\nabla}^2 = \frac{1}{r^2}\frac{\partial}{\partial r}\left(r^2\frac{\partial}{\partial r}\right) + \frac{1}{r^2\sin\theta}\frac{\partial}{\partial\theta}\left(\sin\theta\frac{\partial}{\partial\theta}\right) + \frac{1}{r^2\sin^2\theta}\frac{\partial^2}{\partial\phi^2} \tag{2.32}$$

$$\boldsymbol{\nabla}^2 = \frac{1}{\rho}\frac{\partial}{\partial\rho}\left(\rho\frac{\partial}{\partial\rho}\right) + \frac{1}{\rho^2}\frac{\partial^2}{\partial\phi^2} + \frac{\partial^2}{\partial z^2} \tag{2.33}$$

拉普拉斯算符显然是个标量算符, 在求解电磁问题时, 拉普拉斯算子的本征函数是非常重要的, 在数学上这与量子力学中的波动方程的解法也是类似的.

2.4 微分方程

2.3 节中已获得了拉普拉斯算符在不同坐标系中的表达式. 在电磁问题中, 麦克斯韦方程组常常可以简化为拉普拉斯方程 (Laplace equation) 或泊松方程

(Poisson equation):

$$\nabla^2 \psi(\boldsymbol{r}) = 0, \quad \nabla^2 \psi(\boldsymbol{r}) = q(\boldsymbol{r}) \tag{2.34}$$

其中 ψ 可以选取为电势能、电场分量或磁场分量; q 与自由电荷密度、束缚电荷密度或等效磁荷密度相关. 微分方程理论与分析力学的发展息息相关. 力学的物理学基础在 17 世纪后期已由牛顿 (Sir Isaac Newton) 牢固确立. 但牛顿力学对多自由度问题解是很有局限的. 18 世纪中后期, 法国–意大利数学家拉格朗日 (Joseph-Louis Lagrange) 奠定了变分法、微分方程和分析力学的基础. 18 世纪 70 年代, 拉普拉斯 (Pierre-Simon Laplace) 提出了 "势" 的概念, 随之提出了拉普拉斯方程. 1813 年, 泊松 (Siméon Denis Poisson) 对无源的拉普拉斯方程做了修改, 加入电荷源以后, 即得到了泊松方程. 微分方程的理论主要是由法国数学家完成的, 他们的工作也进一步完善了牛顿和莱布尼茨提出的微分方法.

拉普拉斯方程的解可以很复杂. 不过, 当系统边界比较简单的时候, 方程的任意解都可以展开为一组本征解 (eigen-solution) 的线性组合; 在直角坐标、球坐标和柱坐标中, 本征解都可以用分离变量法求得. 如果某个系统的边界位于 $x = 0, a$; $y = 0, b$; $z = 0, c$, 而且在边界上 $\psi = 0$, 那么直角坐标系中拉普拉斯方程的本征解为

$$\left(\frac{\partial^2}{\partial x^2} + \frac{\partial^2}{\partial y^2} + \frac{\partial^2}{\partial z^2} \right) X(x)Y(y)Z(z) = 0$$

$$\psi_{nml}(\boldsymbol{r}) = X(x)Y(y)Z(z) = \sin\left(\frac{n\pi}{a}x\right) \sin\left(\frac{m\pi}{b}y\right) \sin\left(\frac{l\pi}{c}z\right) \tag{2.35}$$

其中 n, m, l 为整数. 在这个系统中的任意解可以表达为

$$\psi(x,y,z) = \sum_n \sum_m \sum_l a_{nml} \sin\left(\frac{n\pi}{a}x\right) \sin\left(\frac{m\pi}{b}y\right) \sin\left(\frac{l\pi}{c}z\right) \tag{2.36}$$

其中参数 a_{nml} 可用其他条件定出. 上面这个展开式与傅里叶变换很像. 如果在长方形区域的边界上 ψ 的边界条件不同, 本征解可能从 sin 变为 cos 函数或两者的混合.

在球形系统中, 拉普拉斯方程的本征解与勒让德函数 (Legendre function) 或勒让德多项式有关. 勒让德 (Adrien-Marie Legendre) 与泊松是同时代的法国数学家, 1784 年他提出的勒让德函数恰好与式 (2.32) 中的拉普拉斯算符有

关, 在 20 世纪又在玻尔模型的量子力学理论中大放异彩. 球坐标系中的拉普拉斯算符和拉普拉斯方程较复杂, 用分离变量法:

$$\left[\frac{1}{r^2}\frac{\partial}{\partial r}\left(r^2\frac{\partial}{\partial r}\right) + \frac{1}{r^2\sin\theta}\frac{\partial}{\partial\theta}\left(\sin\theta\frac{\partial}{\partial\theta}\right) + \frac{1}{r^2\sin^2\theta}\frac{\partial^2}{\partial\phi^2}\right]\frac{R(r)}{r}P(\theta)Q(\phi) = 0$$

$$\frac{1}{r}\frac{\mathrm{d}^2R}{\mathrm{d}r^2}PQ + \frac{1}{r^3\sin\theta}\frac{\mathrm{d}}{\mathrm{d}\theta}\left(\sin\theta\frac{\mathrm{d}P}{\mathrm{d}\theta}\right)RQ + \frac{1}{r^3\sin^2\theta}\frac{\mathrm{d}^2Q}{\partial\phi^2}RP = 0 \tag{2.37}$$

那么球坐标系中拉普拉斯方程的本征解及其满足的微分方程为

$$\psi_{nlm}(r,\theta,\phi) = \frac{R(r)}{r}\mathrm{P}_l^m(\theta)Q_m(\phi) \tag{2.38}$$

$$\frac{\mathrm{d}^2Q}{\mathrm{d}\phi^2} + m^2Q = 0, \qquad\qquad Q = \exp(\pm im\phi) \tag{2.39}$$

$$\frac{\mathrm{d}^2R}{\mathrm{d}r^2} - l(l+1)\frac{R}{r^2} = 0, \qquad\qquad R = ar^{l+1} + br^{-l} \tag{2.40}$$

$$\frac{1}{\sin\theta}\frac{\mathrm{d}}{\mathrm{d}\theta}\left(\sin\theta\frac{\mathrm{d}P}{\mathrm{d}\theta}\right) + \left[l(l+1) - \frac{m^2}{\sin^2\theta}\right]P = 0, \quad P = \mathrm{P}_l^m(\cos\theta) \tag{2.41}$$

其中 l, m 是整数. 连带勒让德函数 $\mathrm{P}_l^m(\cos\theta)$ 与勒让德函数 $\mathrm{P}_l(\cos\theta)$(见图 2.3) 的关系为

$$\frac{\mathrm{d}}{\mathrm{d}x}\left[(1-x)^2\frac{\mathrm{d}\mathrm{P}_l(x)}{\mathrm{d}x}\right] + l(l+1)\mathrm{P}_l(x) = 0$$

$$\mathrm{P}_l^m(x) = (-1)^m(1-x^2)^{m/2}\frac{\mathrm{d}^m}{\mathrm{d}x^m}\mathrm{P}_l(x) \tag{2.42}$$

$$\mathrm{P}_l(x) = \frac{1}{2^l l!}\frac{\mathrm{d}^l}{\mathrm{d}x^l}\left[(x^2-1)^l\right]$$

式 (2.42) 中的 x 就相当于式 (2.41) 中的 $\cos\theta$. 连带勒让德函数 P_l^m 的表达式看上去虽然复杂, 如果把其中的一项 $(1-x^2)^{m/2}$ 替换成 $\sin^m\theta$ 就还是很清楚的. 考虑到这一点以后, 很容易看到连带勒让德多项式 $\mathrm{P}_l^m(\cos\theta)$ 的最高幂次是 $\cos^{l-m}\theta\sin^m\theta$.

把连带勒让德函数 $\mathrm{P}_l^m(\cos\theta)$ 和 $Q_m(\phi)$ 乘在一起再归一化, 就得到著名的球谐函数 (spherical harmonic) $\mathrm{Y}_{lm}(\theta,\phi)$. 这样, 更简化的球坐标下拉普拉斯方程的解为

$$\nabla^2\psi(\boldsymbol{r}) = 0, \quad \psi_{lm}(r,\theta,\phi) = (ar^{l+1} + br^{-l})\mathrm{Y}_{lm}(\theta,\phi) \tag{2.43}$$

在球坐标中, 这个解在直径方向是平滑的, 只是在 $r = 0, \infty$ 处有两个奇点. 在纬度 θ 方向是一系列 $\cos\theta$ 和 $\sin\theta$ 的乘积; 在经度 ϕ 方向则是 $\cos\phi$ 或 $\sin\phi$.

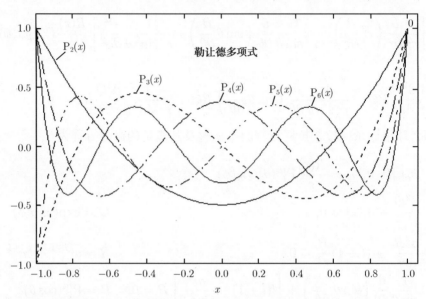

图 2.3　勒让德函数 P_2, P_3, P_4, P_5(注意最简单的两个 $P_0 = 1, P_1 = x$)

在圆柱形系统中, 拉普拉斯方程的本征解与贝塞尔函数 (Bessel function) 有关. 贝塞尔函数首先是由伯努利 (Daniel Bernoulli) 提出的, 1817 年又由自学成才的德国数学家、天文学家贝塞尔 (Friedrich Bessel) 推广到普遍的形式. 柱坐标中的解比球坐标略简单:

$$\left[\frac{1}{\rho}\frac{\partial}{\partial\rho}\left(\rho\frac{\partial}{\partial\rho}\right) + \frac{1}{\rho^2}\frac{\partial^2}{\partial\phi^2} + \frac{\partial^2}{\partial z^2}\right] R(\rho)Q(\phi)Z(z) = 0 \tag{2.44}$$

$$\psi_m(\rho, \phi, z) = J_m(k\rho)\exp(\pm im\phi)\exp(\pm kz)$$

注意在球坐标中勒让德函数是在纬度方向, 而在柱坐标中贝塞尔函数 (见图 2.4(a)) 则是在径向:

$$\frac{1}{\rho}\frac{d}{d\rho}\left(\rho\frac{dR}{d\rho}\right) + \left(k^2 - \frac{m^2}{\rho^2}\right) R = 0, \quad R = J_m(k\rho) \tag{2.45}$$

如果在 z 方向的解取为 $\exp(\pm ikz)$, 那么式 (2.45) 中的 k^2 一项反号, 得到的解为图 2.4(b) 中的虚宗量汉开尔函数 $R = K_m(k\rho)$, 这在光纤通信中是很重要的.

泊松方程的解比拉普拉斯方程的解又要复杂一些. 19 世纪 30 年代, 英国数学家格林 (George Green) 提出了格林函数的概念. 点电荷对应的泊松方程的解就是格林函数, 泊松方程的解可以通过各类函数对电荷密度分布的积分求得

$$\boldsymbol{\nabla}^2 G(\boldsymbol{r}, \boldsymbol{r}') = \delta^3(\boldsymbol{r} - \boldsymbol{r}') \tag{2.46}$$

$$\boldsymbol{\nabla}^2 \psi = q, \qquad \psi = \int \mathrm{d}^3 \boldsymbol{r}' G(\boldsymbol{r}, \boldsymbol{r}') q(\boldsymbol{r}') \tag{2.47}$$

这个思想在本书第四章、第五章中都会反复使用. 在实际的问题中, 电荷密度分布还会不断地变动. 因此, 在数值计算中, 格林函数法解泊松方程就变成一系列迭代的过程.

贝塞尔函数 $J_0, J_1, \cdots, J_5$ 和虚宗量的汉开尔函数 $K_0, K_1, \cdots, K_5$ 如图 2.4 所示.

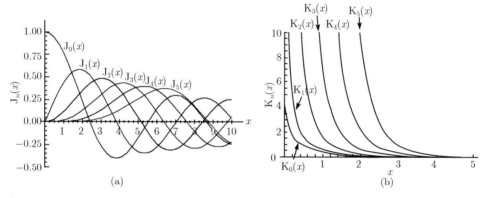

图 2.4 贝塞尔函数 $J_0, J_1, \cdots, J_5$ 和虚宗量的汉开尔函数 $K_0, K_1, \cdots, K_5$

2.5 矢量与张量的积分

在麦克斯韦之前, 几乎所有电磁学的规律都是用积分的形式表达的, 涉及矢量场的梯度、散度、旋度的积分. 电场和磁场都是矢量场, 它们的方向和大小可以用法拉第的 "力线" 形象地表达出来. 世界上只存在电荷, 而没有孤立磁荷. 所以电场强度矢量的力线可以从静止电荷 "发射" 出来, 这在数学上叫无旋度场(curl-free field); 磁通量强度的力线只能是无源的 "环流", 数学上叫无散度场(divergence-free field). 最早定义无旋度场和无散度矢量场都是用的矢量场的积分形式.

标量场 ψ 的梯度场 $\boldsymbol{\nabla}\psi$ 的线积分是最简单的, 这可以看成 2.3 节讨论的梯度算符的一个逆运算. 沿着一条任意曲线将梯度场从点 1 积分到点 2:

$$\int_1^2 \mathrm{d}\boldsymbol{l} \cdot \boldsymbol{\nabla}\psi(\boldsymbol{r}) = \psi(\boldsymbol{r}_2) - \psi(\boldsymbol{r}_1) \tag{2.48}$$

利用沿着一维积分曲线的微元 $\mathrm{d}\boldsymbol{l}$ 上标量场的改变 $\Delta\psi = \psi(\boldsymbol{r} + \mathrm{d}\boldsymbol{l}) - \psi(\boldsymbol{r}) = (\boldsymbol{\nabla}\psi)\cdot\mathrm{d}\boldsymbol{l}$, 即可证明三维空间中梯度场的线积分式 (2.48).

矢量场 $\boldsymbol{C}(\boldsymbol{r})$ 在一个二维曲面 S 上的面积分被称为这个矢量场的通量(flux):

$$\Phi_C = \iint_S \mathrm{d}s\hat{\boldsymbol{n}} \cdot \boldsymbol{C}(\boldsymbol{r}) \tag{2.49}$$

其中 $\mathrm{d}s$ 为二维积分面元大小, 面元单位矢量 $\hat{\boldsymbol{n}}$ 沿着积分面 S 上空间坐标 $\boldsymbol{r}$ 点处的面法线方向. 通量的概念是应用非常广泛的. 磁场 $\boldsymbol{B}$ 的通量叫做磁通量 Φ_B(magnetic flux), 电场 $\boldsymbol{E}$ 的通量叫电通量 Φ_E(electric flux), 电流密度 $\boldsymbol{j}$ 的通量就是电流 I(current), 热流 $\boldsymbol{j}_q$ 的通量叫做总热流 J_q(total heat flow).

2.3 节中的电荷守恒或能量守恒的微分方程式 (2.20), 如果写成积分形式, 可以用一个闭合表面 (closed surface) 上的通量来表达 (注意, 面元单位矢量 $\hat{\boldsymbol{n}}$ 定义为朝向闭合面外):

$$\frac{\mathrm{d}Q_S}{\mathrm{d}t} + \iint_{\mathrm{c.s}} \mathrm{d}s\hat{\boldsymbol{n}} \cdot \boldsymbol{j}(\boldsymbol{r}) = 0 \tag{2.50}$$

其中 Q_S 为闭合面中的总电荷或总热量, 它随时间的改变正好补偿流失的通量, 这正是体现了守恒的基本概念.

德国人高斯 (Carl Friedrich Gauss) 是历史上最有天分、最多产的数学家之一. 1813 年他提出的高斯定理(Gauss' theorem) 也叫做散度定理, 它给出了矢量场的散度 $\boldsymbol{\nabla}\cdot\boldsymbol{C}$ 在三维区域 V 中的体积分 与矢量场 $\boldsymbol{C}$ 在体积分区域的二维任意形状的闭合表面, 即高斯面(Gauss surface) 上的通量 之间的关系:

$$\iiint_V \mathrm{d}^3\boldsymbol{r}\,\boldsymbol{\nabla} \cdot \boldsymbol{C}(\boldsymbol{r}) = \iint_{\mathrm{c.s}} \mathrm{d}s\hat{\boldsymbol{n}} \cdot \boldsymbol{C}(\boldsymbol{r}) \tag{2.51}$$

当这个三维区域 V 趋于无穷大时, 高斯面就是无穷远的一个二维曲面. 高斯定理在解决具有高对称性的问题中尤其是个有力的工具. 无散度场可以严格定义为通过空间任何闭合的高斯面的总通量都是零的矢量场 $\boldsymbol{B}$:

$$\iint_S \mathrm{d}s\hat{\boldsymbol{n}} \cdot \boldsymbol{B} = 0 \tag{2.52}$$

利用高斯定理, 积分式 (2.52) 意味着无散度场处处满足 $\boldsymbol{\nabla} \cdot \boldsymbol{B} = 0$.

矢量场 $C(r)$ 的圈积分 (circulation) 与式 (2.48) 中的线积分定义很像,只是一维积分曲线 Γ 是闭合的. 1854 年, 爱尔兰人, 与麦克斯韦和开尔文 (汤姆孙) 并称为剑桥三剑客的斯托克斯 (Sir George Gabriel Stokes) 提出的斯托克斯定理(Stokes' theorem) 也叫做旋度定理, 它给出了矢量场 C 的圈积分与矢量场旋度 $\boldsymbol{\nabla} \times C$ 在闭合曲线 Γ 围出的二维曲面 S 上的通量之间的关系:

$$\int_\Gamma \mathrm{d}\boldsymbol{l} \cdot \boldsymbol{C} = \iint_S \mathrm{d}s\hat{\boldsymbol{n}} \cdot (\boldsymbol{\nabla} \times \boldsymbol{C}) \qquad (2.53)$$

注意, 闭合回路一般是按照反时针方向做圈积分的, 此时面元单位矢量 $\hat{\boldsymbol{n}}$ 的方向朝向读者. 无旋度场可以严格定义为在空间任何闭合曲线 Γ 上做圈积分都是零的矢量场 $\boldsymbol{E}$:

$$\int_\Gamma \mathrm{d}\boldsymbol{l} \cdot \boldsymbol{E} = 0 \qquad (2.54)$$

利用斯托克斯定理, 积分式 (2.54) 意味着无旋度场处处满足 $\boldsymbol{\nabla} \times \boldsymbol{E} = 0$.

本章到目前为止一直以讨论三维空间为主, 因为三维是我们生存空间的维数. 1905 年, 爱因斯坦 (Albert Einstein) 建立了狭义相对论, 从此以后时间这一维就与空间这三维有了联系. 1907 年, 爱因斯坦提出广义相对论以后, 时间和空间被综合称为闵可夫斯基四维时空 (Minkowski four space). 闵可夫斯基是爱因斯坦的大学老师, 他是从数学上研究弯曲多维空间的. 实际上, 爱因斯坦狭义相对论的原始论文的名字叫做 "论动体的电动力学", 这是直接从麦克斯韦方程组出发, 推理得到的对时空的新认识. 相对论能直接从麦克斯韦电磁理论出发得到, 原因是电磁波–光子是一对具有波粒二象性的基本粒子的双重形态, 它们是以光速运动的, 这正是狭义相对论对牛顿的绝对时空观有所修正的领域.

四维时空的位移矢量可以记作 x_μ 或 x^μ, 其中 $\mu = 0, 1, 2, 3$:

$$x_\mu = (x_0, x_1, x_2, x_3) = (ct, x, y, z)$$

$$x^\mu = (x^0, x^1, x^2, x^3) = (ct, -x, -y, -z) \qquad (2.55)$$

其中 c 为光速, 这是个永远的物理常数. 注意, 在四维时空中的矢量或者张量的坐标有协变(上标) 和逆变之分 (下标), 至于式 (2.55) 中协变和逆变哪个定

义为负, 这是有任意性的. 四维的梯度算符也有协变和逆变两种:

$$\partial_\mu = \frac{\partial}{\partial x^\mu} = \left(\frac{1}{c} \frac{\partial}{\partial t}, -\frac{\partial}{\partial x}, -\frac{\partial}{\partial y}, -\frac{\partial}{\partial z} \right) \tag{2.56}$$

$$\partial^\mu = \frac{\partial}{\partial x_\mu} = \left(\frac{1}{c} \frac{\partial}{\partial t}, \frac{\partial}{\partial x}, \frac{\partial}{\partial y}, \frac{\partial}{\partial z} \right)$$

四维时空的一个标量必须通过协变量和逆变量的缩并实现, 这样才能在四维时空的一个转动中保持不变. 例如, 四维时空中的两个无限接近的时空点之间的不变间隔 ds 是个标量:

$$ds^2 = dx_\mu dx^\mu = c^2 dt^2 - dx^2 - dy^2 - dz^2 \tag{2.57}$$

在四维空间进行积分的时候, 就要对四维协变或逆变的矢量和张量缩并而成的标量、矢量和张量进行积分.

在四维时空中, 电磁场可以写成一个四维张量 $F^{\mu\nu}$ 的形式. 四维空间中普遍的高斯定理可以写成

$$\iiiint_\Omega d^4 x \partial_\mu F^{\mu\nu} = \iiint_{\text{c.v}} dV_\mu F^{\mu\nu} \tag{2.58}$$

其中 $d^4 x$ 为四维时空区域 Ω 中的体积元; dV_μ 是围合着 Ω 的三维闭合曲面 (closed volume, c.v) 中的三维曲面的面元, 其严格的数学定义十分复杂, 这里就不展开了.

四维时空中的斯托克斯定理更难理解, 与任意弯曲空间中的普遍斯托克斯定理的表述有关, 这里也不再详述. 读者只要知道一旦时间和空间关联在一起, 从数学上是很复杂的. 在理解电磁波的多普勒效应等问题时, 四维时空的概念还是有用的.

本 章 总 结

信息系统分析的数学基础还是在于对对称性、坐标系、张量、梯度、微分和积分规律的把握. 当然, 最近 40 年发展起来的数值计算方法也越显重要, 只不过数值计算方法的基础还在于初步的解析分析. 本章就是希望用比较简洁的方法介绍上述这些必要的数学图像和工具.

参 考 文 献

Feynman R P, Leighton R B, Sands M. 1977. The Feynman Lectures on Physics, I-II. 6th
Edition. Menlo Park, California: Addison-Wesley Publishing Company.
Jackson J D. 1975. Classical Electrodynamics. New York: John Wiley & Sons Inc.

本 章 习 题

1. 证明 $\boldsymbol{A} \cdot (\boldsymbol{B} \times \boldsymbol{C}) = \boldsymbol{B} \cdot (\boldsymbol{C} \times \boldsymbol{A}) = \boldsymbol{C} \cdot (\boldsymbol{A} \times \boldsymbol{B})$.

2. 证明 $\boldsymbol{A} \times (\boldsymbol{B} \times \boldsymbol{C}) = (\boldsymbol{A} \cdot \boldsymbol{C})\boldsymbol{B} - (\boldsymbol{A} \cdot \boldsymbol{B})\boldsymbol{C}$.

3. 证明 $(\boldsymbol{A} \times \boldsymbol{B}) \cdot (\boldsymbol{C} \times \boldsymbol{D}) = (\boldsymbol{A} \cdot \boldsymbol{C})(\boldsymbol{B} \cdot \boldsymbol{D}) - (\boldsymbol{A} \cdot \boldsymbol{D})(\boldsymbol{B} \cdot \boldsymbol{C})$.

4. 证明 $\boldsymbol{\nabla}(\boldsymbol{\nabla}\psi) = \nabla^2\psi$, 以及 $\boldsymbol{\nabla}(\boldsymbol{\nabla}A) = \nabla^2\boldsymbol{A}$.

5. 证明 $\boldsymbol{\nabla} \times (\boldsymbol{\nabla} \times \boldsymbol{A}) = \boldsymbol{\nabla}(\boldsymbol{\nabla} \cdot \boldsymbol{A}) - \nabla^2\boldsymbol{A}$.

6. 证明 $\boldsymbol{\nabla} \cdot (\psi\boldsymbol{A}) = \boldsymbol{A} \cdot \boldsymbol{\nabla}\psi + \psi\boldsymbol{\nabla} \cdot \boldsymbol{A}$.

7. 证明 $\boldsymbol{\nabla} \times (\psi\boldsymbol{A}) = (\boldsymbol{\nabla}\psi) \times \boldsymbol{A} + \psi\boldsymbol{\nabla} \times \boldsymbol{A}$.

8. 证明 $\boldsymbol{\nabla}(\boldsymbol{A} \cdot \boldsymbol{B}) = (\boldsymbol{A} \cdot \boldsymbol{\nabla})\boldsymbol{B} + (\boldsymbol{B} \cdot \boldsymbol{\nabla})\boldsymbol{A} + \boldsymbol{A} \times (\boldsymbol{\nabla} \times \boldsymbol{B}) + \boldsymbol{B} \times (\boldsymbol{\nabla} \times \boldsymbol{A})$.

9. 证明 $\boldsymbol{\nabla} \cdot (\boldsymbol{A} \times \boldsymbol{B}) = \boldsymbol{B} \cdot (\boldsymbol{\nabla} \times \boldsymbol{A}) - \boldsymbol{A} \cdot (\boldsymbol{\nabla} \times \boldsymbol{B})$.

10. 证明 $\boldsymbol{\nabla} \times (\boldsymbol{A} \times \boldsymbol{B}) = \boldsymbol{A}(\boldsymbol{\nabla} \cdot \boldsymbol{B}) - \boldsymbol{B}(\boldsymbol{\nabla} \cdot \boldsymbol{A}) + (\boldsymbol{B} \cdot \boldsymbol{\nabla})\boldsymbol{A} - (\boldsymbol{A} \cdot \boldsymbol{\nabla})\boldsymbol{B}$.

11. 对于位移矢量 $\boldsymbol{r}$, 证明 $\boldsymbol{\nabla} \cdot \boldsymbol{r} = 3$, $\boldsymbol{\nabla} \times \boldsymbol{r} = 0$.

12. 证明方程 (2.26) 中球坐标单位矢量的散度和旋度公式.

13. 证明方程 (2.27) 中柱坐标单位矢量的散度和旋度公式.

14. 证明球坐标中矢量场散度 $(\boldsymbol{\nabla} \cdot \boldsymbol{A})_{sph} = \dfrac{1}{r^2}\dfrac{\partial}{\partial r}(r^2 A_r) + \dfrac{1}{r^2\sin\theta}\dfrac{\partial}{\partial\theta}(\sin\theta A_\theta) + \dfrac{1}{r\sin\theta}\dfrac{\partial A_\phi}{\partial\phi}$.

15. 证明柱坐标中矢量场散度 $(\boldsymbol{\nabla} \cdot \boldsymbol{A})_{cyl} = \dfrac{1}{\rho}\dfrac{\partial}{\partial\rho}(\rho A_\rho) + \dfrac{1}{\rho}\dfrac{\partial A_\phi}{\partial\phi} + \dfrac{\partial A_z}{\partial z}$.

16. 证明 $(\boldsymbol{A} \cdot \boldsymbol{\nabla})\hat{e}_r = [\boldsymbol{A} - \hat{e}_r(\hat{e}_r \cdot \boldsymbol{A})]/r = \boldsymbol{A}_\perp/r$.

17. 证明 $\iiint_V \mathrm{d}^3\boldsymbol{r}\boldsymbol{\nabla}\psi(\boldsymbol{r}) = \iint_{c.s} \mathrm{d}s\hat{\boldsymbol{n}}\psi(\boldsymbol{r})$.

18. 证明 $\iiint_V \mathrm{d}^3\boldsymbol{r}\boldsymbol{\nabla} \times \boldsymbol{A}(\boldsymbol{r}) = \iint_{c.s} \mathrm{d}s\hat{\boldsymbol{n}} \times \boldsymbol{A}(\boldsymbol{r})$.

19. 证明 $\int_\Gamma \mathrm{d}\boldsymbol{l}\psi(\boldsymbol{r}) = \iint_S \mathrm{d}s\hat{\boldsymbol{n}} \times \boldsymbol{\nabla}\psi(\boldsymbol{r})$.

20. 数值求解图 2.4(a) 中贝塞尔函数 $J_0(x) = 0$ 和 $J_1(x) = 0$ 的第 1~10 个解.

第三章　麦克斯韦方程组

- 国际单位制和高斯单位制 (3.1); 基本物理单位, 衍生单位
- 真空及材料中的麦克斯韦方程组 (3.2); 电磁学发展史
- 电磁场、势和能量 (3.3)
- 电磁波谱——麦克斯韦彩虹 (3.4); 科学与技术中的电磁波谱

光 学和电磁学, 自古希腊直到 19 世纪的麦克斯韦的电磁理论建立为止, 一直在欧洲被认为是两门不同的学问. 在柏拉图学园里, 曾经讲授过光的入射角和反射角相等的原理. 公元 139 年, 在埃及的亚历山大城聚集了希腊化地区的大量学者, 提出 "地心说" 的天文学家托勒密, 测量了入射角和折射角, 并发现这两个角度基本是成比例变化的. 与之同时代的欧几里得有一部著作《光学》, 讨论了球面镜聚焦阳光的问题. 在 1600 年左右的文艺复兴时代, 在荷兰和意大利出现了显微镜和望远镜. 意大利人伽利略 (Gallileo) 是第一个使用望远镜观察天文现象的学者, 这后来引出了开普勒三定律的总结, 为伟大的牛顿力学的建立开辟了道路.

在 17 世纪, 光学最伟大的成就是光速的初步测定. 伽利略是第一个试图测量光速的人, 他在地面的测量虽然没有成功, 但他提出也许可以通过木星卫星的天文观测来测量光速. 1676 年, 一个丹麦的年轻人勒麦 (Olaus Romer) 观察到木卫被木星遮挡的 "木卫食" 在 8 月和 11 月两次出现的时间差与理论推算的时间差有 10 min 的差别. 勒麦认为 8 月地球与木星在太阳的一侧而且距离最近、11 月地球转动了 1/4 周期而木星只转动了较小的角度, 由此他粗略地估算出光穿过地球轨道需要 22 min, 光速是有限的. 在半个多世纪以后, 还是通过天文观测结果与理论预测的时间延迟, 牛津大学的布拉德雷教授估计太阳光到达地球需要 473 s, 这已经是很接近 500 s 这个现代由精确的光速推算

的结果了.

1665 年, 惠更斯 (Christiaan Huygens) 提出了光的波动学说. 几乎在同一年, 牛顿做了著名的棱镜色散实验, 并提出了光的微粒假说. 波动说能解释光的干涉、衍射条纹, 但是按照机械波的基本理论, 任何波的传播都需要介质, 波速越快介质的弹性系数越大 (也就是越硬), 光速是如此之大, 那么光传播的介质 —— 自古希腊以来一直被称为以太(ether) 的神秘介质 —— 必然是极其硬的. 光能在宇宙空间传播, "说明"宇宙空间是充满了以太的, 但是星体穿过宇宙空间的运动好像并没有受到任何切向的阻力, 这就构成了一个大问题. 牛顿的微粒说可以解释光为什么是直线传播的, 天才的牛顿还用他的运动方程, 把光子当成一个小球, 解释了很多现象. 微粒说开始时信奉者众, 但是在光的衍射现象在 19 世纪初被明白无误地由杨氏单缝干涉和菲涅耳圆盘衍射证实以后, 所有人都相信光是一种波. 这个重要的学术争论一直延续了 240 年, 直到 1905 年爱因斯坦提出光电效应方程, 揭示了光具有波粒二象性(wave-particle duality) 的本质为止. 1905 年, 爱因斯坦提出了狭义相对论. 他认为, 光本身是不需要"以太"这个介质的, 在真空中就可以传播, 而且真空光速在任何参考系中都是一个常数. 爱因斯坦伟大的理论, 终结了困扰人的光波动介质"以太"的故事. 在今日我们的生活中, 高速互联网被称为以太网 (ethernet), 这是以太这个顽强的幽灵在人间继续存在的一点遗迹了吧.

1873 年, 麦克斯韦发表了他的伟大著作 *A Treatise on Electricity and Magnetism*. 他认为"在空气中, 磁介质的弹性和光介质的弹性相同, 如果这两种介质同时存在, 同时传播磁场和电场的话, 那么这两种介质只不过是同一种介质而已." 按照传统波动理论, 介质相同意味着波动的色散关系相同、波速相同. 麦克斯韦在著作中精心阐述了电磁现象和光现象在同一介质中都有它们相同的地位, 也就是同一种波. 虽说麦克斯韦还在使用类似"以太"的电磁传播介质的观念, 而且麦克斯韦的著作前后的观念不尽一致, 非常难懂, 理论论证可以依赖的实验事实也非常有限并没有决定性的说服力, 这依然无损他统一了电、磁、光现象的伟大成就, 这是非常了不起的思想.

本章将讨论以麦克斯韦电磁理论为基础的电磁相互作用的基本理论. 首先讨论单位制, 因为电磁单位十分复杂, 而且在具体的研究工作中对于计算结果的准确性很重要. 然后分别讨论真空中和介质中的麦克斯韦方程组. 最后将讨论由麦克斯韦预言、并由赫兹的杰出实验证实的统一的电磁波谱.

3.1　国际单位制和高斯单位制

单位制 (system of unit) 这个概念, 最早是高斯在 1832 年提出来的. 当时他和哥廷根大学的韦伯 (Wilhelm Eduard Weber) 在一起研究地球磁场, 为了精确地用数学描述地磁, 他提出了一个绝对单位制的概念. 高斯认为, 所有的实验可测量的力, 都可以通过物质的运动来度量, 因此只有三个描述运动的基本单位是必需的, 即长度单位、时间单位和质量单位. 其他所有实用单位, 都可以从这三个基本单位推导出来, 那么所有的实验测量就可以彼此进行比较. 应该说这是很高明的思想, 体现了一个杰出的数学家对于物理定量计算问题解决的整体想法.

韦伯和高斯最初提出的是以 "毫米、秒、毫克" 作为长度、时间、质量的基本单位. 1881 年, 在巴黎召开的国际电气工程师会议改选 "厘米、秒、克" 作为长度、时间、质量的基本单位, 这就是后来的高斯制或厘米克秒制 (cgs units). 高斯制目前在基础物理学领域以及信息电子工程领域依然在使用. 在英国和美国的工程领域还常常混杂使用英制 (British system), 即英寸磅秒制. 例如, 在信息存储领域, 硬盘直径都是以英寸为单位衡量的. 1893 年, 在芝加哥举行的世界博览会期间, 一个物理学家参加的会议采用了国际单位制 (International System of Units), 简称 SI 制 (SI units).

现在通行的标准教科书大都使用国际单位制. 但是, 懂得单位制之间的转换还是非常重要的. 麦克斯韦方程组在高斯制下具有完美的电-磁对称性, 这种对称性在基础物理学中得到了广泛的延续. 在涉及电磁问题的经典著作中, 朗道的《经典场论》、《连续介质电动力学》和 Jackson 的《电动力学》都是使用的高斯制, 这是有内在的深刻原因的, 因为物理学就是要用最简单而完美的语言, 表达自然界的基本规律. 当然, 在电工领域, 涉及电阻、电流、电压的时候, 又普遍使用国际单位制; 在信息电子工程领域偶尔也用英制, 这就要求读者熟悉这几种单位制之间的转换. 本书将同时使用高斯制和国际单位制, 因此应该特别熟悉 SI 制和 cgs 制之间的转换.

SI 制又可称为米千克秒制 (MKS units). 1971 年的第 14 届国际计量会议确定了 7 个 SI 制的基础单位, 即长度单位: m(米), 质量单位: kg(千克), 时间单位: s(秒), 电流单位: A(安 [培]), 热力学温度单位: K(开 [尔文]), 物质的量单位: mol(摩 [尔]), 发光强度单位: cd(坎 [德拉]). 在电磁问题中常用的单位是前 5 个. 目前, 最基本的 SI 单位的标准确定已经微观化: 米、秒的标准由铯原子谱线特征波长与光速联合决定, 千克的标准则根据一个碳 -12 原子的质量来定义.

表 3.1 给出了物理学的基本物理量在国际单位制、高斯制和英制之间的换算关系. 三种单位制的时间单位都是一致的. 表 3.1 中 SI 制和 cgs 制的基础单位 (base quantities) 后面的圆括弧中注明了英文全称; 主要衍生单位也给出全称, 其中正体字母是标准缩写; 所有衍生单位后面的方括弧中注明了其与基础单位的关系. 高斯提出的绝对单位制确实很好地在 cgs 制中得到了体现: 高斯制中所有衍生单位都可以表达为 (g, cm, s) 的一个幂次组合. 注意: 高斯制中的 esu, esa, esv, emu 分别表示静电电荷单位 (electro-static unit)、静电安培 (electro-static ampere)、静电电压 (electro-static volt) 和磁矩单位 (electro-magnetic unit). 三个主要的英制单位: 英寸 (inch 或 in)、磅 (pound 或 pd)、华氏温度 (Fahrenheit degree 或 °F) 都在 "单位换算关系" 一栏中给出了. 在所有涉及电磁的单位换算中, 电荷的单位换算是最基本的, 只要知道能量、长度的换算, 以及基本常数 $4\pi\epsilon_0$, 就可推出换算关系 $1\ C = 3 \times 10^9\ esu$.

表 3.1　基本物理量的国际单位制 (SI) 和高斯制 (cgs) 之间的转换

物理量	国际单位制	高斯制	单位换算关系
长度 l	m (meter)	cm (centimeter)	1 m=10^2 cm, 1in=2.54 cm
时间 t	s (second)	s (second)	1 Hz=s^{-1}
质量 m	kg (kilogram)	g (gram)	1 kg=10^3 g, 1 pd=453.6g
温度 T	K (kelvin)	K (kelvin)	1 °F=(5/9) K
电流 I	A (ampere)	esa [g$^{1/2}$·cm$^{3/2}$/s^2]	1 A=3×10^9 esa
能量 U, W, Q	Joule [kg·m^2/s^2]	erg [g·cm^2/s^2]	1 J=10^7 erg
力 $\boldsymbol{F}$	Newton [kg·m/s^2]	dyne [g·cm/s^2]	1 N=10^5 dyn
电荷 q	Coulomb [A·s]	esu [g$^{1/2}$·cm$^{3/2}$/s]	1 C=3×10^9 esu
电流密度 $\boldsymbol{j}$	A/m^2 [A/m^2]	esa/cm^2 [g$^{1/2}$/(cm$^{1/2}$·s^2)]	1 A/m^2=3×10^5 esa/cm^2
电势 V, ψ	Volt [kg·m^2/(s^3·A)]	esv [g$^{1/2}$·cm$^{1/2}$/s]	1 V=$\frac{1}{3} \times 10^{-2}$ esv
电场强度 $\boldsymbol{E}$	V/m [kg·m/(s^3·A)]	esv/cm [g/(cm$^{1/2}$·s)]	1 V/m=$\frac{1}{3} \times 10^{-4}$ esv/cm
电位移矢量 $\boldsymbol{D}$	C/m^2 [A·s/m^2]	esu/cm^2 [g/(cm$^{1/2}$·s)]	1 C/m^2=$12\pi \times 10^5$ esu/cm^2
电极化强度 $\boldsymbol{P}$	C/m^2 [A·s/m^2]	esu/cm^2 [g/(cm$^{1/2}$·s)]	1 C/m^2=3×10^5 esu/cm^2
磁通量 $\boldsymbol{\Phi}$	Weber [kg·m^2/(s^2·A)]	Maxwell [g$^{1/2}$·cm$^{3/2}$/s]	1 Wb=10^8 Mx
磁感应强度 $\boldsymbol{B}$	Tesla [kg/(s^2·A)]	Gauss [g$^{1/2}$/(cm$^{1/2}$·s)]	1 T=10^4 G
磁场强度 $\boldsymbol{H}$	A/m [A/m]	Oersted [g$^{1/2}$/(cm$^{1/2}$·s)]	1 A/m=$4\pi \times 10^{-3}$Oe
磁化强度 $\boldsymbol{M}$	A/m [A/m]	emu/cm^3 [g$^{1/2}$/(cm$^{1/2}$·s)]	1 A/m=10^{-3} emu/cm^3

描述材料电磁性质的物理量很多, 相关的单位制及单位换算对工学方面的电磁研究是十分重要的, 见表 3.2.

表 3.2   电磁材料物理量的国际单位制 (SI) 和高斯制 (cgs) 之间的转换

物理量	国际单位制	高斯制	单位换算关系
电阻 R	Ω [kg·m^2/(A^2·s^3)]	s/cm [s/cm]	$1\,\Omega=\frac{1}{9}\times10^{-11}$ s/cm
电阻率 ρ	Ω·m [kg·m^3/(A^2·s^3)]	s [s]	$1\,\Omega\cdot$m$=\frac{1}{9}\times10^{-9}$ s
电导 G	Siemens [A^2·s^3/(kg·m^2)]	cm/s [cm/s]	$1\,$S$=9\times10^{11}$ cm/s
电导率 σ	S/m [A^2·s^3/(kg·m^3)]	1/s [1/s]	$1\,$S/m$=9\times10^9$ 1/s
电容 C	Faraday [A^2·s^4/(kg·m^2)]	cm [cm]	$1\,$F$=9\times10^{11}$ cm
介电常数 ϵ	F/m [A^2·s^4/(kg·m^3)]	1	$1\,$F/m$=1/\tilde{\epsilon}_0=36\pi\times10^9$
电感 L	Henry [kg·m^2/(A^2·s^2)]	s^2/cm [s^2/cm]	$1\,$H$=\frac{1}{9}\times10^{-11}$ s^2/cm
磁导率 μ	H/m [kg·m/(A^2·s^2)]	1	$1\,$H/m$=1/\tilde{\mu}_0=\frac{1}{4\pi}\times10^7$
热导率 κ	Watt/(m·K) [kg·m/s^3]	erg/(cm·s·K)[g· cm/s^3]	$1\,$W/(m·K)$=10^5$ erg/(cm·s·K)

与基础物理量相比, 涉及材料的电磁物理单位在国际制和高斯制之间的转换更加复杂. 高斯制单位的电阻、电容、电感的量纲特别简单, 只跟时间、空间的单位有关; 而相应的国际单位制的量纲往往很复杂, 因此都起了特殊的单位名称. 国际单位制下, 真空介电常数 $\epsilon_0 = (36\pi)^{-1}\times10^{-9}$ F/m 和真空磁导率 $\mu_0 = 4\pi\times10^{-7}$ H/m 的乘积正好等于真空光速 c 的平方倒数 (表 3.2 中的 $\tilde{\epsilon}_0$ 和 $\tilde{\mu}_0$ 分别表示 ϵ_0 和 μ_0 的数值):

$$\epsilon_0\mu_0 = \frac{1}{c^2} = \frac{1}{9}\times10^{-16}\quad(\text{s}^2/\text{m}^2)\tag{3.1}$$

从表 3.1 和 3.2 中可以看到, 基本的电磁材料单位以及电阻、电容、电感的 SI–cgs 换算常数往往具有 3×10^n, 9×10^m, 或者其倒数的形式, 这显然跟光速有关系. 在 3.2 节中介绍真空和材料中的麦克斯韦方程组的时候, 会回到这个问题的讨论.

金属的热导率与电导率都是主要由金属中的传导电子决定, 其热导率和电导率在常温区服从 Wiedemann-Frantz 定律 $\kappa/\sigma = LT$, 也就是说热性质和电性质互相关联. 因此, 表 3.2 中也列出了热导率 κ 的单位换算关系. 热与能量的传输有关, 因此热导率的单位与能量、温度的单位有关, 与电磁性质相关的单位有显著的不同.

3.2 真空及材料中的麦克斯韦方程组

电磁规律的定量研究开始于 18 世纪下半叶. 在电学方面最初的突破是由两位杰出的学者卡文迪许 (Henry Cavendish) 和库仑完成的. 卡文迪许曾经在

剑桥上过四年课, 但没有毕业. 其后他隐居于伦敦, 一生在实验室和图书馆中度过, 几乎不与人来往. 他很少发表论文, 直到 1879 年, 麦克斯韦出版了《尊敬的亨利·卡文迪许的电学研究》一书, 才对他的贡献做出总结. 卡文迪许一生未婚, 去世的时候留下了大量财产, 后来由他的家族捐献给剑桥大学, 由捐赠所建立的实验室在 1874 年建成, 为纪念他而定名为卡文迪许实验室, 麦克斯韦是这个实验室的第一任主任, 后续的主持人瑞利、汤姆孙、卢瑟福、布拉格等都是杰出的物理学家, 前后共培养出诺贝尔奖获得者 26 人.

卡文迪许最著名的实验是在 1798 年通过扭秤的摆动周期计算出铅球之间的引力, 从而测出了牛顿万有引力常数 $G=6.67\times10^{-11}$ N·m/kg². 在化学方面, 卡文迪许实际上是第一个发现氢气的. 在电学方面, 他在 1771~1781 年写了两篇电学论文, 其中讨论了: ①电容器、材料的介电常数; ② 最早建立了电势的概念, 并通过实验发现接地导体表面与大地的电势相等; ③ 导体两端的电势与电流成正比, 这是 1827 年确立的欧姆定律的先驱, 当时没有电流计, 他把自己的身体当作测量仪器, 用手臂的电振麻痹来估计电流的大小; ④ 证明了静电荷处于导体表面, 电力与距离的平方成反比, 或者至少与平方反比律的差别在 2% 以内, 这比库仑定律的确立还要早几年.

库仑是一位品行端正的法国学者. 1761 年, 他在 Ecole du Genie 大学毕业后, 成为军团工程师. 他被誉为 18 世纪欧洲最伟大的工程师之一, 在结构力学、摩擦理论、扭力等方面做了许多工作, 也是第一个尝试测量人在不同工作条件下做功的人. 1773 年, 法国科学院悬赏征求改进船用指南针的方案, 库仑此时转向研究电磁学. 他一直在从事毛发和金属丝的扭转特性研究, 因此在 1777 年发明了如图 3.1(a) 所示用头发丝或蚕丝悬挂的扭转天平或扭秤. 库仑以极大的耐心和精确性做了实验, 证明牛顿提出的引力平方反比律在描述电和磁的吸引和排斥力与距离的关系时也适用. 他也证明这种作用跟参与作用的两个物体的电量乘积成正比, 这就是著名的库仑定律 (Coulomb's law). 库仑证明了电荷存在于导体的表面, 并比较了导体不同部分的表面电荷. 库仑也思考了电磁作用为何能跨过 "空间" 进行超距作用, 只是没有得到答案. 静电相互作用能和引力相互作用能与距离的关系完全一样, 都是正比于 $1/r$, 目前任何严格的实验都没有发现静电相互作用或者引力相互作用偏离这个规律, 这也是自然界中的一个奇迹. 1785~1789 年, 库仑发表了他的电学研究报告, 后来法国数学家泊松在此基础上建立了电的数学理论, 这将在本书第四章中讨论.

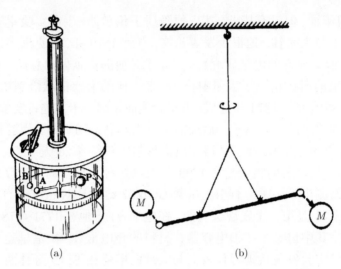

(a)   (b)

图 3.1   库仑和卡文迪许在电学、力学研究中使用的扭
秤 (《中国大百科全书》编辑组, 1998; Feynman, 1977)

　　电和磁现象的联系, 首先是由丹麦人奥斯特发现的 (见图 3.2). 奥斯特年
轻时候在哥本哈根大学听过课, 后来成为哥本哈根大学以及综合技术学校的教
授. 奥斯特是个很有天才的人, 但是他自己不会操作实验仪器, 总是需要助手或
者听众在他上课的时候协助他做实验. 1819～1820 年冬, 在他准备课程实验的
时候, 用伽伐尼电池 (纪念 1780 年伽伐尼发现生物电流) 产生的强电流通过导
线, 然后他说: "现在我们最后演示一下导线和磁针平行放置的实验", 结果当

图 3.2   奥斯特在演示电流对指南针的影响

场发现磁针接近电流以后, 发生剧烈偏转并振动. 他感到十分迷惑和震惊, 然后说: "让我们反转电流的方向", 此时磁针偏向相反的方向, 就这样他做出了伟大的发现. 奥斯特将玻璃、金属、木头、水、树脂、陶器、石头隔在导线和磁针之间, 结果发现磁针依然转向电流的垂直方向, 这样自然提出了 "场" 的观念, 意思是作用力不是通过接触, 而是通过空间散布的磁场传递的. 奥斯特的实验影响巨大. 1820 年, Halle 的教授施魏格 (Schweigger) 在此实验的影响下发明了电流计 (galvanometer), 当电流通过导线的时候, 磁针的转角显示了电流的大小.

与奥斯特同时代的法国物理学家安培和毕奥 (Jean-Baptiste Biot) 原本都认为电和磁不会有任何联系. 1820 年初, 安培正在主持巴黎大学的哲学讲座. 奥斯特对电磁学的发现促进了安培对电磁力的研究, 他在 1820 年 9 月发现, 两个相同方向的平行电流彼此相吸, 相反方向的平行电流彼此相斥. 1820 年 12 月, 奥斯特和安培的工作导致了毕奥–萨伐尔定律 (Biot-Savart law) 的发现, 并由此导致了应用广泛的电磁铁的出现. 安培的数学非常好, 他在 1823 年发表了一篇论文, 提出安培环路定理(theorem of Ampere's closed loop), 这可以由毕奥–萨伐尔定律推出, 不过具有更美的数学形式. 后来, 法拉第得到了更广泛的关于电和磁关系的观念, 他设计了很多实验, 证明电流和磁倾向于彼此环绕. 安培推广了法拉第的这个结论, 他受到挚友菲涅耳的启示, 提出 "磁在本源上是由于电流的作用, 在磁体中的每个粒子都有一种产生磁极的赤道圈式的电流", 这就是著名的安培分子电流观念. 20 世纪原子物理和量子力学建立以后, 证明原子磁矩是由绕核电子的轨道角动量和电子自旋共同贡献的, 这使得安培分子电流假说有了实在的内容.

法拉第是 19 世纪电磁领域最伟大的实验家. 他出生于伦敦, 是个铁匠的儿子, 少年时当过学徒. 1812 年, 他幸运地听到伟大的化学家戴维在英国皇家研究院的演讲, 其后他成为戴维的秘书, 随同戴维游历欧洲. 1815 年, 他回到皇家研究院, 从此开始了独创性的研究. 1821 年, 法拉第结婚, 他和他的妻子在皇家研究院的住房中共同生活了 46 年. 奥斯特的实验此时也传到英国, 法拉第在 1821 年圣诞节的早晨, 给他的新婚妻子演示了磁针围绕电流转动的实验. 然而又过了 10 年, 他的电磁实验一直没有新的发现, 但是法拉第坚持做实验. 1831 年 8 月, 法拉第用图 3.3 所示的由软铁环串联起来的两个线圈做实验 [后来这个装置被命名为法拉第圆环 (Faraday's ring)], 线圈 A 与一个电池组相连, 线圈 B 与一个电流计相连. 当线圈 A 与电池组刚连接或刚断开的时候, 线圈 B 中的电流计的指针振荡起来, 并且最后又停在零点. 法拉第没有立即领会这现象的全部意义. 1831 年 10 月, 他发现了感生电流, 将永磁体插入与电流计连接的螺线管中, 结果电流计的指针发生跳动. 他清楚地认识到, 这不是来自伏打电池的电流. 这就是法拉第电磁感应定律 (Faraday's law of electromagnetic induction) 的发现.

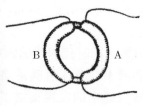

图 3.3　法拉第实验室和他发现电磁感应定律时使用的软铁环和线圈[①]

　　几乎与法拉第同时, 美国的亨利 (Joseph Henry) 也在做电磁感应方面的实验. 亨利出生于纽约, 15 岁时当过钟表店学徒. 他偶然看见一本《实验哲学讲义》, 对科学产生了热爱, 并进入当地的纽约奥尔巴尼学院读书. 1827 年成为这个学院的数学教授, 1832 年成为普林斯顿大学的自然哲学教授. 1829 年, 亨利将包上丝绸的铜导线绕在铁心周围, 他展出的磁铁的实际缠绕圈数达到 400 圈, 然后他用几个电池串联以提供大的稳定电流, 结果可以产生一个强磁体, 这个电磁铁可以提起 50 倍于电磁铁重量的物体, 这是人类对强大的电磁相互作用力把握并应用的较早实例之一. 1837 年, 亨利访问英国, 并结识了法拉第, 法拉第对亨利的实验大加赞赏. 法拉第环和亨利的缠线铁心都可以看成变压器及电感的原型. 为了纪念亨利的贡献, 国际单位制中电感的单位叫做亨 [利](Henry).

　　法拉第创造了一种符号, 就是图 3.4 中电场或磁场的"力线", 他的实验笔记中并无复杂的数学公式, 因为他没学过数学分析. 但是"力线"符号代替了数学分析, 把问题也分析得很清楚. 后来"力线"的概念在工业技术和基础教学领域都得到广泛采用. 法拉第通过思辨及实验验证, 导出"光与磁之间存在某种直接联系"这样一个了不起的结论. 1845 年, 法拉第使线偏振光线通过一片放置在强大磁场中的"重玻璃片", 然后就发现光波通过这个材料以后光的波前发生扭曲. 法拉第并没有做仔细的理论分析, 但是足以使他深信光与电

① 引自: American Physics Society. 2006-11-27. This Month in Physics History. City of Maryland, USA. http://www.aps.org/publications/apsnews/200108/history.cfm.

磁现象是有关系的, 他的这个思想直接影响了麦克斯韦.

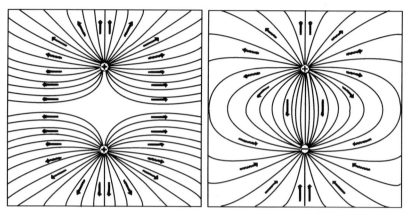

图 3.4　法拉第用来分析电场的"力线"①

　　麦克斯韦被认为是物理学史上仅次于牛顿、爱因斯坦的天才人物. 他最终建成了光的电磁理论, 用数学语言总结和表达了法拉第的思想, 并做了更多的发展. 麦克斯韦是苏格兰爱丁堡人. 1847 年, 他见到了偏振光棱镜的发明者尼科耳 (William Nicol), 并开始对偏振光的研究感兴趣. 同年秋天, 他进入爱丁堡大学, 这里的老师教了他数学、逻辑学, 并让他自由使用大学里的物理和化学仪器. 1850 年, 麦克斯韦进入剑桥大学, 他是个优秀、快乐的剑桥学生, 在此期间他开始喜欢做古诗, 并给朋友传阅. 后来他相继在多所英国大学任教, 在 1871 年他成为剑桥大学的物理学教授, 1874 年担任卡文迪许国家实验室的第一任主任.

　　1861~1862 年, 麦克斯韦发表了题为 *On Physical Lines of Force* 的论文, 开始把法拉第的实验思想翻译成数学语言. 麦克斯韦认识到电磁场的能量存在于电介质以及导体之中. 法拉第曾经对电介质在电磁感应中的作用做过讨论, 他认为电介质在外加交流电场中会发生类似"受迫振动"的行为. 麦克斯韦改变了法拉第的术语, 他认为电位移的变化是一种电流, 被称为"位移电流 (displacement current)", 位移电流也会感应出周围的磁场, 与导体中的传导电流的作用是类似的. 更重要的, 麦克斯韦认识到介质中的电位移会产生一种波速接近光速的波, 这就开启了电、磁、光现象统一的美妙数学理论的大门. 麦克斯韦提出这个观点的时候, 并没有扎实的实验证据, 他在 1873 年最终发表的两册著作 *A Treatise on Electricity and Magnetism* 正是体现了费曼称赞的

① 引自: Novak G. 2007-04-08. Web Physics. Indiana University Purdue University Indianapolis, Indiana, USA. http://www.uvi.edu/Physics/SCI3xxWeb/Electrical/field.jpg.

理论方面的 "imagination" 对于物理学的贡献. 当然, 他对电磁波的预言后来被杰出的赫兹用实验证实了.

麦克斯韦的原始论文中的数学表达十分难懂, 而且他是用电势 ψ 和磁矢势 $\boldsymbol{A}$ 来写他的方程组的. 目前常见的麦克斯韦微分方程组的形式, 是德国的亥姆霍兹对麦克斯韦的理论重新整理以后获得的. 赫兹后来由此导出电磁波的波动方程, 并做了实验验证. 不过, 麦克斯韦对于电势和磁矢势的重视, 后来在理论物理中得到了延续, 狄拉克的相对论量子力学和规范场论中的时空梯度算符就包含了磁矢势, 量子电动力学也是主要讨论磁矢势的量子化问题, 这体现了麦克斯韦理论的前瞻性.

麦克斯韦方程组是由本节前面讨论的电磁学的实验逐渐总结积累而来的. 真空中的麦克斯韦方程组 (Maxwell equations in vacuum) 在高斯制下具有相当完美的对称形式:

$$\boldsymbol{\nabla} \cdot \boldsymbol{E} = 4\pi\rho \tag{3.2}$$

$$\boldsymbol{\nabla} \cdot \boldsymbol{B} = 0 \tag{3.3}$$

$$\boldsymbol{\nabla} \times \boldsymbol{E} = -\frac{1}{c}\frac{\partial \boldsymbol{B}}{\partial t} \tag{3.4}$$

$$\boldsymbol{\nabla} \times \boldsymbol{B} = \frac{4\pi}{c}\boldsymbol{j} + \frac{1}{c}\frac{\partial \boldsymbol{E}}{\partial t} \tag{3.5}$$

式 (3.2) 是库仑定律的微分形式, 其中 ρ 为空间某一点 $\boldsymbol{r}$ 处的电荷密度. 处于位置 $\boldsymbol{r}'$ 处的点电荷 q 的密度可以表达为

$$\rho(\boldsymbol{r}) = q\delta(\boldsymbol{r} - \boldsymbol{r}') \tag{3.6}$$

利用 δ 函数在全空间的体积分为 1 的特性, 在点电荷周围建立半径为常数 $|\boldsymbol{r} - \boldsymbol{r}'|$ 的球形高斯面, 运用高斯定理 (2.51), 并由点电荷力线分布的对称性得到电场必然沿着球形高斯面 $\boldsymbol{r}$ 处的法线方向 $\hat{\boldsymbol{n}}$, 式 (3.2) 可以回复到库仑定律中的电场形式 (cgs) 制:

$$\boldsymbol{E}(\boldsymbol{r}) = q\frac{\hat{\boldsymbol{n}}}{|\boldsymbol{r} - \boldsymbol{r}'|^2} = q\frac{(\boldsymbol{r} - \boldsymbol{r}')}{|\boldsymbol{r} - \boldsymbol{r}'|^3} \tag{3.7}$$

式 (3.3) 的形式与库仑定律的微分形式式 (3.2) 十分相像, 只是方程右边为零 —— 原因是自然界不存在磁单极子 (magnetic monopole)—— 这是电与磁的不对称性的唯一来源.

若要将 cgs 制的式 (3.2)~ 式 (3.5) 转换为 SI 制, 首先将 $4\pi\epsilon_0$ 和 $\mu_0/4\pi$ 归一化为 "1", 并考虑到 cgs 制下 $\boldsymbol{E}$ 和 $\boldsymbol{B}$ 同量纲、而 SI 制下电–磁场之比

[E/B]=[m/s] 具有速度的量纲, 再利用式 (3.1), 可得 SI 制下真空中的麦克斯韦方程组:

$$\nabla \cdot \boldsymbol{E} = \rho/\epsilon_0 \qquad (3.8)$$

$$\nabla \cdot \boldsymbol{B} = 0 \qquad (3.9)$$

$$\nabla \times \boldsymbol{E} = -\frac{\partial \boldsymbol{B}}{\partial t} \qquad (3.10)$$

$$\nabla \times \boldsymbol{B} = \mu_0 \boldsymbol{j} + \epsilon_0 \mu_0 \frac{\partial \boldsymbol{E}}{\partial t} \qquad (3.11)$$

真空中麦克斯韦方程式 (3.11) 包含了由真空中流动电荷产生的自由电流(电流密度 $\boldsymbol{j} = \rho\boldsymbol{v}$) 感生的磁场, 以及麦克斯韦的位移电流(电流密度为 $\boldsymbol{j}_d = \epsilon_0 \partial\boldsymbol{E}/\partial t$) 感生的磁场这两项. 真空中的位移电流并不依赖于 "介质", 电场的改变足以感生磁场了, 这也是与在本章开始时讨论的 "以太没有必要存在" 这样一个结论自洽的.

实际上, 法拉第的实验和麦克斯韦的方程组, 都是在材料或者介质中考虑问题的, 而不是在真空中. 材料中的电磁理论, 之所以与真空中不同, 是因为材料中存在束缚电荷(如各原子的内层电子) 与电磁场的交互作用, 这个问题是非常复杂的. 在高斯制下材料中的麦克斯韦方程组 (Maxwell equations in media) 为 (注意下式中的 ρ_0 和 $\boldsymbol{j}_0$ 与 "自由电荷" 有关)

$$\nabla \cdot \boldsymbol{D} = 4\pi\rho_0 \qquad (3.12)$$

$$\nabla \cdot \boldsymbol{B} = 0 \qquad (3.13)$$

$$\nabla \times \boldsymbol{E} = -\frac{1}{c}\frac{\partial \boldsymbol{B}}{\partial t} \qquad (3.14)$$

$$\nabla \times \boldsymbol{H} = \frac{4\pi}{c}\boldsymbol{j}_0 + \frac{1}{c}\frac{\partial \boldsymbol{D}}{\partial t} \qquad (3.15)$$

真空麦克斯韦方程组中的电磁场其实就是微观电磁场, 也就是基本粒子构成的体系的电磁场, 这在原子分子结构、原子核结构等研究中显然是重要的. 材料中的麦克斯韦方程组中的电磁场是 "宏观" 电磁场, 其中的电场强度 $\boldsymbol{E}$(electric field)、磁感应强度 $\boldsymbol{B}$(magnetic induction) 实际上是微观的电场 $\boldsymbol{e}$(micro-electric field)、磁场 $\boldsymbol{h}$(micro-magnetic field) 在材料的一个微元 (an element in media) 内的统计平均:

$$\boldsymbol{E} = \langle \boldsymbol{e} \rangle_{\text{element}}, \qquad \boldsymbol{B} = \langle \boldsymbol{h} \rangle_{\text{element}} \qquad (3.16)$$

之所以必须进行平均, 是因为材料中的原子在振动、电子在运动, 在原子或更小的微观尺度上的电磁场是随空间、时间变化的. 在研究宏观的电磁材料问题的时候, 往往不用考虑微观尺度的带电基本粒子周围的电磁场涨落问题, 因此可以在一个微元内进行平均以获得材料中各处的 "宏观" 电磁场. 但是, 如果电磁波与原子发生相互作用, 有电子能态的量子激发、光子的吸收或发射过程, 式 (3.16) 中的这种平均就是不合适的了.

电位移矢量 (electric displacement)D 和磁场强度 (magnetic field)H 是为研究材料中的电磁问题而特别定义的新的电磁场矢量, 与 E、B 之间的关系分别为

$$D = E + 4\pi P \quad \text{(cgs)}, \quad D = \epsilon_0 E + P \quad \text{(SI)} \tag{3.17}$$

$$B = H + 4\pi M \quad \text{(cgs)}, \quad B = \mu_0(H + M) \quad \text{(SI)} \tag{3.18}$$

极化强度 (polarization)P 是因电介质中的束缚电荷被外加电场极化而产生的, 在铁电体中有自发极化; 磁化强度 (magnetization)M 是由原子磁矩的取向排列而产生的, 在铁磁体中具有自发磁化, 在外加磁场中铁磁体、顺磁体、抗磁体、反铁磁体的磁化状况会有不同的改变. 在铁磁体和铁电体中, M-H 和 P-E 的关系是多值的, 构成回线. 此外, 在场强很大时, 式 (3.17) 和式 (3.18) 中会出现 E, H 场的高次项, 这就是非线性光学.

cgs 制的式 (3.12)∼ 式 (3.15) 也可以转换为 SI 制. 注意到电位移矢量 D 的单位是 C^2/m、磁场强度 H 的单位是 A/m, 而且 H 与 D 的量纲之比 [H/D]=[m/s] 也具有速度的量纲, 在国际单位制下材料中的麦克斯韦方程组为

$$\nabla \cdot D = \rho_0 \tag{3.19}$$

$$\nabla \cdot B = 0 \tag{3.20}$$

$$\nabla \times E = -\frac{\partial B}{\partial t} \tag{3.21}$$

$$\nabla \times H = j_0 + \frac{\partial D}{\partial t} \tag{3.22}$$

其中 ρ_0 为导体中的自由电荷密度, j_0 为自由电荷电流. "安培分子电流" 已经被包含在原子磁矩的变化 $\mu_0^{-1}\nabla \times M$ 中, 此项的本质不是由电荷流动造成的, 而是来自于电子自旋和轨道角动量. 在电介质中的位移电流密度 $j_d = \partial D/\partial t$, 这是麦克斯韦最初考虑位移电流时设想的公式, 是与光速有关的, 这体现了电、磁与光的关系.

包含了位移电流的安培环路定理可以利用斯托克斯定理由式 (3.22) 求出 (假设磁场的积分回路为 $\varGamma$, 穿过 $\varGamma$ 回路的总电流为 I_{inc}):

$$\int_{\varGamma} \mathrm{d}\boldsymbol{l} \cdot \boldsymbol{H} = I_{\mathrm{inc}} + \frac{\partial \varPhi_{\mathrm{D}}}{\partial t} \tag{3.23}$$

其中 $\varPhi_{\mathrm{D}}$ 为电位移矢量的通量. 此方程 (3.23) 是在电磁材料研究中常用的数学形式.

麦克斯韦方程 (3.21) 是法拉第电磁感应定律的微分形式, 体现了变化的磁场通量 $\varPhi_{\mathrm{B}}$ 导致电路中产生感生电动势的思想. 利用斯托克斯定理 (2.53), 围合成闭路 $\varGamma$, 并绕了 N 匝的导线中的法拉第感生电动势 (electromotive force) 为

$$\mathcal{E} = \int_{\varGamma} \mathrm{d}\boldsymbol{l} \cdot \boldsymbol{E} = -N \frac{\mathrm{d}\varPhi_{\mathrm{B}}}{\mathrm{d}t} \tag{3.24}$$

式 (3.24) 就是法拉第电磁感应定律的积分形式, 也是在电机工程中常用的数学形式.

麦克斯韦方程组实际上还隐含有一些很好的数学性质. 本书第二章已经讨论过电荷守恒定律的数学形式, 即式 (2.20) 中的微分方程. 实际上, 麦克斯韦方程组是隐含有电荷守恒定律的, 只要将式 (3.15) 左右同时取散度, 再利用式 (3.12) 即可推导出电荷守恒定律, 具体过程留待读者在习题中自己证明. 另外, 麦克斯韦方程组是电场和磁场的线性方程组, 这意味着麦克斯韦方程组的解具有可以线性叠加(linear superposition) 的特性. 例如, 一团电荷密度分布 $\rho(\boldsymbol{r})$ 产生的总电场, 都可以用式 (3.7) 中的单个点电荷的电场叠加得到

$$\boldsymbol{E} = \int \mathrm{d}^3\boldsymbol{r}'\rho(\boldsymbol{r})\frac{(\boldsymbol{r}-\boldsymbol{r}')}{|\boldsymbol{r}-\boldsymbol{r}'|^3} \tag{3.25}$$

这种叠加法在解决静磁问题时也可以使用, 这将在本书第四章中继续讨论.

20 世纪初, 天才的荷兰物理学家洛伦兹 (Hendrik Antoon Lorentz) 提出, 麦克斯韦的理论主要关注电磁场的普遍规律, 当考虑到电磁场和物质的相互作用的时候, 必须有一个基本粒子在电磁场中的力学性质的描述方法, 在 1897 年汤姆孙发现电子以后, 这种要求尤其显得迫切. 洛伦兹指出带电荷 q、运动速度为 $\boldsymbol{v}$ 的基本粒子在电磁场中受的力 —— 即洛伦兹力 (Lorentz force) 力为

$$\boldsymbol{F} = q\boldsymbol{E} + q\boldsymbol{v} \times \boldsymbol{B} \tag{3.26}$$

洛伦兹力的提出, 将麦克斯韦电磁理论与牛顿力学联系了起来, 架起了经典物理学两大理论的桥梁. 在固体物理中讨论过的欧姆定律 (Ohm's law) 的微观形式:

$$j = \sigma E \qquad (3.27)$$

可由电子 "气体" 在外加电场中受到洛伦兹力以后运动的统计平均推导出来. 欧姆定律在卡文迪许的笔记中就有提及, 电磁学与洛伦兹力的结合使之拥有更坚实的基础.

　　麦克斯韦方程组加上洛伦兹力, 包含了所有电磁问题的理论. 从 1860 年到现在, 140 多年过去, 麦克斯韦方程组被无数与电磁相互作用相关的实验验证无误, 而且在相对论极限下也是成立的. 麦克斯韦的电磁理论与牛顿力学一起, 被认为是经典物理学的两大支柱之一. 实际上, 麦克斯韦在气体分子动力学及统计物理方面, 也有原创性的贡献. 在他之后, 经典物理可以说是达到完备的境界, 以至于当时一些悲观的物理学家认为, 大家只要在 "小数点后的几位" 进行物理学的修修补补的研究就可以了. 尽管后来 20 世纪的物理学还有惊人的大发展, 仍由上述评论也可以看出麦克斯韦贡献的惊人程度. 麦克斯韦方程组确实是自然科学和电工学、电子学中最核心的理论之一.

3.3　电磁场、势和能量

　　材料中的电磁场问题十分复杂, 一般在外加电磁场 (external field) 中, 材料内部各处的有效电场 (effective electric field) 和有效磁场 (effective magnetic field) 会依赖于是否有铁电、铁磁等对称性自发破缺, 或者边界效应造成的影响, 这将在下面两章详细讨论.

　　势 (potential) 是物理学中非常重要的概念. 生于都灵的意大利和法国数学家拉格朗日和拉普拉斯一般被公认为 "势" 这个概念的提出者. 1777 年, 拉格朗日在他寄往柏林的一封信中引入了势和等势面的概念, 而且他指出用引力势 $V = 1/r$ 的微分可以轻易获得空间任意一点的向心引力. 1780 年, 拉普拉斯提出了拉普拉斯方程, 并用引力势的微分方程清楚地解释了复杂的天体运动方程. 1828 年, 英国数学家格林在研究电磁问题的数学理论的时候, 引入了格林函数, 并正式给出了 potential 这个名词.

　　法拉第用一组正交的力线和等势面, 形象化地表达了电磁势与电磁场的关系. 拉格朗日对势的定义直接来自于分析力学 —— 这个定义可以表达为

"势的梯度为力":

$$F = -\nabla U \text{ (力学)}, \quad E = -\nabla V \text{ (静电学)} \tag{3.28}$$

精确地说, 式 (3.28) 中的 U 是势能 (potential energy), 势能 U 与势 V 之间要相差一个基本粒子的内禀物理量, 如质量或者电荷:

$$U = mV \text{ (引力势)}, \quad U = qV \text{ (电势)} \tag{3.29}$$

在中文当中, 势这个词应该是从 "地势" 引来的, 水从地势高处流动到地势低处, 好比引力场或电场从势高处指向势低处, 等势面和力线是处处正交的.

比较精确的电标量势 ψ(electric scalar potential) 和磁矢量势 A(magnetic vector potential) 的定义, 要根据麦克斯韦方程组来获得. 首先, 由于不存在磁单极子, 磁场 B 是精确的无散度矢量场, 根据式 (2.52) 和 式 (3.13), 磁矢量势的定义为

$$B = \nabla \times A \tag{3.30}$$

注意, 磁矢量势的选取是不唯一的, 只要其旋度等于可测量的物理量 "磁场", A 的定义可以相差一个任意的无旋度场 $\nabla \Lambda$. 当磁场为常数矢量的时候, 最著名的磁矢量势的选取为朗道磁矢势 $A = -\dfrac{1}{2}(r \times B)$, 这在固体物理中讨论磁性的本质时曾使用过.

电标量势的定义, 可以由法拉第定律式 (3.14) 和无旋度场的定义式 (2.54) 衍生而来:

$$\nabla \times \left(E + \frac{1}{c}\frac{\partial A}{\partial t} \right) = 0, \quad E = -\nabla\psi - \frac{1}{c}\frac{\partial A}{\partial t} \tag{3.31}$$

可见, 只有在静电学中, 电场和电势之间才满足 $E = -\nabla\psi$ 的关系, 在电池中、在电磁场中不能用此静电势表达式. 电标量势的选取也是不唯一的, 只是电标量势和磁矢量势必须协同变化, 以满足规范不变性 (gauge invariant): 当磁矢量势增加 $\nabla \Lambda$ 时, 电标量势同时得减少 $(\partial \Lambda/\partial t)/c$, 以保证可测量的电磁场在规范变化下是不变的.

电磁场的能量可以分为微观和宏观两种描述方法. 从微观的角度来说, 电磁波–光子具有波粒二象性, 因此电磁场的能量是量子化的. 这是 1900 年普朗克 (Max Planck) 在分析具有一定温度的 "黑体" 的电磁辐射能谱的时候, 发现必须假设电磁波的能量 $\epsilon = nh\nu$(其中 n 为整数、ν 为频率、h 为普朗克常

量), 才能由统计物理中的玻尔兹曼因子 (Boltzmann factor)$\exp(-\epsilon/k_{\rm B}T)$ 得到符合实验的温度 T 下的电磁能谱公式:

$$\frac{1}{V}\frac{{\rm d}E_{\rm em}}{{\rm d}\lambda} = \frac{8\pi}{\lambda^4}\frac{hc/\lambda}{e^{hc/\lambda k_{\rm B}T}-1} \tag{3.32}$$

其中 λ 为电磁波长; c 为光速; $k_{\rm B}$ 为玻尔兹曼常量. 式 (3.32) 是 20 世纪量子物理的起源, 后来由光子能量的量子化, 逐渐推演到微观基本粒子在各种状态下的能量量子化. 普朗克常量 $h = 6.62 \times 10^{-34}$ J·s 也成为微观世界的基本物理常量.

经典物理中的 "宏观" 电磁场能量, 开始是在研究电容和电感与电池之间的能量交换的时候发现的. 电池中的化学反应能, 在给电容充电的时候, 必然变成了另外一种形式的能量, 实际上就是静电场的能量. 充电的过程可以看成电池搬运电荷的过程, 那么电容 $C = \epsilon_0 A/d$(其中 A 为面积, d 为间隙) 的真空电容器中存储的电场能量为

$$U_E = \int_0^Q V'{\rm d}q = \int_0^Q \frac{q}{C}{\rm d}q = \frac{Q^2}{2C} = \frac{1}{2}\epsilon_0 \boldsymbol{E}^2 \times (Ad) \tag{3.33}$$

其中 $Q = CV$ 为电容器完成充电以后存储的电荷; ϵ_0 为真空介电常数. 类似地, 磁场能量也可以通过电池给具有电感 $L = \mu_0 n^2 Al$ 的螺线管式真空电感器的充磁过程推导出来:

$$U_M = \int_0^I V'i{\rm d}t = \int_0^I Li{\rm d}i = \frac{1}{2}LI^2 = \frac{\boldsymbol{B}^2}{2\mu_0} \times (Al) \tag{3.34}$$

其中 I 为充磁完成后电路中的稳定电流; μ_0 为真空磁导率; 磁场 $\boldsymbol{B} = \mu_0 nI$ 沿着螺线管的轴向. 上述这两个电磁场能量的公式都是 SI 制的.

实际上, 电磁场的能量不依赖于电容、电感或者电路的设计. 不过, 普遍的电场和磁场的能量密度表达式, 正好分别满足式 (3.33)(除以电容器体积 Ad) 和式 (3.34)(除以螺线管式电感器体积 Al). 在高斯制下, 真空中电磁场能量密度的公式具有更优美、更对称的形式:

$$u = \frac{\boldsymbol{E}^2}{8\pi} + \frac{\boldsymbol{B}^2}{8\pi} \tag{3.35}$$

这可以通过将 $4\pi\epsilon_0$ 和 $\mu_0/4\pi$ 归一化为 1 的 "经验性单位制转换方式" 获得.

在电磁材料中, 电磁场的能量表达式更为复杂, 在后续章节中将结合具体材料有更详细的讨论. 在此可以从麦克斯韦方程组以及能量守恒的基本原理,

直接推导出线性电磁材料中的电磁场能量的普遍表达式. 考虑一个由带电粒子组成的系统, 空间某处的电荷密度为 $\rho(\boldsymbol{r})$、电流密度为 $\boldsymbol{j}(\boldsymbol{r})$、电场为 $\boldsymbol{E}$、磁场为 $\boldsymbol{B}$. 由洛伦兹力表达式 (3.26), 并考虑电流密度与粒子速度的关系 $\boldsymbol{j} = \rho\boldsymbol{v}$, 可知电磁场对体积微元 $\mathrm{d}^3\boldsymbol{r}$ 内的电荷做的功为

$$\mathrm{d}W = \boldsymbol{F} \cdot \mathrm{d}\boldsymbol{r} = (\rho\mathrm{d}^3\boldsymbol{r})\left(\boldsymbol{E} + \frac{1}{c}\boldsymbol{v} \times \boldsymbol{B}\right) \cdot \boldsymbol{v}\mathrm{d}t = \boldsymbol{E} \cdot \boldsymbol{j}\mathrm{d}^3\boldsymbol{r}\mathrm{d}t \tag{3.36}$$

实际上, 磁场对带电粒子不做功, 因为磁场对于粒子施加的力永远与该粒子的速度垂直. 那么全系统中电磁场对带电粒子做的总功率为

$$P_{\mathrm{tot}} = \iiint \mathrm{d}^3\boldsymbol{r}\, \boldsymbol{E} \cdot \boldsymbol{j} \tag{3.37}$$

这部分能量实际上是由电磁场的能量转化为了带电粒子的机械能或热能. 利用麦克斯韦方程式 (3.15), 总功率可以表达为 (cgs 制)

$$P_{\mathrm{tot}} = \frac{c}{4\pi} \iiint \mathrm{d}^3\boldsymbol{r}\ \boldsymbol{E} \cdot \left(\boldsymbol{\nabla} \times \boldsymbol{H} - \frac{1}{c}\frac{\partial \boldsymbol{D}}{\partial t}\right) \tag{3.38}$$

利用恒等式 $\boldsymbol{\nabla} \cdot (\boldsymbol{E} \times \boldsymbol{H}) = \boldsymbol{H} \cdot (\boldsymbol{\nabla} \times \boldsymbol{E}) - \boldsymbol{E} \cdot (\boldsymbol{\nabla} \times \boldsymbol{H})$、麦克斯韦方程式 (3.14), 以及具有固定的介电常数矩阵 $\tilde{\boldsymbol{\epsilon}}$ 和磁导率矩阵 $\tilde{\boldsymbol{\mu}}$ 的线性电磁材料中的电磁场关系 $\boldsymbol{D} = \tilde{\boldsymbol{\epsilon}} \cdot \boldsymbol{E}$ 和 $\boldsymbol{B} = \tilde{\boldsymbol{\mu}} \cdot \boldsymbol{H}$, 可以将总功率化为

$$\begin{aligned}
P_{\mathrm{tot}} &= -\frac{1}{4\pi} \iiint \mathrm{d}^3\boldsymbol{r}\left(c\boldsymbol{\nabla} \cdot (\boldsymbol{E} \times \boldsymbol{H}) + \boldsymbol{E} \cdot \frac{\partial \boldsymbol{D}}{\partial t} + \boldsymbol{H} \cdot \frac{\partial \boldsymbol{B}}{\partial t}\right) \\
&= -\iiint \mathrm{d}^3\boldsymbol{r}\left(\frac{c}{4\pi}\boldsymbol{\nabla} \cdot (\boldsymbol{E} \times \boldsymbol{H}) + \frac{1}{8\pi}\frac{\partial}{\partial t}(\boldsymbol{E} \cdot \boldsymbol{D} + \boldsymbol{H} \cdot \boldsymbol{B})\right)
\end{aligned} \tag{3.39}$$

电磁场做的功率密度表达式具有典型的连续方程的形式, 因此可以分别定义电磁场的能量密度 u 和能流密度 $\boldsymbol{S}$(cgs 制) 为

$$u = \frac{1}{8\pi}(\boldsymbol{E} \cdot \boldsymbol{D} + \boldsymbol{B} \cdot \boldsymbol{H}) \tag{3.40}$$

$$\boldsymbol{S} = \frac{c}{4\pi}(\boldsymbol{E} \times \boldsymbol{H}) \tag{3.41}$$

其中电磁场的能流密度矢量又被称为坡印亭矢量 (Poynting vector). 这样, 电磁场对系统中的电荷做的总功率可以简单地写为

$$P_{\mathrm{tot}} = \iiint \mathrm{d}^3\boldsymbol{r}\,\boldsymbol{j} \cdot \boldsymbol{E} = -\iiint \mathrm{d}^3\boldsymbol{r}\left(\frac{\partial u}{\partial t} + \boldsymbol{\nabla} \cdot \boldsymbol{S}\right) \tag{3.42}$$

式 (3.42) 的物理意义十分明显: 在任意一个体积内的电磁场对电荷做的功来自于电磁场能量本身的变化加上电磁能的流入流出, 因此总能量是守恒的. 反之, 电磁场能量密度的变化率 $\partial u/\partial t$ 由两个部分构成: 一部分是由于电磁场能量通过体积的边界流出或流入, 这由坡印亭矢量的散度描述; 另一部分是电磁场对这个体积微元内电荷做的功, 这将通过带电粒子的运动转换为其他形式的能量.

在 SI 制下, 电磁场能量密度和能流密度的表达式与 cgs 制有所不同:

$$u = \frac{1}{2}(\boldsymbol{E} \cdot \boldsymbol{D} + \boldsymbol{B} \cdot \boldsymbol{H}) \tag{3.43}$$

$$\boldsymbol{S} = (\boldsymbol{E} \times \boldsymbol{H}) \tag{3.44}$$

公式的推导请读者自己在习题中证明. 在 SI 制下能量守恒方程 (3.42) 的形式不变. 方程 (3.42) 体现了电磁场与物质粒子有相互作用的系统中复杂的能量守恒规律.

能量守恒 (energy conservation) 在自然科学和工学中讨论用电磁能与其他形式的能量转换时, 是非常重要的. 电磁波是现代社会中信息传输的主要方式, 从能量守恒的角度说, 电磁波的发射和接收体现在能流密度的散度中. 电阻实际上是在外电场的驱动下电子与材料中的声子和缺陷碰撞形成的, 在此过程中电磁能转化为热能, 也就是上述公式中的功率 P_{tot} 导致的能量转换的主要方式. 另外, 在电化学中, 还有电磁能量以化学反应的复杂方式体现出来, 这是由物理化学家吉布斯提出的理论解决的, 朗道的连续介质电动力学中也有很多类似的讨论, 这将在后续章节中继续介绍.

3.4　电磁波谱 —— 麦克斯韦彩虹

麦克斯韦方程组预言的电磁波, 是由赫兹的电磁波实验验证的, 这是物理学史上理论和实验最美妙的组合之一. 1857 年, 赫兹出生于德国汉堡. 他开始对土木工程感兴趣. 1880 年, 他成为德国当时的学界领袖、生理和物理学家亥姆霍兹的助手. 亥姆霍兹热爱音乐, 精通声学、视觉等波动问题, 在欧洲大陆最早宣传麦克斯韦的电磁理论. 1885 年, 赫兹在卡尔斯鲁厄技术高等专业学院当物理学教授, 在这里他完成了值得纪念的关于电磁波的实验.

赫兹用莱顿瓶 (Leyden jar) 作为电磁波的发生源. 莱顿瓶在电学发展史上是个重要的实验设备, 实际就是一个电荷存储装置. 1745 年, 德国的一位副主教克莱斯特 (Ewald Christian von Kleist) 将小玻璃瓶中的一枚铁钉与摩擦起电机的导体接触, 然后他用手接触这枚铁钉, 发现肩膀和手臂受到重击, 说明铁钉带电了. 1746 年, 在荷兰莱顿 (现在的莱顿大学), 物理学家穆欣布罗克 (Pieter van Musschenbrock) 在存有 "孤立导体" 的莱顿瓶中加水, 他发现这就加大了莱顿瓶中可存储的电荷量. 卡文迪许曾经测量出由 49 个莱顿瓶组成的电池具有 321 000 "电英寸" (约合 0.5 μF 的电容). 法拉第的电容(capacitance) 的设计思想也来自莱顿瓶, 只是他用固体电介质代替了水. 1842 年, 美国人亨利观察到莱顿瓶的放电过程并不是单调的, 而是一种逐渐减小到零的急速的来回振荡. 1847 年, 亥姆霍兹在他的论文 "论力的守恒" 中也叙述了这种振荡, 这在后来被称为振荡放电(oscillatory discharge).

图 3.5 中显示的间距被调节到很小的两对黄铜球, 分别是赫兹实验的发射器 (transmitter) 和接收器 (receiver), 发射器连着变压器和莱顿瓶, 接收器则用一个圆形导线连接起来. 当实验室中一边的莱顿瓶发生振荡放电的时候, 另一边接收器中的两个黄铜球之间会产生细微的电火花(electric spark). 当时赫兹非常激动, 因为这个凌空产生的电火花就证实了电磁波 (electromagnetic wave)确实在空间发生了传播. 赫兹还使用大的薄锡板作为电磁波反射镜, 使电磁波发生反射、折射、衍射和偏振, 还让电磁波在水中发生折射等. 赫兹说: "这些实验的目的就是要验证法拉第–麦克斯韦理论的基本假说, 而实验的结果证实了这个理论的基本假说的正确性. "

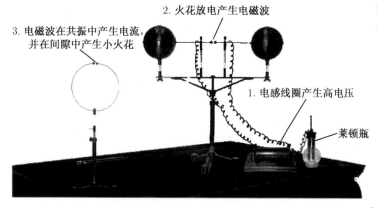

图 3.5　1887 年赫兹实验的基本框架: 莱顿瓶、发射器、接收器 [1]

利用麦克斯韦方程式 (3.2)∼ 式 (3.5), 如真空中没有带电粒子, 电荷密度 ρ 和电流密度 j 为零, 可以推导出电磁波在真空中的波动方程:

---

[1] 引自: eHam.net File Libraries. 2007-05-10. Ham Radio on the Net. City of Vernon, New York, USA. http://www.eham.net/libraries/download/289/KA4KOE_table.jpg.

$$\nabla^2 \boldsymbol{E} - \frac{1}{c^2}\frac{\partial^2 \boldsymbol{E}}{\partial t^2} = 0 \tag{3.45}$$

$$\nabla^2 \boldsymbol{B} - \frac{1}{c^2}\frac{\partial^2 \boldsymbol{B}}{\partial t^2} = 0 \tag{3.46}$$

注意, 这个真空电磁波波动方程在 SI 和 cgs 单位制中的表达式是一样的, 只是其中的光速 c 的数值不同. 这个波动方程的标准解具有矢量平面波的形式:

$$\boldsymbol{E} = \boldsymbol{e}_0 \exp(\mathrm{i}\boldsymbol{k}\cdot\boldsymbol{r} - \mathrm{i}\omega t) \tag{3.47}$$

$$\boldsymbol{B} = \boldsymbol{m}_0 \exp(\mathrm{i}\boldsymbol{k}\cdot\boldsymbol{r} - \mathrm{i}\omega t) \tag{3.48}$$

波矢 $\boldsymbol{k}$(wave vector) 的方向体现了电磁波的能量和信息传播的方向. 在真空中电场的振动方向和磁场的振动方向都与波矢垂直. 也就是说, 在空间任何一点, 电场常数 $\boldsymbol{e}_0$、磁场常数 $\boldsymbol{m}_0$ 与波矢 $\boldsymbol{k}$ 分别构成了直角坐标系的 x, y, z 方向, 两两互相垂直 (见图 3.6).

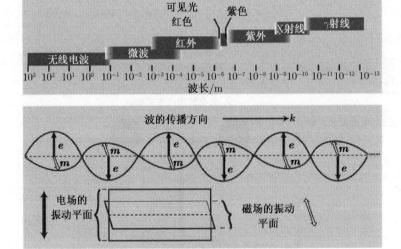

图 3.6　频率空间中的电磁波谱和位移空间中的电磁波[1]

实际上, 式 (3.47) 和式 (3.48) 的平面波电磁波解是最简单的一种. 如果发射源是点源, 那么电磁波的解应该是球面波, 如果电磁波在不同的介质中传播, 解会更复杂, 这些都会在第七章中作进一步讨论. 在任何电磁波解中, 波矢与

① 引自: Light and Matter. 2007-03-05. Physics and Astronomy Resources. Ben Crowell. City of Fullerton, California, USA. http://www.lightandmatter.com/html_books/7cp/ch06/figs/emspectrum.png.

描述波动的基本物理量波长 (wave length)、角频率 (angular frequency) 和频率 (frequency) 都满足如下简单的关系:

$$k = 2\pi/\lambda, \quad \omega = 2\pi\nu, \quad \omega = ck, \quad \lambda = c/\nu \tag{3.49}$$

可见光是人类自然而然就认知到的. 其他波段的电磁波, 却是在赫兹的电磁波实验以后才逐渐为人类所知, 并逐渐应用到生活的各个领域. 赫兹最早发现的是无线电波, 这可以通过振荡电路(resonant circuit) 的方法获得. 赫兹发现阴极射线管发出的阴极射线能穿过金属箔, 而不是被反射. 他的实验过后没多久, 在 1895 年, 德国 Wurzburg 的医生伦琴 (Wilhelm Konrad Röntgen) 发现克鲁克斯阴极射线管发射的一种辐射引起一张涂有氰化钠钡的屏幕闪闪发光, 而且他发现这种射线能穿透普通光线不能穿透的纸、木头、铝, 甚至人体. 伦琴命名这种射线为 X 射线(X-rays), 意思是未知的, 他用这种射线拍摄的一张人体全身骨架照片, 配合上主人公同时衣冠楚楚的照片做对比, 登载在报纸上, 造成德国和欧洲轰动. 1912~1913 年, 劳厄、布拉格父子等终于使用 X 射线实现了对于晶体微观结构的实验观测, 同时证明了 X 射线是电磁波以及晶体确实具有完美的周期结构, 这是物理学和其他学科有重要影响的衍射学 的开端. 同样在 1895 年, 德国的 Lummer、Pringsheim 和 Kurbolm 测定了在给定的任意温度下的辐射强度. 他们证实了热辐射是电磁波, 而且其辐射强度 (radiation strength) 在某个波长上有极值. 1900 年, 普朗克在讲课时为了解释这个现象, 发现必须把光的能量量子化, 再使用玻尔兹曼的统计物理的方法, 才能得到符合实验的理论曲线, 开启了 20 世纪伟大的量子物理的序幕.

由赫兹实验开始, 电、磁、光现象都被统一在电磁波这个概念下, 同时电磁波谱(electromagnetic spectrum) 的概念开始建立. 实际上, 人类现在已经能充分运用电磁波谱的各个波段, 在自然科学、工学的很多领域进行基础研究, 并在与信息电子有关的工业领域进行商业化应用. 19 世纪以来, 信息电子工业中的重大发明, 无线电报、广播、电视、雷达等都与电磁波的发射和接收有直接的关系. 可见, 电磁波谱不仅在科学研究方面意义重大, 而且已经深刻影响了我们的日常生活. 表 3.3 中列出了自然科学中对全电磁波谱的分类以及在电子学中使用的各种电磁波段的名称. 为了纪念麦克斯韦对于电磁波的伟大的理论预测, 同时也纪念牛顿进行的可见光用棱镜解析为彩虹的实验, 从频率为零到无穷大的电磁波谱被称为麦克斯韦彩虹.

表 3.3 中的第一部分, 是物理学对于电磁波谱的分类, 从低频到高频, 共分为长波、无线电波、红外、可见光、紫外、X 射线、γ 射线 7 个区域. 微观世

界的基本粒子都具有波粒二象性, 电磁波、光子 (photon) 是分别体现电磁辐射基本粒子的波粒二象性的两个名字. 频率越低, 光的波动性越显著; 频率越高, 粒子性越显著. 但是波动性和粒子性是相对和共生的, 要看电磁波与物质之间的相互作用的具体情况而定, 这也将在后面的章节中详细讨论.

表 3.3　科学与技术中的电磁波谱——麦克斯韦彩虹

电磁波段	频率 ν	波长 λ	补充性质
长波 (long wave)	$10^1 \sim 10^4$Hz	$3 \times 10^7 \sim 3 \times 10^4$m	类静电磁场
无线电波 (radio wave)	$10^4 \sim 10^{11}$Hz	$3 \times 10^4 \sim 3 \times 10^{-3}$m	波动性为主
红外 (infrared)	$10^{11} \sim 4 \times 10^{14}$Hz	$3 \times 10^{-3} \sim 7 \times 10^{-6}$m	有生理感受
可见光 (visible light)	$4 \times 10^{14} \sim 7 \times 10^{14}$Hz	$7 \times 10^{-7} \sim 4 \times 10^{-7}$m	波粒二象性
紫外 (ultraviolet)	$7 \times 10^{14} \sim 10^{17}$Hz	$4 \times 10^{-7} \sim 3 \times 10^{-10}$m	有生理感受
X 射线 (X-rays)	$10^{17} \sim 10^{20}$Hz	$3 \times 10^{-9} \sim 3 \times 10^{-12}$m	波粒二象性
γ 射线 (γ-rays)	$10^{20} \sim 10^{27}$Hz	$3 \times 10^{-12} \sim 3 \times 10^{-19}$m	粒子性为主
音频 (audio frequency)	20Hz～20kHz	1500～15km	声音频谱
视频 (video frequency)	30Hz～6MHz	1000km～50m	图像频谱
射频 (radio frequency)	20kHz～3THz	15km～100 μm	即无线电波
军用与航空, 核磁共振	10～500kHz	30km～600m	超长波、长波
调幅收音机 (AM radio)	500kHz～1MHz	600～300m	中波
军用、航空和汽车收音机	1～20MHz	300～15m	短波
调频收音机 (AF radio)	60～100MHz	5～3m	米波
电视频道 (TV channel)	50MHz～1GHz	6m～30cm	米波、微波
军用和个人 (雷达, GPS)	500MHz～100GHz	60cm～3mm	微波
手机频道 (mobile phone)	1～2GHz	33～14cm	微波
卫星通信 (satellite)	10～50GHz	3cm～6mm	微波

表 3.3 中的第二部分是工学和电子工程中常用的电磁波段的名称及其频率、波长区间. 音频本来是指人耳能听见的声波频率区间, 但是在信息电子工业中经常把声波转换为电磁波, 转换过程中频率不变, 因此在电磁波段中也有这个频段. 视频的定义来源有些不同, 为了使电视屏幕上的图像让人眼看起来有真实的动感, 电子枪必须在 1 s 内扫描出 20～30 幅图像, 每幅图像由 500 道线组成, 每道线还有几百个荧光点构成, 这样需要的最高频率为 5～6 MHz, 这就是视频的由来. 射频是在工学实验中常用的说法, 其实和无线电波的频率区间是完全重合的. 本书第一章中提到的天文研究中的射电天文学, 是在 20 世纪 50 年代以后开始发展的, 其名字的来由是因为天文学家开始使用射频区的电磁波观察星际空间, 可见电磁波谱扩展了人类观察自然的另一个维度.

表 3.3 中的第三部分主要是对在通信领域应用最为广泛的无线电波频段更加细分化, 这些频段的电磁波在日常生活、科研活动和电子工业中的分配应用也都分别注明了. 射频电波又可以分为 (狭义的) 超长波、长波、中波、短

波、米波、微波, 或者按照频率区间对应地被称为 (狭义的) 甚低频 (VLF)、低频 (LF)、中频 (MF)、高频 (HF)、甚高频 (VHF)、特高频 (UHF)、超高频 (SHF) 无线电波. 对应的电磁波长从数百公里到毫米, 频率区间从千赫 (kHz)、兆赫 (MHz)、吉赫 (GHz) 到接近太赫 [兹](THz). 有趣的是电视频道使用的频率区间与电视图像本身的视频区间不同, 这是因为信息的传输还需要载波 (carrier wave), 这也将在本书第七章中详细讨论. 在自然科学中, 物理、化学、生物中常用的分子光谱、铁磁共振、核磁共振等实验方法, 也是用射频区域的电磁波, 但是往往使用的是这些电磁波的量子化能量这种 "粒子性质".

本 章 总 结

本章是全书的理论总纲. 国际单位制和高斯制一节实际上是以普通物理中的电磁学为基础的, 否则那么多物理单位之间的关系是根本无法弄清楚的. 后续的主要内容有:

(1) 麦克斯韦方程组. 介绍了麦克斯韦方程组的起源, 以及国际单位制、高斯制、真空和材料中麦克斯韦方程组的表达形式. 实际上, 麦克斯韦方程组还可用 ψ, A 这样的势来表达的, 此外还有适用于相对论的四维表达形式, 这些能体现自然科学的本质和美感, 但与工科应用关系较远, 因此就没有讲述.

(2) 电磁场的能量和能流. 从拉格朗日等数学家提出的 "势" 的概念出发, 通过能量守恒定律, 严格推导了电磁场的 (经典物理) 能量密度和能流密度在国际单位制和高斯制下的表达式. 这在讨论信息传输的问题时候是非常关键的公式.

(3) 电磁波和频谱. 通过对赫兹实验和麦克斯韦波动方程的介绍, 讨论了电磁波与光波的统一, 以及自然科学和工学中常用的电磁波谱定义. 实际上, 在本书第七章中, 还会讨论更加实际的带宽问题; 其他章节则多多少少要涉及音频和视频的问题, 这些都要以本节讨论的内容为基础.

参 考 文 献

弗·卡约里. 2003. 物理学史. 戴念祖译. 桂林: 广西师范大学出版社.

刘川. 2003. 经典电动力学 (电子版讲义). 北京大学物理学院.

俞允强. 1999. 电动力学简明教程. 北京: 北京大学出版社.

《中国大百科全书》编辑组. 1998. 中国大百科全书·物理卷 (I-II). 北京: 中国大百科全书出版社.

Feynman R P, Leighton R B, Sands M. 1977. The Feynman Lectures on Physics, Vol.I-II. 6th Edition. Addison-Wesley Publishing Company.

Terman F E. 1947. Radio Engineering. 3rd Edition. New York: Mc Graw-Hill.

本 章 习 题

1. [思考题] 光速最初是如何测量的? 写出简单的估算公式.

2. [思考题] 迈克耳孙–莫雷实验为什么能判断在地球这个非惯性系中光速与地球的运动无关?

3. [思考题] 在库仑的扭秤实验中, 如果要金属球实现眼睛能观测到的 $5°$ 的转动, 需要多大的两个电荷以及多大的扭丝的弹性系数互相配合?

4. [思考题] 亨利的电磁铁能吸引比自身重 50 倍的钢铁, 他为什么要在 400 匝的电流线圈中放置软磁的磁芯?

5. [思考题] 法拉第的电磁感应线圈中, 突然断路以后感生的电流, 持续的典型时间由什么因素决定?

6. [思考题] 在赫兹实验中, 他初步测量了电磁波速, 并发现与光速在误差范围内是相等的. 那么, 在赫兹实验中如何进行电磁波速的测量?

7. 在高压输电线中, 若两根电线之间相距 1m, 其中的电流各有 100A 并朝着相反的方向流动, 两根输电线受的力的大小和方向分别是多少?

8. 由材料中国际单位制的麦克斯韦方程组, 推导出 SI 制下电磁场的能量密度公式 (3.43) 和能流密度公式 (3.44). 有无可能 (如某些微波炉的广告中所言) 形成 "涡旋" 电磁波? 并根据能流密度的性质说明为什么?

9. 由麦克斯韦方程式 (3.2)~ 式 (3.5) 推导出真空中电磁波的波动方程式 (3.45) 和式 (3.46). 并说明为什么这个方程组与单位制无关?

10. 由真空中电磁波的波动方程式 (3.45) 和式 (3.46) 解出其平面波解. 并说明为什么电场、磁场和波矢互相垂直?

11. 由麦克斯韦方程式 (3.2) 和式 (3.5) 证明电荷守恒定律的微分形式式 (2.20).

第四章　静电与静磁问题

- 电介质 (4.1) 与静电学 (4.2)
- 铁磁体 (4.3) 与静磁学 (4.4)
- 静电和静磁问题的解析解和计算方法 (4.5)

静 电与静磁问题的应用是非常广泛的. 在信息电子工业的基础研究中, 几乎所有电子系统的设计都会涉及静电计算问题, 而计算机硬盘等磁电系统的设计则离不开静磁计算问题. 本章将分别从电介质和铁磁体的材料性质出发, 讨论静电和静磁问题的基本理论, 以及普遍的解析和数值解法.

静电学 (electrostatics) 与静磁学 (electromagnetics) 的应用并不仅仅局限于频率为零的电磁学问题. 实际上, 只要满足两个条件: ① 电磁波长 $\lambda = c/\nu$ 远大于电磁材料的尺度; ② 不考虑电磁波与材料相互作用的量子效应 (如核磁共振效应对射频电磁波的特征吸收、气体分子振动及转动能级对红外电磁波的特征吸收)—— 在电磁材料和器件中计算频率不为零的电磁场时, 可以按准静态过程(adiabatic process) 处理.

上述定义静电静磁学适用范围的条件 ① 可以由麦克斯韦方程组推演出来. 在一个固定频率的电磁场中, 绝缘的电磁材料中 cgs 制的式 (3.14) 和式 (3.15) 可以写为

$$\nabla \times \boldsymbol{E} = \mathrm{i}\frac{2\pi\nu}{c}\boldsymbol{B}, \quad \nabla \times \boldsymbol{H} = -\mathrm{i}\frac{2\pi\nu}{c}\boldsymbol{D} \tag{4.1}$$

当波长 $\lambda = c/\nu$ 远大于电磁场的特征变化长度 (此长度与材料的尺度等量级) 时, 显然, 式 (4.1) 中两个等式的右边都可以忽略, 也就是回归到静电和静磁问题的基本方程.

电工、电子和信息工业中基本的器件设计, 除了与电感、电磁波和半导体晶体管有关的以外, 其他都可以用静电学、静磁学的基本方法来解决. 虽然电子器件中使用的电磁场频率不断增高, 但是器件尺度也在不断下降, 这样, 静

电、静磁学始终是适用的.

信息处理的核心器件为集成电路芯片, 这是 1957 年由美国得克萨斯仪器公司 (Texas Instrument) 的工程师吉尔比 (Jack Kilby) 首先提出专利并制备成功的. 集成电路的思想是将电阻、电容、晶体管和它们之间的互联导线统一集成在一个半导体基片上, 这开启了目前基于硅工业的数字革命时代. 后来集成电路循着英特尔 (Intel) 公司的创始人之一摩尔提出的摩尔定律 (Moore's law) 的预言演进, 20 世纪 60 年代一个屋子那么大的芯片现在已可以集成到一个小小的硅片上. 基于集成电路系统的高度复杂性, 需要自动化的计算和设计系统. IEEE(国际电气与电子工程师协会) 的工业标准 EDA(Electronic Design Automation) 电子设计自动化系统是斯坦福大学和太阳计算机系统有限公司共同开发的. 集成巨量有源器件和无源器件的电路计算必须基于坚实的物理学和电子学理论基础之上, 静电学的知识是其中重要的一部分. 信息存储系统 (information storage) 的核心器件是电信号和磁存储信号之间转换的磁头, 磁头的设计也将在本章中用静磁学的方法解决.

4.1 电介质与介电常数

静电问题最早来源于电荷 "存储" 问题的研究. 卡文迪许在 18 世纪 70 年代用英寸为单位来计量图 4.1 中的一组莱顿瓶能 "存储" 多少电荷. 后来, 在高斯制中的电容单位确实就是厘米, 这个电容的数值一般体现了电容器的尺度.

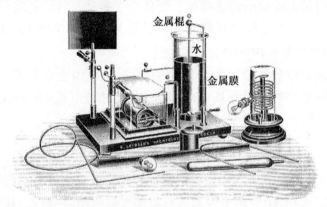

图 4.1   最早出现的莱顿瓶电容器[①]

① 引自: Antonio Carlos M, de Queiroz. 2007-02-24. City of Rio de Janeiro, Brazil. http://www.coe.ufrj.br/ acmq/eln4366.jpg.

19 世纪 30 年代, 法拉第在研究静电感应问题时, 认为导体之间的绝缘介质参与了电场的传播, 因此命名之为 电介质(dielectric). 法拉第在两个同心导体球面之间放置不同的电介质, 两个导体之间的电吸引力的强度随着电介质的性质会发生变化, 也就是说, 在电压固定的情况下正负极导体上存储的电荷总量会随着介电材料的不同而变化, 电容率 这个重要概念由此导出. 电容率就是电介质的相对介电常数. 表 4.1 中列出了电子工业中常用电介质的相对介电常数 ϵ_r(dielectric constant)、功率因子 $\tan\delta$(power factor)、Q 因数 (capacitor Q) 和击穿电场 (breakdown field)E_b.

表 4.1 静电场、长波、无线电波及微波中经常使用电介质的基本性质

电介质	ϵ_r	功率因子 $\tan\delta$	Q 因数	$E_b/(kV/mm)$
空气 (air)	1.00	0.000	∞	3
云母 (mica)	5~9	0.0001~0.0007	1428~10 000	180~200
玻璃 (glass)	4.5~7.0	0.002~0.016	62.5~500	10~25
胶木 (bakelite)	4.5~7.5	0.02~0.09	11.1~50	
滑石 (steatite)	6.1	0.002~0.004	250~500	
聚苯乙烯 (polystyrene)	2.4~2.9	0.0002	5000	110~200
聚乙烯 (polyethylene)	2.3	0.00015~0.0003	3333~6666	
聚丙烯 (polypropylene)	2.2	0.0003~0.0004	2500~3333	180~200
金红石 (rutile)	90~170	0.0006	1667	10
油浸渍电容器纸	4~5	0.003~0.01	100~333.3	20
铝电解电容器氧化膜	8.4	0.05	20	5000~10 000
二氧化硅 (微电子)	3.9~4.6			1000

引自: Terman, 1947; 《中国大百科全书》编写组, 1998.

理想的电容器在充电–放电的时候能实现电源电能和电容器内部的电场能量的完全互相转化. 实际的电容器是做不到这一点的, 在放电过程中往往有一些电场能量被损耗, 绝大多数损耗是在电介质内部发生的; 在频率很高的时候电容器的复阻抗和电极导体中电流的趋肤效应也会贡献部分损耗; 频率更高的时候电容器会发光, 这是电磁波的能量向外辐射的效应, 当然也有部分损耗. 因此, 在一般电介质中相对介电常数 (SI 制的语言, 高斯制中就是介电常数) 不完全是实数, 一般有个很小的虚部:

$$\epsilon_r = \epsilon' - i\epsilon'', \quad \tan\delta = \epsilon''/\epsilon' \tag{4.2}$$

其中 $\tan\delta$ 就是功率因子, 在电子学教材中又被称为损耗角正切. 在损耗角很小的时候, 功率因子、能量损耗因子 (dissipation factor) 与电容器 Q 因数的倒数大致相等.

电介质的极化机制也是多样的, 表 4.1 中的介电常数恰好反映了这些极化机制. 在固体物理中已经讨论过, 固体的极化机制主要有偶极转向、离子位移和电子位移三种方式. 在极化共振区域, 介电常数的虚部有极值, 此时电介质的功率因子取极大值. 陶瓷电介质的主要极化形式是离子位移极化, 比如铝电解氧化膜、云母、金红石 (也就是二氧化钛) 等. 陶瓷铁电体未列在表 4.1 内, 其介电常数特别大, 这和铁磁体的磁导率很大的机理是类似的. 玻璃的极化机制也是离子位移极化, 因为玻璃可以看成非晶态的无机材料. 由生物体演化而来的纸和木质材料的主要是偶极转向极化. 高分子材料如聚苯乙烯、聚乙烯和聚丙烯的分子不容易转动, 其中也没有离子, 因此主要是通过电子位移极化, 这就是为什么高分子电介质的 Q 因数特别大的缘故.

在现代的微电子工业中, 数量巨大的无源器件和有源器件通过统一的制备步骤被集成在一个芯片上, 电容器当然也不例外. 为了减少制备步骤, 充分利用芯片的基底材料硅 (silicon) 的物理性质, 二氧化硅 (silicon dioxide) 自然是微电子器件中最重要的电介质. 表 4.1 中给出了二氧化硅的介电常数和击穿电场, 并未给出功率因子和 Q 因数, 这是因为在集成电路 (IC) 中孤立元件的性质不再那么重要了, 衡量整个芯片的损耗显然需要更复杂的评价体系. 由硅与水汽或氧气在 95°C 左右的温度下进行化学反应 —— 学名叫做硅热氧化工艺 (silicon thermal oxidation technology)—— 可以在硅片表面形成一层致密的二氧化硅薄膜. 当硅被氧化的时候, 其体积增大 2.2 倍, 形成的热生长二氧化硅为无定形的非晶结构, 是由硅氧四面体无规则排列形成的三维网络. 无定形二氧化硅的介电常数为 3.9, 而电阻率高达 $\rho = 5 \times 10^{21}\ \mu\Omega\cdot cm$, 损耗应该是很小的. 二氧化硅层的厚度在芯片中不同的区域是不一样的, 作为电容器介质的时候比较厚; 在目前的 MOS 场效应管 (MOS field effect transistor, MOSFET)中的 SiO_2 氧化层厚度在几纳米到几十纳米之间, 此氧化层厚度不能低于 1.2 nm, 否则会造成栅极漏电流 (必须小于 1 A/cm^2) 和击穿问题. 目前学术界和工业界还在研究更薄的栅极氧化层, 有可能使用介电常数超过 10 的高介材料 (high-k materials), 但能否与微电子制备工艺匹配, 还是个有待检验的问题.

在微电子芯片中呈三维多层分布的导线之间, 也需要绝缘体进行隔离. 为了尽量减低导线之间多余的电容效应, 这种绝缘隔离材料与 MOSFET 中的氧化层要求相反, 必须是低介材料 (low-k film). 目前工业中使用的有两种: ① 碳基或硅基高分子材料 (carbon or silicon-based polymer), 使用旋涂法 (spin-on deposition mode) 制备, 其介电常数为 2.6~2.7; ② 碳掺杂氧化硅

玻璃 (carbon-doped silicon oxide glass), 使用化学沉积法 (CVD) 制备, 其介电
常数为 2.8~2.9. 介电常数在 2 左右的低介材料还在研究中. 所有这些新材料
都是从无定形二氧化硅介电薄膜材料衍生而来的.

　　金属材料或者导体不能说是电介质, 但是导体也有一个等效介电常数 ϵ_{eff},
此复数介电常数主要在研究电磁波与金属的相互作用的时候起作用, 在静电学
中一般不会用到. 但是, 在此讨论一下金属的等效介电常数是有益的, 可以看
出导体与电介质中的 "介电常数" 定义的同异. 根据式 (3.27) 的微观欧姆定律
$\boldsymbol{j} = \sigma\boldsymbol{E}$, 导体在频率为 ω 的电磁场中的安培–麦克斯韦定律式 (3.22) 可以写为

$$\nabla \times \boldsymbol{H} = \sigma\boldsymbol{E} - \mathrm{i}\omega\boldsymbol{D} \tag{4.3}$$

导体内部除了价电子以外, 还有束缚电子. 束缚电子在外电场中极化, 与电介
质中是类似的, 因此电位移矢量与电场强度有类似电介质的关系 $\boldsymbol{D} = \epsilon_0\epsilon_m\boldsymbol{E}$,
ϵ_m 的量级为 1. 结合非局域电子与束缚电子的贡献, 导体的等效介电常数
(complex permittivity) 为

$$\nabla \times \boldsymbol{H} = -\mathrm{i}\omega(\epsilon_0\epsilon_{eff}\boldsymbol{E}) \tag{4.4}$$

$$\epsilon_{eff} = \epsilon_m + \mathrm{i}\frac{\sigma}{\epsilon_0\omega} \quad (\text{SI}), \quad \epsilon_{eff} = \epsilon_m + \mathrm{i}\frac{4\pi\sigma}{\omega} \quad (\text{cgs}) \tag{4.5}$$

在射频区域, 束缚电子对导体 "等效介电常数" 的贡献主要为实部, 而非
局域电子的贡献比束缚电子大得多, 而且是很大的虚部, 这表示金属对无线电
波有强烈的吸收和反射.

4.2 静 电 学

　　自法拉第以来, 静电学 (electrostatics) 就是从以导体–电介质为核心材料
的电容器等电子器件的分析开始发展的, 其中的很多问题都已经被研究得很清
楚, 从理论上剩下的比较困难的问题就是电介质中空间各点或各晶粒感受到的
有效电场 (effective electric field). 在复杂的电子系统中, 外加电场是由处于不
同电势的导体提供的. 电介质被极化以后, 其多变的形状导致复杂的边界束缚
电荷分布, 这些束缚电荷会在电介质内部产生不同的有效电场, 因此导致不同
的极化 —— 这显然需要一个自恰的求解过程.

　　在电磁波长远大于材料的尺度、又没有量子效应时, 电与磁的问题互相分
离. 若 ρ_0 是自由电荷密度, 麦克斯韦方程组中与静电学有关的两个方程为

$$\nabla \cdot \boldsymbol{D} = \rho_0 \quad (\text{SI}), \quad \nabla \cdot \boldsymbol{D} = 4\pi\rho_0 \quad (\text{cgs}) \tag{4.6}$$

$$\nabla \times \boldsymbol{E} = 0 \quad (\text{SI}), \quad \nabla \times \boldsymbol{E} = 0 \quad (\text{cgs}) \tag{4.7}$$

　　在电介质中, 电子电荷被束缚在原子核周围或者在非金属化学键上, 因此其中的自由电荷密度 $\rho_0 = 0$. 式 (4.6) 和式 (4.7) 不足以解决静电学的问题, 还需要一个方程定义电位移矢量 D 和电场强度 E 的关系, 这就与电介质的本性有关了. 表 4.2 中给出了典型电介质的电位移矢量 D 和电场强度 E 的关系.

表 4.2　电介质的电位移矢量 D 和电场强度 E 的关系

电介质及其结构	D 和 E 的关系	极化强度 P
立方晶系电介质	$D = \varepsilon_0\epsilon_r E$ (SI), $D = \epsilon E$	$P = \varepsilon_0\chi_e E$ (SI), $P = \chi E$
各向异性电介质	$D = \varepsilon_0\tilde{\epsilon}_r \cdot E$ (SI), $\epsilon_{ij} = \epsilon_{ji}$	$P = \varepsilon_0\tilde{\chi}_e \cdot E$ (SI), $\chi_{ij} = \chi_{ji}$
多相颗粒电介质	$\langle D \rangle = \varepsilon_0\epsilon_{\mathrm{mix}}\langle E \rangle$ (SI)	$\langle P \rangle = \varepsilon_0(\epsilon_{\mathrm{mix}} - 1)\langle E \rangle$ (SI)
铁电体 (cgs 制)	$D = E + 4\pi P$, 无线性关系	P_s 为饱和极化强度, 自发极化
压电体 (cgs 制)	$D_i = D_{0i} + \epsilon_{ij}E_j + 4\pi\gamma_{ijk}\sigma_{jk}$	$P_i = P_{0i} + \chi_{ij}E_j + \gamma_{ijk}\sigma_{jk}$

注: 不加标注则指 cgs 制.
引自: Landau et al., 1984; Jackson, 1975.

　　立方晶系具有最高的晶体对称性, 同时拥有二重、三重、四重旋转对称轴, 因此立方晶系电介质是各向同性介质 (isotropic media), 其中的 D 和 E 之间直接由一个介电常数来联系. 对于各向异性介质 (anisotropic media), 如四方、六角、正交相的电介质, 介电常数成为一个 3×3 的矩阵 $\tilde{\epsilon}_r$, 而且是对称矩阵. 介电常数矩阵的性质, 可以由点群、空间群的对称性推演而来.

　　绝大多数陶瓷电介质都是通过多次烧结制备而成的, 因此是多相颗粒电介质, 其介电常数 $\varepsilon_{\mathrm{mix}}$ 表达了多相平均电位移矢量 $\langle D \rangle$ 和多相平均电场强度 $\langle E \rangle$ 之间的线性联系. 注意, 每一相的介电常数不是直接相加平均的, 而是遵循三次方根的方式求平均 (Landau et al., 1984):

$$\varepsilon_{\mathrm{mix}}^{1/3} = \langle \epsilon^{1/3} \rangle_{\mathrm{multi\text{-}phase}} \tag{4.8}$$

铁电体 (ferroelectrics) 中存在自发极化 (spontaneous polarization), 因此其宏观电场 D 和 E 之间不能用一个线性的常数或者矩阵描述. 严格来说, 其介电常数是没有定义的. 日常提起的铁电体 "介电常数" 是指初始介电常数 (initial permittivity), 先用高频外场将铁电体内的电畴混乱化, 总电偶极矩变为零, 再缓慢外加电场的时候, 此时 D 和 E 之间的线性关系用初始介电常数来描述. 铁电体电滞回线 (P-E loop) 的计算问题, 与铁磁体磁滞回线 (M-H loop) 的计算类似, 具体讨论见后续的微磁学章节.

　　压电体 (piezoelectrics) 中的 D 和 E 之间的关系最为复杂, 这是因为极化的来源可能有三个: 自发极化 $P_0 = D_0/4\pi$(即压电体同时也可能是铁电体)、外加电场引起的线性极化 (由介电常数矩阵 $\tilde{\epsilon}_{\mathrm{r}}$ 来联系)、外加机械形变导致的极化 (其中 $\tilde{\sigma}$ 为协变矩阵). 介电常数矩阵和协变矩阵 (strain matrix) 都是 3×3 的二阶矩阵, 但是压电常数矩阵 (piezoelectric constant)γ_{ijk} 是 $3 \times 3 \times 3$ 的三阶矩阵, 非常复杂. 注意, 表 4.2 中压电体的 $\boldsymbol{D}$、$\boldsymbol{E}$ 和 $\tilde{\sigma}$ 之间的关系使用了爱因斯坦符号.

4.2.1　退极化矩阵法

静电学的第一种解决方法是退极化矩阵法 (depolarizing matrix method). 电介质的结构有多个层次, 有可能是非常复杂的. 不过, 电介质最终还是由很多细小的晶粒构成的. 不管电介质中 $\boldsymbol{D}$ 和 $\boldsymbol{E}$ 的关系如何复杂, 束缚电荷体密度和面密度总可以表达为

$$\rho_{\mathrm{b}} = -\boldsymbol{\nabla} \cdot \boldsymbol{P}, \quad \sigma_{\mathrm{b}} = \hat{\boldsymbol{n}} \cdot \boldsymbol{P} \tag{4.9}$$

也就是说, 电极化均匀的时候, 材料的基础单元晶粒内正负电荷平衡, 其中就没有净束缚电荷; 只有电极化不均匀, 才会出现净的束缚电荷体密度 ρ_{b}(bond charge density), 在晶界上或者器件的边界上也会出现束缚电荷面密度 σ_{b}.

根据电介质中束缚电荷密度的分布, 就可以计算出在材料中位置 $\boldsymbol{r}$ 处, 由微观电场平均而得的总有效电场 (effective electric field):

$$\boldsymbol{E}(\boldsymbol{r}) = \boldsymbol{E}_0(\boldsymbol{r}) + \boldsymbol{E}_{\mathrm{a}}(\boldsymbol{r}) + \boldsymbol{E}_{\mathrm{d}}(\boldsymbol{r}) \tag{4.10}$$

其中 $\boldsymbol{E}_0$ 为电介质外部的导体系统产生的外加电场; $\boldsymbol{E}_{\mathrm{a}} = E_{\mathrm{a}}^0(\hat{\boldsymbol{p}} \cdot \hat{\boldsymbol{k}})\hat{\boldsymbol{k}}$ 为铁电材料中因对称破缺而产生的内禀电场 (intrinsic field) 或各向异性电场 (anisotropy field); 退极化场 $\boldsymbol{E}_{\mathrm{d}}$(depolarizing field) 为材料中的束缚电荷产生的电场:

$$\boldsymbol{E}_{\mathrm{d}}(\boldsymbol{r}) = -\iiint_V \mathrm{d}^3 r' \tilde{\boldsymbol{N}}(\boldsymbol{r}, \boldsymbol{r}') \cdot [\boldsymbol{P}(\boldsymbol{r}')/\epsilon_0] \quad \text{(SI)} \tag{4.11}$$

对于电介质内部的均匀极化晶粒, 退极化矩阵 (depolarizing matrix) $\tilde{\boldsymbol{N}}$ 是个只与晶粒形状有关的矩阵. 在 cgs 制当中, 退极化矩阵 $\tilde{\boldsymbol{N}}$ 与 $[4\pi\boldsymbol{P}]$ 进行卷积即可获得 $\boldsymbol{E}_{\mathrm{d}}$.

退极化矩阵与理学中著名的格林函数联系密切. 根据库仑定律 [见式 (3.7)], 由束缚电荷导致的总静电势 (static potential) 为

$$\psi(\boldsymbol{r}) = \iiint_V \mathrm{d}^3 r' \frac{1}{|\boldsymbol{r} - \boldsymbol{r}'|}[-\boldsymbol{\nabla}' \cdot \boldsymbol{P}(\boldsymbol{r}')] \tag{4.12}$$

那么格林函数的定义就是由单位点电荷产生的势, 格林函数体现了两个标量场 —— 电荷密度 $\rho(\boldsymbol{r}')$ 的分布与静电势 $\psi(\boldsymbol{r})$ 之间的空间关联:

$$\boldsymbol{\nabla}_{\boldsymbol{r}'}^2 G(\boldsymbol{r}, \boldsymbol{r}') = -4\pi\delta(\boldsymbol{r} - \boldsymbol{r}')$$

$$\psi(\boldsymbol{r}) = \iiint \mathrm{d}^3 r' G(\boldsymbol{r}, \boldsymbol{r}')\rho(\boldsymbol{r}')$$

(4.13)

显然, 无穷空间内的格林函数就是著名的 $1/|\boldsymbol{r} - \boldsymbol{r}'|$ 势. 那么, 退电矩阵又是什么呢? 静电场是无旋度场, 由式 (3.31) 可知, 静电场必然能表达成 $\boldsymbol{E} = -\boldsymbol{\nabla}\psi$ 的形式. 由式 (4.12) 以及高斯定理 [见式 (2.51)], 可以证明由均匀极化的晶粒组成的电介质中的退极化场为 (cgs 制)

$$\boldsymbol{E}_{\mathrm{d}}(\boldsymbol{r}_i) = \sum_j \iiint_{V_j} \mathrm{d}^3 r' \left(\boldsymbol{\nabla}\boldsymbol{\nabla}\frac{1}{|\boldsymbol{r}_{ij} - \boldsymbol{r}'|}\right) \cdot \boldsymbol{P}(\boldsymbol{r}')$$

$$= -\sum_j \tilde{\boldsymbol{N}}(\boldsymbol{r}_i, \boldsymbol{r}_j) \cdot (4\pi\boldsymbol{P}_j)$$

(4.14)

$$\tilde{\boldsymbol{N}}_{\alpha\beta}(\boldsymbol{r}_i, \boldsymbol{r}_j) = -\frac{1}{4\pi}\iiint_{V_j} \mathrm{d}^3 r' \partial_\alpha' \partial_\beta' \frac{1}{|\boldsymbol{r}_{ij} - \boldsymbol{r}'|} \qquad (\alpha, \beta = 1, 2, 3) \quad (4.15)$$

其中 $\boldsymbol{r}_{ij} = \boldsymbol{r}_i - \boldsymbol{r}_j$ 是两晶粒中心的距离, $\tilde{\boldsymbol{N}}_{\alpha\beta}(\boldsymbol{r}_i, \boldsymbol{r}_j)$ 就是第 j 个晶粒与第 i 个晶粒之间的退极化矩阵, 体现了两个矢量场极化强度 $\boldsymbol{P}(\boldsymbol{r}')$ 与静电场 $\boldsymbol{E}_{\mathrm{d}}(\boldsymbol{r})$ 之间的空间关联; 这与格林函数体现了电荷密度 $\rho(\boldsymbol{r}')$ 和电势 $\psi(\boldsymbol{r})$ 之间的关联是完全类似的. 注意, 方程 (4.15) 也是退磁矩阵的表达式.

退极化矩阵 $\tilde{\boldsymbol{N}}_{\alpha\beta}(\boldsymbol{r}_i, \boldsymbol{r}_j)$ 只取决于两个均匀极化的晶粒的相对位置和几何特征, 不取决于晶粒的极化强度, 其或单位制的选取. 若 $i = j$, $\tilde{\boldsymbol{N}}_{\alpha\beta}(\boldsymbol{r}_i, \boldsymbol{r}_i)$ 就是由第 i 个晶粒本身的非对称形状导致的自退极化场, 又可称为形状各向异性场 (shape anisotropy field). 由格林函数的本质特性, 可以给出退极化矩阵的守恒量:

$$\mathrm{tr}\tilde{\boldsymbol{N}}(\boldsymbol{r}_i, \boldsymbol{r}_j) = \sum_\alpha \tilde{\boldsymbol{N}}_{\alpha\alpha}(\boldsymbol{r}_i, \boldsymbol{r}_j) = \begin{cases} 1, & i = j \\ 0, & i \neq j \end{cases}$$

(4.16)

例题 4.1　均匀极化的 $a \times b \times c$ 长方体电介质的退极化矩阵. 对于均匀极化的长方体电介质中的微元或晶粒, 若形状 (长方体的三个方向的尺度) 相同, 其退极化矩阵的数学表达式是一样的. 假设电介质中第 i 与第 j 个颗粒的

中心位置差为 $r_i - r_j = r = (x, y, z)$, 那么长方晶粒的退极化矩阵 $\tilde{N}(r_i, r_j)$ 只与两颗粒的中心位置差 r 有关:

$$\tilde{N} = -\frac{1}{4\pi} \int_{-a/2}^{a/2} dx' \int_{-b/2}^{b/2} dy' \int_{-c/2}^{c/2} dz' \nabla' \nabla' \frac{1}{\sqrt{(x-x')^2 + (y-y')^2 + (z-z')^2}} \tag{4.17}$$

这个矩阵的积分是个长方体内的三重积分, 有一定的复杂性, 需要使用到积分公式:

$$\int dy' \frac{1}{\left[\sqrt{u^2 + (y-y')^2}\right]^3} = \frac{y' - y}{u^2 \sqrt{u^2 + (y-y')^2}} \tag{4.18}$$

退极化矩阵 $\tilde{N}_{\alpha\beta}(r_i, r_j)$ 的 9 个矩阵元都可以由 N_{11} 和 N_{12} 的计算推广:

$$N_{11} = -\frac{1}{4\pi} \iiint dx' dy' dz' \partial_x' \partial_x' \frac{1}{|r - r'|} = \frac{1}{4\pi} \sum_{p=\pm 1} \iint dy' dz' \frac{a/2 + px}{|r - r'|^3} \tag{4.19}$$

$$N_{12} = -\frac{1}{4\pi} \sum_{p=\pm 1} \sum_{q=\pm 1} pq \int \frac{dz'}{[(a/2 + px)^2 + (b/2 + qy)^2 + (z - z')^2]^{3/2}} \tag{4.20}$$

由上述三个积分公式, 读者可以自己证明长方体电介质的各个退极化矩阵元.

应该强调的是, 表 4.3 中长方体电介质的退极化矩阵, 与均匀磁化的长方体材料或晶粒的退磁矩阵 (demagnetizing matrix) 是完全相同的, 这充分体现了电和磁的对称性.

表 4.3 均匀极化的 $a \times b \times c$ 长方体电介质在离体心 $r = (x, y, z)$ 处的退极化矩阵

定义 p、q、w 求和整数	只可以取 $+1$ 或 -1
定义矢量 $R = (R_1, R_2, R_3)$	$R_1 = \dfrac{a}{2} + px$, $R_2 = \dfrac{b}{2} + qy$, $R_3 = \dfrac{c}{2} + wz$
退极化矩阵元 N_{11}	$\dfrac{1}{4\pi} \sum_p \sum_q \sum_w \arctan[R_2 R_3/(R_1 R)]$
退极化矩阵元 N_{22}	$\dfrac{1}{4\pi} \sum_p \sum_q \sum_w \arctan[R_3 R_1/(R_2 R)]$
退极化矩阵元 N_{33}	$\dfrac{1}{4\pi} \sum_p \sum_q \sum_w \arctan[R_1 R_2/(R_3 R)]$
退极化矩阵元 $N_{12} = N_{21}$	$\dfrac{1}{8\pi} \sum_p \sum_q \sum_w pq \ln[(R - R_3)/(R + R_3)]$
退极化矩阵元 $N_{13} = N_{31}$	$\dfrac{1}{8\pi} \sum_p \sum_q \sum_w pw \ln[(R - R_2)/(R + R_2)]$
退极化矩阵元 $N_{23} = N_{32}$	$\dfrac{1}{8\pi} \sum_p \sum_q \sum_w qw \ln[(R - R_1)/(R + R_1)]$

由上述长方晶粒在空间任何一点的退极化矩阵, 读者很容易得到具有极化强度 $\boldsymbol{P}$ 的长方晶粒在空间任何一点的电场强度 (注意, $\boldsymbol{r} = \boldsymbol{r}_i - \boldsymbol{r}_j$):

$$\boldsymbol{E}_{\mathrm{d}}(\boldsymbol{r}_i) = -\tilde{\boldsymbol{N}}(\boldsymbol{r}_i, \boldsymbol{r}_j) \cdot [\boldsymbol{P}(\boldsymbol{r}_j)/\varepsilon_0] \ \ (\mathrm{SI}) \qquad (4.21)$$

通过一个简单的计算机程序, 可以由式 (4.21) 以及表 4.3 计算出均匀极化的长方体电介质内部和外部空间任何一点的静电场即退极化场 $\boldsymbol{E}_{\mathrm{d}}$.

当 $i = j$ 时, $\tilde{\boldsymbol{N}}(0,0)$ 叫做自退极化矩阵 (self-depolarizing matrix), 由于自退极化矩阵具有 $\mathrm{tr}\tilde{\boldsymbol{N}} = 1$ 的特性, 因此晶粒内部的静电场 $\boldsymbol{E}_{\mathrm{d}} = -\tilde{\boldsymbol{N}}(0,0) \cdot [\boldsymbol{P}/\epsilon_0]$ 与电极化矢量 $\boldsymbol{P}$ 是反向的, 这也是退极化这个名字的由来.

知道了电介质中任意一个晶粒的退极化矩阵, 就可以计算出式 (4.10) 中的有效电场, 知道了有效电场, 就可以更精确地计算晶粒中的本征极化和材料的宏观极化之间的关系, 这就解决了静电学中最困难的问题之一. 由此可以看出, 退极化矩阵或理学中的格林函数方法对于静电学的基础意义.

4.2.2　微分方程与边值问题

本书第二章中已经介绍了 18 世纪末、19 世纪初法国数学家拉格朗日、拉普拉斯、泊松等发明的微分方程法. 这些最早的微分方程都是针对引力势的. 在 19 世纪中后期麦克斯韦方程成熟以后, 微分方程法自然也被用到解决电磁学问题中. 在求解静电学边值问题 (boundary value problem) 时, 微分方程法是很普遍的方法. 微分方程是针对静电势 ψ 的, 前面介绍的退极化矩阵法是针对电场矢量 $\boldsymbol{E}$ 的, 矢量问题当然比标量问题复杂. 因此, 微分方程法在解决导体和电介质系统的问题时比退极化矩阵法更方便.

在静电学中, 导体内部的电场为零, 电势为常数. 这是因为导体内部充满可自由移动的价电子, 假若导体内部的势不是常数, 电子从统计上说会沿着电势升高的方向移动 (能带电子在准经典近似下也是这样运动), 导体内的电势差别在很短的时间内必然趋于常数. 这个电势均匀化的特征时间 τ 可以用电荷守恒定律 [见式 (2.20)] 加上微观欧姆定律式 (3.27) 以及麦克斯韦方程 (3.8) 估算出来:

$$0 = \frac{\partial \rho}{\partial t} + \boldsymbol{\nabla} \cdot \boldsymbol{j} = \frac{\partial \rho}{\partial t} + (\sigma/\varepsilon_0)\rho, \quad \rho = \rho_0 \mathrm{e}^{-t/\tau} \qquad (4.22)$$

导体成为等势体的特征时间 $\tau = \varepsilon_0/\sigma$ 只有约 $10^{-19}\mathrm{s}$. 对照表 3.2 中的量纲分析, 可以看到介电常数和电导率的比确实具有时间的量纲, 而且电导率越高, 特征时间越短.

在导体、真空和电介质组成的静电系统中, 导体或真空中有自由电荷密度 ρ_0. 实用的电介质都是多相颗粒介质, 甚至是复合材料, 其中 $\boldsymbol{D} = \varepsilon_0\varepsilon_r\boldsymbol{E}$. 在图 4.2 中的 A、B 两个区域内, 泊松方程或拉普拉斯方程的解都应该满足 A、B 区域界面上的边值关系:

$$\boldsymbol{\nabla}^2\psi(\boldsymbol{r}) = -\rho_0(\boldsymbol{r})/(\varepsilon_0\varepsilon_r) \tag{4.23}$$

$$\psi_A(\boldsymbol{r}_{\text{bound}}) = \psi_B(\boldsymbol{r}_{\text{bound}}) \tag{4.24}$$

$$\sigma^0_{AB}(\boldsymbol{r}_{\text{bound}}) = \hat{\boldsymbol{n}}_{AB} \cdot ([\varepsilon_0\varepsilon_r\boldsymbol{\nabla}\psi]_A - [\varepsilon_0\varepsilon_r\boldsymbol{\nabla}\psi]_B) \tag{4.25}$$

其中 ρ_0 为自由电荷密度; ε_r 为一个均匀电介质内部的相对介电常数, 泊松或拉普拉斯方程必须在每块均匀介质内部分别求解. 在两个不同的电介质 A 和 B 之间, 必须满足两个电势的衔接条件: 一是电势连续方程式 (4.24); 另一个是界面电荷守恒方程式 (4.25), 其中 $\sigma^0_{AB}(\boldsymbol{r}_{\text{bound}})$ 是 A、B 两区界面上的位置 $\boldsymbol{r}_{\text{bound}}$ 处的自由面电荷密度. 在本书第二章中, 拉普拉斯算符在直角坐标系、球坐标系、柱坐标系中的表达式已经在式 (2.31)~ 式 (2.33) 中分别给出了, 拉普拉斯方程的解析解也已讨论过. 拉普拉斯方程和泊松方程的解析求解、数值求解方法, 将在本章最后两节再作详细讨论.

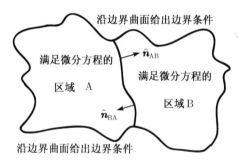

图 4.2 边值问题的示意图 (A, B 两区都满足同一微分方程, 两区域之外有边界)

在求解导体–电介质系统问题的时候, 总要有个总的空间范围, 在其边界上, 必须给定边界条件 (boundary condition). 可获得唯一解的两种最基本的边界条件为

$$\psi|_{\text{boundary}} = \psi_0 \qquad \text{狄利克雷边界条件} \tag{4.26}$$

$$\hat{\boldsymbol{n}}_b \cdot \boldsymbol{\nabla}\psi|_{\text{boundary}} = \sigma_0/\varepsilon_0\varepsilon_r \qquad \text{诺伊曼边界条件} \tag{4.27}$$

式 (4.26) 中的狄利克雷边界条件 (Dirichilet boundary condition) 给定了边界面上的电势, 如在导体表面的电势是常数. 式 (4.27) 中的诺伊曼边界条件

(Neumann boundary condition) 给定边界表面的电势法向梯度, 如若边界外是导体 ($\hat{\boldsymbol{n}}_b$ 从求解空间内部指向导体内部), 其表面的局域自由电荷面密度就是 $\sigma_0 = (\varepsilon_0\varepsilon_r)\hat{\boldsymbol{n}}_b \cdot \boldsymbol{\nabla}\psi$. 也可以用混合边界条件 求解泊松方程: 一部分用狄利克雷边条件; 另一部分用诺伊曼边界条件, 这对于导体、空气、电介质组成的复杂系统是很可能出现的.

对于由 N 个分别处于电势 ψ_i、带电荷 Q_i 的导体组成的静电体系, 其中广义电容(generalized capacitance) 的定义是由郎道根据系统的总静电能给出的:

$$U = \frac{1}{2}\sum_{i=1}^{N}\sum_{j=1}^{N}\tilde{C}_{ij}\psi_i\psi_j = \frac{1}{2}\sum_{i=1}^{N}\sum_{j=1}^{N}\tilde{C}_{ij}^{-1}Q_iQ_j \tag{4.28}$$

其中 $\tilde{C}_{ij}$ 为导体 i 与导体 j 之间的电容系数. 注意, 导体中静电场为零, 总静电能都由介电常数为 ε_r 的电介质中的电场 能量贡献. 根据电磁能量密度方程式 (3.43), 总静电能为

$$\begin{aligned}
U_E &= \frac{1}{2}\iiint \mathrm{d}^3\boldsymbol{r}\,\boldsymbol{E}\cdot\boldsymbol{D}\\
&= \frac{1}{2}\varepsilon_0\varepsilon_r\iiint \mathrm{d}^3\boldsymbol{r}\,[\boldsymbol{\nabla}\psi(\boldsymbol{r})]^2\\
&= \frac{1}{2}\varepsilon_0\varepsilon_r\iiint \mathrm{d}^3\boldsymbol{r}\,\left[\boldsymbol{\nabla}\cdot(\psi\boldsymbol{\nabla}\psi) - \psi\boldsymbol{\nabla}^2\psi\right]\\
&= \frac{1}{2}\varepsilon_0\varepsilon_r\sum_{i=1}^{N}\iint_{S_i}\mathrm{d}s\,[\hat{\boldsymbol{n}}_b\cdot(\psi\boldsymbol{\nabla}\psi)]_i\\
&= \frac{1}{2}\sum_{i=1}^{N}\psi_iQ_i
\end{aligned} \tag{4.29}$$

上述推导中, 使用了电介质内部自由电荷为零的条件 $\boldsymbol{\nabla}^2\psi = 0$; 另外还根据诺伊曼边界条件使用了导体表面电荷密度的公式 $\sigma_0 = (\varepsilon_0\varepsilon_r)\hat{\boldsymbol{n}}_b\cdot\boldsymbol{\nabla}\psi$, 第 i 个导体表面的总电荷 Q_i 当然等于表面电荷密度 σ_0 的面积分. 因此, 含有多个导体、电介质的复杂系统中的广义电容是个矩阵体系, 而不只是一个常数, 其普遍定义为

$$Q_i = \sum_{j=1}^{N}\tilde{C}_{ij}\psi_j, \quad \psi_i = \sum_{j=1}^{N}\tilde{C}_{ij}^{-1}Q_j \tag{4.30}$$

系统中某个导体上的总电荷会受到本身及周围各个导体电势改变的影响. 某个导体的自电容系数(coefficient of capacity)$\tilde{C}_{ii} > 0$, 当此导体上的电荷越多, 其

本身的电势和其他导体的电势都会增加. 由这个性质也可以证明广义电容的逆矩阵 $\tilde{C}^{-1}$ 的所有矩阵元都是正的. 不同导体之间的静电感应系数 (coefficient of electrostatic induction) $\tilde{C}_{i \neq j} < 0$; 可以这样来证明负的静电感应系数: 假设只有导体 j 不接地, 其电势为正, 其他导体的电势都是零, 那么导体 i 表面的电势梯度 $\hat{n} \cdot \nabla \psi > 0$($\hat{n}$ 指向导体外边), 利用诺伊曼边界条件式 (4.27), 表面的自由电荷面密度 $\sigma_{0i} = (\varepsilon_0 \varepsilon_r) \hat{n}_b \cdot \nabla \psi < 0$, 因为 $\hat{n}_b = -\hat{n}$. 随着正电势 ψ_j 的增高, 导体 i 表面的负电荷一定更多, 即 $\tilde{C}_{i \neq j} < 0$.

回到本章开始时候提及的集成电路等复杂系统的 EDA 或 ECAD 电子设计自动化系统计算, 根据上述多个导体、电介质系统的基本理论, 广义电容的具体数据, 可以根据系统设计和电介质的性质, 由电介质中的拉普拉斯方程计算出来.

4.3 铁 磁 体

在本书第一章中已经提到, 对于天然生成的磁铁矿, 人类在公元前的东西文化的核心期已经知晓, 苏格拉底就曾对磁铁吸引一系列铁钉的有趣现象有过描述. 但是, 第一个对物质磁性 (magnetism) 进行系统研究, 并做出铁磁的 (ferromagnetic)、顺磁的 (paramagnetic)、抗磁的 (diamagnetic) 磁性分类的, 还是法拉第. 他将各种物质, 包括无机物、有机物、人体组织放到两个他新发明的螺线管电磁铁中间, 他发现只要磁力足够强, 这些物质总是能被磁化. 若磁化以后与磁极相吸, 那就是顺磁体; 若磁化以后突然转动, 说明与磁极相斥, 那么就是抗磁体. 他发现人体组织都是抗磁体, 这当然是因为人体的主要成分蛋白质等都是具有饱和共价结构的高分子. 这些实验对在他之后几十年量子力学对原子磁矩的研究具有开创性的意义. 法拉第在反复实验以后, 开始只发现铁和镍两种元素具有铁磁性, 他简直不敢相信这个结果. 根据铁的磁性在高温下会减弱的特性, 他猜测会不会是其他元素在低温下有铁磁性. 到 1846 年为止, 他归纳出在 $-80^\circ C$ 以上只有铁、钴、镍三种元素具有铁磁性 (ferromagnetism). 这在铁磁体 (ferromagnet) 的研究历史上, 是具有划时代意义的工作, 后来绝大部分的实用的铁磁材料 (ferromagnetic material), 都是由铁、钴、镍三种元素的合金或化合物构成的.

铁磁体的基本性质可以由其磁滞回线 (hysteresis) 体现. 磁滞回线分为两种: 一种是 *B-H* 回线; 另一种是 *M-H* 回线. 这两种回线只有定义的差别, 其物理本质一样, 都是多值函数. 一般将 *M-H* 回线中, 外场极大时的磁化强度

M 称为饱和磁化强度 (saturation magnetization)M_s; 外场为零时的 M 称为剩磁 (remanence)M_r 以及方形度 $S = M_r/M_s$(squareness); 当 M 为零时, 相应的外场被称为内禀矫顽力, 简称为矫顽力 (coercivity)H_c, 如图 4.3 所示. 此外, 磁导率 (permeability)μ 是指初始磁导率, 即磁矩被高频外磁场混乱化以后, 加外场时的 B-H 回线的斜率. 随着外加磁场频率的不同, 磁导率可能是复数 $\mu = \mu' - j\mu''$, 虚数部分为损耗, 这与介电常数类似.

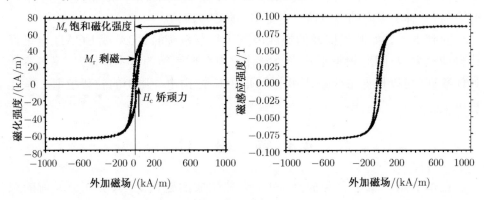

图 4.3　磁性调色剂的 M-H 回线和 B-H 回线[1]

在现代工业技术中有重要应用的磁材料分为三大类: 永磁体 (permanent magnet)、软磁体 (soft magnet)、磁记录材料 (magnetic recording material) (见表 4.4).

表 4.4　现代工业和技术中使用的铁磁体

铁磁材料	重要物理、几何特性	功能
SmCo、NdFeB 永磁体	高磁能积、低磁导率	电机、微小电机、磁悬浮铁路
石榴石、六角铁氧体	微波区低损耗	微波器件, 磁陀螺仪、麦克风
硅钢片, 非晶软磁体	高磁导率磁芯, 低损耗	电磁铁、电力输送、粒子加速器
MnZn 等尖晶石铁氧体	高自感、高品质因素	电子设备中的电感、磁记录磁头
NiFe 等软磁合金薄膜	高磁导率, 微纳米器件	计算机硬盘磁头、巨磁阻元件
微纳颗粒磁介质	高矫顽力及高 $(dM/dH)|_{H_c}$	磁带、录像带、软盘磁介质
CoCrPt、CoPt 合金薄膜	纳米级颗粒尺度及厚度	计算机硬盘数据记录磁介质
掺杂 YIG、MnBi	高法拉第效应和克尔效应	磁光信息存储介质

引自: Wohlfarth, 1982.

由磁铁矿 Fe_3O_4 直接得来的永磁体古已有之, 人工制备的永磁体, 历史却相当晚. 20 世纪 30 年代, 第一代 Alnico 永磁体由三岛德七 (Tokuhichi

---

[1] 引自: Judy J W, Goldberg Ira B. Magnetic materials: Introduction and History. Lecture Notes, Dept. of Electrical Engineering, UCLA.

Mishima) 发明, 这种 FeCoNiAl 合金比碳钢的磁性硬, 原因是其中的 FeCo 晶粒呈针形, 具有较高的形状各向异性, 又被 AlNi 非磁相隔开, 因此矫顽力较高. 20 世纪 50 年代出现了 CoPt 永磁体和钡铁氧体. 钡铁氧体 $BaFe_{12}O_{19}$(Barium ferrite) 是菲利普公司的文特 (J. J. Went) 发明的, 是具有六角晶系的磁铅石铁氧体, 其中自发磁化的方向在六角晶系的 c 轴方向. CoPt 永磁体还是作为磁记录介质更为有用. 20 世纪 60 年代, 斯特纳特 (Karl Strnat) 发明 $SmCo_5$ 永磁体; 1984 年, 日本住友公司开发了 NdFeB 永磁体. 应用于电机、磁悬浮领域的强永磁体, 要求饱和磁化强度和矫顽力都比较高 (即磁能积 H_cB_r 比较大). SmCo 和 NdFeB 是目前最有代表性的强永磁体系列. 前者热稳定性好; 后者磁能积更高.

软磁体的应用如发电机、变压器、电感、微波器件、信息存储磁头, 所有这些都脱胎于电磁铁的设计. 从本质上说, 软磁体是帮助实现电磁信号转换的材料. 最早在电工技术当中获得应用的软磁材料是 1825 年斯特金 (William Sturgeon) 发明的电磁铁 (electromagnets) 中的软磁磁芯. 斯特金是一位自学成才的最早的 EE 工程师之一, 创立过《电子》杂志, 他开始使用钢, 后来改用软铁作为电磁铁的磁芯. 1829 年, 亨利改进了斯特金的电磁铁, 并将之命名为定量磁体, 以区别于永磁体. 定量磁体即可以通过控制电磁铁的螺线管绝缘铜导线中的电流, 定量地改变磁场的磁体. 1916 年, 瑞士裔美国人艾尔曼 (Gustav Waldemar Elmen) 为贝尔公司开发了 NiFe 系的坡莫合金 (permalloy), 这是性能最好的软磁材料之一. 1945 年, 荷兰菲利普公司的斯诺伊克 (J. L. Snoek) 把软磁铁氧体 (soft ferrite) 初步推向成熟.

$Y_3Fe_5O_{12}$ 是著名的稀土石榴石旋光铁氧体 (rare earth iron-garnet), 简称 YIG 或钇铁石榴石, 呈枯红色. 在微波区石榴石铁氧体的磁导率损耗角 $\tan\delta = \mu''/\mu'$ 比尖晶石铁氧体 (spinel ferrite) 要小两个量级. 而且其铁磁共振 (即固体物理中讨论过的电子自旋共振, 又称电子顺磁共振) 的谱线宽度特别窄, 当共振频率为 10MHz 时, 相应的共振磁场 $H_z = h\nu/(2\mu_B) = 3.57$Oe, 而共振线宽 ΔH 只有 0.1Oe, 因此可以用于微波波导中的滤波器件. 另外, 掺杂 Bi、Si 的 YIG 磁光特性也很好, 其磁矩绕着电磁波中的磁场进动, 有很大的法拉第磁光效应.

磁记录材料中的磁头材料, 其典型为 $Ni_{80}Fe_{20}$ 坡莫合金等软磁薄膜. 金属软磁体与陶瓷铁氧体相比, 有利于用薄膜技术和微电子技术制备成微米–纳米尺度的磁头器件. 20 世纪 70 年代末, IBM 公司发明了计算机硬盘中的薄膜磁头 (thin film head), 坡莫合金被制备成几微米厚的软磁薄膜 (soft magnetic thin film), 作为磁头的极尖. 坡莫合金的饱和磁化强度高, 接近 1T, 同时是磁导率最高的材料之一, 其块材的磁导率可以达到 10^6. 由于其特殊性, 金属合金软磁薄膜既可以归类为软磁材料, 也可以归类为磁记录材料. 因为磁头软磁材料的研究, 必须结合信息存储系统进行, 才比较有意义.

磁记录材料中的磁信息存储材料, 分为颗粒磁介质 (particulate media) 和薄膜磁介质 (thin film media) 两种. 颗粒磁介质是指用 γ-Fe_2O_3、CrO_2、金属 FeCo 微纳米颗粒组成的磁记录材料, 一般颗粒呈针形, 颗粒长度在几百纳米至几十纳米之间, 主要用于磁带、录像带、软盘等声音、图像、数据记录系统之中. 钴基薄膜磁介质是在 20 世纪 70 年代以后逐渐发展起来的, 这种磁介质的厚度和 CoCrPtTa 晶粒尺度可以比颗粒磁介质再降低一个量级, 达到几十纳米至几纳米的尺度. 为保持一定的信号噪声比例, 数据比特的大小正比于晶粒的大小, 因此钴基磁薄膜可以支撑非常高的数据存储密度.

铁磁体的材料性质, 非常复杂, 在本节中不可能一一给出, 请读者自己去阅读相关的专著. 本书第五章还将详细讨论磁性质的基本理论, 以及磁信息存储系统的理论.

4.4　静　磁　学

静磁学在实际中要解决的问题多半与铁磁体有关, 因为铁磁体是应用最广泛的磁性材料. 不过, 顺磁、抗磁、反铁磁体的问题在科学研究中还是很重要的. 静磁学大量研究的铁磁体是高度的非线性物质, 又是非常重要的功能材料, 因此静磁学与静电学相比, 虽然理论框架类似, 还是有自己的特点. 静磁学中最困难的问题还是材料中任何一点或任一晶粒感受到的有效磁场 (effective magnetic field). 铁磁体中一个微元感受到的总有效磁场会包含很多项, 全面的讨论留待第五章. 对有效磁场计算最重要的一项是静磁场, 其基本计算方法可以用退磁矩阵法或等效边值问题法在本节解决.

4.4.1　退磁矩阵法

在具有自发磁化的晶粒、材料微元或均匀磁化的铁磁材料中, 可以采用等效磁荷(effective magnetic pole) 的静磁学方法来计算静磁场, 这是非常有效而且重要的方法. 还是从麦克斯韦方程 (3.20) 出发, 考虑到式 (3.18) 中给出的普遍的磁性物理量 B-H-M 之间的关系, 磁场强度 H 满足一次微分方程:

$$\nabla \cdot H = 4\pi\rho_{\mathrm{M}} \text{ (cgs)}, \quad \nabla \cdot H = \rho_{\mathrm{M}} \text{ (SI)}, \quad \rho_{\mathrm{M}} = -\nabla \cdot M \qquad (4.31)$$

其中 ρ_{M} 为三维空间中的等效磁荷密度. 式 (4.31) 与静电学中微分形式的库仑定律完全同构, 因此空间 $\boldsymbol{r}$ 点的静磁场可用式 (3.7) 中库仑电场的形式积分获得

$$\boldsymbol{H}_{\mathrm{d}}(\boldsymbol{r}) = \iiint \mathrm{d}^3 r'[-\boldsymbol{\nabla}' \cdot \boldsymbol{M}(\boldsymbol{r}')]\frac{(\boldsymbol{r}-\boldsymbol{r}')}{|\boldsymbol{r}-\boldsymbol{r}'|^3} \tag{4.32}$$

这项磁场 $\boldsymbol{H}_{\mathrm{d}}$ 被称为静磁相互作用场, 简称静磁场 (magnetostatic field). 当某个晶粒是均匀磁化的时候, 晶粒内部的等效磁荷密度 $\rho_{\mathrm{M}} = 0$, 但是此时晶粒表面的等效磁荷面密度 $\sigma_{\mathrm{M}} = \hat{\boldsymbol{n}}' \cdot \boldsymbol{M}$ 不为零. 此时静磁场 $\boldsymbol{H}_{\mathrm{d}}$ 可以表达为晶粒表面的一个面积分:

$$\boldsymbol{H}_{\mathrm{d}}(\boldsymbol{r}) = \iint_S \mathrm{d}^2 r'[\hat{\boldsymbol{n}}' \cdot \boldsymbol{M}]\frac{(\boldsymbol{r}-\boldsymbol{r}')}{|\boldsymbol{r}-\boldsymbol{r}'|^3} = -\tilde{\boldsymbol{N}}(\boldsymbol{r},0) \cdot [4\pi\boldsymbol{M}] \tag{4.33}$$

$$\tilde{\boldsymbol{N}}(\boldsymbol{r},0) = -\frac{1}{4\pi} \iint_S \mathrm{d}^2 r' \frac{(\boldsymbol{r}-\boldsymbol{r}')\hat{\boldsymbol{n}}'}{|\boldsymbol{r}-\boldsymbol{r}'|^3} \tag{4.34}$$

其中 $\hat{\boldsymbol{n}}'$ 为晶粒表面 $\boldsymbol{r}'$ 处指向晶粒外部的法向单位矢量; $(\boldsymbol{r}-\boldsymbol{r}')\hat{\boldsymbol{n}}'$ 为两个矢量的并矢, 构成 3×3 矩阵的基本结构; $\tilde{\boldsymbol{N}}(\boldsymbol{r},0)$ 为退磁矩阵 (demagnetizing matrix), 与静电学方程 (4.15) 中的退极化矩阵 $\tilde{\boldsymbol{N}}(\boldsymbol{r}_i, \boldsymbol{r}_j)$ $(\boldsymbol{r} = \boldsymbol{r}_i - \boldsymbol{r}_j)$ 的表达式是完全类似的, 只是静电学方程 (4.15) 中用了对三维空间的积分, 而此处的静磁学方程 (4.34) 中用了对晶粒表面的二维积分, 但是它们在数学上是完全等价的.

在晶粒的中心 $\boldsymbol{r} = 0$, 此时退磁矩阵 $\tilde{\boldsymbol{N}}(0,0)$ 的迹 $\sum_i N_{ii}$ 当然与式 (4.16) 中退极化矩阵的迹一样, 也是 $+1$. 根据式 (4.33), 晶粒内部的静磁场 $\boldsymbol{H}_{\mathrm{d}}(0) = -\tilde{\boldsymbol{N}}(0,0) \cdot [4\pi\boldsymbol{M}]$ 与磁化强度 $\boldsymbol{M}$ 的方向相反, 因此静磁场又常常被称为退磁场(demagnetizing field). 以晶粒之间的退磁场为代表的静磁相互作用, 是解决复杂的多晶铁磁材料中结构和性能关系的关键, 这在本书第五章讨论微磁学的时候会再详细介绍.

例题 4.2 单个长方面上的均匀面磁荷对空间任何一点的静磁场贡献.

在本章 4.2.1 节中已经讨论过长方体的退极化矩阵或退磁矩阵, 这在表 4.3 中已经完全给出.

现在可以根据式 (4.34) 式给出一个与此相关的退磁矩阵, 也就是具有均匀面磁荷的晶粒的一个长方形表面对于空间任何一点退磁矩阵的贡献. 假设这个晶面的长方形表面在 y-z 平面内, 具体的几何描述为

$$x' = 0, \quad -\frac{b}{2} < y' < \frac{b}{2}, \quad -\frac{c}{2} < z' < \frac{c}{2} \tag{4.35}$$

根据式 (4.34), 由于面法线方向 $\hat{\boldsymbol{n}}' = \hat{\boldsymbol{x}}$, 退磁矩阵一定只有 N_{11}、N_{21}、N_{31} 三个矩阵元不为零. 类似静电学一节中长方体退极化矩阵的计算, 对 y'、z' 做二维积分, 可以得到一个长方形晶面的退磁矩阵, 见表 4.5.

表 4.5　具有均匀面磁荷的长方形表面在离面心 $r=(x,y,z)$ 处的退磁矩阵

定义 q、w 求和整数	只可以取 +1 或 −1
定义矢量 $\boldsymbol{R} = (R_1, R_2, R_3)$	$R_1 = x$, $R_2 = \dfrac{b}{2} + qy$, $R_3 = \dfrac{c}{2} + wz$
退磁矩阵元 N_{11}	$-\dfrac{1}{4\pi} \sum\limits_q \sum\limits_w \arctan[R_2 R_3/(R_1 R)]$
退磁矩阵元 N_{21}	$-\dfrac{1}{8\pi} \sum\limits_q \sum\limits_w q \ln[(R - R_3)/(R + R_3)]$
退磁矩阵元 N_{31}	$-\dfrac{1}{8\pi} \sum\limits_q \sum\limits_w w \ln[(R - R_2)/(R + R_2)]$
退磁矩阵元其他	0

在研究六角晶粒构成的二维薄膜磁性材料的时候, 对晶粒 6 个侧面的贡献, 可以用二维 C_6 群的转动矩阵预先做 $\boldsymbol{r} \to R_i^{\mathrm{T}} \boldsymbol{r}$ 的变换, 并根据表 4.5 算出退磁矩阵 $\tilde{\boldsymbol{N}}$, 然后再将六个长方侧表面的退磁矩阵求和 $\sum_i R_i \tilde{\boldsymbol{N}} R_i^{\mathrm{T}}$ 即可求得水平磁化的晶粒的二维总退磁矩阵.

4.4.2　微分方程与边值问题

在铁磁体中使用微分方程, 首先要理清 *B-H* 之间的多值关系. 在固体物理中已讨论过顺磁体中居里定律的布里渊理论, *M-H* 的关系服从布里渊函数 $M = M_{\mathrm{s}} B_J(x)$, 在外场较小时 *M-H* 保持线性关系, 在外场很大时磁矩饱和. 在抗磁体中, *M-H* 之间则服从负的线性关系. 在反铁磁体中, *M-H* 函数与顺磁体很类似, 只是在反铁磁单晶体中, 当外场平行或垂直内禀原子磁矩的时候, *M-H* 函数会有很大的各向异性. 只要外加磁场不是太大, 在非单晶的顺磁体、抗磁体、反铁磁体, 以及居里温度以上顺磁相的铁磁体中可以严格定义磁化率 χ(susceptibility) 和磁导率 μ(permeability):

$$M = \chi H, \quad B = \mu H, \quad \mu = 1 + 4\pi\chi \qquad \text{(cgs)} \qquad (4.36)$$

其中 cgs 制的磁导率 μ 与 SI 制的相对磁导率 μ_r 是相等的. 但是, 在居里温度以下的铁磁体中, 磁化强度和磁场强度之间具有高度的非线性、非单值、路径依赖的关系, 式 (4.36) 是不能严格成立的, 也就是说, 铁磁相的磁化率和磁导率没有严格的定义.

但是, 在电工、电子工业中往往又常用铁磁体的磁导率这个概念, 这个磁导率一般常用两个定义: 初始磁导率 μ_i(initial permeability) 和有效磁导率 μ_{eff}(effective permeability). 在测量初始磁导率的时候, 要用高频外场将铁磁体宏观的总磁矩消去 (当然内部还是有很多磁畴的), 然后逐渐外加磁场测量. 在测量有效磁导率的时候, 铁磁体处于外场 H_0 中, 其平均磁化强度为 M_0, 在此附近加上很小的外磁场, 可以测量此处的有效磁导率, 这在可变电感等软磁体的应用中是常用的方法:

$$\mu_i = 1 + 4\pi \left[\frac{\mathrm{d}M}{\mathrm{d}H} \right]_{M=0, H=0} \qquad (\mathrm{cgs}) \qquad (4.37)$$

$$\mu_{\mathrm{eff}} = 1 + \left[\frac{\mathrm{d}M}{\mathrm{d}H} \right]_{M=M_0, H=H_0} \qquad (\mathrm{SI}) \qquad (4.38)$$

其中 M 为沿着外场 $\boldsymbol{H}$ 的方向介质中的平均磁化强度, 外场的变化不能太大.

一般来说, 顺磁体磁导率与温度有关, 在室温时顺磁磁导率的范围为 $\mu - 1 = 10^{-6} \sim 10^{-4}$; 抗磁体磁导率的范围一般在 $1 - \mu = 10^{-8} \sim 10^{-5}$, 其中具有饱和结构的离子对抗磁磁化率的贡献在固体物理中已经讨论过; 铁磁体分为软磁和硬磁两类, 铁磁体的磁导率与 $4\pi M_s / H_k$ 有关, 软磁体的初始磁导率从 $10 \sim 10^6$ 都有, 硬磁体的初始磁导率一般在 $1 \sim 10$. 磁导率与材料的晶体结构、各个尺度的微观结构都有很大的关系, 具体的数据请参考专门的手册或铁磁体的专著.

如果在材料中的自由电流密度为零, 那么由麦克斯韦方程 (3.22), 立刻可以推论出静磁学中的磁场强度 $\boldsymbol{H}$ 是无旋度场, 可以定义一个磁标势 ψ_{m}(magnetic scaler potential) 的负梯度:

$$\boldsymbol{\nabla} \cdot H = -\boldsymbol{\nabla}^2 \psi_{\mathrm{m}}(\boldsymbol{r}) \qquad (4.39)$$

根据麦克斯韦方程式 (3.20), $\boldsymbol{B}$ 永远是无源场. 对于顺磁相、抗磁相的材料, 其磁感应强度 $\boldsymbol{B}$ 与 $\boldsymbol{H}$ 呈线性关系, 此时磁标势满足拉普拉斯方程:

$$\boldsymbol{\nabla}^2 \psi_{\mathrm{m}}(\boldsymbol{r}) = 0 \qquad (4.40)$$

$$\psi_{\mathrm{m}}^{\mathrm{A}}(\boldsymbol{r}_{\mathrm{bound}}) = \psi_{\mathrm{m}}^{\mathrm{B}}(\boldsymbol{r}_{\mathrm{bound}}) \qquad (4.41)$$

$$\mu_{\mathrm{A}} \hat{\boldsymbol{n}}_{\mathrm{AB}} \cdot [\boldsymbol{\nabla}\psi_{\mathrm{m}}]_{\mathrm{A}} = \mu_{\mathrm{B}} \hat{\boldsymbol{n}}_{\mathrm{AB}} \cdot [\boldsymbol{\nabla}\psi_{\mathrm{m}}]_{\mathrm{B}} \qquad (4.42)$$

其中 A、B 两个铁磁体区间的情形与静电学中的边值问题示意图 4.2 中类似, 磁导率分别为 μ_{A}、μ_{B}, 单位矢量 $\hat{\boldsymbol{n}}_{\mathrm{AB}}$ 由 A 区指向 B 区并垂直于局域的相界. 上述拉普拉斯方程的两个边界条件就是切向的 H 场连续, 以及法向的 B 场连续.

　　与静电学中的导体类似, 软磁材料有时候可以按照等磁势体 来处理, 但这也是有条件的, 必须满足在考虑的计算区域内 "软磁体内部的 H 磁场与软磁体外部的 H 磁场比可以忽略" 这么一个条件. 软磁体的磁导率 μ 很大, 可以证明:

$$B = H + 4\pi M = \mu H, \quad H = 4\pi M/(\mu - 1) \tag{4.43}$$

软磁体的内部磁场 H 正比于 μ^{-1}. 对于磁导率非常高的软磁体, 比如磁导率 μ 高达 10^6 的坡莫合金, 其内部磁场的量级为 $4\pi M_s/\mu$, 约等于 10^{-2}Oe, 假设软磁体外的磁场远大于 1Oe 的量级, 那么把软磁体表面近似看成等磁势面是很好的近似. 但是, 当软磁体中的磁感应强度 B 与饱和磁化强度 $4\pi M_s$ 可比时, 根据软磁体的磁滞回线, 此时有效磁导率会下降, 甚至下降几个量级, 此时软磁体内的磁场不可忽略, 软磁体不是理想的等磁势体. 这一点与静电学中的 "导体为等势体" 这个严格的规律还是很不相同的.

4.5 静电和静磁问题的计算方法

　　本章前几节已经讨论了静电与静磁问题的起源、材料研究背景以及基本的理论框架. 本节将用实例解释如何运用前面介绍的基本理论来解决具体的静电静磁问题. 表 4.6 中给出了常见的静电、静磁问题的基本计算方法.

表 4.6　静电与静磁问题的基本计算方法汇总

计算方法	已知条件和适用范围	具体解法
直接积分法	空间电荷分布	利用库仑定律积分, 获得势或场
退极化矩阵法	均匀极化体内外	利用 $-\tilde{N} \cdot (P/\varepsilon_0)$ 获得电场 (SI 制)
退磁矩阵法	均匀磁化体内外	利用 $-\tilde{N} \cdot (4\pi M)$ 获得磁场 (cgs 制)
电镜像法	导体表面为等势面	在导体内部加虚拟镜像电荷, 求势或场
磁镜像法	软磁体为等磁势面	在软磁体内部加虚拟镜像磁矩, 求磁场
分离变量法	狄利克雷或诺伊曼 b.c.	用数理方法求解拉普拉斯方程
有限元法	狄利克雷边界条件	数值求解拉普拉斯、泊松方程
表面有限元法	导体或软磁体外部	结合退矩阵、镜像法数值求解场

引自: Ida, 2000.

　　表 4.6 中的直接积分法 (direct integration)、退极化矩阵法 (depolarization method)、退磁矩阵法 (demagnetization method), 都是已知电荷、等效磁荷分布, 用库仑积分的方式求解电场、磁场的. 这个方法在库仑定律建立以

后就一直在使用. 只不过到了最近 40 年, 当用计算物理的方法研究复杂的电磁材料问题的时候, 有时候空间电荷、等效磁荷随着外加电场、磁场的改变在不断变化, 这就需要迭代求解, 最后达到稳态.

镜像法 (methods of images) 在导体表面、软磁体表面附近的电场、磁场计算中非常重要, 这是英国的开尔文勋爵 (Lord Kelvin 或 Sir William Thomson) 在 1848 年提出来的静电学方法. 导体内价电子的自由移动保证了导体表面是等势面 (equipotential surface), 因此表面附近切向电场为零, 电镜像法的基本原理就是在导体内部增添与导体外部对应的虚拟电荷, 以保证导体外表面只有法向电场. 如果软磁体外有磁矩 u, 也可以在软磁体内引入一对正负镜像磁荷, 构成虚拟的磁矩, 使得软磁体外表面只有法向磁场.

分离变量法 (separation of variables) 是法国数学家建立微分方程理论以后, 在电磁学解析解方面的标准解法. 其优点是可以用简单的函数形式清晰地描述空间的势和场的分布, 缺点是对于略微复杂的器件设计, 需要做无穷级数展开, 十分烦琐而且不容易收敛正确. 分离变量法在数理方法的课程中已经充分讨论, 本章不再细述.

4.5.1 解析计算方法

解析计算方法丰富多样. 在实际的工业器件中, 由于器件形状不规则, 在解析求解时, 空间必须划分成很多子空间, 然后互相衔接求解, 这样就比较麻烦了. 本节介绍的解析计算方法都是比较直截了当的, 可以给读者一个解析求解静电静磁问题的基本概念.

1. 分离变量法

分离变量法的最大优点是能干净利落地解决一类问题. 比如, 图 4.4 中的角形空间, 无论张角 θ 有多大, 解析解只要解一次就可以了, 而数值解根本无法穷尽这么多情形.

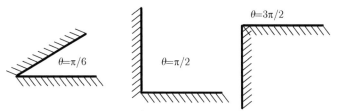

图 4.4 三维垂直方向无限长 (或二维) 的角形空间.
参数 θ 表示夹角大小 (Jackson, 1975)

假设图 4.4 中的角形空间内的势的边值问题显然适合柱坐标系. 假设势函数为 $\psi(\rho, \phi) = R(\rho)Q(\phi)$, 而且在边界上势恒定为 V_0, 那么可以解下列拉普拉斯方程:

$$\left[\frac{1}{\rho}\frac{\partial}{\partial \rho}(\rho\frac{\partial}{\partial \rho}) + \frac{1}{\rho^2}\frac{\partial^2}{\partial \phi^2}\right] R(\rho)Q(\phi) = 0$$

$$\frac{1}{\rho}\frac{\mathrm{d}}{\mathrm{d}\rho}\left(\rho\frac{\mathrm{d}R}{\mathrm{d}\rho}\right) - \frac{\mu^2}{\rho^2}R = 0$$

$$\psi(\rho, \phi) = C + \left(A\rho^\mu + B\rho^{-\mu}\right)\left[a\cos(\mu\phi) + b\sin(\mu\phi)\right] \qquad (4.44)$$

现在考虑边界条件对上述参数的影响. 当 $\phi = 0, \theta$ 时, 电势 $\psi = V_0$, 因此, 选定 $a = 0$, $\mu = \pi/\theta$ 就能满足角形空间的边界条件; 再考虑当 $\rho = 0$ 时势取有限大的值, 显然参数 $B = 0$. 总结一下, 满足边界条件的势的解析解应为

$$\psi(\rho, \phi) = V_0 + A\rho^{\pi/\theta}\sin\left(\frac{\pi}{\theta}\phi\right) \qquad (4.45)$$

这是很漂亮的一个解, 当角形空间的张角 $\theta = \pi/6$, $\pi/2$, $3\pi/2$ 时, 势的解析解 $\psi - V_0$ 分别为 $\rho^6\sin(6\phi)$, $\rho^2\sin(2\phi)$, $\rho^{2/3}\sin(3\phi/2)$. 沿着径向 ρ 和切向 ϕ 的势 ψ 的起伏程度都随着张角 θ 的增加而变小, 这与边界条件 $\psi(\rho, 0) = \psi(\rho, \theta) = V_0$ 是有关的.

虽然上面这个解析解非常巧妙, 却只是针对这个特殊的边界条件才能解出的. 如果把边界条件换成: $\psi(\rho, 0) = 0$ 和 $\psi(\rho, \theta) = V_0$, 上述的解法就不能用.

2. 镜像法

最早出现的平行导线电容问题, 是在电力工业中提出来的. 长长的输电线中运送着交流电, 一路都有损耗. 损耗的精确计算, 依赖于单位长度的电容和电感的计算.

单位长度的输电线的电容问题可以用电镜像法求解. 图 4.5 左边显示了一根半径为 a 的输电线, 距离地面为 h, 单位长度的电荷密度为 ρ_1, 地面可以看成导体. 图 4.5 右边示意了如何将输电线等价为线电荷, 并找到其镜像电荷位置的方法.

根据麦克斯韦方程 (3.8) 和高斯定理, 以线电荷为中心建立柱坐标系 (r, ϕ, z), 电场 $\boldsymbol{E}$ 只有径向分量, 正好处在垂直于线电荷的 x-y 平面内, 其电场和电势为

$$E_r = \frac{\rho_1}{2\pi\varepsilon_0\varepsilon_r}\frac{1}{r}, \quad V(r) = V_0 - \frac{\rho_1}{2\pi\varepsilon_0\varepsilon_r}\ln\frac{r}{r_0} \qquad (4.46)$$

真空或空气中 $\varepsilon_r = 1$. 在图 4.5 右边显示了由于地面的影响, 等效线电荷 ρ_1 偏离输电线中心, 位于 $-b\hat{e}_y$ 处, 其镜像 $-\rho_1$ 位于 $-(2h-b)\hat{e}_y$ 处. 因此, x-y 面内 $r\hat{e}_r$ 处 (离线电荷距离 r_1、离镜像线电荷距离 r_2) 的总电势为

$$V_{\text{tot}}(r, \phi, z) = \frac{\rho_1}{2\pi\varepsilon_0} \ln \frac{|r\hat{e}_r + (2h-b)\hat{e}_y|}{|r\hat{e}_r + b\hat{e}_y|} = \frac{\rho_1}{2\pi\varepsilon_0} \ln \frac{r_2}{r_1} \qquad (4.47)$$

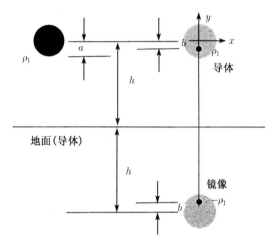

图 4.5 离地面距离 h、半径为 a、单位长度电荷密度为 ρ_1 的输电线电容问题

总电势 V_{tot} 在地面恰好是零. 输电线是导体, 因此要求 V_{tot} 在输电线表面也是常数. 取输电线表面的两个特殊点 $r\hat{e}_r = \pm a\hat{e}_y$, 就可以求出重要参数 b:

$$\frac{a + (2h - b)}{a + b} = \frac{-a + (2h - b)}{a - b}$$
$$a^2 = b(2h - b) \qquad (4.48)$$

由式 (4.48) 可以证明, 柱形输电线表面 $(r = a)$ 的电势确实是常数:

$$\frac{r_2}{r_1} = \sqrt{\frac{(a\sin\phi)^2 + (2h - b - a\cos\phi)^2}{(a\sin\phi)^2 + (a\cos\phi - b)^2}} = \frac{a}{b}, \quad b = h - \sqrt{h^2 - a^2} \qquad (4.49)$$

由此就可以推导出单位长度输电线与大地之间的电容 ($h \gg a$ 时比较准确):

$$\frac{C}{L} = \frac{\rho_1}{V_{\text{tot}}(a, \phi, z)} = \frac{2\pi\varepsilon_0}{\ln[h/a + \sqrt{(h/a)^2 - 1}]} \quad (\text{F/m}) \qquad (4.50)$$

若输电线半径为 $a=1$ cm, 离地面 $h=10$ m, 注意到真空介电常数 $\varepsilon_0 = 8.85\,\text{pF/m}$, 那么单位长度输电线的电容为 $C/L = 7.32\,\text{pF/m}$.

3. 直接积分法

　　直接积分方法是在静电荷、磁荷分布已知的情况下最好的解析计算方法. 有时候, 实际上电荷磁荷分布并不知道, 但可以通过简化假设先获得简化的电荷磁荷分布, 通过直接积分就可以知道器件的电势、电场、磁势、磁场分布, 是很有价值的初步分析工具. 在这个单元中, 将以录音机中的环形磁头为例来讲述直接积分法.

　　录音机是后续的录像机、硬盘和软盘磁记录系统的先驱. 1933 年出现了第一个成熟的录音系统磁头. 当时德国电信 AEG 公司和化工巨头 BASF 公司联合建立了录音机研究实验室. 研发团队中的工程师舒勒 (Eduard Schüller) 发明了环形磁头 (ring head), 可以对磁带记录介质进行读写操作. 这是磁记录工业的一个重要进展, 从此以后, 通过一个窄窄的磁隙, 磁场可以被控制在一个很小的范围内, 从而实现较高密度的信息存储. 环形磁头设计就是从图 3.3 中法拉第圆环的设计衍生来的, 只是多个了磁隙而已. 图 4.6(a) 中显示了环形磁头的工作原理. 由于这个设计的重要性, 在第二次世界大战以后, 几乎所有的电磁学教科书上, 都介绍了这个环形磁头的设计.

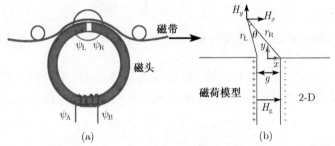

图 4.6　(a) 最早的感应式磁头 —— 环形磁头 (ring head) 的工作示意图: ψ_A, ψ_B 分别为驱动电流线圈两侧的磁势, ψ_L, ψ_R 分别为磁头缝隙 (gap) 左右的磁势. (b) 在二维近似下, 磁隙附近的放大示意图, H_y, H_z 是磁隙附近漏出磁头场的分量, 磁隙宽度 g

　　环形磁头是用磁隙附近的 "漏出场" 进行磁记录的, 漏出场与磁隙深处磁场 H_g(deep gap field) 直接成正比. 因此首先来估算一下最重要的参数 H_g 有多大. 在环形磁头的控制电流线圈附近, 根据式 (3.23) 中的安培环路定理, 若忽略电磁辐射, 线圈左右两端的磁势差为

$$\psi_A - \psi_B = \int_B^A d\boldsymbol{l} \cdot \boldsymbol{H} = I_{\text{inc}} = NI \tag{4.51}$$

其中 N 为线圈的匝数; I 为线圈中通过的电流. 注意, 磁势 ψ_m 只能在自由电流密度为零的地方才能定义, 因为只有这样磁场 $\boldsymbol{H}$ 才是无旋度场, 因此在电流

线圈中间磁势是没有定义的, 但是在电流线圈之外使用磁势的概念就很方便. 软磁材料的特点就是磁导率 μ 很大, 因此磁隙内的磁场比软磁材料内部要大得多. 考虑磁芯损耗后, 磁隙两边的磁势差别要小于驱动电流两边的磁势差别:

$$\psi_{\mathrm{L}} - \psi_{\mathrm{R}} = \psi_{\mathrm{A}} - \psi_{\mathrm{B}} - \int_{\text{core}} \mathrm{d}\boldsymbol{l} \cdot \boldsymbol{H} = NI \cdot \mathrm{E} \tag{4.52}$$

$$\mathrm{E} = \frac{R_{\mathrm{gap}}^{\mathrm{m}}}{R_{\mathrm{core}}^{\mathrm{m}} + R_{\mathrm{gap}}^{\mathrm{m}}} = \frac{g/A_{\mathrm{g}}}{l_{\mathrm{c}}/(\mu A_{\mathrm{c}}) + g/A_{\mathrm{g}}} \tag{4.53}$$

$$H_{\mathrm{g}} = \frac{NI \cdot \mathrm{E}}{g}(\mathrm{A/m}) = \frac{4\pi}{10}\frac{N(I/1\mathrm{A}) \cdot \mathrm{E}}{(g/1\mathrm{cm})}\mathrm{Oe} \tag{4.54}$$

磁隙深处的纵向磁场 H_{g} 表达式中的磁头效率 (efficiency) 常常简写为 E, 与电场的符号相同, 不过, 在磁学研究当中混淆程度应该不大. 磁头效率跟具体的磁头设计有关, 比如导线的布局 (散开布线效率较高)、软磁材料磁导率及电导率的高频响应 (电阻较大、电导率和磁导率的虚部越小效率越高)、软磁核心具体如何设计 (越接近环形效率越高) 等. 总之, 当磁头缝隙的 "磁阻尼" $R_{\mathrm{gap}}^{\mathrm{m}} = g/A_{\mathrm{g}}$ 与软磁核心的 "磁阻尼" $R_{\mathrm{core}}^{\mathrm{m}} = l_{\mathrm{c}}/(\mu A_{\mathrm{c}})$ 的差别越大, 磁头效率越高. 当磁头中的电流驱动信号频率在 10~20 MHz 的时候, 磁头效率一般在 70%~80%, 现在的硬盘中使用的频率已经在 GHz 的量级, 在此前提下磁头效率的提高需要多种因素配合. 目前, 实验室达到的最大磁头效率为 90%~95%, 只是这种设计磁头缝隙 g 太大, 又违反了信息存储密度必须越高越好 (磁头缝隙越小越好) 这个基本目标, 可见工业设计中多种因素必须综合考虑.

当磁头的横向宽度 W 远大于磁隙宽度 g 时, 环形磁头产生的场接近卡尔奎斯特磁头场 (Karlqvist head field). 在使用直接积分法的卡尔奎斯特磁荷模型 (Karlqvist pole model) 中, 基本假设就是等效磁荷只在磁头缝隙中的内侧表面存在, 其他任何地方都没有磁荷. 这当然是个近似, 如果只是磁头缝隙内侧面有磁荷, 软磁体表面是无法满足等磁势体的条件的 (当磁导率 μ 很大的时候这是必需的). 不过, 这个模型的基本假设也有一定的道理, 因为磁头缝隙内侧面的磁荷面密度 $\sigma_{\mathrm{M}} = \hat{\boldsymbol{n}} \cdot \boldsymbol{M} = H_{\mathrm{g}}/2\pi(\mathrm{cgs})$, 而其他地方的表面法向磁场都不可能有缝隙深处磁场 H_{g} 那么大, 因此卡尔奎斯特模型的基本假设是合理的, 卡尔奎斯特场可以看成感应磁头场计算的零级近似.

当磁头的宽度 W 远大于磁隙 g 时, 可以用二维直接积分法计算卡尔奎斯特磁头场. 卡尔奎斯特模型假设在磁隙内侧面的正负面磁荷密度分别都是常数

$\pm\sigma_{\mathrm{M}}$, 如图 4.6(b) 所示. 那么, 通过类比式 (4.31) 中静磁学基本方程的库仑定律解, 可以对正负线磁荷进行直接积分求出卡尔奎斯特场的解析解 (cgs 制):

$$
\begin{aligned}
\boldsymbol{H}_{2\mathrm{D}}(\boldsymbol{r}) &= \int_{\mathrm{L,R}} \mathrm{d}y' \int_{-\infty}^{+\infty} \mathrm{d}z' \frac{\sigma(\boldsymbol{r}')(\boldsymbol{r}-\boldsymbol{r}')_{2\mathrm{D}}}{\left[(\boldsymbol{r}-\boldsymbol{r}')_{2\mathrm{D}}^2 + (z-z')^2\right]^{3/2}} \\
&= \int_{-\infty}^0 \mathrm{d}y_{\mathrm{L}}' \frac{2\sigma_{\mathrm{M}}(\boldsymbol{r}-\boldsymbol{r}')_{2\mathrm{D}}}{|\boldsymbol{r}-\boldsymbol{r}'|_{2\mathrm{D}}^2} - \int_{-\infty}^0 \mathrm{d}y_{\mathrm{R}}' \frac{2\sigma_{\mathrm{M}}(\boldsymbol{r}-\boldsymbol{r}')_{2\mathrm{D}}}{|\boldsymbol{r}-\boldsymbol{r}'|_{2\mathrm{D}}^2} \\
&= (\theta\hat{\boldsymbol{e}}_x + \ln|r_{\mathrm{R}}/r_{\mathrm{L}}|\hat{\boldsymbol{e}}_y)H_{\mathrm{g}}/\pi
\end{aligned} \tag{4.55}
$$

其中 $\theta, r_{\mathrm{L}}, r_{\mathrm{R}}$ 的定义见图 4.6(b). 这个积分比较容易做的办法, 是将 (x, y) 这个二维平面内的线积分对应成复平面内的线积分, 就像复变函数课程中常做的那样, 然后利用复数不定积分 $\displaystyle\int \mathrm{d}r^*(1/r^*) = \ln r^*$, 立刻可以获得上述式 (4.55) 中的结果.

利用简单的几何和三角代数关系, 可由式 (4.55) 获得卡尔奎斯特场具体的表达式:

$$
H_x = \frac{H_{\mathrm{g}}}{\pi}\arctan\left[\frac{yg}{x^2+y^2-(g/2)^2}\right], \quad H_y = \frac{H_{\mathrm{g}}}{2\pi}\ln\left[\frac{(x-g/2)^2+y^2}{(x+g/2)^2+y^2}\right] \tag{4.56}
$$

这个磁头场的零级表达式, 在磁头宽度非常大, 观测点 $\boldsymbol{r}$ 离磁头表面比较远的时候, 是比较精确的. 但是, 当观测点离磁头表面很近的时候 (这是磁存储中常常出现的情况, 要求介质几乎紧贴磁头表面), 卡尔奎斯特场就不精确了, 需要更好的计算模型.

4.5.2　数值计算方法

电磁问题的数值计算方法的优点是可以处理任意形状、任意材料的器件设计, 因此在器件设计方面是非常重要的. 数值计算方法 (numerical method) 有其基本规律, 如表 4.7 所示. 有限元法 (finite element method) 和表面有限元法 (surface finite element method) 都是在计算机进入物理学计算领域以后, 在最近 40 年发展出来的数值计算方法. 中国数学家冯康先生在有限元计算数学领域做出了开创性的贡献, 他开始做的工作是水库大坝的力学性质计算. 不过, 有限元法的核心算法 (algorithm) 却是在 19 世纪就有很成熟的数学理论了, 其中法国数学家雅可比 (Karl Gustav Jacob Jacobi) 对泊松方程和拉普拉斯的解法做出了非常重要的贡献.

表 4.7 用数值计算解决问题的基本方法

步骤	具体做法	要点
建立几何模型	根据设计将器件空间格点化 (grid)	根据对称性选择适当的坐标
定义边界条件	导体表面为等势体, 无穷远处 $V=0$	边界点正好处在某个格点上
核心算法	雅可比方法, 或直接积分法	确定好精度、适当的迭代次数
物理量计算	根据势和场计算电容等	注意单位制、介电常数等系数

雅可比方法 (Jacobi's method) 是指在给定边界电势的狄利克雷边界条件下, 用迭代方法解泊松方程和拉普拉斯方程的办法: ① 在空间的任一格点上, 随机给定电势的初始值. 注意, 在边界上电势还是固定为已经选择好的边界条件. ② 假设某个格点附近的自由电荷密度为 ρ, 那么格子大小为 Δ 的二维 (2-D) 正方点阵和三维 (3-D) 立方点阵中非边界点电势的雅可比方法迭代方程为

$$V_{ij}^{\text{new}} = \frac{\Delta^2 \rho_{ij}}{4\varepsilon_0\varepsilon_{\mathrm{r}}} + \frac{1}{4}(V_{i+1,j} + V_{i-1,j} + V_{i,j+1} + V_{i,j-1})$$

(4.57)

$$V_{ijk}^{\text{new}} = \frac{\Delta^3 \rho_{ijk}}{6\varepsilon_0\varepsilon_{\mathrm{r}}} + \frac{1}{6}(V_{i+1,j,k} + V_{i-1,j,k} + V_{i,j+1,k} + V_{i,j-1,k} + V_{i,j,k+1} + V_{i,j,k-1})$$

简单地说, 雅可比方法就是反复将周围几个近邻点的电势值平均以后作为本格点的新电势, 这样迭代很多次以后, 就可以获得全空间符合泊松方程或拉普拉斯方程 (将自由电荷密度 ρ 设为零) 的电势. 雅可比方法的迭代次数依赖于精度, 如果要求达到 10^{-p} 的精度, 大约需要迭代 $r = \frac{1}{2}pN^2$ 次, 其中 N 为总的格点数.

表面有限元法有时候又被称为力矩法 (the method of moments), 是个比较直观的方法, 计算速度也快. 其基本原理就是解出导体表面的电荷分布, 条件是导体内部的场为零. 这样, 空间任何一点的势和场可以用直接积分法获得. 有时候用反复迭代的方法获得最终解, 也可以用矩阵求逆的方法直接解出表面的电荷分布 $\rho_i = K_{ij}^{-1}V_j$.

本节的后面, 通过一些重要而典型的实例, 来解决具体的静电、静磁的数值计算问题. 在每个实例中, 由于器件的几何形状不同, 因此空间分立化的方法也不同. 读者也可以从中看到每种方法的具体使用范围, 还有优劣比较.

例题 4.3 任意两根导线的电容数值计算问题.

在集成电路分析中, 经常要解决导线和介质系统的电容问题. 由于光刻工艺的关系, 导线的截面可以认为是长方形的, 其高度 b 是每一层铜导线的沉积厚度, 宽度 a 为光刻线宽, 现在的微电子工业中可以达到 60 nm 以下. 在此举两个例子, 分别求解互相平行、互相垂直的两根无限长导线之间的电容系

数 (导线截面见图 4.7).

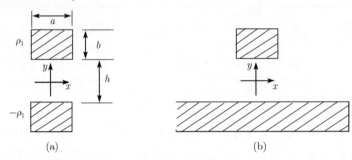

图 4.7 在复杂电路系统中 (a) 互相平行; (b) 互相垂直的无限长导线之间的电容问题

由于导线截面的尺度 a, b 与导线之间的距离 h 可比, 因此对图 4.7 中的问题的精确求解十分复杂, 常规的数值计算方法就是雅可比法. 具体的程序有几个要点: ① 选好总的模拟空间尺度, 一般要求为截面尺度 a 的 10 倍以上; ② 选好空间分立化的格子尺度, 一般要求为截面尺度 b 的 1/4 以下; ③ 选好精度, 本研究中使用了 10^{-5} 量级的精度. 至于选多少合适取决于计算机的内存大小、计算速度, 以及最终物理量计算的精度. 图 4.7 和图 4.8 中显示了孤立的长方形导线、平行的两根距离为 $h = b$ 的长方形导线、互相垂直的两根距离为 $h = b$ 的长方形导线的截面和等电势图.

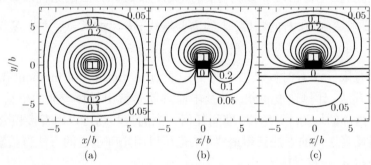

图 4.8 等势面图 (contour plot). 电势的取值分别为 0, 0.05, 0.1, 0.2, 0.3, 0.4, 0.5, 0.6, 0.7, 0.8, 0.9, 1.0. 导线的长方形截面积为 $a \times b$, $a/b = 1.5$, 数值计算总空间为 $15b \times 15b$(二维问题) 或 $15b \times 15b \times 15b$(三维问题). (a) 孤立的无限长导线在 x-y 截面内的等势面图; (b) 互相平行的无限长导线在 x-y 截面内的等势面图, 上下导线的电势分别为 1, 0; (c) 互相垂直的导线在下导线的中心面 $z = 0$ 截面内的等势面图, 上下导线的电势分别为 1, 0

对于长度为 Z 的孤立长方形导线, 可以计算其单位长度的电容, 具体计算公式为

$$C/Z = \sum_i \frac{\rho_i}{V_0} = \varepsilon_r \sum_i \varepsilon_0 \frac{(-\hat{\boldsymbol{n}} \cdot \boldsymbol{\nabla} V)_i \varDelta}{V_0} \tag{4.58}$$

其中 i 表示对 x-y 截面上的导线表面格点求和. 导线表面电势为 V_0, 表面每个格子中的电荷密度为 $(-\hat{\boldsymbol{n}} \cdot \boldsymbol{\nabla} V)_i$, 其中 $\hat{\boldsymbol{n}}$ 为法向, $\varDelta$ 为有限元格子的尺度. 导线周围电介质的相对介电常数为 ε_r. 对长方形导线, 顶角处的线电荷密度要大一些, 对应地在图 4.8(a) 中顶角处的等势面要密一些.

对于两根长方形导线的电容问题, 必须用式 (4.30) 中的广义电容C_{ab} 的概念. 广义电容矩阵可以由两根导线上的表面电荷、与两根导线的电势之间的关系来定义:

$$\begin{pmatrix} Q_1 \\ Q_2 \end{pmatrix} = \begin{pmatrix} C_{11} & C_{12} \\ C_{21} & C_{22} \end{pmatrix} \begin{pmatrix} V_1 \\ V_2 \end{pmatrix} \tag{4.59}$$

因此, 假如上下导线的电势如图 4.8(b)、(c) 中那样设定为 $V_1 = 1, V_2 = 0$, 上下导线上的总表面电荷 Q_1, Q_2 就分别等于自电容系数 C_{11} 和静电感应系数 C_{21}. 当上下导线的电势设定为 $V_1 = 0, V_2 = 1$ 时, 当然总表面电荷 Q_1, Q_2 就分别等于 C_{12}, C_{22}. 如果两根导线的几何尺度相同, 根据对称性, $C_{11} = C_{22}, C_{12} = C_{21}$ 是肯定成立的, 这也可以用来验证数值模拟的结果是否正确.

广义电容矩阵是对称矩阵, 而且根据朗道的理论, 不同导体间的静电感应系数为负值. 表 4.8 中给出了精度为 10^{-5} 量级的数值模拟结果, 导线总长度 $Z = 15b$, 电容 C 的数值已经对相对介电常数 ε_r 做了归一化.

表 4.8   长方形导线的电容问题

器件	维数	grid	迭代次数	单位长度电容或电容系数
孤立的 $1.5b \times b$ 长方形导线	2-D	$b/20$	49 000	$C/Z = (21.4 \pm 0.2)\text{pF/m}$
互相平行的两根长方形导线	2-D	$b/20$	48 000	$C_{11}/Z = (35.2 \pm 0.1)\text{pF/m}$
相距为 $h = b$	2-D	$b/20$	48 000	$C_{21}/Z = (-21.3 \pm 0.1)\text{pF/m}$
互相垂直的两根长方形导线	3-D	$b/4$	2200	$C_{11} = (343 \pm 1)\text{pF}^* (b/1\text{m})$
相距为 $h = b$、总长 $15b$	3-D	$b/4$	2200	$C_{21} = (-128 \pm 1)\text{pF}^* (b/1\text{m})$

从数值模拟的结果来看, 同样是长度 $Z = 15b$ 的长方形导线, 与另一根相距很近并平行的时候, 自电容系数最大 $C_{11} = 529$ pF* $(b/1\text{m})$; 另一根相距很近并垂直的时候, 自电容系数居中 $C_{11} = 343$ pF* $(b/1\text{m})$; 而孤立长方导线的电容最小 $C = 321$ pF* $(b/1\text{m})$. 这是一个物理上合理的结果, 因为电容体现了一个器件存储电场能量的能力, 两根导线近了, 它们之间的电场强度必然增大, 如图 4.8 所示, 此时电容当然也就增大.

本例的结果, 可以推广到非常复杂的导体–电介质系统, 并解决其中的静电学问题. 微电子芯片设计 EDA 中使用的方法, 会比本节介绍的方法在数学上处理更加巧妙, 算得更快, 但是计算物理方面的原理还是相同的.

例题 4.4　圆柱形电介质的电场问题、圆柱形铁磁体的磁场问题.

此问题可分别用退极化矩阵法、退磁矩阵法求解. 圆柱形电介质或者铁磁体, 在微波通信、磁信息存储等各个领域都有使用, 因此电介质、铁磁体的体内、体外任何一点的场, 是器件设计的一个基本问题.

根据式 (4.34), 直径为 D 、长度为 L 的圆柱形电磁介质的退极化矩阵、退磁矩阵 $\tilde{\boldsymbol{N}}(\boldsymbol{r})$, 可以用对圆柱表面的积分方法来获得, 分别包含上表面积分 $\tilde{\boldsymbol{u}}_+$、侧面积分 $\tilde{\boldsymbol{u}}_\mathrm{c}$、下表面 $\tilde{\boldsymbol{u}}_-$ 的贡献:

$$\tilde{\boldsymbol{N}}(\boldsymbol{r}) = -\frac{1}{4\pi}\iiint_j \mathrm{d}^3 r' \boldsymbol{\nabla}\boldsymbol{\nabla}\frac{1}{|\boldsymbol{r}-\boldsymbol{r}'|} = -(\tilde{\boldsymbol{u}}_+ + \tilde{\boldsymbol{u}}_- + \tilde{\boldsymbol{u}}_\mathrm{c}) \tag{4.60}$$

其中 $\boldsymbol{r}$ 为观测点到圆柱形材料中心点的位移矢量. 上、下表面积分获得的矩阵 $\tilde{\boldsymbol{u}}_+$ 和 $\tilde{\boldsymbol{u}}_-$ 的形式基本相同, 是对 ρ 和 θ 积分, 它们的面法线矢量相反; 侧面积分 $\tilde{\boldsymbol{u}}_\mathrm{c}$ 是对 z 和 θ 积分, 面法线矢量绕着圆柱不停地在转动. 这三个矩阵的具体表达式为

$$\tilde{\boldsymbol{u}}_\pm(\boldsymbol{r}) = \frac{1}{4\pi}\int_0^{2\pi}\mathrm{d}\theta\int_0^{D/2}\rho\mathrm{d}\rho\frac{\boldsymbol{r}\mp L\hat{\boldsymbol{e}}_z/2 - (\rho\cos\theta\hat{\boldsymbol{x}}+\rho\sin\theta\hat{\boldsymbol{y}})}{|\boldsymbol{r}\mp L\hat{\boldsymbol{e}}_z/2 - (\rho\cos\theta\hat{\boldsymbol{x}}+\rho\sin\theta\hat{\boldsymbol{y}})|^3}(\pm\hat{\boldsymbol{e}}_z) \tag{4.61}$$

$$\tilde{\boldsymbol{u}}_\mathrm{c}(\boldsymbol{r}) = \frac{1}{4\pi}\int_0^{2\pi}\mathrm{d}\theta\int_{-L/2}^{L/2}\frac{D}{2}\mathrm{d}z'$$
$$\times \frac{\boldsymbol{r}-(z'\hat{\boldsymbol{z}}+D\cos\theta\hat{\boldsymbol{x}}/2+D\sin\theta\hat{\boldsymbol{y}}/2)}{|\boldsymbol{r}-(z'\hat{\boldsymbol{z}}+D\cos\theta\hat{\boldsymbol{x}}/2+D\sin\theta\hat{\boldsymbol{y}}/2)|^3}(\cos\theta\hat{\boldsymbol{x}}+\sin\theta\hat{\boldsymbol{y}}) \tag{4.62}$$

具体做积分的时候, $\tilde{\boldsymbol{u}}_\pm$ 矩阵中的径向积分可以解析地积出来, 角度积分只能依靠数值求解; $\tilde{\boldsymbol{u}}_\mathrm{c}$ 矩阵中沿 z 方向的积分也可以解析地积出来, 角度积分也只能依靠数值求解. 当然也可以都用数值积分求解, 只是计算速度慢一些而已. 注意, 在上述积分中, 当观测点 $\boldsymbol{r}$ 正好处在圆柱表面的时候是有奇异性的, 必须避免这些观测点.

计算出上述退磁矩阵 $\tilde{\boldsymbol{N}}$ 以后, 对于具有均匀电极化强度 $\boldsymbol{P}$ 的电介质或具有均匀磁化强度 $\boldsymbol{M}$ 的铁磁体, 空间任何一点的电场或者磁场为

$$\boldsymbol{E} = -\tilde{\boldsymbol{N}}(\boldsymbol{r})\cdot(\boldsymbol{P}/\varepsilon_0)\ (\mathrm{SI}), \quad \boldsymbol{H} = -\tilde{\boldsymbol{N}}(\boldsymbol{r})\cdot(4\pi\boldsymbol{M})\ (\mathrm{cgs}) \tag{4.63}$$

图 4.9 中表达了归一化的电场 $E/(P/\varepsilon_0)$ 或归一化的磁场 $H/(4\pi M)$ 在圆柱的中截面 ($z/L = 0$) 以及上表面附近 ($z/L = 0.55$) 的分布图. 中截面上, 由于面电荷 $\sigma = \hat{\boldsymbol{n}} \cdot \boldsymbol{P}$ 或面磁荷 $\sigma = \hat{\boldsymbol{n}} \cdot \boldsymbol{M}$ 的存在, 圆柱内外的场是有突变的, 这符合诺伊曼边界条件. 在内部是"退电场"或"退磁场", 与 $\boldsymbol{P}$ 或 $\boldsymbol{M}$ 的方向相反; 外部是呈偶极场的状态分布, 因为 $\boldsymbol{P}$ 或 $\boldsymbol{M}$ 的空间取向与 z 轴夹 30° 角, 与 x 轴夹 45° 角, 因此偶极场是从图 4.9(a) 中的右上指向左下的. 在上表面以上, 场也是呈偶极场的特性, 因此随着 r 衰减很快. 在远处, 场应该严格符合偶极场的公式:

$$\boldsymbol{E}_{\text{dipole}} = \frac{V}{\varepsilon_0} \frac{-\boldsymbol{P} + 3(\boldsymbol{P} \cdot \hat{e}_{\text{r}})}{r^3} \text{ (SI)}, \quad \boldsymbol{H}_{\text{dipole}} = \frac{V}{4\pi} \frac{-\boldsymbol{M} + 3(\boldsymbol{M} \cdot \hat{e}_{\text{r}})}{r^3} \text{ (cgs)} \tag{4.64}$$

其中 $V = \pi D^2 L/4$ 为圆柱的总体积; $\boldsymbol{r} = r\hat{e}_{\text{r}}$ 为观测点的球坐标表达式.

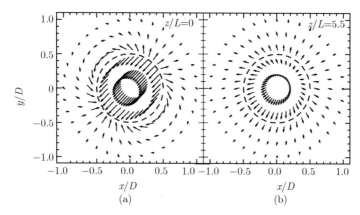

图 4.9 通过退极化矩阵法、退磁矩阵法计算的归一化的电场 $E/(P/\varepsilon_0)$、磁场 $H/(4\pi M)$ 在 (a) 圆柱的中截面 ($z/L=0$) 以及 (b) 上表面附近 ($z/L=0.55$) 的分布图. $\boldsymbol{P}$ 或 $\boldsymbol{M}$ 的空间取向与 z 轴夹 30° 角, 与 x 轴夹 45° 角. 中截面上, 由于面荷的存在, 场在圆柱内外不连续; 而在上表面以上, 场就是无散度的, 具有连续分布的特点

本例中的做法, 对于任何几何形状的电介质、铁磁体都是适用的, 尤其对于均匀极化、均匀磁化的情况更是适用. 那么, 如果材料内部有很多晶粒, 每个的极化方向、磁化方向不同, 如何处理呢? 这就首先要建立一个几何模型, 将晶粒分布、取向分布模拟好, 然后对每个颗粒产生的静电场、静磁场使用本节中的方法计算出来, 最后得出材料的综合性质. 第五章将介绍的微磁学方法, 其重要的核心内容之一其实就是这样. 因此, 这是处理材料的电磁性质的一种基本方法.

例题 4.5　磁头场的数值计算问题.

磁头场的数值计算问题是磁信息存储研究的关键问题之一. 信息一般通过电信号控制、处理、传播比较方便, 信息通过磁信号存储则更加稳定. 磁头就是电–磁信号的转换器, 因此一直处于磁信息存储工业的核心地位. 在解析解一节已经讨论过卡尔奎斯特场的近似解, 本例将讨论更精确的三维有限元解.

图 4.10 中给出了表面有限元法(surface finite element method)计算感应磁头场的基本原理. 其实质就是找到磁头表面各处的面磁荷密度, 以保证软磁体内部的 $\boldsymbol{H}$ 场基本为零, 软磁体表面基本为等磁势体. 表面有限元法也有基本假设: ① 假定磁头内侧面的面磁荷密度是常数 $\sigma_{\mathrm{M}}^{\pm} = \pm 1$; ② 寻找磁头表面其他地方合适的面磁荷密度分布, 使得磁头内部磁场为零; ③ 通过获得的磁头面磁荷密度分布同时计算出磁头外部的磁场 $\boldsymbol{H}(x, y, z)$ 和磁隙深处磁场 H_0; ④ 将磁头场归一化于磁隙深处磁场 $\boldsymbol{H}(x, y, z)/H_0$, 并在使用磁头场的时候乘以真正的磁隙深处磁场 $H_{\mathrm{g}} = NI \cdot E/g$.

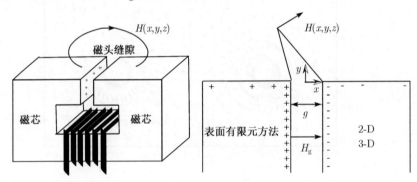

图 4.10　薄膜磁头的三维图和写磁头场的表面有限元法模型 (二维或三维)

表面有限元法的最大优势是计算速度快. 即使针对一个三维器件, 其主要计算量还是在一个二维表面上进行, 因此比以雅可比方法为代表的有限元法快得多, 但是精度要差一些. 具体使用的三维感应磁头模型的总尺度和格子大小见表 4.9.

表 4.9　三维磁头场的表面有限元法计算的参数

参数名称	取值
x 方向尺度	总模拟尺度 $X_{\mathrm{tot}} = 11g$, 磁头水平尺度 $4g + g + 4g$
y 方向尺度	总模拟尺度 $Y_{\mathrm{tot}} = 5g$, 磁隙深度 $3g$
z 方向尺度	总模拟尺度 $Z_{\mathrm{tot}} = 8g$(可减半), 磁场宽度 $W < 6g$
表面有限元尺度	格子 $\Delta = g/4$, 细致积分格子 $\Delta_0 < g/100$
模拟精度和时间	边条件满足的精度 10^{-5}, 时间小于 $5\ \mathrm{min}$(Pentium IV)

表面有限元法最关键的步骤是如何寻找到合适的表面磁荷分布. 图 4.10 中大致显示了磁荷密度分布的格局, 在磁隙内侧面最大, 其次是在转角处较大. 根据式 (4.31), 表面磁荷微元 $\sigma_M \Delta A$ 与软磁体内外的表面法向磁场之间必须满足条件:

$$4\pi\sigma_M = H_{out}^{\perp} - H_{in}^{\perp} = H_{out}^{\perp}(1 - 1/\mu) \tag{4.65}$$

在开始迭代的时候, 只考虑了磁隙内的磁荷密度, 因此软磁体仿佛不存在, 其磁导率 $\mu = 1$, 边界内外的磁场是相等的, 那么除磁隙内侧面以外磁头表面其他地方的初始磁荷都是零. 当迭代结束的时候, 由于软磁材料的磁导率 μ 很大, 此时面磁荷密度基本就等于软磁体表面外部磁场的法向分量 $H_{out}^{\perp}/4\pi$.

在迭代过程中, 空间任何一处的磁场等于原始的磁隙内侧面磁荷 $\sigma_0^{\pm}$ 的贡献加上磁头表面其他点. 例如, 第 i 个点附近的面磁荷密度 σ_i 的贡献 (cgs):

$$\boldsymbol{H} = \iint_{innergap} \mathrm{d}^2 \boldsymbol{r}' \sigma_0 \frac{(\boldsymbol{r} - \boldsymbol{r}')}{|\boldsymbol{r} - \boldsymbol{r}'|^3} + \sum_i \Delta^2 \sigma_i \frac{(\boldsymbol{r} - \boldsymbol{r}_i)}{|\boldsymbol{r} - \boldsymbol{r}_i|^3} \tag{4.66}$$

其中 Δ 为磁头表面有限元分割的格子长度. 注意, 上述方程第二项的求和或积分, 当观测点 $\boldsymbol{r}$ 离表面位移矢量 $\boldsymbol{r}_i$ 的距离 d 小于 2Δ 的时候, 必须把对应的第 i 个格子再分细为 $\Delta_0 = d/10$ 左右的格子, 并重新进行求和, 以避免由于有限元分割而造成错误的场发散问题, 这个原则在处理 $1/r$ 类型的势时都要考虑.

在迭代过程完成的时候, 软磁体内部磁场小于设定的精度值, 此时就可以获得磁头表面空间任何一点的三维磁头场 $\boldsymbol{H}(x,y,z)$. 图 4.11(a) 中显示了一个很窄的感应磁头的磁场分布 (磁头宽度 $W/g = 2$), 绘图的 x-z 平面离磁头表面的距离 $y_0 = 0.15g$, 在此面内, 水平磁场 $H_x(x,y_0,z)/H_0$ 在磁头缝隙之间最大, 在缝隙之外迅速下降, 由此可以看到磁头缝隙对于磁头场分布的控制作用. 磁头场在磁头宽度以外 $z > W/2 = g$ 也迅速下降, 这个横向下降区间的宽度在磁道如此之窄的时候不可忽略.

图 4.11(b) 仔细比较了表面有限元法和卡尔奎斯特磁荷模型的计算结果. 两者在磁头的 $z_0 = 0$ 的对分中心线上十分接近 (实线和点线比较). 若观测磁场面离磁头表面更远, 两者近似程度还会增加, 因为两者都要趋于理想的二维偶极子解:

$$H_x = \frac{NIE}{\pi} \frac{y}{x^2 + y^2}, \quad H_y = \frac{NIE}{\pi} \frac{x}{x^2 + y^2} \tag{4.67}$$

在磁头的 x 方向的边缘 $x = \pm 4.5\,g$ 处, 由于磁荷的存在, 水平磁头场有个小于零的极值, 这是由林德赫姆 (Dennis A. Lindholm) 在 1977 年首先发现的. 由于磁头上表面以及侧表面磁荷的存在, 在磁头的 z 方向的边缘 $z = \pm W/2$ 处, 横向磁头场 H_z 不再为零, 而是在磁隙内侧面的位置 $x = \pm g$ 处横向场达到正或负的极大值.

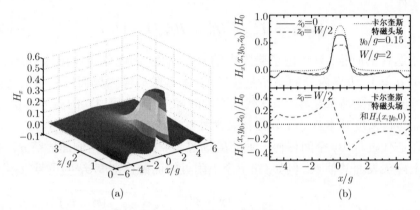

图 4.11   (a) 用表面有限元方法计算出的纵向三维磁头场 $H_x(x, y_0, z)$ 在离磁头表面 $y_0 = 0.15g$ 的 $x - z$ 面内的分布. 其中磁头在 z 方向的宽度 W 与磁头缝隙的比值 W/g=2. (b) 用表面有限元方法计算出的纵向磁头场 $H_x(x, y_0, z_0)$ 和横向磁头场 $H_z(x, y_0, z_0)$ 与卡尔奎斯特磁头场 (点线) 的比较. 图中实线和划线分别表示在磁头中心 $z_0 = 0$ 处、磁头边缘 $z_0 = W/2$ 处用表面有限元法计算出的磁头场

上述三维表面有限元方法的精确度, 还可以用雅可比方法来进行验证, 与本节有限元法求解导线电容的问题类似. 图 4.12(a) 中将左右磁极的磁势分别设定为 $\pm NI \cdot E/2, NI \cdot E/2$, 然后可以用雅可比方法按照表 4.10 的要点可解出空间任何一点的磁势.

表 4.10   三维有限元法-雅可比方法求解感应式磁头场

参数名称	取值
x 方向尺度	总模拟尺度 $X_{tot} = 20\,g$, 磁头纵向尺度 $4\,g + g + 4\,g$
y 方向尺度	总模拟尺度 $Y_{tot} = 10\,g$, 磁隙深度 $4\,g$
z 方向尺度	总模拟尺度 $Z_{tot} = 5\,g$, 磁头宽度 $W = 2\,g$
二维有限元尺度	格子 $\Delta = g/20$, 可获得离表面 $d = g/40$ 处的场
模拟精度和时间	边条件满足的精度 10^{-5}, 时间小于 $20\,\mathrm{min}$(曙光中型机)

图 4.12 中画出了用三维有限元法 (3-D Jacobi) 计算出的感应式磁头在磁头纵向中心截面 $z = 0$ 处等势面图; 二维有限元法 (2-D Jacobi) 计算出的纵向磁头场 $H_x(x, y_0)$ 在各个高度的曲线; 并比较了三维雅可比方法计算出的纵

向磁头场 $H_x(x, y_0, 0)$、三维表面有限元方法 (3-D SFEM) 获得的纵向磁头场 $H_x(x, y_0, 0)$ 以及卡尔奎斯特场的结果.

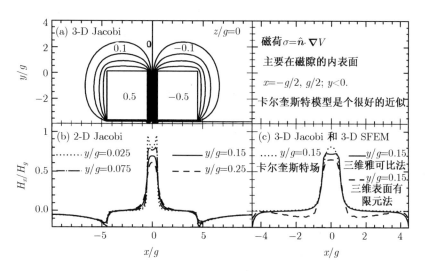

图 4.12 (a) 用三维有限元–雅可比方法计算出的磁头在 $z = 0$ 的截面内的等势面图. 其中左右磁极的归一化磁势 $\psi_m/(NI \cdot E)$ 为 0.5, −0.5, 图中等势面的取值分别为 0.4, 0.3, 0.2, 0.1, 0.0, −0.1, −0.2, −0.3, −0.4. 磁隙宽度 g 和磁隙深处磁场 H_g 都被归一化为 1; (b) 用二维雅可比方法计算出的感应式磁头的纵向磁头场 $H_x(x, y_0)$, 其中 y_0 分别为 $0.025\,g, 0.075\,g, 0.15\,g, 0.25\,g$; (c) 三维雅可比方法 (实线)、三维表面有限元法 (划线) 和卡尔奎斯特磁荷模型 (点线) 获得的纵向磁头场的比较. 其中 $y_0 = 0.15\,g$

从图 4.12 中可以看到, 由三维表面有限元法获得的磁场峰值比三维雅可比法计算出的峰值略小. 而且, 在左右磁极正上方的 $0.8 < |x/g| < 3.5$ 区域, 三维表面有限元法获得的纵向场 H_x 是略微小于零的, 这不符合软磁体表面是等磁势体的条件. 但是, 考虑到磁头软磁材料在磁极最尖端 $(x = \pm g/2, y = 0)$ 处的软磁材料总是有饱和效应(saturation effect), 尖端磁荷比较大, 这自然会导致 $0.8 < |x/g| < 3.5$ 区域内的纵向场 H_x 略微小于零. 因此, 三维表面有限元方法获得的感应式磁头场在硬盘的写入过程模拟中使用还是很合适的, 这将在本书第五章的最后一节中讨论.

在本章结束之前, 总结一下本章讨论的基本内容. 首先讨论了电介质及其介电常数的基本性质, 并给出了静电学基本方程和边界条件. 然后介绍了铁磁体的总体研究领域, 并给出静磁学, 特别是铁磁体中的静磁学的基本方程和边界条件. 在最后一节, 通过几个典型实例, 介绍了镜像法、有限元法、退极化矩阵和退磁矩阵法, 以及表面有限元方法的具体思路, 并讨论了各种方法的适用范围和各自的优劣.

对于更加复杂的系统, 或者需要在材料结构方面做更详尽的分析, 或者需要在电工、电子设计方面有更多数学基础和计算机基础. 但是, 只要是静电或静磁问题, 其物理本质和解决问题的基本思路不会脱出本章讨论的范围.

<h2 style="text-align:center">本　章　总　结</h2>

电介质和磁性材料在材料科学中是两个相当不同的领域. 但是, 从电磁理论的角度来说, 两者是非常类似的, 只有细微的差别. 因此, 本章先分别简介电介质材料和铁磁性材料的类别, 然后再统一讨论静电学和静磁学的解析解和数值解法.

(1) 静电学. 静电学成立的条件, 并不要求外加电场频率为零, 只要器件尺度远小于电磁波的波长, 静电学都是成立的. 此外, 由于材料的系统非常丰富, 电极化强度 D 和电场强度 E 的关系是非常多样的, 做任何理论分析首先要确定这一关系. 静电学的理论难点在于有效电场, 也就是电介质中每个晶粒或者每个人为划分的单元感受到的总的电场, 包含很多项. 有效电场中最困难的静电相互作用场可以用退极化矩阵法求解. 如果把电介质看成均匀的, 那么 18 世纪法国数学家发展的微分方程法是非常重要的. 值得注意的是, 在含有多个导线的系统中, 电容不是一个数, 而是一个矩阵, 这是由朗道理清的概念.

(2) 静磁学. 与静电学类似, 静磁学也可以在外加磁场频率不为零时候使用; 而且, 静磁学中最复杂的问题也是有效磁场. 有效磁场也包含很多项, 详细内容在本书第五章再解释, 铁磁材料中晶粒之间的静磁相互作用场势也是可以用退磁矩阵法求解. 如果铁磁材料比较均匀, 而且外加磁场满足一定的条件, 在铁磁材料中也可以使用微分方程求解问题, 但铁磁材料的边界条件更复杂一些.

(3) 静电和静磁问题的解析解. 本章主要介绍了微分方程的分离变量法、镜像法, 和已知电荷分布的直接积分法. 这三种方法在特定的条件下都很有用, 但不是在任何情况下都能解出的, 有时甚至必须依赖于边界条件或者近似假设才能用解析解.

(4) 静电和静磁问题的数值解. 本章主要介绍了雅可比方法和表面有限元法. 雅可比方法是解决均匀电介质或磁介质的电场分布问题的有力工具. 表面有限元法则速度较快, 可以用较小的计算能力就解决问题, 而且精度不差. 在讨论解析和数值解时, 都用了大量信息工业中的重要器件实例, 这样能更好地学习如何建立模型、如何用近似假设来解决实际问题.

参 考 文 献

《中国大百科全书》编辑组. 1998. 中国大百科全书·电工卷. 北京: 中国大百科全书出版社.

Bertram H N. 1994. Theory of Magnetic Recording. Cambridge: Cambridge University Press.

Ida N. 2000. Engineering Electromagnetics. New York: Springer-Verlag.

Jackson J D. 1975. Classical Electrodynamics. New York: John Wiley & Sons Inc.

Landau L D, Lifshitz E M, Pitaevskii L P. 1984. Electrodynamics of Continuous Media. New York: Perg amon Press.

Press W H, Teukolsky S A, Vetterling W T, Flannery B P. 1992. Numerical Recipes in Fortran 77-The Art of Scientific Computing. 2nd Edition. Cambridge: Cambridge University Press.

Wohlfarth E P. 1982. Ferromagnetic Materials, Vol. I-III. New York: North-Holland Publishing Co.

本 章 习 题

1. [思考题] 在微波通信领域, 什么尺度的器件中的电磁问题可以使用静电和静磁问题的解决方法?

2. [思考题] 为什么介电常数和磁导率的虚部多半是负数?

3. [思考题] 在 MOS 器件的氧化层中, 往往电场强度很大, 此时介电常数与电场不大的时候相比, 会有什么变化?

4. [思考题] 在软磁体中, 外加磁场大约在多大的范围内, 其磁性要满足什么要求, 才能用初始磁导率这个概念?

5. [思考题] 钇铁石榴石和六角铁氧体可以是硬磁材料, 也可以是软磁材料, 在微波器件和电感器件中使用的时候, 需要怎样的磁性质?

6. [思考题] 微电子芯片中, 由于 $R\text{-}C$ 振荡效应的存在, 电脉冲在 60~90 nm 导线中的响应时间大约在纳秒的量级. 能否用本章计算出的长方形导线的电容数值, 解释这个延迟时间的量级?

7. 利用表 4.3 中长方体的退极化矩阵的表达式, 写出一个计算机程序, 计算均匀极化的长方形电介质内外的电场. 具体画出沿 $(x,0,0)$ 方向的电场随坐标 x 的函数关系.

8. 利用表 4.5 中长方形面的退极化矩阵的表达式, 写出一个计算机程序, 计算正三棱柱的 $z=0$ 中截面内的磁场分布. 具体画出某个棱柱侧面中心与体心的连线方向的磁场随坐标的函数关系图.

9. 利用表 4.5 中长方形面的退极化矩阵的表达式, 写出一个计算机程序, 计算正六棱柱的 $z=0$ 中截面内的磁场分布. 具体画出某个棱柱侧面中心与体心的连线方向的磁场随坐标的函数关系图.

10. 利用二维雅可比方法, 写出例题 4.3 中孤立长方形导线的外部电势计算程序. 具体画出表面线电荷密度在其四个侧面上的函数分布.

11. 利用二维雅可比方法, 写出例题 4.3 中两根平行长方形导线的外部电势计算程序. 当上下导线电势分别为 1,0 时, 画出在上下导线 8 个侧面上的表面线电荷密度分布.

12. 利用三维雅可比方法, 写出例题 4.3 中两根垂直长方形导线的外部电势计算程序. 当上下导线电势分别为 1,0 时, 具体画出上下导线在各自的导线中心线 (上导线 $x = 0$, 下导线 $z = 0$) 上的面电荷密度分布.

13. 利用退极化矩阵或退磁矩阵法, 写出例题 4.4 中圆柱形电介质或铁磁体的内外电磁场的计算程序. 具体画出 $z = 0$ 的中截面上径向坐标从 $0 \sim \infty$ 的场的分布.

14. 如图 4.10(b) 所示, 利用二维限元法, 写出计算二维磁头场的计算机程序, 并画出 (a) 二维磁头的左右两个磁极表面的线磁荷分布图; (b) 离磁头表面 $y_0 = g/16$, $g/8$, $g/4$, g 处的水平磁场 $H_x(x, y_0)$ 和垂直方向磁头场 $H_y(x, y_0)$ 与纵向位置 x 之间的关系.

第五章　信息存储与微磁学

- 磁存储、光存储和半导体存储 (5.1)
- 磁信息存储工业 (5.2)
- 微磁学的起源 (5.3.1)
- 磁滞回线、磁畴和磁导率的计算 (5.3.2)
- 读写过程的微磁学模拟 (5.3.3)

现代社会的特征之一, 就是信息的快速流动, 并为每个普通人分享. 这种信息的普及是建立在发达的信息电子工业的基础上的. 庞大的信息工业 (information industry), 可以分为信息的处理 (processing)、信息的存储 (storage)、信息的传输 (transmission)、信息的输入输出 (input/output) 四个部分. 每个部分的硬件相对独立, 但是为了使一个系统运转, 需要这几个要素组合起来. 这个思想来自于 20 世纪 50 年代数学家诺伊曼 (John von Neumann) 提出的程序数字计算机 (program digital computer) 的概念. 早期的电子计算机, 每一个新的应用程序, 都需要重新设计硬件与之配合. 而诺伊曼设计的程序数字计算机的基本结构包括一个简单而强大的处理器 (processing unit)、一个程序和数据的存储区 (data and programs memory)、一个控制器 (controller)、一个输入输出设备 (input/output device) 四个部分. 计算机变得更容易使用了, 并允许硬件 (hardware) 和软件 (software) 相对独立地向前发展, 提高了硬件的利用率, 同时对数据存储提出了很高的要求.

从本章开始直到第八章, 将分别讨论信息存储、信息传输和信息的输入输出系统. 信息电子工业涉及多学科的研究, 其研发过程会涉及材料、机械、电子、自动化、计算机、物理、化学等学科, 因此是非常复杂的. 本书只能以麦克斯韦方程为核心着重讨论这些系统中与电磁材料和核心器件相关的问题.

电子化的信息存储, 使得信息的快速复制、检索、大量保存、快速处理成为可能. 信息存储系统 (information storage system) 的三个主要评价指标分别是存取速度 (access rate)、单位价格 (price per bit)、存储容量 (storage capacity), 这正是体现了现代人对信息的基本需求. 电子信息存储可以有三种主要的实现方式: 具有最高存取速度的半导体存储 (semiconductor memory), 如计算机内存、Flash 等; 价格低廉、携带方便的光存储 (optical recording), 如音像、数据光盘等; 具有最佳综合性能的磁存储 (magnetic recording), 包括声音记录 (audio recording)、图像记录 (video recording)、数据记录 (data storage) 三个种类. 这三种信息存储方式各有自己的适用范围, 互相不可替代.

在本章中将首先简介磁、光和半导体存储方式的物理机制. 然后将详述磁信息存储工业中重要的系统发展历史, 并以应用磁学的基本理论 —— 微磁学 (micromagnetics) 为主干, 讨论磁信息存储系统中的磁记录材料和相关的核心器件的物理机制.

5.1　电子信息存储的基本原理

在人类历史上最早的文字和图像是记录在石头、纸莎草、羊皮、竹片和丝帛上的, 后来文字逐渐统一记录在纸上. 现代的声音、图像、数据记录的最早思想则来自美国伟大发明家爱迪生 (Thomas Alva Edison). 爱迪生生于 1847 年, 只受过 3 个月的正规小学教育, 其后在家由母亲教育并自学. 12 岁开始, 爱迪生开始在铁路上卖报纸, 后来甚至编报纸, 以养活他自己小小的实验室. 15~19 岁, 他在各地铁路局做夜班电报员, 初学电学和机械知识. 到 20 岁, 他读到《法拉第全集》, 从此开始各类发明创造.

爱迪生非常熟悉电报. 电报系统中传递文字编码的媒介是打了孔的纸条. 1875 年电话 (telephone) 发明以后, 爱迪生又参与到电话接收机的发明之中. 当时还没有长途电话, 因此, 他就想能否把电话系统中的声音信号也转变成纸上的一系列压痕, 这样能通过电报很快传递到远处. 1877 年, 爱迪生首先用电话机中的声音振动膜 (diaphragm) 上的凸点与匀速拉动的蜡纸 (paraffin) 接触, 声音信号确实就转换成了蜡纸上的一系列压痕. 后来, 爱迪生又把蜡纸换成包蜡金属圆筒上覆盖的锡箔 (tin foil), 圆筒两侧有两个声音振动膜–针尖组合, 一个负责记录 (recording), 一个负责读出 (playback), 如图 5.1 所示. 录音的时候, 振动膜压迫针尖, 沿螺纹留下深浅痕迹, 金属表面的蜡厚度约为四分之一英寸, 而针尖写入的痕迹深度一般在千分之一英寸以下; 在重新放送的时候, 秃头的针尖随着凹坑振动, 反过来激发振动膜, 发出声音. 留声机放送的第一个录音是美国民歌 *Marry Had a Little Lamb*, 当时就轰动全美.

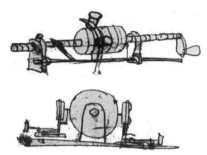

图 5.1 爱迪生留声机的原始设计图[①]
和 1877 年制造的最初样品[②]

在磁和光信息存储系统中, 爱迪生的留声机中锡箔就演变为存储信息的磁介质, 而声音振动膜–针尖组合则对应于写入–读出信息的头. 虽然爱迪生的留声机的原理基本是机械的, 但对后续发展的电子信息存储系统的影响是非常深远的.

5.1.1 磁存储的起源

磁信息存储系统的思想最早起源于史密斯 (Oberlin Smith) 的设计和试验. 史密斯是 19 世纪后期著名的机械工程师之一, 1873 年他创办了一家新的 Ferracute Machine 公司制造汽车和自行车的挡泥板; 1899 年还担任过美国机械工程师协会主席.

1878 年, 史密斯参观了爱迪生在新泽西州的实验室, 对其中的留声机大感兴趣. 史密斯回家以后, 试图用新的方法来记录声音. 爱迪生的留声机用沿着锡箔表面沟道的机械性质来记录声音, 而史密斯认为可以用钢丝表面磁性的变化来记录声音. 他还认为, 用一块固体来记录声音是不会很好的, 如果用钢丝切成细粉再与丝线编织在一起做声音记录效果会更好. 史密斯设想的这种声音记录介质与后来发展的磁带颗粒介质是非常相似的.

1888 年, 史密斯把他 10 年前的设计图发表在英国的 *Electrical World* 杂志上, 见图 5.2. 这张最早的设计图基本体现了磁记录系统的三部分基本结构:

[①] 引自: Butowsky H. 2007-03-02. Beehives of Invention: Edison and His Laboratories. City of Washington DC, USA. http://www.nps.gov/history/history/online_books/hh/edis/edisc6. htm.

[②] 引自: Australian Center for the Moving Image. 2007-01-21. Adventures in Cybersound. City of Victoria, Australia. http://www.acmi.net.au/AIC/edison_phono_1877_s.html.

存储信息的磁媒体 (magnetic media)、读写信息的磁头 (magnetic head)、实现快速数据读写的机械传动系统, 这三部分结构一直是磁信息存储系统的基本要素. 图 5.2 中的麦克风体现了信息的 I/O 与信息存储系统的结合.

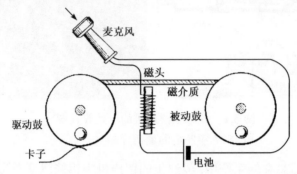

图 5.2　史密斯发表在 *Electrical World* 杂志上的世界上
第一张磁记录系统设计图 (Mee, 1989)

1898 年, 为了实现数分钟的电话留言, 丹麦电信的工程师帕尔森 (Valdemar Poulsen) 制造出了第一台可以记录声音的钢丝录音机. 这台机器名叫做 Telegraphone, 样子很像滑线变阻器, 见图 5.3(a), 也很像爱迪生的留

(a)　　　　　　　　　　　(b)

图 5.3　(a) Poulsen 发明的第一台钢丝录音机[①] ; (b) American
Telegraphone 公司制造的钢丝录音机[②]

---

① 引自: Schoenherr S E. 2007-02-11. Recording Technology History. History Department, University of San Diego, City of San Diego, California, USA. http://history.sandiego.edu/gen/recording/notes.html.

② 引自: Butowsky H. 2007-03-05. American Telegraphone Company - 1919. City of Chantilly, Virginia, USA. http://www.scripophily.net/amteco19.html.

声机. 在钢丝录音机中, 首先用电话的麦克风把声音变为电流信号, 然后通过一个电磁铁把电流信号转换为细钢丝上的磁矩变化. 在读出时, 把一个线圈快速滑过细钢丝, 线圈–介质的相对速度比后来的磁带系统要快几百倍, 然后就可以听到存入的声音; 钢丝的磁记录性能不好, 机器发出的声音很小.

帕尔森在发明钢丝录音机以后, 1902 年又发明了 Arc-transmitter, 这是电子工业中的里程碑之一. 在充满氢气的电弧室加上横向磁场, 可以把直流电连续地变为射频电源; 在 20 世纪 30 年代真空管发射器流行之前, 这台机器是无线通信设备的发射器.

钢丝录音机比爱迪生的留声机价格高、放送的声音小, 所以在商业上一直不成功. 即使如此, 钢丝录音机依然是磁记录工业发展史上的里程碑. 1900 年, 钢丝录音机在巴黎世界博览会上获得了大奖, 此后帕尔森转向无线通信, 因此数年间市场化一直不顺利. 1903 年开始, 丹麦的 Dansk Telegrapfonfabrik 公司开始了钢丝录音机的工业化生产, 不过也只制造了大约 200 台. 1905 年, 经过与帕尔森的专利谈判, 美国开始进入钢丝录音机的市场, 成立了 American Telegraphone 公司. 他们生产的钢丝录音机能记录几十分钟, 还是不能解决声音太小的问题, 因此只能销售给杜邦公司、美国海军等客户. 20 世纪 20 年代以后, 磁带系统发明前, 德国的数家公司也一直在生产钢丝录音机. 在中国, 民族音乐家阿炳的《二泉映月》就是在 20 世纪 50 年代他去世之前用钢丝录音机抢救录制下来的.

5.1.2 光存储的起源

光记录的发展前提是激光技术和光学介质的发展. 激光技术的发展在固体物理中已讨论过, 1961 年, 苏联利比迭夫物理研究所的巴索夫 (Nicolay Gennadiyevich Basov) 等发明了半导体激光器. 1962 年, 美国通用电子公司的宏龙雅克 (Nick Holonyak) 等制备出了较实用的砷化镓激光器. 高功率的半导体激光器是后来发展的光存储系统的光源; 因为只有激光是同相位、同方向的光, 适于读出很小的比特上的信息.

光记录的另一个前提是光盘记录介质的发展. 光盘 (optical disc) 的成熟制备方法是 20 世纪 50 年代后期由格瑞格 (David Paul Gregg) 发明的. 1958 年, 格瑞格在美国加利福尼亚州洛杉矶好莱坞的 Westrex 公司工作, 因电影工业的发展而有制备录像光盘 (VideoDisc) 的需求. 格瑞格认为, 可以先制备玻璃母盘 (disc master), 然后用锻压 (stamping) 技术来制备大量的塑料光盘. 在制备母盘的时候, 在抛光的玻璃表面沉积光刻胶, 然后用激光束曝光, 获得与最终光盘上的数据图形相同的图案. 在锻压光盘之前, 首先要在母盘上沉积很厚的金属层, 如镍, 再剥离, 获得与最终图形相反的 "子盘". 然后, 再把金属子盘固定住, 用锻压法进行复制. 一般要在接近塑料熔点的温度下, 对平整的塑料光盘锻压, 保证压痕的整齐, 并获得含有数据的光盘. 光盘上的图形如图 5.4 所示, 沿着每个数据道 (track) 有宽度相同的压痕, 压痕的长度是变化的, 代表图像数据.

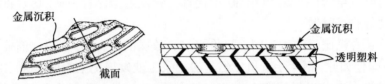

图 5.4　20 世纪 50 年代末格瑞格发明的锻压法
和光盘表面的数据结构[1]

1969~1972 年, 荷兰菲利普公司研发部完成了图 5.5 中的录像光碟项目,

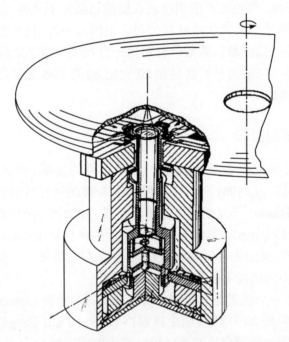

图 5.5　20 世纪 70 年代荷兰菲利普公司的录像光盘放映机结构[2]

① 引自: Gregg D P. 1982-07-16. Process for making a video record disc: US, 4500484.
② 引自: Kleuters W J, van Rosmalen G E, Bierhoff M P M, Immink K A. 1977-08-04.
Objective mount for video disc player: US, 4135206.

把激光技术和格瑞格的光盘制备技术结合在一起, 首次实现了图像信号的光存储. 克莱末 (Piet Kramer) 是这个光记录项目的负责人, 康派恩 (Klaas Compaan) 负责具体的实验工作, 另一位工程师布惠易斯 (Gijs Bouwhuis) 负责光学理论计算, 很多人都参与了录像光碟项目. 当时他们研究的光碟直径不到 1 mm. 不到三周时间他们就完成了原型 (prototype) 发展. 菲利普公司的录像光盘数据类似电视荧屏中的电子束扫描模式, 首先把图像分成很多行, 每行再分成很多单元, 每个单元的颜色或灰度模拟信号依次沿着数据道存储在光碟中. 当时还有德国的 Teldec 公司也在研究光存储, 而且技术相当先进. 1979 年, 菲利普公司开始在全球销售录像光盘放映机 (video disc player).

最成功的光存储系统是激光唱片 (compact disk, CD), CD 这个词汇是菲利普公司的康派恩首先提出的. 1977 年, Sony 公司、Mitsubishi 公司、Hitachi 公司等几家日本公司实现了激光唱片的原型. 声音信号用 0-1 数字信号存储. 在数据读出时, 图 5.4 中灰色的部分是金属, 激光照射上会反光, 而白色部分主要是塑料, 不会反光; 这两种状态正好对应 0-1 信号. 声音信号的效率大大高于图像信号, 所以激光唱片比当时的录像光碟用起来方便. 1979 年, 索尼公司和菲利普公司终于达成协议, 由两家公司联合建立了激光唱片的国际标准: 光盘直径为 120 mm, 可以存储 T=74 min 的音乐信号, 数据存储频率为 f=44.1 kHz, 总的比特数为 $4fT$=783 MB. 这标志着光盘工业大发展的开始.

5.1.3 半导体存储的起源

计算机的存储设备曾经有很多种类, 分别利用不同的物理性质. 最开始并不分内存和外存, 后来依照数据读出速度分为两类. 历史上主要的内存和外存类型有鼓形存储 (drum memory)、水银管延迟线超声波存储 (mercury tube delay-line memory)、磁芯存储 (magnetic core memory)、半导体存储 (semiconductor memory)、磁带 (tape recording) 和硬盘 (hard disk drive) 等. 其中磁带和硬盘是主要的外存类型.

20 世纪 50~70 年代, 磁芯存储是计算机主要的内存方式. 在图 5.6 中的磁芯存储中, 首先把较粗的写入导线排成 x, y 纵横阵列, 每个交义点都穿过铁氧体环的中心, 同时穿过一根或两根较细的读出导线; 在写入的时候, 第 i 行第 j 列通过电流时, 把交义点上的铁氧体环磁化到 0,1 两个状态; 在读出的时候, 在第 i 行第 j 列总是写入 0 状态, 以 z 方向导线有无感生电流判断原始的状态. 磁芯存储器是 1947 年由王安 (An Wang)、奥尔森 (Kenneth Olsen) 和弗

雷斯特 (Jay Forrester) 发明的, 其中利用交叉导线随机寻址 (random access) 的思想是弗雷斯特提出的, 随机寻址也是后来半导体存储的布局原理.

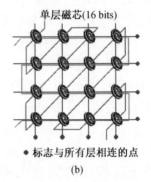

图 5.6　(a) 磁芯存储器的磁芯、较粗的交叉写入导线和较细的读出导线[1]; (b) 磁芯存储器的示意图[2]

半导体存储器出现于 20 世纪 60 年代后期. 1968 年, IBM 公司的迪纳德 (Robert Dennard) 发明了以单个晶体管和一个电容为记忆单元的动态随机存储器 (dynamic random access memory, DRAM), 这是半导体存储发展史上最重要的思想之一, 而且直到现在还是计算机内存的主流.

迪纳德发明的动态随机存储单元由一个晶体管、一个电容和一对交叉导线构成, 如图 5.7 所示. 典型的 DRAM 由多层硅和两层铝制备导线而成, 在记忆单元中, 第一层多晶硅构成电容、单晶硅经过掺杂成为晶体管, 第二层横向的字线 (word line) 与晶体管的栅极相连, 第三层纵向的位线 (bit line) 与晶体管的源相连. 在 DRAM 的写入过程中, 如果位线和字线都处于高电压态, 那么晶体管处于导通状态, 电荷就存到电容的一端; 在读出过程中, 位线上不加电压, 字线加电压使得晶体管导通, 此时电容中存的电荷就会流到位线上, 使得位线电势增高, 位线的电势差就是读出电压.

在迪纳德发明 DRAM 当年, 摩尔 (Gordon Moore)、诺宜斯 (Robert Noyce) 和葛洛夫 (Andrew Grove) 离开了仙童半导体公司, 成立了 Intel 公司. 1970 年, 成立没多久的 Intel 公司就发行了 1103 芯片, 这是市场上出现的第一种 DRAM 芯片. 在其后的演进中, 当动态随机存储芯片的总存储容量从 4Mb

---

[1] 引自: Answers Corporation. 2007-01-22. Magnetic Core Memory. City of New York, USA. http://www.answers.com/topic/magnetic-core-memory?cat=technology.

[2] 引自: Hicks D G. 2007-02-09. HP 9100 Technology and Packaging. City of Portland, Oregon, USA. http://www.hpmuseum.org/tech9100.htm.

增加到 256Mb 时, 同系列中最早的 DRAM 的存储单元尺度从 $11.3~\mu m^2$ 下降到 $0.6~\mu m^2$, 相应的导线宽度也下降到 250 nm. 目前, 最先进的动态随机存储器的容量达到 10GB 以上, 数据的读取只要 1s.

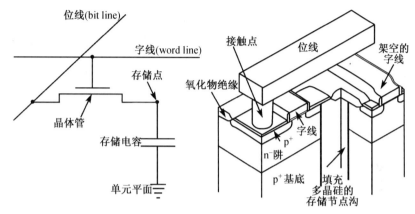

图 5.7 动态随机存储器 (DRAM) 单元示意图和实际结构 (Adler et al., 1995)

5.2 磁信息存储工业

磁信息存储的基本原理, 就是将电子信息记录在铁磁性介质中, 用铁磁体中磁畴的正负取向来对应 0-1 数字信号, 以备将来能几乎没有失真地将信息复原. 铁磁性材料的磁矩相当稳定, 因此磁信息存储的寿命一般达到 10 年以上.

从 1898 年到现在, 磁信息存储系统已经有了超过百年的历史发展, 期间最重要的四类产品是: ① 声音记录类型的磁带录音机 (audio recorder), 1933 年由德国电信 AEG 公司和德国化工巨头 BASF 公司的联合研发团队开发, 原始的名称为 Magnetophon audio recorder; ② 图像记录类型的磁带录像机 (video recorder), 1956 年由 Ampex 公司开发, 原始名称为 Quadruplex video recorder; ③ 数据记录类型的计算机硬盘 (computer hard disk), 1956 年由美国 IBM 公司开发, 原始名称为 RAMAC disk file, 其中 RAMAC(random access method of accounting and control) 的意思就是计算和控制的随机存取方法. 硬盘是目前容量最大、综合性能最好的信息存储系统; ④ 数据记录类型的计算机软盘 (floppy disk), 1967 年由美国 IBM 公司开发, 原始名称为 Diskette. 软盘在技术上并不比硬盘更好, 它是为了配合 IBM 公司与微软公司的个人电脑 (PC) 计划专门研发的, 一个软盘中能存下 DOS 系统, 并能容纳一些程序. 因此 PC 开始都是用软盘驱动并工作的.

5.2.1　声音存储: 录音机

磁带技术发端于德国. 在德累斯顿居住的奥地利人弗路末 (Fritz Pfleumer) 是纸的工业应用方面的化工学家, 他自 19 世纪末读大学开始就居住在这里. 弗路末可以用铜在雪茄纸表面形成漂亮的金色. 他也很熟悉帕尔森的钢丝录音机. 因此, 弗路末想到可以用铁粉在雪茄纸表面形成一层铁磁颗粒介质, 用来记录声音.

1928 年, 弗路末把铁粉用胶水粘到纸条上, 制备了第一条磁带 (magnetic tape). 然后, 把钢丝录音机的介质换成磁带以后, 他制造了第一台现代意义上的录音机 (tape recorder). 他的磁带有 16 mm 宽, 上下两半分别录音, 300m 长的磁带可以放音 20 min. 在制备磁带的时候, 弗路末把磁粉和颗粒分散剂、黏结剂、溶剂以及其他添加剂混在一起, 涂覆在纸带的表面, 如图 5.8 所示.

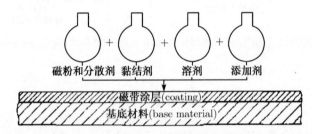

图 5.8　弗路末和 AEG-BASF 公司的磁带制备示意图[①]

1932 年, 德国通用电子 AEG 公司与弗路末签订合同, 共同制造磁带机. 位于柏林南郊的 AEG 公司制造吸尘器、收音机和其他通信器材. AEG 当时的总裁 Hermann Bücher 对磁带机非常感兴趣, 因此决定建立一个小组研究磁带机的工业化.

当时磁带用的铁粉是羰基铁, 而羰基铁的主要供应商恰好是德国化工的两大巨头之一 BASF 公司. 因此, 随后 BASF 公司也参加了磁带的研究组. 当时的分工是 AEG 公司负责生产磁带机, BASF 公司负责生产塑料磁带. AEG-BASF 的研究团队在磁带机的介质和磁头方面有所突破; 后来德国广播公司 (RRG) 又在信号处理方面做了改进.

最初制备塑料磁带的时候把醋酸纤维素和铁磁颗粒混在一起成形, 这样在醋酸纤维素中引进了很多缺陷, 磁带很容易撕裂. 1933 年, BASF 公司的化学

---

① 引自: Schoenherr S E. 2007-02-11. Recording Technology History. History Department, University of San Diego, City of San Diego, California, USA. http://history.sandiego.edu/gen/recording/notes.html.

家麦休斯 (Fredrich Matthias) 提出应该借鉴弗路末的工作, 用图 5.8 中的基底与介质的双层结构来制备磁带. 麦休斯团队制备的磁带有数百米长, 5 mm 宽, 基底和铁磁颗粒介质两层各有数十微米厚. 从此以后, 磁带的机械性能和磁性能就能分别改进, 互不干扰.

塑料磁带的基底层材料一直是醋酸纤维素, 1940 年以后改用 PVC 加二氧化钛. 记录层的主要原料先是用浅灰色的羰基铁粉 [Fe(CO)$_5$], 1936 年改为用黑色的磁铁矿粉 (Fe$_3$O$_4$), 1939 年再进一步改为红色的铁粉 (γ-Fe$_2$O$_3$). 每一次改进都减小了铁磁颗粒的尺度, 增加了铁磁颗粒的矫顽力. 最后选用的 γ-Fe$_2$O$_3$ 的颗粒长度只有 1 μm, 在其后的 30 年内, 这种磁信息存储颗粒介质几乎都没有改变.

1933 年, 磁头技术也有了本质性的突破. 年初才加入 AEG 公司的工程师舒勒于年底提出了环形磁头的设计. 图 5.9 中就是 1934 年 AEG 公司制造的环形磁头. 舒勒把环形硅钢片叠起来作为磁头的磁芯, 其上绕以数百匝线圈, 顶部留有磁隙 (gap), 磁头场分布直接与磁隙相关, 这在本书第四章中已经计算过了. 磁隙附近就是环形磁头和磁带接触的区域, 因此都被打磨得非常平滑; 更重要的是, 磁隙的宽度决定了磁记录的密度, 这个特点在后世所有水平磁记录系统中都保存了下来.

(a)   (b)

图 5.9 (a) 舒勒发明的磁带机的环形磁头[1]; (b) 参加 1935 年柏林电子博览会的 Magnetophon K1 模型

1934 年初, AEG-BASF 团队的磁带机已经初步完成了, 为了参加柏林电子博览会, 必须对这种新的录音磁带机命名. 他们考虑到爱迪生的留声机叫做 Phonograph, 而磁带机又可以看成是磁性留声机 magnetic phonograph, 因此

---

[1] 引自: AEG 公司的文档.

命名为 Magnetophon. 参加柏林电子博览会以后, Magnetophon 就有了客户, 客户主要分布在广播电台、政府、军队、邮局及电影公司等. 第二次世界大战以后才有普通消费者购买 Magnetophon.

Magnetophon 最主要的客户之一是德国广播电台 RRG 公司, RRG 公司同时使用留声机、钢丝录音机和磁带机. 因此 RRG 公司的工程师非常熟悉这些录音设备, 也为 Magnetophon 设计了一套特殊的信号处理系统, 在记录信号之前用直流消磁 (dc bias) 处理磁带. 直流消磁以后的 Magnetophon 记录质量并不是最好的, 因此还不能用来放送对信噪比要求最高的音乐. 1940 年, RRG 公司的工程师韦伯 (Walter Weber) 在反复试验磁带线路的时候偶然发现, 如果用交流消磁 (ac bias) 处理磁带, 磁带机的信噪比能大幅度提高. 1943 年, 韦伯的专利被 AEG 公司采用, 这是磁记录工业历史上的最重要的时刻之一.

1942 年, AEG 公司和 BASF 公司联合成立了 Magnetophon 公司, 负责人之一为麦休斯. 第二次世界大战后, 舒勒继续在汉堡和柏林领导这家公司从事磁带机的修理、制造和研发.

5.2.2 图像记录: 录像机

录像技术是由美国加利福尼亚州旧金山的 Ampex 公司在 20 世纪 50 年代发明的. 这家成立于 1944 年的公司原来从事精确电机制造, 与磁记录毫无关系. Ampex 公司进入这个领域, 是因为一位美国人穆林 (John T. Mullin) 把德国的 Magnetophon 带回了美国.

穆林是旧金山人, 1941 年他参加了美国空军. 1943 年他被派往英国, 负责改进军用电子设备. 在第二次世界大战时期, 英国的 BBC 广播公司半夜就没有信号了, 这时穆林就能听到德国 RRG 广播公司放送的经典音乐. 穆林发现德国广播电台的经典音乐几乎能媲美现场的效果, 而且放送时间极长, 他猜一定是有非常好的录音设备做后盾.

1945 年, 第二次世界大战结束后, 穆林想去德国看看到底有什么好的电子存储设备. 一位英国军官告诉穆林 AEG 公司的磁带机非常好. 穆林终于在法兰克福广播电台的录音室发现了 Magnetophon, 而且看到墙上的示意图说明必须用交流消磁才能获得很高的信噪比. 此后经上级同意, 穆林带回了两台 Magnetophon K4、几个磁头, 还有数十盘磁带.

穆林回到加利福尼亚州以后, 到处演示他新获得的机器. 1946 年 5 月, Dalmo Victor 公司的工程师和音乐发烧友林赛 (Harold Lindsay) 参加了穆林的演示会, 印象深刻. 林赛的公司恰好是 Ampex 公司最大的客户. 因此林赛认识 Ampex 公司的老板珀尼亚托夫 (Alexander M. Poniatoff). 几个月以后, 珀尼亚托夫恰好因为第二次世界大战结束后没有订单而烦恼, 已成为 Ampex 雇员的林赛建议 Ampex 公司转而生产磁带机, 获得赞同. 后来林赛又说服穆林帮忙复制 Magnetophon. 1947 年, 经过大量试验, Ampex 公司复制成功了环形磁头, 并制造出了 Ampex 200 录音机, 后销售给 ABC 等广播公司.

以 Magnetophon 为代表的录音技术的发展使得广播电台的运行成本大大下降. 此时美国已经有很多电视台, 对录像设备也开始有需求. 因此, 1951 年 Ampex 公司建立了录像机的研发团队.

录像机研发团队最开始碰到的是录像带移动速度的问题. 在录音机中, 声音或者音乐信号的频率为 20Hz~20kHz, 磁头–磁带的相对速度在 1m/s 的量级, 信号周期长度约为 0.1 mm, 这还是比较容易实现的. 录像机中存的则是电视信号, 在电视阴极射线荧屏中, 信号是用电子束扫描实现的, 扫描轨迹如图 5.10 所示. 荧屏上一般有 512 个扫描行, 每秒又必须扫描 24 幅图像, 那么视频带宽 (bandwidth) 为 24×512×512≈6(MHz), 比声音信号的最高频率要高 1000 倍. 因此, 即使录像带中的信号周期长度比录音带短 100 倍, 磁头–录像带的运动速度至少也得达到 10m/s 的量级.

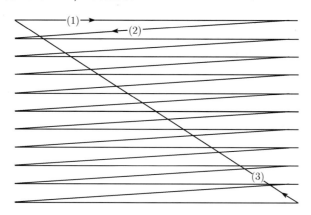

图 5.10 电视机的荧屏中电子束的扫描方式. 图中沿着 (1) 的方向
加上电子束, 沿着 (2) 和 (3) 的方向电子枪转动, 但不加电子束

当录像机中的磁头–磁带相对速度达到 10m/s 的量级时, 如果只让录像带运动, 磁带是很容易崩断的. 因此, Ampex 公司的研发团队想到应该让磁头自转起来, 这样磁带就可以运动得慢一些, 录像机的机械设计能更合理. Ampex 公司开始设计的磁头自转速度为 2500 in/s=63 m/s, 录像带的运动速度为 30 in/s=0.75 m/s, 这就很容易实现了.

　　转动磁头录像机 (rotary-head recorder) 的磁头和磁带的相对运动方式有三种：拱形 (arcuate)、横向 (transverse) 和螺旋状 (helical). 录像机的磁头是鼓形的, 如图 5.11(b) 所示, 最开始的录像轨道设计都是拱形的, 也就是说磁头鼓的旋转轴垂直于录像带平面. 其后研发团队中的多尔比 (Ray Dolby) 在半夜突然想到, 如果采用图 5.11(b) 中的横向轨道, 磁道是直的, 磁头鼓的圆弧面跟磁带之间的贴合更好, 而且磁头记录的信号能充分占满磁带表面. 因此, 世界上第一台录像机就是采用的横向记录模式, 磁道宽度 254 μm, 预留的录音 (audio) 和定位检索 (cue) 辅助磁道 127 μm. 1954 年, 该研发团队中的安德森 (Charles Anderson) 发明了录像调频 (FM) 方法. 也就是用 4.75 MHz 的载波加上 2.5 MHz 的录像信号. 有关载波和带宽的问题在本书第七章再详述. 在第一台录像机 Ampex VR-1000 中的录像带宽度 5 mm, 磁头自转速度为 1550 in/s=40 m/s, 录像带的运动速度为 15 in/s=0.38 m/s. 4.75 MHz 的载波加上 40 m/s 的磁头–录像带的相对运动速度, 意味着录像信号的周期为 8.4 μm, 是磁道宽度的约 1/30. 为了获得高信噪比, 录像机中磁头的磁隙达到 3 μm, 比录音机中的环形磁头的磁隙小了几十分之一, 磁头材料为 Alfenol, 即 $Fe_{84}Al_{16}$ 合金.

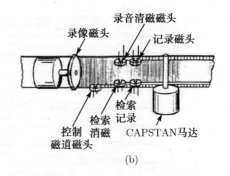

　　　　　　　　　　　(a)　　　　　　　　　　　　　　　　　　(b)

图 5.11　1956 年 Ampex 公司的录像机研发团队成员 Fred Pfost、Shelby Henderson、Ray Dolby、Alex Maxey、Charles Ginsburg、Charles Anderson, 以及这个团队研发的鼓形磁头对录像磁带的横向扫描写入过程[1]

　　1956 年 2 月, Ampex 公司第一次做录像机展示, 参加者有图 5.11(a) 中研发团队的成员, Ampex 公司的高层主管, 后来还邀请了穆林、一直参与录音录像事业的歌唱家克劳斯贝 (Bing Crosby), 还有 CBS 公司、ABC 公司及加拿大和英国广播公司的成员. 展示的录像不过数分钟, 但大家都鼓掌欢呼. 穆林

---

① 引自: Lee D M. 2007-01-12. Analog Video Recording. Ryerson University, City of Toronto, Canada. http://www.danalee.ca/ttt/video_recording.htm.

实际上也已经制造了固定磁头的录像机, 但他对这个转动磁头录像机大加赞赏, 说图像信号非常美丽.

Ampex 公司的转动磁头录像机在 1956~1980 年这几十年里是世界范围内的行业标准, 所有电视台都采用录像机来做节目. 期间录像机当然还有改进. 例如, 研发团队中的福斯特 (Fred Pfost) 改进的新的磁头材料 Alfesil, 也叫做 sendust 材料, 即 $Fe_{85}Si_{10}Al_5$ 合金, 大幅度改善了磁头的机械耐磨性能、延长了磁头寿命. 磁隙也改用溅射方法, 能精确控制磁隙尺度. 录像带材料也普遍用 γ-Fe_2O_3, 颗粒尺度降到 0.5 μm 以下, 接近单磁畴颗粒的尺度. 1961 年, Ampex 公司开始采用第三种转动磁头的方式: 螺旋扫描 (helical-scan) 磁道, 如图 5.12 所示. 螺旋模式磁道比横向模式磁道长得多, 因此更适用于彩色电视录像. 此时 Ampex、Philips、Bosch、Sony、Panasonic 等多家公司互相竞争. 1970 年, Ampex 公司又发展了盒式录像机 (video cassette recorder), 录像带使用起来与录音带更类似, 有利于个人用户进入市场.

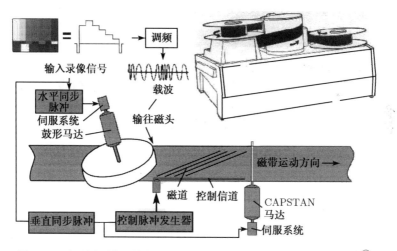

图 5.12 螺旋扫描录像机 (helical-scan recording) 总图和磁道[1]

Ampex 公司位于斯坦福大学北部, 是硅谷一家典型的高科技公司, 对磁记录技术进展贡献良多. 正如 AEG-BASF 公司发明的录音技术使得广播电台运行成本下降, Ampex 公司发明的录像技术使得电视台的运行方便了很多, 促进了电视的普及化.

① 引自: Lee D M. 2007-01-12. Analog Video Recording. Ryerson University, City of Toronto, Canada. http://www.danalee.ca/ttt/video_recording.htm.

5.2.3　数据记录：硬盘

硬盘是 20 世纪 50 年代由 IBM 公司发明的, 它的发展始终与计算机的发展紧密相关. 在各类信息存储系统中, 硬盘 (hard disk) 的综合性能是最佳的. 硬盘是技术高度集成的产品, 其技术集成度不亚于中央处理器 (CPU).

IBM 公司直到 1950 年都跟磁信息存储毫无关系. 当时 IBM 的主要产品是办公室自动化设备打孔卡 (punched card), 如图 5.13 所示. 打孔卡存储和计算机是 1935 年由 IBM 公司发明的, 既可以记住大量数字, 又可以进行加减乘除计算. 在美国进行曼哈顿计划和中国进行两弹一星计划的时候, IBM 打卡制表机都被大量使用.

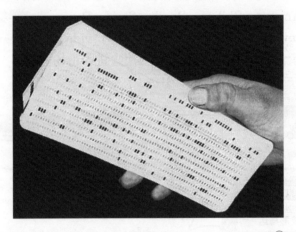

图 5.13　IBM 早期的主要产品：打孔卡存储条[①]

1945 年, 世界上第一台计算机 ENIAC 在宾夕法尼亚大学建成. ENIAC 的两位主要发明者埃克特 (J. Presper Eckert) 和莫契利 (John Mauchly) 因与大学产生专利纠纷, 于 1946 年离开大学建立了世界上第一家电脑公司, 这个公司在 1947 年改名为 Eckert-Mauchly Computer Corporation, 简称 EMCC 公司. 1948 年, 通过莫契利和埃克特的努力, EMCC 公司接到了美国人口普查局的一个订单, 目的是建造计算机 UNIVAC(UNIVersal Automatic Computer), 进行大规模人口统计. 不过 EMCC 公司很快出现财务危机, 两位创始人只能在 1950 年初将 EMCC 公司出售给了著名的办公设备生产厂商 Remington-Rand 公司, 继续生产 UNIVAC, 还是由莫契利和埃克特负责. UNIVAC 的存储设备

---

① 引自: IBM Corporation. 2007-01-16. IBM Storage. City of Armonk, New York, USA. http://www-03.ibm.com/ibm/history/exhibits/storage/storage_intro.html.

是 Uniservo 磁带机.

美国人口普查局一直是 IBM 公司的老客户, 可是却决定在 1950 年的人口普查中使用 IBM 最大的竞争对手 Remington-Rand 公司的计算机 UNIVAC, 这大大刺激了 IBM. 当时 IBM 的副总裁小沃森 (Thomson Watson Jr.) 在第二次世界大战中曾在美国空军服务, 熟悉各种电子设备, 因此立刻聘用数千位电子工程师, 进行计算机和磁记录设备的研发. 1951 年, IBM 公司推出了 IBM 726 数据存储磁带机 (见图 5.14), 磁带运动速度 75in[①]/s, 记录密度 100b/in^2, 数据传输率 8kb/s. 这个最早的磁带机存取数据的速度是打孔制表机的 56 倍, 因此 10.5in 直径的一盘磁带存储的数据相当于 35 000 个打孔卡.

图 5.14 IBM 726 数据存储磁带机和磁带盘[②]

推出数据存储磁带机以后, 小沃森继续推动存储现代化. 1952 年, IBM 公司成立了 "New Source Recording" 项目组, 负责人是约翰逊 (Reynold B. Johnson). 约翰逊原来是密西根州中学的科学教师, 后来被 IBM 公司聘任做分数测试设备. IBM 公司的总部原来在纽约附近, 为了进行新的磁存储系统的研发, 总部决定在美国西海岸的加利福尼亚州圣何塞建立 IBM San Jose 研发实验室, 约翰逊是第一任经理, 第一批工程师有 30 人左右, 测试磁卡等各种几何形状的磁存储介质. 在圣何塞实验室, 开始硬盘被否定了, 因为磁头和磁盘之间的间距要求 1/1000 in 太小, 似乎是不可克服的困难.

1952 年底, 美国国家标准局的拉比诺 (Jacob Rabinow) 提出可用一组硬盘来存储信息. 1953 年初, IBM 的负责人小沃森接到了美国空军的计算机订

---

① 1 in=2.54cm, 下同.

② 引自: IBM Corporation. 2007-01-16. IBM Storage. City of Armonk, New York, USA. http://www-03.ibm.com/ibm/history/exhibits/storage/storage_intro.html.

单, 需要容量很大, 并且能随机读取数据的存储设备. 因此, 约翰逊还是选择了硬盘为 "随机存储" 介质, 同时放弃了其他类型介质的研究. 硬盘介质的制备由哈格皮安 (Jake Hagopian) 负责. 他首先在坚硬的铝合金碟片表面制备 1/40in 厚、高度平整的衬底, 然后把 γ-Fe$_2$O$_3$ 铁磁颗粒溶于环氧树脂中, 倒在碟片的内沿, 通过快速旋转 (spinning) 把铁磁颗粒介质均匀地涂覆在碟片上的衬底表面. 硬盘介质与磁带一样是颗粒介质 (particulate media), 都以铁氧体颗粒来存储信息; 直到二十多年后颗粒介质才被薄膜介质 (thin film media) 取代.

此时硬盘的磁头还是用磁带记录中的环形磁头. 古德阿德 (William Goddard) 领导一个小组专门研究如何维持恒定的磁头–磁盘间距. 1953 年 6 月, 古德阿德确定用空气推力 (air bearing) 来保持磁头–磁盘之间的恒定间距. 他把磁头与磁盘接触的面制成曲面, 类似于飞机飞行的原理, 磁头可以漂浮在磁盘表面而不发生碰撞. 另一位工程师弗构 (Norm Vogel) 制造了磁头组件 (head assembly), 解决了空气推力磁头转换磁道的问题: 在磁头背部加了三个微型空气活塞, 以提供磁头移动的动力.

硬盘中 50 个碟片的伺服系统 (servo) 则由里诺特 (John Lynott) 完成, 他用一个碟片作为公共的伺服碟片, 以此为准来寻找磁道. 1954 年, 硬盘的第一个实验室模型完成, 而且实现了硬盘和打孔卡之间的交互数据传输. 1955 年, 第一台 RAMAC(Random Access Memory Accounting and Control) 硬盘销售给了客户 —— 旧金山的一家纸业公司. 图 5.15 中的 RAMAC 的结构为 50 个

图 5.15　IBM 公司的第一款硬盘 RAMAC 和它的工作细节[①]

① 引自: IBM Corporation. 2007-01-16. IBM Storage. City of Armonk, New York, USA. http://www-03.ibm.com/ibm/history/exhibits/storage/storage_intro.html.

同轴转动的硬盘碟片, 碟片转动速度为 1200r/min, 即每分钟 1200 转, 磁头和介质的间距为 20 μm, 磁道宽度为 1/20in=122 μm, 比特长度为 1/100in=25 μm. RAMAC 的数据获取时间约为 500 ms, 数据传输率为 100kb/s, 存储总容量约为 5~10Mb. 存储密度和数据数据传输率都远远高于磁带.

5.2.4 磁记录技术的进步

磁信息存储系统的进步体现在磁性器件的进步、信号处理方式的进步、机械伺服系统的进步这三个方面. 存储介质和磁头等核心磁性器件的演进尤其重要, 往往对于存储系统整体的进步有关键性的推动, 表 5.1 中的磁记录系统百年历史清楚地证明了这一点.

表 5.1 磁信息存储技术百年的发展历史

磁记录系统及器件设计	磁信息存储产品
1878 年, 史密斯: 磁记录系统的初步设想	1898 年, 钢丝录音机
1931 年, 弗路末: 纸质基底复合磁带	
1933 年, 德国 AEG-BASF 公司舒勒: 环形磁头	1932 年, 磁带录音机
1951 年, 美国 IBM 公司: NRZI 数据格式	1951 年, 数据磁带机
1955 年, 美国 Ampex 公司多尔比: 录像机鼓形磁头	1956 年, 磁带录像机
1956 年, 美国 3M 公司、Dupont 公司: γ-Fe$_2$O$_3$ 录像磁带	
1956 年, 美国 IBM 公司: γ-Fe$_2$O$_3$ 颗粒介质硬盘	1956 年, 计算机硬盘
1966 年, 美国 IBM 公司: 部分响应最大相似 (PRML) 信道	
1969 年, 日本 Sony 公司: 录像机的塑料外壳化	1969 年, 家用盒式录像机
1971 年, 美国 IBM 公司: 环形颗粒介质软盘	1971 年, 计算机软盘
1971 年, 美国 Ampex 公司亨特 (Hunt): 磁阻 (MR) 读磁头	
1979 年, 美国 IBM 公司: 硬盘薄膜感应 (TFI) 磁头	1979 年, 密度 8Mb/in^2
20 世纪 80 年代中后期, 小尺寸多层薄膜介质硬盘	1991 年, 密度 90Mb/in^2
1994 年, 美国 IBM 公司: 硬盘巨磁阻 (GMR) 读磁头	1996 年, 密度 1Gb/in^2
2005 年, 美国 Seagate 公司: 隧穿磁阻 (TMR) 读磁头	2005 年, 密度 150Gb/in^2

表 5.1 中 20 世纪 60 年代之前磁记录系统核心技术的进步多数已讨论过. 20 世纪 60 年代以后, 全新的存储系统只有 IBM 公司开发的软盘 (floppy disk), 对软盘开发起到关键作用的工程师是舒嘎特 (Alan Shugart). 1971 年, 第一片软盘是 8in 的正方形塑料盘, 软盘介质与早期的硬盘和磁带一样是铁氧体颗粒介质. 软盘系统的磁头和读写机制与数据存储磁带完全一样, 只不过软盘介质不是一维的而是二维环形的. 最初设计软盘的是为了往硬盘上倒数据用的. 1976 年, IBM 公司专门为王安公司设计了一批 5.5 in 的软盘用作台式机存储. 1978 年, 软盘替代了所有存储数据的打孔卡. 1981 年, Sony 公司推出了

3.5 in 的软盘, 这种软盘直到 21 世纪初一直是计算机的标准配置之一.

1973 年, IBM 公司的硬盘确定了温切斯特硬盘 (Winchester disk) 设计, 如图 5.16 所示. 温切斯特硬盘的最大特点是磁盘碟片和磁头组件都被建造在封闭有一定的空气压的外壳内, 而且硬盘碟片是固定的, 不能随意取出. 至于为什么起名叫温切斯特硬盘, 负责开发的工程师说, 1973 年的 3340 硬盘的存储容量为 30 MB, 在公司内部的代号为 30-30, 恰好与温切斯特公司制造的来复枪的名字一样, 由此命名.

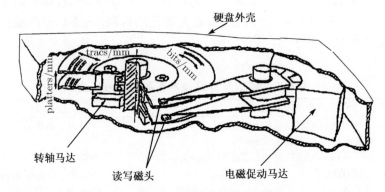

图 5.16　20 世纪 70 年代 IBM 公司提出的温彻斯特硬盘结构一直沿用至今

硬盘中最关键的技术有三类: 磁性器件 (magnetic device)、机械转动和伺服装置 (tribology and servo) 以及信号处理 (signal processing). 由图 5.16 可以清楚地看到, 温切斯特硬盘的磁性器件, 包括存储信息的磁介质和读写信息的磁头. 机械转动和伺服系统的关键是维持均匀的转速和纳米级的磁头 – 磁盘间距, 即纳米尺度的飞行高度 (flying height). 信号处理的关键是信噪比 (SNR).

1. 存储介质的进步

从硬盘发明直到 20 世纪 80 年代前, 硬盘的存储介质都是铁氧体颗粒介质混合油漆或环氧树脂制成. 1975 年, 日本东北大学的岩崎俊一 (Shun-ichi Iwasaki) 教授领导的研究组提出了垂直记录的概念; 1976 年, 岩崎俊一又和他的学生大内一弘 (Kazihiro Ouchi) 在研究磁光记录介质的时候无意中发现了磁晶各向异性垂直薄膜取向的 CoCr 金属合金薄膜介质 (thin film media), 这是一个超前的概念, 直到 30 年后的 2005 年, 商用垂直记录硬盘才开始进入市场.

1979 年, 舒嘎特建立了一家新的 Seagate 硬盘公司. 实际上, 公司在最早几年内的名字叫 Shugart Technology. 1951~1969 年, 舒嘎特一直是 IBM 硬盘事业部的工程师, 他不仅曾担任第一个采用滑动空气轴承的硬盘开发经理, 而且发明了软盘; 在 1980 年更是推出了世界上第一个小尺寸硬盘, 与 IBM 开发的系列硬盘相比, 这个与软盘尺度一样的 5.25in 硬盘是舒嘎特的创新.

硬盘的尺度降到 5.25 in 以后, 用溅射法制备金属合金多层膜作为存储介质就有了可能. 1988 年, IBM 公司的郝沃德 (James K. Howard) 和王润汉 (Run-Han Wang) 发明的美国专利标志着硬盘薄膜介质 (见图 5.17) 趋于成熟. 实际上, Lanx、Seagate、IMI、Maxtor、CDC 等公司也同时研发了薄膜介质. 薄膜介质比颗粒介质表面平整得多, 对摩擦学和伺服系统是大为有利的, 磁头与薄膜介质的间距因此就大幅度减小. 此外, 钴合金铁磁薄膜的矫顽力在数千奥斯特的量级, 比铁氧体颗粒介质大 10 倍以上, 这样薄膜介质中颗粒之间的静磁相互作用也大幅度减小. 所以, 薄膜介质的信噪比有了大幅度的提高.

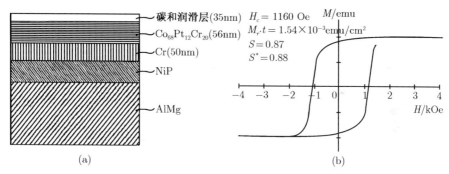

图 5.17   1984 年 IBM 公司的郝沃德和王润汉的硬盘薄膜介质[1]

硬盘薄膜介质结构相当复杂, 最初的介质结构包括: ① 基底为机械性能很好的铝镁合金, 可支撑硬盘碟片稳定高速自转; ② 底盘上有约 10 μm 厚的很硬的 NiP 层, 并且可用化学法减薄至 5 μm, 最后可以使其表面变得非常完美而平整; ③ 在 NiP 层上溅射 Cr 底层 (substrate), 在其上再溅射厚度合适的 CoCrPtM 合金薄膜, 这是 0-1 信号的磁存储介质层 (magnetic layer); ④ 磁介质上还需要类金刚石非晶碳保护层 (protection layer), 以保护磁记录媒体; ⑤ 为了减小磁头和硬盘之间摩擦, 由化学家研究出来的高分子润滑层要涂覆在类金刚石层表面, 最终完成了硬盘碟片的结构.

① 引自: Howard J K, Wang R H. 1987-01-20. Thin Film Medium for Horizontal Magnetic Recording Having an Improved Cobalt-based Alloy Magnetic Layer: US, 4789598.

　　到 2005 年为止, 工业化的硬盘薄膜中磁矩都是水平取向的, 这样的数据记录方式被称为水平磁记录 (longitudinal recording). Cr 底层的表面织构可将具有 HCP 结构的 Co-Cr 合金原胞的 c 轴控制在薄膜面内. 具体来说, 具有 BCC 结构的 Cr 单晶的晶格常数为 2.88Å, 铬的 (002) 晶面可以看成由尺度为 0.407 nm×0.407 nm 的 "面心正方" 格子构成; 具有 HCP 结构的钴单晶 (11$\bar{2}$0) 晶面是由尺度为 0.407 nm×0.435 nm 的复式长方晶格构成, 与铬的 (001) 晶面十分匹配. 钴基合金介质的磁晶各向异性场 $\boldsymbol{H}_k$ 的取向沿着 c 轴, 因此 $\boldsymbol{H}_k$ 也就可控制并平行于薄膜介质表面. 铬元素会在 CoCrPtM 纳米晶粒的晶界上发生偏聚, 构成晶界非磁相, 这会大幅度降低纳米磁晶粒之间的交换相互作用, 有利于降低磁记录噪声.

　　虽然岩崎俊一研究组在 1977 年就提出了垂直记录 (perpendicular recording) 介质, 在开始的 30 年内垂直记录系统却没有实现工业化. 其原因是多样的. 首先从一个比特 (比特长度 B, 厚度 t) 的磁学特性来看. 本书第四章已讨论过长方体的退磁矩阵问题. 当 $B \gg t$ 时, 水平记录介质中的磁荷集中于比特两端, 退磁场会很小, 垂直记录介质中的磁荷集中于比特上下两面, 退磁场会很大; 此时水平记录显然是更合适的. 可见, 只有当 B 与 t 同数量级时, 垂直记录方式才是更合适的. 1985~2005 年这 20 年间, 比特长度大约从 1 μm 下降到了 25 nm, 逐渐接近薄膜厚度, 所以最终采用了垂直记录方式.

　　另一个垂直记录系统长期得不到应用的关键, 在于其介质中相邻铁磁颗粒之间的相互作用太大. 在水平记录介质中, CoCr 合金中的铬元素会自动在晶界偏聚, 形成晶界非铁磁相, 大幅度降低相邻晶粒之间的交换相互作用, 这是水平记录介质保持高信噪比的关键. 可是, 在 CoCr 合金垂直记录薄膜中, 通过衬底的调整可以使得磁晶各向异性垂直于薄膜, 晶界上却无法自动形成非铁磁相, 这导致噪声很大. 其原因可能是: 当 HCP 晶体的 c 轴垂直于薄膜时, 每个晶粒的六角晶界很容易与相邻晶粒的六角晶界匹配, 不容易形成大量缺陷并形成铬元素的偏聚. 现在, 靠共溅射 SiO_2、TiO_2 等氧化物, 也可以在 CoCrPt、CoPt 晶粒的晶界上形成氧化物非磁相, 大幅度降低交换相互作用.

　　垂直记录系统迟迟不得应用的第三个原因, 是硬盘系统中各个部分还无法互相配合. 比如, 性能良好的垂直记录磁头与介质的配合. 实际上, 在 1978 年, 岩崎俊一教授已经想到, 如果在 CoCr 合金记录层下面在加入一层软磁底层, 如图 5.18 所示, 类似电磁铁的垂直记录磁头主极中固定电流产生的磁场就会被增大很多, 而且高度集中, 有利于高密度记录的完成.

　　至此, 硬盘磁介质终于发展完全. 20 世纪 80 年代末至 21 世纪初的 25 年

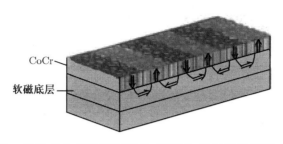

图 5.18　岩崎俊一设计的含有软磁底层的"双层"垂直记录薄膜 (Iwasaki, 2002)

内, 硬盘使用 CoCr 合金的水平记录薄膜介质. 这一段时间恰好与使用铁氧体颗粒介质 (particulate media) 的前 25 年一样长. 2005 年以后, 硬盘介质逐渐转为使用 CoCr 合金的垂直记录薄膜, 这种介质能延续使用多久目前还无定论, 答案只能留待将来.

2. 磁头的进步

　　磁头是实现电磁信号转换的器件. 本章前面介绍了环形磁头的发明过程, 本书第四章也已经讲了感应式磁头磁场的基本计算方法. 实际上, 在硬盘中, 环形磁头首先在 1979 年被薄膜感应磁头 (thin film inductive head, TFI) 所替代. TFI 磁头还是既负责读又负责写的两用磁头. 20 世纪 90 年代后期, 由于数据记录密度越来越高, TFI 磁头的读出信号随着磁头尺度同比例缩小, 因此需要有独立的读磁头. 此时的读写复合磁头中, 写磁头还是 TFI 磁头; 读磁头则是巨磁阻磁头 (giant magnetoresistive head, GMR), 其读出信号只与多层软磁薄膜的磁阻有关, 与磁头尺度几乎无关. 2005 年以后, 随着垂直记录系统的工业化, 硬盘读写复合磁头中的写磁头变为单极磁头 (single pole type head, SPT), 而读磁头则进一步演化为隧穿磁阻磁头 (tunnelling magnetoresistive head, TMR).

　　薄膜感应磁头是 IBM 公司发明的, 实际上这个项目从 1964 年到 1979 年一直在延续. 1965 年初, 电子束刻蚀、激光束刻蚀、热塑等一大批微电子加工工艺技术都已经成熟了. IBM 公司建立的研究组本来是为了制备磁薄膜存储器, 以代替早期的磁芯存储器. 可是, 他们很快就发现磁薄膜存储器是没有前途的, 而这个研究组中的工作人员又已经对磁薄膜技术非常熟悉, 所以就要寻找新的磁薄膜应用方向.

　　薄膜感应磁头实际上是环形磁头的拓扑变形. 类似于环形磁头, 薄膜感应磁头的设计总要包含顶端裂有磁隙的软磁材料构成的环, 环上绕有线圈. 在写入过程中, TFI 磁头会把电信号转换为磁信号. 1968 年, 真空溅射 1 μm 厚的坡莫合金 (NiFe) 已经比较有把握了. 光刻的最小尺度约为 2 μm. 此时在 IBM 公司的磁性器件研究组出现的是单匝的薄膜磁头. 整个磁头的衬底用的是康宁公司生产的 TiC-Al$_2$O$_3$ 玻璃陶瓷.

1979 年的 IBM 3370 薄膜感应磁头中 (见图 5.19), 软磁材料用的是坡莫合金, 磁隙用的是非晶 Al-O 薄膜, 线圈有八匝. 最早考虑在磁隙中用铜薄膜, 后来发现 NiFe/Cu/NiFe 这样的系统有腐蚀问题, 因此后来磁隙中选用了氧化铝薄膜. 左右磁极的形状都是很长的长方形. 器件成形都用光刻技术. 左极、磁隙和右极的薄膜厚度分别为 1.6 μm、0.6 μm、1.9 μm, 宽度统一为 38 μm. 在写入过程中, 线圈产生的驱动磁场使得磁极饱和, 产生写入场. 在器件成形以后, IBM 3370 薄膜感应磁头滑块的尺度是 4.0 mm×3.2 mm×0.85 mm.

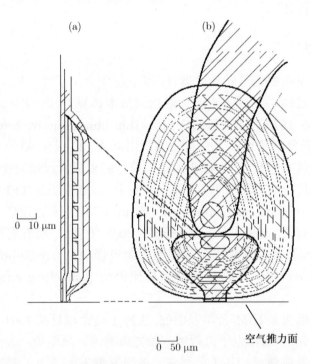

图 5.19　1979 年 IBM 公司的薄膜磁头 (a) 侧视图和 (b) 正视图 (Chiu, et al., 1996)

硬盘读写磁头的分离在 20 世纪 90 年代以后才实现, 其基本思想却出现于 1971 年. Ampex 公司的亨特 (Robert Hunt) 于 1971 年发表了一篇论文, 首次提出读写组合磁头的思想. 亨特当时用的写磁头还是磁带系统中常用的环形磁头. 他设计的读磁头则是沿着磁带水平或者垂直方向的铁磁薄膜细条, 如图

5.20 所示.

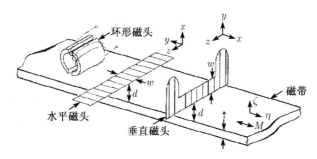

图 5.20 1971 年 Ampex 公司的亨特设计的 MR 磁头 (Hunt, 1971)

实际上, 材料的磁阻效应 (magnetoresistive effect) 早在 1856 年就由开尔文勋爵发现了. 所谓磁阻效应, 就是当材料感受到外加磁场的时候, 其电阻会发生变化. 在 20 世纪的量子力学发展以后, 可以更深入地分析磁阻的本质. 根据费曼黄金规则, 磁阻 (MR) 与外加磁场的关系可以由磁矩跃迁的初态和终态决定:

$$MR = \frac{R(H) - R(0)}{R(0)} = a\,|\langle i| - \boldsymbol{\mu} \cdot \boldsymbol{H}|f\rangle|^2 = c\mu^2 H^2 \cos^2\theta \qquad (5.1)$$

其中 θ 为磁矩 $\boldsymbol{\mu}$ 与电流密度 $\boldsymbol{j}$ 的夹角. 在 NiFe 合金中常数 $c < 0$, 因此, 当 $\boldsymbol{\mu}$ 与 $\boldsymbol{j}$ 平行时, MR 最小; 当 $\boldsymbol{\mu}$ 与 $\boldsymbol{j}$ 反平行时, MR 最大. 这样的磁阻效应又叫各向异性磁阻 (anisotropic MR, AMR).

在亨特设计的垂直磁带的磁阻磁头中, 因退磁场的影响, 无外场时 $\boldsymbol{\mu}$ 与 $\boldsymbol{j}$ 都沿着 z 方向, 如图 5.20 所示. 当垂直方向 (y 方向) 的外加磁场增加的时候, 铁磁薄膜的电阻会增加. 通过恒定的电流以后电阻的变化就会反应到电压的变化中. 也就是说, 磁带中的磁矩分布产生的磁场就会反应在电压的变化中, 读出过程就可以顺利完成. 亨特的 MR 磁头并未完备. 如果在亨特的磁头中, 垂直磁带的铁磁细条中的磁矩是水平取向的, 在磁带中的信号产生的磁场为 $+H_y$ 或 $-H_y$ 的时候, 读出信号是一样大的, 无法分辨.

1985 年, IBM 公司推出了数据存储磁带系统中的读写复合磁头, 其中写磁头为薄膜磁头, 读磁头为 MR 磁头. 在这个成熟的 MR 磁头中, 采用的是图 5.20 中最右边的设计, 只不过在磁头中沿着磁道两边还要再加上软磁屏蔽层 (shields), 这两个软磁屏蔽层之间的距离决定了 MR 磁头沿着磁道的分辨率, 显然, 这个设计是受到薄膜磁头影响的. 在两个很大的软磁屏蔽层间,

AMR 磁场感应单元一般会比图 5.20 中的设计略微复杂一些, 至少会包含 MR 层和相邻的软磁层 (soft adjacent layer, SAL), 这两层被绝缘层分割, 只有 MR 层与导线接触并通有电流. MR 层是长方形的, 长边平行于磁带表面, 若不考虑 SAL 软磁层的影响, 磁矩是平行于磁带而垂直于磁道的.

当 MR 层中通有电流的时候, 电流产生的磁场会使得 SAL 层中的磁矩垂直于磁带, 这个磁矩会引起 SAL 层上下边缘带很强的磁荷, 这些磁荷产生的磁场会对 MR 层产生偏置 (bias) 的作用, 在理想情况下会使得 MR 层在零外场下的磁矩与 z 方向夹 $45°$ 角. 最终实现 MR 磁头对磁场的线性响应. 具体的读出信号与外加磁场的关系要自洽解出:

$$\frac{\Delta V}{V} = \eta \frac{\Delta R}{R} \cos^2 \theta, \quad \tan \theta \approx \frac{H_{\text{ext}} + H_{\text{b}}}{H_{\text{s}}} \tag{5.2}$$

其中 V 为不加外场时候的读出电压; $MR_0 = \Delta R / R$ 为 MR 薄膜最大的磁阻变化率; θ 为 MR 层中磁矩与垂直磁道的水平 z 方向 (电流方向) 的夹角; η 与 MR 薄膜的几何尺度有关; H_{ext} 为外加磁场; H_{b} 为相邻的 SAL 层提供的偏置层外加磁场; H_{s} 为 MR 层本身的形状各向异性场. 当然上述方程的解法是近似的, 精确求解需要用微磁学的方法.

IBM 公司大名鼎鼎的 GMR 磁头实际上与前述的 MR 磁头在设计结构上是非常非常相似的, 只是核心的感应磁场的芯片有所区别. 这也是为什么在 1986 年物理学家费尔 (Albert Fert) 发现 GMR 效应以及 1987 年德国物理学家格隆博格 (Peter Grunberg) 发现 Fe/Cr/Fe 三层膜 GMR 效应以后, 仅仅 10 年就在 IBM 公司的 GMR 磁头中获得了应用.

在 GMR 磁头的发展历史上, 自旋阀 (spin valve) 类型的巨磁阻多层膜是发展的关键之一. 1991 年, IBM 公司研发部的狄安尼 (Bernard Dieny) 和他的同事们发明了 NiFe(60Å)/Cu(25Å)/NiFe(30Å)/FeMn(70Å) 类型的自旋阀多层膜, 其中第一个 NiFe 层基本可以自由转动, 第二个 NiFe 层则被反铁磁合金 FeMn 钉扎住不能转动. 其后所有 GMR 磁头都是采用各种改良型的自旋阀结构, TMR 磁头的结构也类似.

1997 年, IBM 正式推出图 5.21 中的 GMR 磁头. 在制备的时候, 先沉积下侧的屏蔽层, 再沉积非晶 Al-O 薄膜作绝缘保护, 然后再沉积 GMR 多层膜. 把 GMR 多层膜光刻成细长的窄条 (一般定义 z 轴为垂直磁道方向, y 轴为从 ABS 面深入磁头的方向), 然后要在其横向两侧沉积水平取向的永磁偏置薄膜单元, 以达成线性读出:

$$\frac{\Delta V}{V} = \eta \frac{\Delta R}{R} \cos(\theta_1 - \theta_2) \tag{5.3}$$

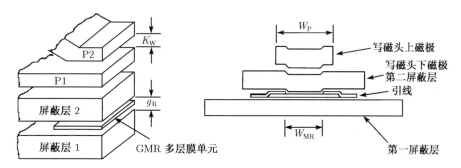

图 5.21 1997 年 IBM 公司推出的 GMR 磁头的侧视图和正视图 (Tsang et al., 1998)

其中 $GMR_0 = \Delta R/R$, 比 AMR 效应中的 MR_0 大很多; θ_1 和 θ_2 分别为自旋阀中的自由层和临近反铁磁膜的钉扎层的磁矩取向角. GMR 多层膜的电子散射与 AMR 效应还是不同的. 在 GMR 磁头中, 导线是沉积在 GMR 多层膜和左右两个永磁偏置层上方的左右两侧, 两根导线的间距就定义了读出磁道的宽度. 沿着磁道方向的分辨率还是由磁隙控制.

2005 年以后, 随着硬盘的存储密度超过了 100Gb/in^2, 水平记录硬盘系统终于转换为垂直记录存储系统. 在垂直记录系统中, 写磁头必须实现垂直于硬盘磁介质的磁矩写入, 因此得用单极磁头 (single pole type head, SPT) 及类似结构的磁头. 单极磁头的前身 —— 螺线管围绕的单根铁磁磁极 —— 在 1977 年就由岩崎俊一和他的学生中村庆久提出了. 到了真的实现工业化的时候, 单极磁头的制备与薄膜感应磁头是非常相似的. 从图 5.22(a) 中剖面图可以看到, 制备单极磁头包括制备很细很窄的主极, 这是负责写入的; 还包括厚度在微米量级的辅极, 这是引导磁路的, 此外, 介质中还有图 5.18 中显示的软磁底层, 负责引导写入区的磁场垂直进入介质.

隧穿磁阻磁头是目前垂直记录系统中最先进的读磁头. 1995 年, 日本东北大学的宫崎照宣 (Terunobu Miyazaki) 研究组刚刚发现 Fe/AlO/Fe/AFM 类型的室温隧穿磁阻 (tunnelling magnetoresistance) 多层膜, 其中电流是垂直于薄膜 "隧穿" 通过非晶氧化铝层的. 2004 年, Seagate 公司以毛思宁 (Sining Mao) 为首的研究组终于研发成功隧穿磁阻 (TMR) 读磁头, 并于 2006 年实现产业化. 在此之前, Seagate 公司一直在硬盘的核心技术上落后于 IBM 公司. 发明 TMR 磁头是 Seagate 公司第一次执行业之牛耳.

图 5.22(b) 中显示的就是 TMR 磁头的截面图. TMR 多层膜结构与 GMR 多层膜很相似, 只不过原来的 Cu 导电层变成了 Al-O 或 MgO 氧化物隧穿层或势垒层 (barrier layer). 在磁头设计上, TMR 磁头和 GMR 磁头有两点不

同: ① 不用另做导线, 上下软磁屏蔽层起到导线的作用; ② 左右永磁偏置层与 TMR 多层膜单元要绝缘, 否则会发生短路.

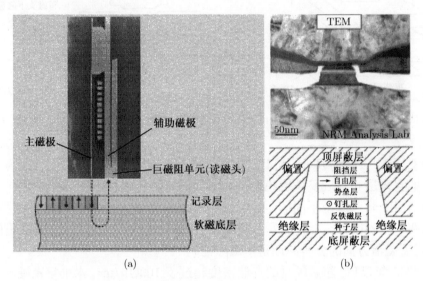

(a)　　　　　　　　　　　　(b)

图 5.22　垂直记录磁头. (a) 单极磁头 (Hitachi Co.);
(b) 隧穿磁阻磁头的截面及结构 (Mao et al., 2004)

3. 信号处理系统的进步

磁记录系统中信号处理的第一个进步是 1940 年德国广播电台 RRG 的韦伯发现的交流消磁技术, 也就是说要求磁带和硬盘在记录之前的磁矩分布是混乱的. 此后的数十年内, 最重要的信号处理进步包括 0-1 数字信号 - 电流对应的不回零格式 NRZ(Non-Return-to-Zero), 以及从通信理论中借用来的 PRML 信道.

在数据存储磁带或硬盘中进行记录以后, 磁道中的一个比特 (bit) 仿佛是一个小的永磁体, 其磁矩指向磁道的正或负方向. 在数据记录方式中, 磁矩沿磁道的正负两个方向一一对应于 0-1 信号. 1951 年, IBM 公司在研发数据磁带机的时候, 提出了一个特殊设计的把 0-1 信号与写入电流信号进行一一对应的不回零反转格式 NRZI(Non-Return-to-Zero-Inverse): 写磁头中的控制电流为方波, 每次反转对应为二进制数 1, 否则为 0. 这个 NRZI 格式提高了数据存储密度, 为数字记录格式奠定了基础. 现代的硬盘中, 还经常使用不回零格式 NRZ, 磁头控制电流还是在 $+I$, $-I$ 之间跃变, 但是 $+I$ 对应为 1, $-I$ 对应为

0, 这是与后来硬盘系统中广泛应用的 PRML 信道有关的.

　　信息存储系统的设计当中, 还有一个控制数据流动的问题, 这属于信息理论 (information theory) 的研究范围, 在本书第七章中还将详细讨论这个问题. 在所有计算机系统中, 都有通道 (channel) 或信道 (communication channel), 通道是专用于控制数据输入–输出过程的处理机, 在主存储器控制计算机外围设备中起到关键的作用. 信道是传送信息的物理通道, 常包含纠错编码器 (encoder)、解码器 (decoder). 计算机硬盘中的数据存储信道 (data storage channel) 现在主要用部分响应最大相似 (PRML) 信道 (见图 5.23).

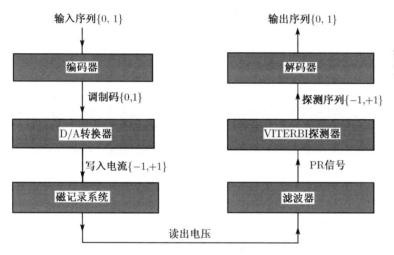

图 5.23　计算机硬盘的部分响应最大相似信道

　　计算机硬盘的信道分为几个主要部分: ① 编码器和解码器, 这是用于提高信道可靠性的数据处理器, 它们的设计基础就是信道编码 (channel coding), 源于香农的信息论. 常用的 RLL(d, k) 编码器 (Run-Length Limited encoder) 将用户的 p 位二进制数据进行变换, 获得的 q 位二进制数服从 “两个 1 之间最少有 d 个零, 最多有 k 个零” 这样的规则. 当 d 增加时, 相邻 1 之间距离增大, 可以防止相邻比特间的干扰, 但数据利用效率也下降; 当 k 减少时, 相邻 1 之间距离减小, 可以防止长时间没有信号造成接收器的同步性破坏; ② D/A 转换器 (digital to analogy converter), 这部分将 0-1 信号转换为控制写磁头的电流; ③ 磁记录系统, 这包括数据的写入过程 (write process) 和读出过程 (read process); ④ 滤波器或均衡器 (filter or equalizer), 这部分将连续的读出电压波形转换为离散的每隔时间 T 取点的一系列分立实数信号; ⑤ 维特比探测器

(Viterbi detector), 这是基于 1967 年维特比 (Andrew Viterbi) 提出的快速恢复 0-1 数据的维特比运算 (Viterbi algorithm) 法则建立的, 具体功能是将一系列分立的实数信号恢复为 +1, 0, −1 信号.

基于 PRML 信道的计算机硬盘在 1991 年实现工业化. 在 1990 年之前, 硬盘中使用的是峰值探测信道 (peak detection, PD), 其流程比较简单. PD 信道使用的信号是环形磁头或者薄膜感应磁头读出的. 经过编码器的 0-1 信号按照 NRZI 格式记录: 电流每次反转对应为 1, 否则为 0; 然后电流通过写磁头记录到数据存储磁带或者硬盘中. 在读出过程中, 每个 +/− 磁矩的反转都会在读磁头中导致一个比较尖锐的脉冲 (pulse), 如图 5.24 所示. 考虑到写入的时候使用的 NRZI 格式, 读出电压中的每个 +/− 峰值对应于数字 1, 否则为 0. 这在记录密度比较低的时候是很简练实用的信道设计, 条件是每个脉冲很窄, 相邻比特的读出电压的互相干扰 (Inter-Symbol-Interference, ISI) 很小.

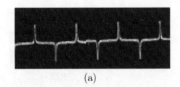 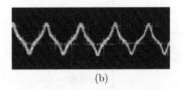
(a)   (b)

图 5.24   (a) PD 信道使用的薄膜感应磁头读出的脉冲信号; (b) PRML 信道使用的 MR, GMR, TMR 磁头读出的 "三角形" 信号 (Hunt, 1971)

信息存储系统的三个主要判断标准 —— 容量、密度和数据速率与磁性器件和信号处理系统都有关. 目前, 硬盘的数据速率在 100Mb/s 的量级, 数据速率与信号处理的关系更大. 描述数据速率的基本常数是每个比特的时间周期 T, 因此信道数据速率 (channel data rate, CDR) 就是 $1/T$. PRML 信道都要使用 RLL(d,k) 编码器以检查数据错误, RLL(d,k) 编码器一般要把 p 个用户数据比特转换为略多的 q 个信道数据比特. 这样, 用户数据速率 (user date rate, UDR) $q/(pT)$ 要比信道数据速率低一些. 最常用的编码器有 RLL(1,7) 和 RLL(0,4), RLL(1,7) 的编码效率是 q/p=2/3.

20 世纪 90 年代初配合 MR 磁头的应用而在硬盘中广泛使用的 PRML 信道是 PR4 信道 (class IV partial response channel), 如图 5.25 所示. 用户数据首先经过一个 RLL(0,4/4) 编码器, 变成可以进入硬盘进行记录的一系列数据 a_k. RLL(0,4/4) 编码器是专门为 PR4 信道设计的编码器, 其中的 4/4 的意思是相邻两个 1 间最多有 4 个零, 并且在奇数序列和偶数序列也分别满足 RLL(0,4) 的编码条件, 这是配合 PR4 信道中奇数序列和偶数序列分别解码的特性的. RLL(0,4/4) 编码器的编码效率 (code rate) 很高, 达到 p/q=8/9. 编码以后在数据处理的窗口 (window) 中有 16 个比特, 标定为 $k = 0, 1, 2, \cdots, 15$.

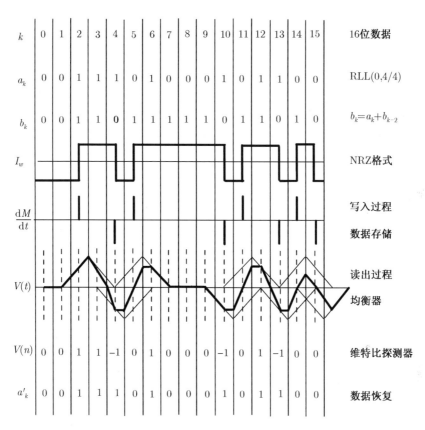

图 5.25 PR4 信道, 数据操作多项式为 $1-D^2$(Wohlfarth, 1982)

PR4 信道的预编码器 (precoder) 形成第二个序列 $b_k = \text{mod } 2[a_k + b_{k-2}]$, 它有两个功能: ① 防止误码传播 (error propagating). 如果一个比特出现错误, 这个错误不会在二进制序列中无限制地传播下去. ② 使用 b_k 作为磁记录过程的输入二进制数据, 其后通过 PR4 信道的维特比探测器可以自动获得输入数据 a_k.

进入磁记录过程之前的 D/A 转换器使用了 NRZ 格式, 即 0,1 二进制数分别对应于 $-I$, $+I$ 的薄膜感应磁头写入电流 $I_w(t)$. 然后将方波型的 $I_w(t)$ 对硬盘薄膜中的一个磁道进行写入, 必然会沿着磁道获得一系列 $-M_r, +M_r$ 磁化区域. 沿着磁道对磁矩翻转进行微分, $\mathrm{d}M/\mathrm{d}t$ 就会出现正或负的峰值. 注意对

比 dM/dt 和 b_k, 可以发现对数据已经自动进行了 $(1-D)$ 的操作, 这就实现了
PR4 信道的一半运算符号.

在用户希望使用数据的时候, 就要对硬盘内的磁信号进行读出. 巨磁阻磁
头对于 $dM/dt \neq 0$ 的每个磁矩反转都能读出信号, 获得的读出信号本身呈三
角形, 半高宽 PW50 较大, 如图 5.25 中 $V(t)$ 序列的一系列细线所示, 可以看
到, 每个 $dM/dt \neq 0$ 磁矩反转都会对相邻两个比特有贡献. 总的读出信号当
然是由 $dM/dt \neq 0$ 的磁矩反转导致的一系列巨磁阻磁头脉冲读出信号的叠
加, 如图 5.25 中 $V(t)$ 序列的粗线所示. 对 $V(t)$ 每隔一个时间周期 T 进行取
样, 可以获得一系列离散的读出信号, 即实数序列 y_k, 使用维特比探测器就可
以恢复成 0-1 数据 $V(n)$. 对比 $V(n)$ 和 dM/dt, 可以发现已经对数据自动进行
了 $(1+D)$ 的操作, 这就实现了 PR4 信道的另一半.

图 5.25 中对 $V(t)$ 取样的数据恰好等于 $-1, 0, 1$ 三个数, 不用再使用维特
比探测器再进行判定, 这是比较理想的信道设计, 实际信道中的噪声要高得多,
还是要使用维特比探测器的. 从 $V(t)$ 和理想的 $V(n)$ 的关系来看, 硬盘磁道中
的每个磁矩反转导致的巨磁阻磁头读出孤立峰的半高宽 (PW50-pulse width
at 50%) 是非常关键的信道设计参数, 图 5.25 中的 PW50 比实际系统中要小.

将获得的一系列分立读出数据 $V(n)$ 取绝对值, 就获得了最初的用户数据
a_k, 可以检查一下, 其中每一位都是正确的. 再回过来看, 二进制序列 b_k 可以
看成 $(1-D^2)^{-1}a_k$, 这样, 经过一个完整的算符为 $(1-D^2)$ 的 PR4 信道, 最后
维特比探测器获得的数据的绝对值正好就是 a_k. 这就是一个完整的硬盘中的
磁记录 PR4 信道设计.

信道的密度一般定义为 PW50/T. 图 5.25 中的 PW50/T 只有 1.5. 实
际 MR 读出信号不是三角形的, 而是像图 5.24(b) 那样有一定的弧度; 因
此取样更接近图 5.26 中的情形. 在理想的无噪声信道中, 表 5.2 中列出的

表 5.2 各类 PRML 信道的操作规则

信道	操作多项式	孤立比特信号取样	取样 (不含 $1-D$ 算符)
PR1	$1+D$	$\cdots 001100 \cdots$	N/A
PR2	$(1+D)^2$	$\cdots 0012100 \cdots$	N/A
PR3	$(2-D)(1+D)$	$\cdots 0021\bar{1}00 \cdots$	N/A
PR4	$(1-D)(1+D)$	$\cdots 0010\bar{1}00 \cdots$	$\cdots 001100 \cdots$
EPR4	$(1-D)(1+D)^2$	$\cdots 0011\bar{1}\bar{1}00 \cdots$	$\cdots 0012100 \cdots$
E^{2}PR4	$(1-D)(1+D)^3$	$\cdots 001202\bar{1}00 \cdots$	$\cdots 00133100 \cdots$

注: 其中 $\bar{1}, \bar{2}$ 代表 $-1, -2$.

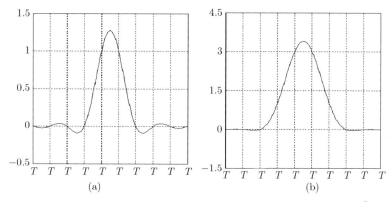

图 5.26 接近实际信道的孤立比特取样 (a) PR4; (b) E²PR4[①]

PR4、EPR4、E²PR4 的信道密度分别为 1.65, 2.00, 2.31. 目前最好的硬盘信道比 E²PR4 还要复杂得多, 信道密度可达到 PW50/T=3.

5.3 微磁学与磁信息存储理论

磁学的研究领域是极其广泛的, 并与自然科学、技术学科的诸多领域有很多交叉发展. 图 5.27 中显示了磁学 (magnetics) 和与物质磁性 (magnetism) 相关的自然科学和技术科学进化树图. 本书第一章已经介绍过人类对磁铁矿 (magnetite) 的最早认知, 指南针 (compass) 的发明和使用, 以及英国人吉尔伯特对物质磁性思考. 本书第三章也已介绍了高斯和韦伯在一起研究地球磁场 (geo-magnetism), 丹麦人奥斯特和法国人安培对磁场的发现, 英国人法拉第对电磁感应定律的发现, 伟大的麦克斯韦电磁理论和德国人赫兹对电磁辐射 (electromagnetic radiation) 的实验证实. 本书第四章已经讨论了铁磁体、也就是通常所说的磁性材料的应用范围.

在《固体物理》的物质磁性部分, 已经讨论过朗之万 (Pauli Langevin) 发展了安培和韦伯的猜测提出的永久磁子的概念; 居里 (Pierre Curie) 对顺磁性物质相变规律的研究; 玻尔 (Niels Henrik David Bohr) 为了解释原子光谱提出的玻尔磁子 (Bohr magnet); 泡利 (Wolfgang Ernst Pauli) 根据相对论性粒子的能量表述获得的解释原子磁性的哈密顿量; 外斯 (Pierre-Ernst Weiss) 为解释铁磁体中的自发磁化提出的分子场理论 (molecular field theory);

---

① 引自: Guzik Technical Enterprises. 2007-02-21. Introduction to PRML. City of Mountain View, California, USA. http://www.guzik.com/solutions_chapter9.shtml.

Zavoisky 发现的电子自旋共振 (electron spin resonance, ESR) 或称铁磁共振 (ferromagnetic resonance, FMR), 珀赛耳 (Edward Mills Purcell) 和布洛赫 (Felix Bloch) 发现的核磁共振 (nuclear magnetic resonance, NMR).

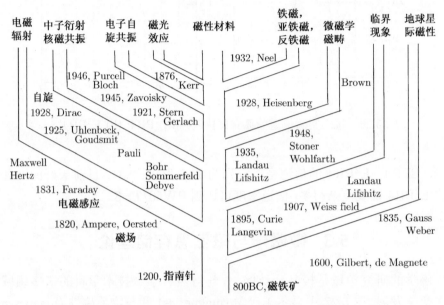

图 5.27　磁学和与磁性有关的技术进化树 (Wohlfarth, 1982)

　　还有一些关于电子自旋和原子磁矩的基础物理学研究, 一般归类为基本粒子物理和理论物理的内容, 在材料类的物理课程中一般不讲. 例如, 1916 年, 索末菲 (Arnold Sommerfeld) 和德拜 (Peter Joseph Debye) 在玻尔原子模型的基础上建立了原子角动量在空间某些特殊方向上取向量子化的理论; 1921 年, 斯特恩 (Otto Stern) 和革拉赫 (Walter Gerlach) 通过银原子束在不均匀磁场中的分裂实验测量出了玻尔磁子; 1925 年, 乌伦贝克 (G. E. Uhlenbeck) 和古兹密特 (Samuel Abraham Goudsmit) 受到泡利的启发, 在分析原子光谱实验的基础上, 提出了电子自旋 (electron spin) 的假设, 即电子具有 $\pm\frac{1}{2}\frac{h}{2\pi}$ 的假设, 这在后来又激发了泡利提出了电子自旋的泡利矩阵; 1928 年, 狄拉克 (Paul Adrien Maurice Dirac) 提出了电子的相对论量子力学波动方程, 创立了相对论量子力学, 从理论上直接得出了电子存在自旋运动和磁矩的结论. 这当然也成为解释所有基本粒子自旋和磁矩 (magnetic moment of fundamental particles) 的理论基础.

5.3.1 微磁学的起源

磁畴理论 (domain theory) 和微磁学 (micromagnetics) 是应用磁学 (applied magnetism) 理论的基础. 尽管人类已经对物质磁性有了各个方面的十分深入的认识, 但是铁磁体自发磁化的定量解释, 到现在还是物理学没有完全解决的问题之一. 不过, 由于铁磁性材料在工业应用中的重要性, 对铁磁性的理论需求却是越来越强. 1935 年, 苏联物理学家朗道 (Lev Davidovich Landau) 和栗夫希茨 (Evgenii M. Lifshitz) 提出了一个重要的磁矩的非线性运动方程, 即朗道–栗夫希茨方程 (Landau-Lifshitz equation), 以解释磁矩在外加磁场中的运动. 这是磁畴理论的开端, 也是微磁学理论的基础之一.

1. 朗道的自由能和运动方程

朗道是原苏联最伟大的物理学家, 一生对物理学的诸多领域有所贡献. 在他 50 岁的时候, 他的朋友为他总结了他对物理学的 10 大贡献: 引入了量子力学中的密度矩阵概念 (1927 年); 金属的电子抗磁性的量子理论 (1930 年); 二级相变理论 (1936~1937 年); 铁磁体的磁畴结构和反铁磁性的解释 (1935 年); 超导电性混合态理论 (1943 年); 原子核的统计理论 (1937 年); 液态氦 II 超流动性的量子理论 (1940~1941 年); 真空对电荷的屏蔽效应理论 (1954 年); 费米液体的量子理论 (1956 年); 弱相互作用的复合反演理论 (1957 年). 1962 年, 朗道获得诺贝尔物理学奖主要归因于他的二级相变理论.

朗道是唯象理论的大师, 在铁磁体能量和磁矩运动方程的提出过程中, 他的这种物理直觉也是惊人的. 还是基于他的二级相变理论, 朗道解决铁磁体磁性的第一步是提出一个 "铁磁自由能", 通过这种方法可以去掉不相关的物理因素, 而集中于相关的核心物理问题. 朗道提出的铁磁自由能几乎包含了此前所有主要的铁磁体的物理学进展.

1864 年, 麦克斯韦方程组建立以后, 铁磁体的静磁相互作用问题就逐渐获得了解决. 如果用本书第四章讨论的退磁矩阵法来描述, 两个铁磁体 1,2 之间的静磁相互作用能为

$$\mathcal{E}_{\text{demag}} = \frac{1}{4\pi}\boldsymbol{\mu}_1 \cdot \tilde{\boldsymbol{N}}(\boldsymbol{r}_1, \boldsymbol{r}_2) \cdot \boldsymbol{\mu}_2 \tag{5.4}$$

1896 年, 荷兰莱顿大学的物理学家塞曼 (Pieter Zeeman) 发现, 原子的光谱线在外磁场发生了分裂. 随后洛伦兹 (Hendrik Antoon Lorentz) 用电子运动的经典物理理论解释了谱线分立的原因. 塞曼和洛伦兹因此分享了 1902 年度的诺

贝尔物理学奖. 解释塞曼效应的核心是引入了一项磁矩与外磁场相互作用的塞曼能:

$$\mathcal{E}_{\text{zeeman}} = -\boldsymbol{\mu} \cdot \boldsymbol{H}_{\text{ext}} \tag{5.5}$$

1907 年, 法国物理学家外斯假设了一个很大的内禀磁场来解释铁磁体中原子自旋的自发取向. 在应用磁学中, 如果自发取向的方向为 $\hat{\boldsymbol{k}}$, 铁磁体磁矩的自发取向可以唯象地用等效的各向异性能来描述:

$$\mathcal{E}_{\text{anisotropy}} = c(\boldsymbol{\mu} \times \hat{\boldsymbol{k}})^2 = \mathcal{E}_0 - c(\boldsymbol{\mu} \cdot \hat{\boldsymbol{k}})^2 \tag{5.6}$$

1928 年, 德国物理学家海森堡 (Werner Heisenberg) 借用了氢分子化学键的海特勒–伦敦理论来解释外斯场的来源, 海森堡模型中两个磁矩之间的交换相互作用能可以表达为

$$\mathcal{E}_{\text{exchange}} = -\frac{J_{\text{e}}}{4\pi(g\mu_{\text{B}})^2} \boldsymbol{\mu}_1 \cdot \boldsymbol{\mu}_2 \tag{5.7}$$

在铁磁材料中, 存在大量的原子磁矩. 上述四项能量有的只与单个磁矩有关, 有的又与多个磁矩有关, 因此铁磁体的总的自由能是十分复杂的.

朗道正是处理这种复杂问题的大师. 固体的自由能 $\mathcal{F}_0$ 一般是温度 T 和体积 V 的函数. 在构筑铁磁体的自由能时, 朗道把铁磁体处理成连续介质, 连续介质又可以分为积分单元, 每个单元要比单个原子大得多. 铁磁体中存在自发磁化, 因此每个单元的磁化强度 $\boldsymbol{M}$ 不与外加磁场 $\boldsymbol{H}_{\text{ext}}$ 成正比; 实际上, 在一级近似下, 铁磁体饱和磁化强度 M_{s} 是不随外加磁场变化的. 这个事实在铁磁体的热力学理论中具有非常重要的意义, 磁化强度 $\boldsymbol{M}$ 据此可以当作一个独立变量来处理. 铁磁体总的自由能 (total free energy) 因此可以表达为 (cgs 制)(Landau et al., 1965)

$$\mathcal{F}(\{\hat{\boldsymbol{m}}\}) = \mathcal{F}_0 + \mathcal{E}_{\text{ext}} + \mathcal{E}_{\text{a}} + \mathcal{E}_{\text{ex}} + \mathcal{E}_{\text{m}} + \mathcal{E}_{\text{m.s.}} \tag{5.8}$$

$$\mathcal{E}_{\text{ext}} = -\iiint \mathrm{d}^3 r \; M_{\text{s}} \hat{\boldsymbol{m}}(\boldsymbol{r}) \cdot \boldsymbol{H}_{\text{ext}}(\boldsymbol{r}) \tag{5.9}$$

$$\mathcal{E}_{\text{a}}^{\text{u}} = \iiint \mathrm{d}^3 r \; K[\hat{\boldsymbol{m}}(\boldsymbol{r}) \times \hat{\boldsymbol{k}}(\boldsymbol{r})]^2 \tag{5.10}$$

$$\mathcal{E}_{\text{ex}} = \frac{1}{2} \iiint \mathrm{d}^3 r \; A^* \left(\frac{\partial \hat{\boldsymbol{m}}(\boldsymbol{r})}{\partial r_i}\right) \cdot \left(\frac{\partial \hat{\boldsymbol{m}}(\boldsymbol{r})}{\partial r_i}\right) \tag{5.11}$$

$$\mathcal{E}_{\text{m}} = \frac{1}{2V}(4\pi M_{\text{s}}^2) \iiint \mathrm{d}^3 r \iiint \mathrm{d}^3 r' \; \hat{\boldsymbol{m}}(\boldsymbol{r}) \cdot \hat{\boldsymbol{N}}(\boldsymbol{r},\boldsymbol{r}') \cdot \hat{\boldsymbol{m}}(\boldsymbol{r}') \tag{5.12}$$

$$\mathcal{E}_{\mathrm{m.s.}} = -\frac{1}{2} M_{\mathrm{s}} \iiint \mathrm{d}^3 \boldsymbol{r} \; \lambda \; \sigma_{ll} \; m_l^2(\boldsymbol{r}) \tag{5.13}$$

上述铁磁体总的自由能了包含塞曼能 (Zeeman energy) $\mathcal{E}_{\mathrm{ext}}$、磁晶各向异性能 (crystalline anisotropy energy) $\mathcal{E}_{\mathrm{a}}^{\mathrm{u}}$、交换相互作用能 (exchange energy) $\mathcal{E}_{\mathrm{ex}}$、静磁相互作用能 (magnetostatic interaction) $\mathcal{E}_{\mathrm{m}}$ 和沿着 l 方向的磁滞伸缩能 (magnetostriction energy) $\mathcal{E}_{\mathrm{m.s.}}$，这独立的五项，确实包含了与铁磁体有关的几乎所有物理因素.

1935 年, 在苏联乌克兰首府的哈尔科夫大学 (Haerkof University) 任教的朗道和他的学生栗夫希茨提出了著名的朗道–栗夫希茨方程 (Landau-Lifshitz equation). 这个运动方程的第一部分可以直接源于量子力学中自旋算符的反对易特性. 非平衡的第二部分则源于朗道天才的猜测.

第一部分的推导是很直截了当的. 假设某个原子或离子的磁矩为 $\boldsymbol{\mu} = -g\mu_{\mathrm{B}}\boldsymbol{S}$ (其中 g 为磁矩的 g 因子, $\mu_{\mathrm{B}} = e\hbar/2mc = 9.27 \times 10^{-21}$ erg/G 为玻尔磁子), 与外加磁场 $\boldsymbol{H}$ 有关的第一级塞曼能哈密顿量为 (cgs 制)

$$\mathcal{H} = -\boldsymbol{\mu} \cdot \boldsymbol{H} = g\mu_{\mathrm{B}}\boldsymbol{S} \cdot \boldsymbol{H} \tag{5.14}$$

假设能量是守恒的, 根据量子力学海森堡表象的算符运动方程, 以及自旋的基本对易关系 $[S_i, S_j] = \mathrm{i}\epsilon_{ijk}S_k$, 自旋 $\boldsymbol{S}$ 的运动方程为

$$\frac{\mathrm{d}S_i}{\mathrm{d}t} = \frac{1}{\mathrm{i}\hbar}[S_i, \mathcal{H}] = \frac{g\mu_{\mathrm{B}}}{\mathrm{i}\hbar}[S_i, S_j]H_j = \frac{g\mu_{\mathrm{B}}}{\hbar}\epsilon_{ijk}S_k H_j \tag{5.15}$$

假设铁磁体中某个微元或晶粒中由自发磁化导致磁矩取向基本一致, 那么磁化强度 $\boldsymbol{M} = n\boldsymbol{\mu} = -ng\mu_B\boldsymbol{S}$ 也正比于自旋, 在能量守恒的情况下, 磁化强度的运动方程为 (cgs 制)

$$\frac{\mathrm{d}\boldsymbol{M}}{\mathrm{d}t} = -ng\mu_{\mathrm{B}}\frac{\mathrm{d}\boldsymbol{S}}{\mathrm{d}t} = -g\frac{e}{2mc}(\boldsymbol{M} \times \boldsymbol{H}) = -\gamma(\boldsymbol{M} \times \boldsymbol{H}) \tag{5.16}$$

常数 $\gamma = ge/2mc$ 叫做旋磁比 (gyromagnetic constant). 对于以 Fe、Co、Ni 等过渡金属元素为主的铁磁体, 由于存在 d 壳层的轨道角动量猝灭, 原子或离子的 g 因子基本就是电子的 $g_0 = 2$ 因子, 因此旋磁比一般的取值为 $\gamma = e/mc = 1.76 \times 10^7/(\mathrm{Oe \cdot s})$.

在上述稳态磁矩运动方程 (5.16) 的推导过程中使用了能量守恒的条件, 否则不能使用哈密顿方程. 在非平衡物理过程中, 与磁场有关的能量必然循着如图 5.28 中显示的从高到低的路径逐渐演变. 根据哈密顿量方程 (5.14), 铁磁体

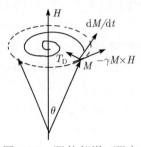

图 5.28　服从朗道–栗夫希茨方程的磁矩运动规律

中磁能量的降低意味着磁矩要转向局域磁场 $\boldsymbol{H}$ 的方向. 因此朗道在稳态磁矩运动方程中加入了一项阻尼项 (damping term), 以迫使系统磁能量向降低的方向运动, 这就是著名的朗道–栗夫希茨方程:

$$\frac{\mathrm{d}\boldsymbol{M}}{\mathrm{d}t} = -\gamma(\boldsymbol{M} \times \boldsymbol{H}) - \gamma\frac{\alpha}{M}\boldsymbol{M} \times (\boldsymbol{M} \times \boldsymbol{H}) \tag{5.17}$$

其中无量纲的常数 α 称为朗道阻尼系数 (Landau damping constant), 这个常数体现了铁磁体中磁能量趋于最低能量的速率, 一般为 0.01~0.05, 是个半经验常数, 在本章后面讨论写磁头的高频响应的时候还将回到这个问题上来.

朗道–栗夫希茨方程中的磁场 $\boldsymbol{H}$ 是铁磁体内某个单元或晶粒感受到的有效磁场, 可以通过对式 (5.8) 中铁磁体总的自由能进行变分获得 (cgs 制)

$$\boldsymbol{H}_{\mathrm{eff}}(\boldsymbol{r}) = -\delta\mathcal{F}/\delta(M_{\mathrm{s}}\hat{\boldsymbol{m}}) = \boldsymbol{H}_{\mathrm{ext}} + \boldsymbol{H}_{\mathrm{a}} + \boldsymbol{H}_{\mathrm{ex}} + \boldsymbol{H}_{\mathrm{m}} + \boldsymbol{H}_{\mathrm{m.s.}} \tag{5.18}$$

$$\boldsymbol{H}_{\mathrm{a}} = (2K/M_{\mathrm{s}})\,[\hat{\boldsymbol{m}}(\boldsymbol{r}) \cdot \hat{\boldsymbol{k}}(\boldsymbol{r})]\hat{\boldsymbol{k}}(\boldsymbol{r})$$

$$\boldsymbol{H}_{\mathrm{ex}} = (A^*/M_{\mathrm{s}})\,\boldsymbol{\nabla}^2\hat{\boldsymbol{m}}(\boldsymbol{r})$$

$$\boldsymbol{H}_{\mathrm{m}} = -(4\pi M_{\mathrm{s}}/V)\iiint \mathrm{d}^3\boldsymbol{r}'\,\hat{\boldsymbol{N}}(\boldsymbol{r},\boldsymbol{r}') \cdot \hat{\boldsymbol{m}}(\boldsymbol{r}')$$

$$\boldsymbol{H}_{\mathrm{m.s.}} = \lambda\,\sigma_{ll}\,m_l(\boldsymbol{r})\,\hat{\boldsymbol{e}}_l$$

其中 $\boldsymbol{H}_{\mathrm{ext}}$ 为外加磁场; $\boldsymbol{H}_{\mathrm{a}}$ 为磁晶各向异性场 (crystalline anisotropy field), 参数 $H_{\mathrm{k}}^{\mathrm{c}} = 2K/M_{\mathrm{s}}$ 是磁晶各向异性场常数 (crystalline anisotropy field constant); $\boldsymbol{H}_{\mathrm{ex}}$ 为交换相互作用场 (exchange field); 参数 A^* 称为交换相互作用常数 (exchange constant); $\boldsymbol{H}_{\mathrm{m}}$ 为退磁场 (demagnetizing field), 也就是在本书第四章中已经讨论过的铁磁晶粒产生的静磁场; 参数 V 为晶体的体积; $\hat{\boldsymbol{N}}$ 为退磁矩阵 (demagnetizing matrix); $\boldsymbol{H}_{\mathrm{m.s.}}$ 是因为晶体的点阵在 $\hat{\boldsymbol{e}}_l$ 方向发生拉伸或压缩而造成的磁滞伸缩场 (magnetoelastic field); 参数 λ 是磁滞伸缩常数; σ_{ll} 是应力矩阵常数, 这在多层薄膜的制备中是经常出现的, 因为不同的薄膜之间会有晶格不匹配. 可以想见, 这几类场中, 静磁相互作用场是最复杂的, 因为它包含任意一对磁矩的相互作用, 而且是远程的相互作用.

自由能表达式 (5.10) 中的 $\mathcal{E}_{\mathrm{a}}^{\mathrm{u}}$ 为最简单的单轴各向异性 (uniaxal anisotropy) 的情形, 其中 K 为单轴各向异性常数 (uniaxal anisotropy constant); $\hat{\boldsymbol{k}}$ 为自发磁化的容易轴 (easy axis), 若不加外磁场并忽略其他相互作

用, 磁矩 $\hat{m}$ 在能量最低的时候必然平行或反平行于容易轴 $\hat{k}$. 六角晶系的铁磁晶体 (例如钴) 是近似具有单轴各向异性的. 普遍来说, 具有立方对称 (cubic)、六角对称 (hexagonal) 和四方对称 (tetragonal) 点阵的铁磁晶体的磁晶各向异性能量 $\mathcal{E}_a^c$、$\mathcal{E}_a^h$ 和 $\mathcal{E}_a^t$ 为 (Landau et al., 1965)

$$\mathcal{E}_a^c = \iiint \mathrm{d}^3 r \left\{ K_1 [(\hat{m} \cdot \hat{k}_1)^2 (\hat{m} \cdot \hat{k}_2)^2 + (\hat{m} \cdot \hat{k}_2)^2 (\hat{m} \cdot \hat{k}_3)^2 \right.$$
$$\left. + (\hat{m} \cdot \hat{k}_3)^2 (\hat{m} \cdot \hat{k}_1)^2] + K_2 (\hat{m} \cdot \hat{k}_1)^2 (\hat{m} \cdot \hat{k}_2)^2 (\hat{m} \cdot \hat{k}_3)^2 \right\} \tag{5.19}$$

$$\mathcal{E}_a^h = \iiint \mathrm{d}^3 r \left\{ -K_1 (\hat{m} \cdot \hat{k}_c)^2 + K_2 (\hat{m} \times \hat{k}_c)^4 \right\} \tag{5.20}$$

$$\mathcal{E}_a^t = \iiint \mathrm{d}^3 r \left\{ -K_1 (\hat{m} \cdot \hat{k}_c)^2 + K_{21} \left[1 - (\hat{m} \cdot \hat{k}_c)^2 \right]^2 \right.$$
$$\left. + K_{22} (\hat{m} \cdot \hat{k}_a)^2 (\hat{m} \cdot \hat{k}_b)^2 \right\} \tag{5.21}$$

在立方晶系中, $\hat{k}_1$, $\hat{k}_2$ 和 $\hat{k}_3$ 互相垂直, 构成立方单胞的坐标架, 镍基和铁基铁磁材料基本都是立方对称的; 纯铁或纯镍的第一级磁晶各向异性常数 K_1 比较小, 分别在 -10^4 和 10^5erg[①]/cm 的量级, 因此属于软磁材料. 在六角晶系中, $\hat{k}_c$ 表示六角单胞的 c 轴, 钴基铁磁体是六角对称的, 其第一级磁晶各向异性常数相当大, 在 10^6erg/cm 的量级, 显然单轴各向异性近似对于钴基铁磁体是相当合适的. 在四方晶系中, $\hat{k}_c$ 表示四方单胞的 c 轴, $\hat{k}_a$, $\hat{k}_b$ 两轴与 c 轴两两互相垂直; 不少合金是具有四方对称的, 各向异性参数 K_1, K_{21} 和 K_{22} 则不一定哪个更大, 这会依赖于合金相的结构细节.

微磁学不是原子尺度的基础磁学, 因此微磁学中使用的基本磁性物理参数如饱和磁化强度 M_s 和磁晶各向异性常数 K, 得通过实验或实验的模拟拟合过程来确定. 表 5.3 中给出了铁、钴、镍三种基础铁磁元素晶体的基本磁性参数: 除了居里温度以外其他是接近绝对零度的数据. 在应用到不同的铁磁材料中的时候, 要使用具体材料实验测量的基础磁性参数.

朗道和栗夫希茨用他们提出的磁学理论, 通过解析的方法分析出了软磁体的磁畴结构, 后来为各项实验所证实. 更重要的是, 他们提出的这套解决问题的方法, 确实为微观尺度以上的各种铁磁器件设计、铁磁材料磁滞回线的计算, 提出了一种基本方法, 后来时间证明他们的理论奠定了应用磁学的基础.

---

① 1erg=10^{-7}J, 下同.

表 5.3　基础铁磁晶体的磁性参数

铁磁晶体	Fe	Co	Ni
$M_s/(\text{emu/g})$	221.71±0.08	162.55	58.57±0.03
$M_s/(\text{emu/cm}^3)$	1742.6	1446.7	521.3
μ_{atom}/μ_B	2.216	1.715	0.616
居里温度/K	1044±2	1388±2	627.4±.3
$K_1/(\text{erg/cm}^3)$	4.81×10^5	4.12×10^6	-5.5×10^4
$K_2/(\text{erg/cm}^3)$	1.2×10^3	1.43×10^6	-2.5×10^4

引自: Wohlfarth, 1982.

2. 斯通纳-沃法斯模型

1948 年, 英国里兹大学 (Leeds University) 的理论物理教授斯通纳 (Edmund Clifton Stoner) 和他的学生沃法斯 (E. Peter Wohlfarth) 分析了单畴铁磁性颗粒在均匀反转的情况下的磁滞回线, 他们的理论后来被称为斯通纳-沃法斯模型 (Stoner-Wohlfarth model), 这是微磁学理论、特别是磁滞回线计算理论的另一前身.

斯通纳在基础磁学领域也有突出的贡献. 1938 年, 斯通纳就提出了一个基于外斯分子场理论和固体物理能带理论, 估算正负自旋的铁磁能带分裂能量 (splitting energy) 和自发磁化磁矩 $M(T)$ 的电子模型, 被称为斯通纳模型 (Stoner model), 这个模型到目前为止还是最简单的理解铁元素单晶体磁性的电子模型.

单磁畴颗粒磁滞回线的斯通纳-沃法斯模型 (Stoner-Wohlfarth model), 跟朗道的磁学理论是相通的, 但是其结果更直观, 可以很自然地推广到由很多单磁畴晶粒组成的铁磁系统. 均匀反转的单磁畴铁磁颗粒的自由能密度 $\Delta\mathcal{F}/V$ 只包含塞曼能 (Zeeman energy) 和各向异性能 (anisotropy energy) 两项:

$$\Delta\mathcal{F}/V = -M_s H \cos\psi + K \sin^2(\psi - \theta) \tag{5.22}$$

其中 $\boldsymbol{H}$ 为外加磁场; ψ 为 $\boldsymbol{H}$ 与磁矩 $\boldsymbol{M}$ 的夹角; θ 为 $\boldsymbol{H}$ 与各向异性场 $\boldsymbol{H}_k = \hat{\boldsymbol{k}}(2K/M_s)$ 的夹角, 如图 5.29 所示. 注意, 式 (5.22) 中的各向异性常数 K 可以源自式 (5.10) 中的磁晶各向异性, 也可以源自式 (5.12) 中晶粒自身对自身的静磁相互作用 (self demagnetization) 这一项 $\hat{\boldsymbol{m}}(\boldsymbol{r}) \cdot \tilde{\boldsymbol{N}}(\boldsymbol{r},\boldsymbol{r}) \cdot \hat{\boldsymbol{m}}(\boldsymbol{r})$ 造成的形状各向异性 (shape anisotropy):

$$H_a^s = 4\pi M_s (N_{22}^\perp - N_{11}^{//}) \tag{5.23}$$

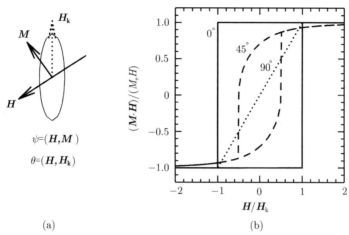

(a)   (b)

图 5.29 斯通纳–沃法斯模型 (Stoner-Wohlfarth model). (a) 模型的基本假设; (b) 单磁畴颗粒在均匀反转的情形下, 外磁场 $\boldsymbol{H}$ 与各向异性场 $\boldsymbol{H}_{\mathrm{k}}$ 的夹角 θ 为 0°(实线)、45°(划线)、90°(虚线) 时的磁滞回线

其中 $\boldsymbol{H}_{\mathrm{a}}^{\mathrm{s}}$ 为长方体或者旋转椭球体铁磁晶粒的形状各向异性场 (shape anisotropy field); $\hat{\boldsymbol{n}}_{//}$ 为平行于晶粒长轴方向的单位矢量; $K_{\mathrm{a}}^{\mathrm{s}}$ 为形状各向异性场常数 (shape anisotropy field constant); $N_{22}^{\perp}$ 和 $N_{11}^{//}$ 分别代表自退磁矩阵 $\hat{\boldsymbol{N}}(\boldsymbol{r}, \boldsymbol{r})$(self-demagnetizing matrix) 中垂直和平行于 $\hat{\boldsymbol{n}}_{//}$ 轴的对角元. 式 (5.23) 的推导必须使用铁磁晶粒的磁矩 $\boldsymbol{M} = M_{\mathrm{s}}\hat{\boldsymbol{m}}$ 中 $\hat{\boldsymbol{m}}$ 是单位矢量这个条件.

单畴颗粒的磁滞回线可以通过求解任意给定外加磁场下, 磁矩在外场方向的分量 $\boldsymbol{M} \cdot \boldsymbol{H}/H = M_{\mathrm{s}}\cos\psi$ 来获得. ψ 的方程可通过要求自由能取极小值来获得

$$\frac{\delta \mathcal{F}}{\delta \psi} = 0 \quad \rightarrow \quad H\sin\psi + \frac{1}{2}H_{\mathrm{k}}\sin[2(\psi - \theta)] = 0 \tag{5.24}$$

$$\frac{\delta^2 \mathcal{F}}{\delta \psi^2} > 0 \quad \rightarrow \quad H\cos\psi + H_{\mathrm{k}}\cos[2(\psi - \theta)] > 0 \tag{5.25}$$

图 5.29 中显示了 $\boldsymbol{H}$ 与 $\boldsymbol{H}_{\mathrm{k}}$ 的夹角为 θ 为 0°、45°、90° 时, 由式 (5.24) 解出的磁滞回线 (M-H loop). 式 (5.24) 总有两个解, 需由式 (5.25) 来确定最低能量状态对应的是其中哪个解.

3. 布朗与微磁学

微磁学的前身虽然是来自朗道–栗夫希茨方程和斯通纳–沃法斯模型, 但

这两个理论当时都没有获得物理学界很广泛的注意. 真正将他们的理论应用于解释磁信息存储工业中的铁磁应用基础问题, 并定义了微磁学概念的, 是美国人小布朗 (William Fuller Brown, Jr.). 小布朗的经历很像他的同乡和前辈亨利, 他们两人都是将欧洲人的基础理论工作, 变成了工业生产中普遍使用的工学理论.

布朗在 10 岁的时候曾经因为一个马达对电磁学和铁磁体着迷, 但他在纽约的高中物理课程让他很不喜欢, 因此他在 1925 年从康奈尔大学获得的本科学位是英语专业的, 在本科期间的学习使他可以阅读德语和俄语. 后来, 他自己成为一名私立中学的教师, 在教学中他又对物理学感兴趣了, 并决定再进大学读物理学博士. 1927 年, 布朗进入美国哥伦比亚大学读博士, 并研究钢铁的力学问题与磁畴结构的关系. 在他读博士的十年期间, 他通过俄文和德文文献看到了原苏联学者朗道和栗夫希茨提出的铁磁理论和磁畴理论 (Landau et al., 1965), 大感兴趣, 他意识到这是应用铁磁理论的基础.

从 20 世纪 30~40 年代, 布朗在美国多个机构工作, 包括普林斯顿大学、美国海军实验室 (U.S. Naval Ordnance Lab, NOL)、石油公司的研发部等. 布朗在此期间, 试图用近似的解析方法来求解朗道–栗夫希茨方程这个三维的非线性方程. 在没有计算机协助的情况下, 他在解释接近饱和的磁滞回线方面取得了很好的结果. 在 NOL 期间, 他训练了大量的人才, 并对第二次世界大战刚结束时美国军方在德国的 Magnetophon 的基础上开发磁鼓数据记录系统 (drum recorder) 起了推动作用. 1955 年, 布朗开始在明尼苏达州的 3M 公司的研发部工作, 3M 公司参与了录音和录像磁带的研发. 高清晰度的磁带需要单磁畴颗粒, 所以在此期间他的主要兴趣是研究单磁畴颗粒出现的条件.

1958 年, 布朗在美国一个国内会议上, 做了一个报告: *Micromagnetics: Successor to Domain Theory?* 第一次提出了微磁学 (micromagnetics) 的名词和概念. 也就是说, 微磁学可以避开铁磁性自发磁化的难题, 将铁磁体内部划分为微小的单磁畴单元. 每个单磁畴单元的磁矩的运动会互相影响, 但可以统一由联立的朗道–栗夫希茨方程来求解. 铁磁体的宏观磁性质的计算, 可以通过推广斯通纳–沃法斯模型到多单元系统的办法获得. 这个方法可以用于纳米直至宏观尺度的任何铁磁体或铁磁器件的基本性质研究中.

在 20 世纪 70 年代以后, 随着电子计算机对非线性方程求解能力的提高, 布朗提出的微磁学方法被硅谷从事磁信息存储工业的研发工程师, 如 Ampex、IBM 等公司中的研究人员接受, 逐渐用到了磁信息存储工业的系统设计和材料磁性质分析中, 并对尺度越来越小的各类磁记录介质和磁头的研究, 起到了非常重要的作用. 同时, 微磁学融入了磁信息存储工业设计的基本理论, 形成了自己的体系. 80 年代中期以后, 微磁学与其他学科的研究互相配合, 对于促进计算机硬盘循着类似摩尔定律的规则不断进步具有重要的作用.

5.3.2 磁滞回线、磁畴和磁导率的计算

磁滞回线全面体现了铁磁材料的宏观物理性质, 因此是宏观尺度直至纳米尺度铁磁材料的磁性研究、器件设计、磁信息存储系统读写过程分析中必须首先解决的问题. 磁滞回线的理论计算相当复杂, 一般的电磁学和电动力学教科书中都不会涉及.

磁滞回线可以在铁磁材料的多晶微结构、基础磁性分析的基础上, 通过微磁学的办法来进行计算. 因此这个理论不是纯粹的物理学理论, 而是物理学和材料学交义的理论. 磁滞回线计算 (*M-H* loop calculation) 的基本假设和方法如表 5.4 所示.

表 5.4 磁滞回线的计算方法

模型基本假设	铁磁晶体基础磁性参数, 如 M_s, 需要通过实验确定
计算步骤一	根据材料的微结构, 确定合适的几何模型, 选择合适的单磁畴单元
计算步骤二	选择适当的能量项, 来恰当地描述铁磁体的总自由能
计算步骤三	根据单磁畴单元的几何性状, 计算单元内部和单元之间的退磁矩阵
计算步骤四	在给定的均匀或非均匀外磁场分布下, 计算每个单元的有效磁场
计算步骤五	根据朗道-栗夫希茨方程求解每个单磁畴单元的磁矩
计算步骤六	计算在外磁场的方向铁磁材料的总平均磁化强度, 获得 *M-H* 回线

注: 此法也适用于磁畴、磁导率计算和写入过程模拟.

在磁滞回线的计算中磁场是均匀而渐变的, 在任一外场下都可以计算磁畴结构; 如果将外加磁场改成本书第四章例题 4.5 中的空间非均匀的写磁头磁场, 表 5.4 中的方法也适用于数据写入过程的模拟. 将外加磁场设为交变磁场则可以计算软磁体的磁导率.

下面将通过几种典型的磁信息存储材料的磁滞回线的计算实例, 详细诠释微磁学的计算方法. 具体选择的材料有: 计算机硬盘水平记录薄膜磁介质、垂直记录硬盘磁介质、磁带颗粒介质、介观软磁薄膜介质. 这几类材料虽然只是磁性材料中很少的一部分, 读者依然可以通过这几个例子, 看到利用微磁学计算磁滞回线方法的优点以及局限性.

例题 5.1 计算机硬盘水平记录薄膜磁介质的磁滞回线计算.

20 世纪 80 年代后期, 用 FFT 方法对大尺度的硬盘磁薄膜进行微磁学模拟首先是由美国加利福尼亚大学 (UC San Diego) 磁记录研究中心 (Center for

Magnetic Recording Research, CMRR) 的伯纯 (H. Neal Bertram) 和他的学生朱建刚 (Jian-gang Zhu) 提出的. 他们的研究工作涉及了计算机硬盘薄膜的磁滞回线计算、磁化过程中的磁畴分布, 以及利用本书第四章介绍的卡尔奎斯特磁头场进行磁记录过程的研究. 这项工作后来在伯纯研究组和朱建刚研究组中有很多人做出过不同程度的贡献. 作者本人在 1996 年离开美国以后独自建立了自己的计算机硬盘磁介质的微磁学程序, 但是在微磁学理论方面还是受到了伯纯和朱建刚计算方法的很大影响.

　　硬盘磁介质的发展历史在 5.2 节已有介绍, 20 世纪 80 年代中后期, 世界上主要的计算机硬盘生产商开始使用磁控溅射法生产多层膜类型的硬盘水平记录磁介质, 代替了此前 30 年使用的涂覆型铁基颗粒磁介质. 图 5.17(a) 中就显示了典型的硬盘多层膜的剖面结构. 微磁学模拟只针对其中的 Co-Cr-Pt-M 存储介质层进行. 1995 年, IBM 公司硬盘介质组 (Johnson et al., 1995) 发现 Cr 底层的每个柱状晶上生长的 Co-Cr-Pt-M 纳米晶粒中含有孪晶结构(twin structure). 孪晶沿着 Co 合金六角单胞的 [11$\bar{2}$0] 晶面中尺度为 0.407 nm×0.435 nm 的面心长方格子的对角线发生, 对角线两侧的钴六角单胞的 c 轴几乎是互相垂直的. 这是当时的低噪声水平记录硬盘的关键微结构之一.

　　图 5.30(b) 中显示了对低噪声 Co-Cr-Pt-M 合金硬盘薄膜进行微磁学计算的几何模型. 在微磁学模型中, 为模拟硬盘磁薄膜介质的纳米晶粒以及晶粒内部的孪晶结构, 同时为使用 快速傅里叶变换(fast Fourier transform, FFT) 以大幅度加快计算速度 (注：FFT 只能对布拉维点阵使用), 磁介质的每个 Co-Cr-Pt-M 纳米晶粒中的每个孪晶区域被设定成了全同的六棱柱, 六棱柱中心构成点阵常数为 a_{L} 的二维三角点阵. 六棱柱之间略有间隔, 铁磁相的体积比例约为 90%. 图 5.30(b) 中显示了一系列小三角, 被小三角相连的三个六棱柱构成一个 Co-Cr-Pt-M 合金的铁磁相纳米晶粒. 晶粒内部的三个六棱柱之间的交换相互作用很强, 纳米晶粒之间的交换相互作用很弱.

　　将朗道–栗夫希茨磁学理论的式 (5.9)～式 (5.12) 以硬盘的纳米磁颗粒中的单晶六棱柱为单元分立化, 就可以获得计算机硬盘 CoCr 合金薄膜铁磁相的总自由能密度：

$$\Delta \mathcal{F}/V = -M_{\mathrm{s}} \sum_i \hat{\boldsymbol{m}}_i \cdot \boldsymbol{H}_{\mathrm{ext}} + K \sum_i (\hat{\boldsymbol{k}}_i \times \hat{\boldsymbol{m}}_i)^2 + \frac{A_0^*}{2a_{\mathrm{L}}^2} \sum_i \sum_{\langle j,i \rangle}^{\mathrm{intra}} (\hat{\boldsymbol{m}}_i - \hat{\boldsymbol{m}}_j)^2$$

$$+\frac{A^*}{2a_{\rm L}^2}\sum_i\sum_{\langle j,i\rangle}^{\rm inter}(\hat{\bm m}_i-\hat{\bm m}_j)^2+\frac{1}{2}(4\pi M_{\rm s}^2)\sum_i\sum_{j\neq i}\hat{\bm m}_i\cdot\tilde{\bm N}_{ij}^{\rm 2D}\cdot\hat{\bm m}_j-\sigma m_1^2$$

$$(5.26)$$

其中 $\langle j,i\rangle$ 表示只计算近邻六棱柱之间交换相互作用; intra 一项表示晶粒内部的三个孪晶区域之间的交换相互作用的求和, 其交换相互作用常数 (exchange coupling constant)A_0^* 一般在 10^{-6}erg/cm 的量级; inter 一项表示晶粒之间的交换相互作用的求和, 其交换相互作用常数 A^* 大约在 10^{-7}erg/cm 的量级; σ 为磁滞伸缩常数.

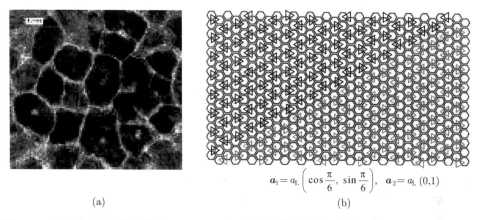

$$\bm a_1=a_{\rm L}\left(\cos\frac{\pi}{6},\,\sin\frac{\pi}{6}\right),\quad \bm a_2=a_{\rm L}\,(0,1)$$

(a)   (b)

图 5.30 (a) 含有孪晶结构的 CoCrPt 合金硬盘薄膜磁介质的电子显微镜结构照片 (Johnson et al., 1995); (b) 微磁学模型: 全同六棱柱代表单晶单相区, 其中心构成 $n_1\bm a_1+n_2\bm a_2$ 的三角点阵, 晶粒总数为 $L_x\times L_z$, 点阵常数为 $a_{\rm L}$. 图中被小三角相连的三个六棱柱代表一个纳米磁晶粒内部的三个孪晶区域, 这三个六棱柱内部的交换相互作用很强, 不同纳米晶粒的六棱柱之间交换相互作用很弱. 图中遍布浅色小三角部分的晶格已经使用了周期边界条件, 下移了 $L_z\bm a_2$, 因此必须要求满足条件 $L_x=2L_z$

在水平磁记录硬盘薄膜的计算中, 纳米磁颗粒的磁矩始终平行于薄膜表面, 因此磁荷只在六棱柱的 6 个侧面出现. 这样, 自由能方程式 (5.26) 中两个六棱柱晶粒之间的退磁矩阵 $\tilde{\bm N}_{ij}^{2D}$ 就是个 2×2 的矩阵, 可以根据本书第四章表 4.5 中给出的具有均匀面磁荷的长方形表面的退磁矩阵 $\tilde{\bm N}=\tilde{\bm u}$ 对6个侧面求和, 得

$$\tilde{\bm N}^{2D}(\bm r,0)=\sum_{n=1}^6 R_n\cdot\tilde{\bm u}[R_n^{\rm T}(\bm r-\bm r_n)]\cdot R_n^{\rm T}$$

$$(5.27)$$

其中 R_n 为 C_6 群的 6 个二维旋转矩阵; R_n^{T} 为对应的转置矩阵; r_n 为六棱柱 6 个侧面的面心. 注意, 六棱柱是全同的服从斯通纳–沃法斯模型反转的单畴单晶区域, 因此退磁矩阵只与两个六棱柱的中心距 r 有关, 这个特性是在计算磁滞回线和磁记录性质时, 使用快速傅里叶变换的方法求解大量磁晶粒之间的静磁相互作用场的关键.

水平记录薄膜的 CoCr 合金中, 六棱柱单晶单相区域的磁晶各向异性场的方向 $\hat{k}_i$ 也有晶粒内部分布和晶粒之间分布两种情形. 在晶粒内部, 如果三个孪晶区域有两个的 $\hat{k}_i$ 相同, 另一个与 $\hat{k}_i$ 垂直, 这样第 i 个晶粒的总磁晶各向异性能量为

$$\mathcal{E}_a^{\mathrm{u}} = K_i V_{\mathrm{hex}}[2(\hat{k}_i \times \hat{m}_i)^2 - (\hat{k}_i \times \hat{m}_i)^2] = K_{\mathrm{eff}}^i V(\hat{k}_i \times \hat{m}_i)^2 \tag{5.28}$$

可见, 由于纳米磁颗粒内部孪晶结构的存在, 其 "等效磁晶各向异性常数" K_{eff}^i 只有 K_i 的三分之一, 因为六棱柱的体积 V_{hex} 大约为晶粒总体积 V 的三分之一. 纳米晶粒的等效磁晶各向异性常数 K_{eff} 远小于单晶钴基合金的各向异性常数 K, 将是解释为什么硬盘的矫顽力 H_c 与磁晶各向异性场 $H_k = 2K/M_s$ 之比远低于 50% 的关键. 由于溅射制备中晶粒生长随机性的影响, 磁晶各向异性场的大小 H_k 可能会有一定的分布, 不过, 如果溅射实验控制得好, 铁磁相形成均匀, H_k 就是常数.

硬盘磁介质中晶粒的各向异性的取向是不一致的, 若以介质局部的容易轴 $\hat{k}_0$ 为基准, 各个晶粒的磁晶各向异性场的方向 $\{\hat{k}_i\}$ 在磁薄膜面内的取向角 $\{\theta_i\}$ 满足的取向分布为

$$f(\theta) = \exp(-\alpha_\theta \sin^2\theta), \qquad \theta = \langle \hat{k}, \hat{k}_0 \rangle \tag{5.29}$$

如果取向系数 (orientation coefficient) $\alpha_\theta = 0$, $\{\hat{k}_i\}$ 在面内是随机取向, 这样的硬盘磁介质叫做各向同性介质 (isotropic media); 如果 $\alpha_\theta > 4$, $\{\hat{k}_i\}$ 在面内是接近 $\hat{k}_0$ 取向的, 这样的硬盘磁介质叫做各向异性介质 (anisotropic media). 值得注意的是, 由于硬盘薄膜是用大容积的磁控溅射仪统一制备的, 因此常常是各向异性的.

根据前述的计算机硬盘薄膜的几何模型和晶粒的基础磁性质模型, 可以通过对式 (5.26) 中的自由能表达式对第 i 个晶粒磁矩的变分, 计算出有效磁场. 在计算磁滞回线的过程中, 磁矩被饱和磁化强度 M_s 归一化, 而第 i 个单畴六棱柱感受到的有效磁场 H_i 则被磁晶各向异性场 H_k 归一化:

$$h_i = H_{ext}/H_k + \left(\hat{\boldsymbol{k}}_i \cdot \hat{\boldsymbol{m}}_i\right)\hat{\boldsymbol{k}}_i + h_{ex}^0 \sum_j^{intra} (\hat{\boldsymbol{m}}_j - \hat{\boldsymbol{m}}_i) + h_{ex} \sum_j^{inter} (\hat{\boldsymbol{m}}_j - \hat{\boldsymbol{m}}_i)$$

$$- (4\pi h_m)\, \text{FFT}_i^{-1}\left(\text{FFT}[\tilde{\boldsymbol{N}}^{2D}] \cdot \text{FFT}[\hat{\boldsymbol{m}}]\right) + h_\sigma m_{ix}^2 \qquad (5.30)$$

在上面这个硬盘介质的微磁模拟单元的有效场表达式中, $h_m = M_s/H_k$ 是归一化的静磁相互作用常数, 一般为 $0.01 \sim 0.1$; $h_{ex}^0 = A_0^*/(2Ka_L^2)$ 是归一化的同一个晶粒的孪晶区域之间的交换相互作用场, $h_{ex} = A^*/(2Ka_L^2) = A^*/(H_kM_sa_L^2)$ 则代表晶粒之间的归一化的交换相互作用场, 由于富 Cr 的非磁相晶界的存在, h_{ex} 比 h_{ex}^0 要小得多; h_σ 是归一化的磁滞伸缩场常数, 一般为 $0\sim0.1$.

有效磁场中的静磁相互作用场一项的计算, 如果用 $\sum_j \tilde{N}_{ij}\hat{m}_j$ 这样的矩阵点积–求和的办法, 其计算时间正比于 N^2 (N 为总晶粒数), 对由上万个晶粒组成的硬盘模拟介质, 计算速度就太慢了. 如果大幅度减小晶粒总数, 由于电磁相互作用的长程性, 静磁相互作用场的计算会变得不准确, 因此需要在硬盘介质的微磁学计算中使用快速傅里叶变换. 具体的办法是先将式 (5.27) 中的 $\tilde{N}^{2D}(\boldsymbol{r},0)$ 和磁矩 $\hat{m}_i = \hat{m}(\boldsymbol{r})$ 对三角点阵 $\boldsymbol{r} = n_1\boldsymbol{a}_1 + n_2\boldsymbol{a}_2$ 求 FFT, 注意根据布拉维点阵的基本性质 $\boldsymbol{a}_i \cdot \boldsymbol{a}_j^* = \delta_{ij}$, 波矢和位移矢量的点积 $\boldsymbol{k} \cdot \boldsymbol{r} = k_1 n_1 + k_2 n_2$, 因此三角点阵的 FFT 与正方晶格的 FFT 是类似的, 都可以使用 *Numerical Recipies* 当中的二维 FFT 程序. 将退磁矩阵和磁矩的傅里叶变换点积以后, 再求反傅里叶变换 FFT^{-1}, 即可获得任何晶粒感受到的静磁相互作用场. 使用 FFT 以后, 静磁相互作用项的计算时间正比于 $N \ln N$.

计算机硬盘薄膜磁性质和磁记录的微磁学软件编制可以使用模块化的思想. 每个子程序分别负责一个功能. 比如任何两个晶粒之间退磁矩阵的计算以及薄膜总的退磁矩阵 $\tilde{\boldsymbol{N}}(\boldsymbol{r},0)$ 的傅里叶变换; 又比如哪两个晶粒之间具有晶粒内的交换相互作用、哪两个晶粒之间具有晶粒之间的交换相互作用, 就应该预先计算好, 这样在主程序中反复调用时能大幅度地节省计算时间. 计算硬盘薄膜磁滞回线的程序结构见表 5.5.

表 5.5 计算机硬盘薄膜磁滞回线的程序结构

建议程序名	具体计算的内容
hex.f	定义晶粒中心的三角点阵, 找到晶粒内、外的近邻六棱柱, 标记好
hkd.f	根据取向分布 $f(\boldsymbol{\theta})$ 和各向异性场分布 $P(H_k)$ 确定 $\boldsymbol{H}_k^i$
demag.f	根据式 (5.27) 计算单个六棱柱的退磁矩阵, 注意周期边条件
hexdemag.f	计算任何两个晶粒之间的退磁矩阵, 并做 $\text{FFT}[\tilde{\boldsymbol{N}}(\boldsymbol{r},0)]$
main-mh.f	主程序, 改变外场, 求 h_i, 用 Runge-Kutta 法解 LL 方程, 求回线

随机数 (random number) 的使用在程序编制中是非常关键的, 因为材料各个尺度结构有随机性, 必须用各几何或物理的 "分布函数" 来描述. 在本节的计算机硬盘模拟过程中, 为了确定纳米磁颗粒内部六棱柱单晶区域的磁晶各向异性场的取向分布, 必须按照给定的分布函数 $f(\theta)$ 给每个六棱柱随机赋值, 从而确定其磁晶各向异性场.

在计算磁滞回线的主程序中, 控制归一化的外加磁场 $\boldsymbol{H}_{ext}/H_k$ 逐渐从 1 减小到 -1, 由式 (5.30) 计算出每个晶粒的归一化有效磁场 $\boldsymbol{h}_i$, 代入 $2N$ 个联立的朗道–栗夫希茨方程 (5.17) 中, 就可以解出此外磁场下任何一个晶粒的磁矩 $\hat{\boldsymbol{m}}_i$. 在每个外加磁场取值下, 对所有晶粒沿 $\boldsymbol{H}_{ext}$ 方向的磁矩分量求平均值, 即可获得磁性薄膜归一化的磁矩 $\langle M \rangle / M_s$, 由此计算出硬盘薄膜在各个方向的磁滞回线 (M-H loop).

下面讨论一下微磁学计算出的磁滞回线与实验回线之间的比较. 图 5.31(a) 中的实验磁滞回线来自 IBM 公司的硬盘磁介质研究组, 虽然是比较旧的数据, 但仍然是信噪比非常好的水平记录硬盘薄膜介质. 从图 5.31 中可以看到, 在硬盘的任何局部, 矫顽力比较大的方向是一致的. 也就是说, 在真正的硬盘中, 由于大批量磁控溅射制备方法的影响, 硬盘局部的磁滞回线容易轴 $\hat{\boldsymbol{k}}_0$

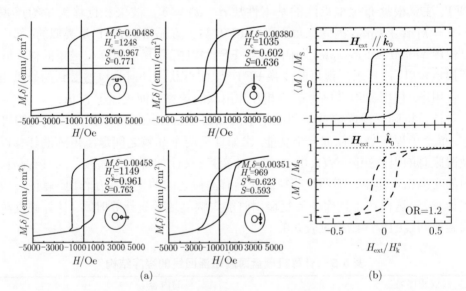

图 5.31　(a) 计算机硬盘薄膜的实验磁滞回线 (Johnson et al., 1995); (b) 微磁学计算的磁滞回线, 其中实线是外磁场 $\boldsymbol{H}_{ext}$ 平行于薄膜局部总的容易轴 $\hat{\boldsymbol{k}}_0$ 方向的回线, 虚线是 $\boldsymbol{H}_{ext}$ 垂直于 $\hat{\boldsymbol{k}}_0$ 的回线. 方形度 $S = M_r/M_s$, 矫顽力方形度 $S^* = 1 - (M_r/H_c)/(dM/dH)_{H_c}$ 取向的 OR$=H_c^{//}/H_c^{\perp}$

并不沿着磁道方向, 而往往朝一个方向取向. 有时候也用改变底层织构的办法, 人为地控制 $\hat{\pmb{k}}_0$ 在整个硬盘内部的分布, 例如形成中心放射的玫瑰形分布, 或者形成特别平整的织构, 从而实现不同的硬盘设计需求.

在本例的微磁学模拟中, 使用的薄膜介质包含了 128×64 个全同的代表钴基纳米磁颗粒的孪晶区域的六棱柱, 六棱柱中心在一个三角点阵上. 图 5.31(a) 中上面两条实验测量的平行和垂直于局部容易轴 $\hat{\pmb{k}}_0$ 的回线中, 介质参数 $M_r\delta$ 分别为 0.488 memu/cm^2 和 0.380 memu/cm^2. 这说明, 如果硬盘磁薄膜的饱和磁化强度在 400 emu/cm^3 左右, 硬盘薄膜的厚度应该在十几纳米的尺度. 因此, 在模拟过程中, 选取三角点阵常数, 即相邻六棱柱中心间距 $a_L = 11$ nm, 薄膜厚度 $\delta = 13$ nm, 一个 Co-Cr 晶粒本身的长径比 $\delta/D = \delta/(\sqrt{3}a_L) = 0.68$, 符合实验数据. 硬盘水平记录磁介质的微磁模型参数、计算回线和图 5.31 中上面两条实验回线的结果见表 5.6.

表 5.6 水平记录硬盘薄膜的微磁学模型参数、计算回线和实验回线的结果比较

模型参数	M_s /(emu/cm^3)	H_k /(Oe)	K /(erg/cm^3)	α_θ	A_0^* /(erg/cm)	A^* /(erg/cm)
取值	400	9500	1.9×10^6	2.5	2.8×10^{-6}	0.4×10^{-6}
归一化	h_m	h_{ex}^0	h_{ex}	h_σ	$h_c(//\hat{\pmb{k}}_0)$	$h_c(\perp\hat{\pmb{k}}_0)$
参数结果	0.042	0.609	0.087	0.05	0.135	0.110
微磁计算	$S_{//}$	$S_{//}^*$	$H_c(//\hat{\pmb{k}}_0)$	$S_\perp$	$S_\perp^*$	$H_c(\perp\hat{\pmb{k}}_0)$
结果	0.93	0.90	1282 Oe	0.68	0.64	1045 Oe
实验回线	$S_{//}$	$S_{//}^*$	$H_c(//\hat{\pmb{k}}_0)$	$S_\perp$	$S_\perp^*$	$H_c(\perp\hat{\pmb{k}}_0)$
性能	0.77	0.97	1248 Oe	0.64	0.60	1035 Oe

图 5.31(b) 中显示了微磁学计算的磁滞回线 (M-H loop), 可以看到与实验测量的回线是基本符合的. 尤其值得注意的是, 垂直于局域容易轴 $\hat{\pmb{k}}_0$ 的回线比较 "斜", 这不是由磁晶各向异性的分布造成的, 而是由磁晶各向异性 $\hat{\pmb{k}}$ 的取向分布和沿着容易轴的磁滞伸缩效应共同作用的效果. 还可以观察一下硬盘薄膜中的磁畴分布, 当外加磁场等于薄膜面内的纵向回线 ($\pmb{H}_{ext}//\hat{\pmb{k}}_0$) 的矫顽力时, 薄膜介质中的磁畴分布见图 5.32, 薄膜介质中有一半颗粒已经反转, 磁畴是横向连通的, 这是很有趣的结果.

可以看到, 理论和实验的磁滞回线虽然已经比较接近, 但还不可能是完全吻合的, 因为本节的微磁学模型仍然非常简单, 模拟的总晶粒数大约只有 10^4 个, 也没有考虑晶粒尺度的大幅度涨落、缺陷和晶界对磁畴的钉扎, 因此这样的结果已经可以说是合乎情理的了. 用微磁学对磁滞回线进行计算的过程, 充分体现了磁性材料理论的复杂性.

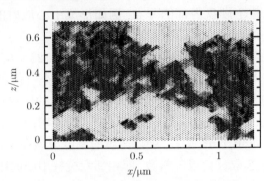

图 5.32　外加磁场平行于硬盘局部容易轴 $\hat{k}_0$
并等于 $-H_c$ 时, 薄膜介质内部的磁畴分布

例题 5.2　垂直磁记录硬盘的磁滞回线.

自从 1957 年 IBM 发明计算机硬盘以来, 计算机硬盘一直循着内部磁存储比特的尺度及磁头的尺度逐渐按比例缩小的标度定律 (scaling law) 不断演进. 可是, 目前计算机硬盘的数据存储面密度已经超过了 100 Gb/in^2, 标度定律式的硬盘进化设计方式, 遇到了最后的物理极限, 也就是单磁畴的铁磁晶粒的磁矩热稳定性问题, 这将在下节详细讨论. 由于遇到了上述这个物理瓶颈, 磁存储的方式要有大的转变.

目前美国和日本都在研发 100 Gb/in^2 ～1 Tb/in^2 这样的极高记录密度的硬盘系统, 其中采用磁矩垂直于薄膜表面的垂直磁记录方式, 纳米晶粒的直径要小于其高度, 这样要比传统的水平磁记录方式中晶粒之间的静磁相互作用小, 因此噪声就低. 如果加大单个纳米晶粒的磁晶各向异性场以克服超顺磁性, 并且将之控制在垂直方向, 8 nm 以下晶粒尺度的垂直记录薄膜介质也许是未来计算机硬盘磁存储介质的一个解决方案.

参照图 5.33 中垂直磁记录硬盘介质在纳米尺度的几何结构, 选择一个圆柱状的纳米磁颗粒为微磁单元. 再参考式 (5.30) 中水平记录硬盘薄膜中一个微磁单元感受到的有效磁场的计算公式, 可以直接写出垂直记录介质的一个纳米颗粒感受到的被各个晶粒的平均磁晶各向异性场 H_k^a 归一化的有效磁场:

$$
h_i = H_{\text{ext}}/H_k^a + h_k^s(\hat{e}_y \cdot \hat{m}_i)\,\hat{e}_y \; + \; h_k^i\,(\hat{k}_i \cdot \hat{m}_i)\,\hat{k}_i \; + \; h_{\text{ex}} \sum_j^{\text{inter}} (\hat{m}_j - \hat{m}_i)
$$

$$
- (4\pi h_{\text{m}})\,\text{FFT}_i^{-1}\left(\text{FFT}[\tilde{N}] \cdot \text{FFT}[\hat{m}]\right) \tag{5.31}
$$

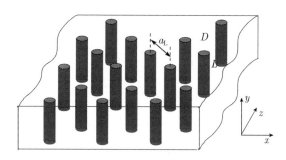

图 5.33 垂直磁记录硬盘介质 (perpendicular recording media) 示意图

式 (5.31) 与水平硬盘磁介质的最大区别是其中的磁矩 $\hat{\boldsymbol{m}}_i$ 是三维的; 圆柱形晶粒之间退磁矩阵 $\tilde{\boldsymbol{N}}$ 也是 3×3 的矩阵, 其具体计算请参见本书第四章中的式 (4.60), 圆柱形颗粒退磁场的分布可参见图 4.9. $h_{\mathrm{k}}^{\mathrm{s}} = H_{\mathrm{k}}^{\mathrm{s}}/H_{\mathrm{k}}^{\mathrm{a}}$ 是归一化的形状各向异性场, 沿着圆柱形磁颗粒的长轴 $\hat{\boldsymbol{e}}_y$ 方向, $H_{\mathrm{k}}^{\mathrm{s}}$ 具体的表达式为

$$H_{\mathrm{k}}^{\mathrm{s}} = 4\pi M_{\mathrm{s}}[\tilde{\boldsymbol{N}}_{11}(0,0) - \tilde{\boldsymbol{N}}_{22}(0,0)] \tag{5.32}$$

其中 $\tilde{\boldsymbol{N}}(0,0)$ 为圆柱形磁颗粒的自退磁矩阵, 由几何对称性可知, $\tilde{\boldsymbol{N}}_{11}(0,0) = \tilde{\boldsymbol{N}}_{33}(0,0)$. 式 (5.31) 中的 $h_{\mathrm{k}}^i = H_{\mathrm{k}}^i/H_{\mathrm{k}}^{\mathrm{a}}$ 为归一化的磁晶各向异性场 (crystalline anisotropy field), 由于一个纳米磁颗粒内部很可能存在孪晶结构或者其他复杂的微结构, h_{k}^i 不可能是常数, 而是服从修正的 log-高斯各向异性场分布 $P(H_{\mathrm{k}})$(Bertram et al., 1992):

$$P(H_{\mathrm{k}}) = (C/H_{\mathrm{k}})\mathrm{e}^{-[\ln(H_{\mathrm{k}}/H_{\mathrm{k}}^{\mathrm{a}})]^2/\beta^2} \tag{5.33}$$

其中 β 为分布参数. 同时, $\hat{\boldsymbol{k}}$ 的取向角度分布服从式 (5.29). $h_{\mathrm{m}} = M_{\mathrm{s}}/H_{\mathrm{k}}^{\mathrm{a}}$ 是归一化的静磁相互作用常数, 一般在 0.1 左右. $h_{\mathrm{ex}} = 2A^*/(H_{\mathrm{k}}^{\mathrm{a}}M_{\mathrm{s}}a_{\mathrm{L}}^2) = A^*/(K_{\mathrm{a}}a_{\mathrm{L}}^2)$ 是归一化的纳米晶粒之间的交换相互作用场, 在垂直记录介质中交换相互作用很小.

垂直磁记录薄膜介质的磁滞回线的计算程序的结构与表 5.5 中水平硬盘薄膜的微磁学计算程序结构完全类似. 注意, 将所有的空间坐标、磁矩全部换成三维矢量. 因此在求解每个晶粒的朗道–栗夫希茨方程 (5.17) 的时候, 若总晶粒数为 N, 水平硬盘薄膜介质需要用 Runge-Kutta 方法数值求解 $2N$ 个联立的分量方程, 而垂直记录介质则需要求解 $3N$ 个联立的一元一次非线性微分方程. 另外, 退磁矩阵的计算需要仔细一些, 具体的检查方法是要求在两个晶粒的中心距离 $\boldsymbol{r} = r\hat{\boldsymbol{e}}_r$ 较远的时候, 式 (5.31) 中的退磁矩阵 $\tilde{\boldsymbol{N}}$ 严格符合偶极

子产生的退磁矩阵 (dipole demagnetizing matrix):

$$\tilde{N}_{\text{dipole}}(r) = -\frac{V}{4\pi}\frac{(-\tilde{I} + 3\hat{e}_r\hat{e}_r)}{r^3} \tag{5.34}$$

其中 V 为纳米磁颗粒的体积; $\tilde{I}$ 为单位矩阵. 注意, 两个单位矢量 $\hat{e}_r$ 的并矢矩阵的迹 (trace) $\text{tr}\{\hat{e}_r\hat{e}_r\} = 1$, 因此 $\tilde{N}_{\text{dipole}}$ 这个矩阵的迹显然是 0, 与不同颗粒之间的退磁矩阵 $\tilde{N}(r,0)$ 的迹相同. 一般当距离 r 大于颗粒本身尺度的 10 倍时, $\tilde{N}_{\text{dipole}}(r)$ 和 $\tilde{N}(r,0)$ 的 9 个矩阵元会严格相同. 这个方法适用于任何形状的磁颗粒的退磁矩阵的检验.

　　钴基合金薄膜磁介质的磁晶各向异性、饱和磁化强度、抗腐蚀性、表面平整度等磁学、机械特性与硬盘系统的设计是非常匹配的, 因此 $100\ \text{Gb/in}^2 \sim 1\ \text{Tb/in}^2$ 的超高密度垂直磁记录硬盘的磁存储材料很可能还是钴基合金薄膜介质. 不过, 垂直磁记录薄膜与水平磁记录薄膜相比, 还是有相当的不同. 图 5.34 显示了对一个低密度的 Co-Cr-Pt 垂直记录介质的磁滞回线的计算结果. 来自日本秋田大学的研究组白建民等的实验数据中, 通过 AFM 实验给出了颗粒的平均尺度 $D = 36\ \text{nm}$, $L = 40\ \text{nm}$, 圆柱形颗粒排列成的三角点阵的常数 $a_{\text{L}} = 88\ \text{nm}$. 饱和磁化强度约为 620 emu/cc, 通过 MFM 逐点测量的纳米晶粒的矫顽力分布在 1000~7000 Oe(较高磁场的测量可能不准确, 因为 MFM 针尖无法提供这么大的磁场), 垂直回线方形度 0.9, 矫顽力 3830 Oe. Co-Cr-Pt 垂直记录薄膜的微磁模型参数和磁滞回线的结果见表 5.7.

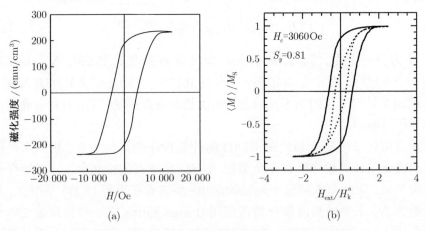

图 5.34　(a) 垂直磁记录 Co-Cr-Nb 硬盘薄膜的实验磁滞回线 (Ouchi et al., 2000); (b) 微磁学模拟的 Co-Cr-Nb 垂直记录硬盘薄膜磁介质的磁滞回线, 其中实线和虚线分别是垂直薄膜和平行薄膜的 M-H 回线

表 5.7 垂直记录 Co-Cr-Pt 分立比特薄膜的

微磁模型参数、计算的磁滞回线结果

模型参数	α_θ^y	β	M_s /(emu/cm^3)	H_k^a /Oe	K /(erg/cm^3)	A^* /(erg/cm)
取值	3.5	0.4	620	5700	1.71×10^6	0.2×10^{-6}
归一化	h_m	h_{ex}	S_y	$h_c(//\hat{e}_y)$	S_x	$h_c(\perp \hat{e}_y)$
参数结果	0.105	0.000 75	0.90	0.680	0.21	0.215

图 5.35 中垂直磁滞回线 (实线) 的矫顽力 $H_c = H_k^a H_c = 5700 \times 0.68 = 3876(\text{Oe})$, 方形度 0.9, 与实验符合得很好. 水平矫顽力比实验数值稍大. 注意, 垂直记录硬盘薄膜在其磁矩主要方向的归一化垂直矫顽力 $H_c = 0.68$, 比水平硬盘中的数值 $H_c = 0.15 \sim 0.3$ 要大很多, 这说明在垂直记录硬盘在具备同样, 甚至更高的静磁相互作用系数 $h_m = M_s/H_k^a$ 时, 静磁相互作用要比水平硬盘中弱很多.

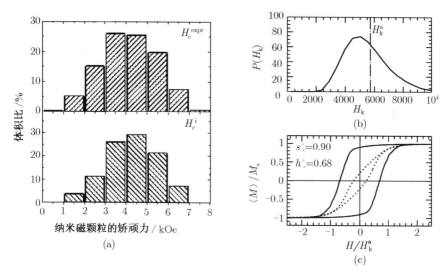

图 5.35 (a) 通过 MFM 测量的垂直磁记录 CoCrPt 分立比特磁介质的纳米晶粒的内禀矫顽力分布 (Bai et al., 2004); (b) 符合实验测量的按照式 (5.33) 中的公式 $P(H_k)$ 设定的有效场分布, 分布参数 $\beta = 0.4$; (c) 微磁学模拟的垂直磁滞回线 (实线) 和水平磁滞回线 (虚线)

下面再讨论另一个实验与微磁理论计算的垂直记录介质磁滞回线的对比. 图 5.34(a) 是日本的秋田技术研究院 (Akita Institute of Technology, AIT) 测量的 Co-Cr-Nb 垂直磁记录介质的磁滞回线, 论文表格中说明 Co-Cr-Nb-Pt 介

质的饱和磁化强度 $M_s = 250 \sim 450$ emu/cm^3, 平均磁晶各向异性场 $H_k^a = 6000$ Oe, 薄膜厚度为 50 nm.

实验数据没有给出每个颗粒的尺度, 本模型选择纳米磁颗粒直径 $D = 15$ nm, 高度 $L = 50$ nm, 密排的三角点阵常数 $a_L = 20$ nm, 注意这个 Co-Cr-Nb 垂直记录介质比垂直记录薄膜的第一个实例 Co-Cr-Pt 的 D/a_L 大很多, 因此交换相互作用场 h_{ex} 要强很多. 由于图 5.35 中的 $D = 36$ nm, $L = 40$ nm, $a_L = 88$ nm 的低密度 Co-Cr-Pt 垂直记录薄膜磁颗粒之间的交换相互作用几乎可以忽略, 这样的介质也被称为垂直记录图形磁介质 (perpendicular patterned magnetic media). 图 5.34(b) 的 Co-Cr-Nb 垂直记录薄膜的微磁模型参数和磁滞回线的结果见表 5.8.

表 5.8 垂直记录 Co-Cr-Nb 硬盘薄膜的微磁模型参数、计算的磁滞回线结果

模型参数	α_θ^y	β	M_s /(emu/cm^3)	H_k^a /Oe	K /(erg/cm^3)	A^* /(erg/cm)
取值	1.6	0.4	250	5000	0.625×10^6	0.1×10^{-6}
归一化	h_m	h_{ex}	S_y	$h_c(//\hat{e}_y)$	S_x	$h_c(\perp \hat{e}_y)$
参数结果	0.05	0.02	0.81	0.612	0.33	0.282

注意, 理论模拟的曲线中, 横轴坐标 H_{ext}/H_k^a 是在 $(-4, 4)$ 的范围内, 因为平均磁晶各向异性场取为 5000 Oe, 因此实际上计算回线的横轴范围与图 5.34(a) 的实验回线范围 $(-20\,000$ Oe, $20\,000$ Oe$)$ 是一致的. 可以看到微磁理论模拟的垂直薄膜的回线很接近实验结果, 这说明表 5.8 中微磁模型的参数选取是适当的. 特别注意, 磁滞回线本身显示实验测量的垂直回线的方形度只有 0.8 左右, 因此以垂直薄膜的 $\hat{e}_y$ 轴为优化取向的磁晶各向异性场的取向参数 $\alpha_\theta^y = 1.6$, 这也比图 5.35 中的 Co-Cr-Pt 薄膜的取向参数小.

最后再讨论一下 100 Gb/in^2 $\sim$1 Tb/in^2 记录密度的垂直记录薄膜介质. 在水平记录硬盘介质中, Co-Cr 合金纳米磁颗粒是直径与厚度之比差不多的柱状晶粒, 而且由于六角对称晶格结构的特性, 很容易在晶界上生成富 Cr 非磁相, 大幅度降低晶粒之间的交换相互作用, 可以实现很高的信噪比; 在垂直记录硬盘介质中, 磁颗粒的直径 D 可以比其高度 δ 要小很多. 这样, 在记录密度极高, 颗粒直径小于 8 nm 的时候, 磁颗粒的体积还可以维持比较大, 在不降低记录密度的情况下, 还可以维持较小的静磁相互作用和较高的纳米颗粒的热稳定性. 不过, 垂直记录的 Co-Cr-Pt、Co-Pt 介质有一个很大的缺憾, 如果直接溅射这些金属薄膜, 当六角单胞的 c 轴垂直于薄膜平面时, 相邻晶粒的晶界上不会自动形成非磁相, 这样晶粒之间的交换相互作用就会很大, 噪声也会很大.

为了解决这个问题, 一般要把 Co-Cr-Pt、Co-Pt 金属靶和 SiO_2、TiO_2 等绝缘体共溅射, 在铁磁纳米颗粒的晶界上形成非金属的隔离, 大幅度降低晶粒之间的交换相互作用, 实现很高的信噪比.

图 5.36 是超高密度 Co-Pt-TiO_2 磁介质的铁磁相晶粒和微磁学模拟的磁滞回线, 其模型参数和模拟结果见表 5.9. 图 5.36 中的磁滞回线与 Seagate 公司最近研发的 Co-Pt 磁记录介质的磁滞回线十分类似, 矫顽力大约是 7000 Oe. 这么高的矫顽力使得每个磁颗粒的热稳定性都比较好, 但是同时也需要极其强大的垂直记录针形磁头 (pole head) 才可能进行写入数据操作. 这些都是正在研发当中的硬盘系统, 可以看到微磁学是可以给出一些预测、解释的, 这对于硬盘这样复杂的磁信息存储系统的核心设计十分重要.

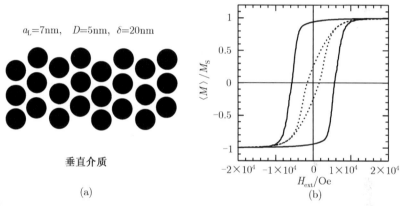

图 5.36 (a) 垂直磁记录 Co-Pt-TiO_2 硬盘薄膜的俯视图, 铁磁相晶粒直径 $D = 7$ nm, 晶粒中心构成的三角点阵常数 $a_L = 7$ nm; (b) 微磁学模拟的 Co-Pt 垂直磁记录介质的磁滞回线, 其中实线和虚线分别是垂直薄膜和平行薄膜的 M-H 回线

表 5.9 　 垂直记录超高密度 Co-Pt-TiO_2 薄膜的
微磁模型参数、计算的磁滞回线结果

模型参数	α_θ^y	β	M_s /(emu/cm^3)	H_k^a /Oe	K /(erg/cm^3)	A^* /(erg/cm)
取值	4	0.5	400	10000	2×10^6	0.1×10^{-6}
归一化	h_m	h_{ex}	S_y	$h_c(//\hat{e}_y)$	S_x	$h_c(\perp \hat{e}_y)$
参数结果	0.04	0.05	0.94	0.70	0.25	0.195

例题 5.3 颗粒磁带介质的磁滞回线.

德国 AEG-BASF 公司发明的 Magnetophon 录音机的 γ-Fe_2O_3 颗粒磁带介质 (particulate tape media) 是磁记录介质的鼻祖, 后来也用于录像带和硬盘

介质中. γ-Fe_2O_3 介质的矫顽力很小, 在 250~400 Oe 的范围内, 不到单个孤立
颗粒的矫顽力 800 Oe 的一半; 这样低的矫顽力, 在记录密度略高的时候就不适
用了. 提高 γ-Fe_2O_3 磁带矫顽力一般用钴掺杂, 但是一般的掺杂会导致热稳定
性的大幅度下降, 无法使用. 日本的 Sony 公司在 1969 年开始生产家用盒式录
像机 (home video cassette recorder, VCR), 同时他们发明了将钴材料通过表
面渗透和表面包覆的办法制备成 Co-γ-Fe_2O_3 磁带的技术, 既可以提高矫顽力,
又不破坏 γ-Fe_2O_3 本身的晶格结构和热稳定性. Co-γ-Fe_2O_3 磁带后来在录音
带、录像带、软驱磁介质中广泛使用, 是最成功的颗粒介质之一. 日本最终也
是因为这方面的成功, 在声音、图像记录方面超过了美国. 2002 年, 日立公司
购入 IBM 公司的硬盘事业部, 实现了日本在磁信息存储方面的世界大国地位.

　　最近十几年, 美国和德国 BASF 公司都已经放弃了磁带介质的生产. 只有
日本还在不断发展录音录像磁带介质. 最新的磁带介质有两种: 一种叫做金属
颗粒磁带 (tape-magnetic particulate tape, MP), 这是由 Fe-Co 纳米金属颗粒
组成的磁带, 纳米金属颗粒呈针形, 如图 5.37(a) 所示; 另一种是欧洲人发明的
金属蒸镀介质 (tape-magnetic evaporate tape, ME), 金属颗粒被电子束或离子
束快速蒸镀到磁带基底上, 形成 20:1 的一系列斜的颗粒, 构成磁带介质. 本节
将讨论 MP 磁带的磁性质计算.

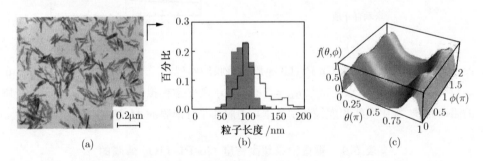

图 5.37　(a) 颗粒磁带介质中的针状 Fe-Co 纳米磁颗粒; (b) 纳米磁颗粒的
长度分布 $g(a)$; (c) 磁带中磁颗粒的角度分布 $f(\theta, \phi)$

　　图 5.37(b) 中显示的是 Fe-Co 纳米针形颗粒的长度分布, 这也是也服
从 log-高斯分布的: $g(a) = C_a \exp(-\ln^2(a/a_0)/\beta_a^2)$. 实际上, 对于由旋转椭
球颗粒组成的磁带, 其本身的几何尺度还需要一个颗粒长径比的分布函数
$p(\epsilon) = C_\epsilon \exp(-\ln^2(\epsilon/\epsilon_0)/\beta_\epsilon^2)$. 图 5.37(c) 中显示的是 Fe-Co 针形颗粒的长轴
取向分布, 服从三维分布 $f(\theta) = \sin \theta \exp(-\alpha \sin^2 \theta)$ 的形式, 但是在磁带的工
业制备中采用了加压涂布的技术, 纳米针形颗粒的长轴在面内有优化取向, 因

此取向参数与椭球长轴的旋转角 ϕ 有关:

$$\alpha = \frac{1}{2}(\alpha_{\max} + \alpha_{\min}) + \frac{1}{2}(\alpha_{\max} - \alpha_{\min})\cos(2\phi) \tag{5.35}$$

针形颗粒的长度分布 (particle length distribution) $g(a)$、长径比分布 (aspect ratio distribution) $p(\epsilon)$、取向分布 (orientation distribution) $f(\theta, \phi)$，以及铁磁相的比例 (packing fraction) 决定了磁带的几何性质和磁性质. 模拟好的磁带, 必须用截面图检验, 看是不是所有的椭球颗粒都没有互相相交的情形, 这是作者在 1995 年最早做出来的工作. 图 5.38(a) 是一个椭球截面的正侧视图, 说明如何精确求解尺度为 $a \times b$ 的旋转椭球的一个任意截面的二维长轴 a'、短轴 b' 和二维长轴与 x 轴的夹角 ϕ'. 假设椭球长轴与截面法线方向的夹角为 θ', 只要求出图 5.38 中的参数 t_+ 和 t_-, 所有问题都很容易解决:

$$a' = ab\sqrt{AA - c^2}/AA, \quad b' = b\sqrt{1 - c^2/AA}, \quad AA = b^2\sin^2\theta' + a^2\cos^2\theta' \tag{5.36}$$

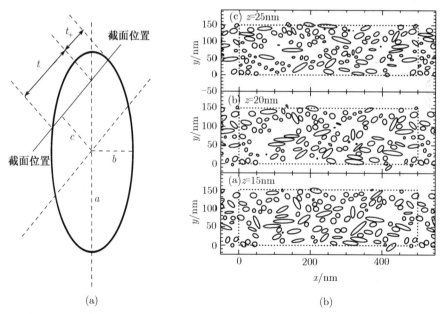

(a)   (b)

图 5.38   (a) $a \times b$ 的旋转椭球与垂直位移为 c 的平面相交时的侧视几何示意图; (b) 模拟的金属颗粒磁带介质的三个连续的截面图, 磁带介质中的铁磁相体积比为 25%. 颗粒长度平均值 $a_0 = 50$ nm, 分布参数 $\beta_a = 0.2$, 长径比平均值 ϵ_0 为 5, 分布参数 $\beta_\epsilon = 0.2$. 取向分布系数 $\alpha_{\min} = 1$, $\alpha_{\max} = 3$

对于 $z = c_0$ 的截面, 角度 ϕ' 就是由长轴单位矢量 $\hat{e}_r = (\cos\theta, \sin\theta\cos\phi, \sin\theta$ $\sin\phi)$ 在 x-y 面内的投影与 x 轴的夹角. 图 5.38(b) 就是模拟的颗粒磁带介质的三个连续的截面:

　　用计算机模拟磁带介质几何分布的过程还是十分复杂的. 首先必须 "制备" 好一系列符合长度分布和长径比分布的针形颗粒, 然后按照针形颗粒的体积大小随机地 "扔" 到模拟磁带的空间中, 每次都要检查与已经排布好的针形颗粒是否相交. 这样最后能达到的铁磁相填充比一般为 25%, 且很难增加了. 真实磁带中有个加压密实的过程, 磁颗粒占总体积的比例最高可达 40%.

　　颗粒磁带介质的空间排布随机性很强, 因此不能在微磁学计算中使用快速傅里叶变换的计算技巧, 不能模拟计算太多的颗粒. 由于磁相互作用是长程的, 如果磁带总尺度不到颗粒尺度的 100 倍量级, 退磁场的计算不会准确. 因此, 在磁带中静磁相互作用场的计算往往使用平均场近似(mean field approximation), 也就是说, 其他颗粒贡献的静磁相互作用场等价于在均匀化的连续磁带介质中去掉一个旋转椭球以后, 空腔内的静磁场. 参见式 (5.30) 和式 (5.31) 中水平记录和垂直记录硬盘薄膜中一个微磁单元感受到的有效磁场的计算公式, 颗粒磁带介质的一个纳米针形颗粒的被饱和磁化强度 $4\pi M_s$ 归一化的有效磁场包含外场、形状各向异性场和平均静磁场三项:

$$h_i = \frac{H_{\text{ext}}}{4\pi M_s} + h_i^s \left(\hat{k}_i \cdot \hat{m}_i\right) \hat{k}_i + p \left(R\tilde{N}^0(0,0)R^{\text{T}}\right) \cdot \langle \hat{m} \rangle \quad (5.37)$$

$$\tilde{N}_{11}^0 = \left[(\epsilon/\sqrt{\epsilon^2-1})\ln(\epsilon+\sqrt{\epsilon^2-1}) - 1\right]/(\epsilon^2-1) \quad (5.38)$$

其中 p 为铁磁相的比例, 这体现了平均场近似的特点, 因为去掉一个椭球颗粒以后, 空腔内表面的磁荷显然正比于 p; $\tilde{N}^0(0,0)$ 为指某个针形颗粒的长轴平行于 x 轴的时候, 颗粒的自退磁矩阵 (self-demagnetizing matrix); R 为对应于长轴取向 $\hat{k}$ 的旋转矩阵 (rotational matrix). 当然, $\tilde{N}^0(0,0)$ 是对角的矩阵, 长轴方向的对角元在式 (5.38) 中给出了, 另两个对角元 $\tilde{N}_{22}^0 = \tilde{N}_{33}^0 = (1 - \tilde{N}_{11}^0)/2$. 针形颗粒归一化的形状各向异性场 (shape anisotropy field) 可以由式 (5.32) 获得: $h_i^s = H_k^s/(4\pi M_s) = \tilde{N}_{22}^0 - \tilde{N}_{11}^0$, h_i^s 随着旋转椭球的长径比 ϵ 而增加, 对 5:1 以上的长径比, h_i^s 逐渐趋于最大值 0.5.

　　用微磁学计算的 MP 磁带的磁滞回线见图 5.39. 在平均场近似下, 静磁相互作用会使纵向回线的方形度 S 从 0.65 增加到 0.75, 同时矫顽力方形度 S^* 也有很大增加, 这对于磁带中的磁矩随磁头场反转的锐度是有利的.

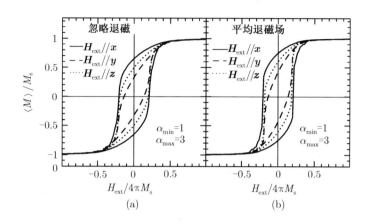

图 5.39 微磁学计算出的金属颗粒磁带的磁滞回线. (a) 忽略磁带针状颗粒之间的静磁相互作用以后, 磁带三个方向的磁滞回线; (b) 用平均场理论考虑了静磁相互作用以后, 磁带三个方向的磁滞回线

例题 5.4 介观软磁薄膜的磁畴和磁滞回线.

软磁材料是一大类磁性材料, 将软磁材料与电路结合, 可以将电信号与磁信号互相转换. 磁头的设计思想是来源于电磁铁的, 1933 年, 德国 AEG-BASF 公司的工程师舒勒发明的环形磁头是第一个工业化的磁信息存储磁头设计, 如图 5.9(a) 所示. 环形磁头中开始使用的软磁材料就是一叠硅钢片, 有较高的磁导率和电阻率, 既可以导磁又防止涡流损耗.

1946 年, 美国的 Ampex 公司在复制德国 AEG-BASF 公司的 Magnetophon 录音机的时候, 使用高磁导率的镍铁合金即坡莫合金替代了环形磁头中的硅钢片软磁材料, 结果取得了更好的录音效果. 镍、铁都是立方晶系的铁磁材料, 而且表 5.3 中给出的镍、铁晶体的三轴磁晶各向异性常数分别是 $K_1^{\mathrm{Ni}} = -5.5 \times 10^4 \mathrm{erg/cm}^3$ 和 $K_1^{\mathrm{Fe}} = 4.8 \times 10^5 \mathrm{erg/cm}^3$, 因此坡莫合金中镍和铁沿着立方晶格三个单胞方向的磁晶各向异性场互相 "抵消", 在 $\mathrm{Ni}_{80}\mathrm{Fe}_{15}\mathrm{M}_5$ 中的磁晶各向异性常数 K_1 几乎为零, 因此坡莫合金是人类已知的最 "软" 的软磁材料.

1955 年, Ampex 公司在研发录像机磁头的时候, 使用了比坡莫合金机械性能更好的铝铁合金 Alfenol(16％Al, 84％Fe), 以支撑以 1500 in/s 的速度快速相对运动的磁带和录像机四磁头, 这样能实现图像记录需要的 6 MHz 的录像机信号带宽. 1964 年, Ampex 公司的 Fred Pfost 使用一种新的合金 Sendust(也叫做 Alfesil, 5％Al, 10％Si, 85％Fe) 代替原来的铝铁合金 Alfenol 做录像机磁头, 使得磁头的使用寿命延长到几百小时. 在这种复合录像磁头中,

磁头缝隙中的 Al_2O_3 或 SiO_2 薄膜是使用溅射的方法制备的, 这也是薄膜溅射的方法比较早期的工业应用. Sendust 磁头的成功使得录像技术趋于成熟.

1979 年, IBM 公司将半导体微电子工艺使用到硬盘磁头的制备过程中, 发明了薄膜感应磁头 (thin film inductive head, TFI). TFI 磁头与环形磁头的物理本质并无不同, 见图 5.40(a), 只是 TFI 磁头的制备使用了半导体集成电路工业中通用的光刻技术 (lithography technology), 可以将磁头极尖 (pole tip) 的尺度, 尤其是磁隙 (gap) 的宽度进行精密的控制. 一系列薄膜磁头是在一个 Al_2O_3-TiC 陶瓷晶片上同时进行物理沉积的, 并用光刻将磁头宽度控制在几十微米至 10 μm 的尺度范围内. 磁头结构完成后将陶瓷晶片切割, 就得到一系列硬盘中使用的磁头滑块, 有很好的工业效率. 薄膜磁头的发明, 是计算机硬盘技术中重要的一步, 直到今日水平记录硬盘, 写磁头还是 TFI 磁头.

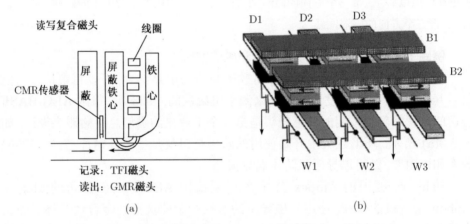

图 5.40　介观软磁薄膜器件. (a) 计算机硬盘读写复合磁头;
(b) 计算机磁阻随机存储器

1987 年, 格隆博格 (Peter Grunberg) 发现的 GMR 三层膜和 1995 年宫崎照宣 (Terunobu Miyazaki) 发现的 TMR 自旋阀分别导致了巨磁阻磁头 (GMR Head) 和隧穿磁阻磁头的诞生. 现在, 在磁信息存储系统中一般把磁阻读磁头和薄膜感应写磁头做在一起, 成为一个读写复合磁头 (composite head), 见图 5.40(a). 此外, 与早期的磁芯存储器类似的磁阻随机存储器 (magnetoresistive random access memory, MRAM) 也很有希望工业化, 见图 5.40(b). 其中一系列亚微米尺度的 TMR 多层膜被放置在一系列互相垂直的字线 (word line)、数据线 (digit line) 和比特线 (bit line) 之间. 在信号读出过程中, TMR 多层膜中 Al_2O_3 绝缘层两侧的铁磁薄膜的磁矩平行或反平行时隧穿电阻的低或高两个状态恰好对应于 0-1 信号, 这是除读磁头外另一个可能成功的自旋电子学 (spintronics) 器件, 只是目前还未完全工业化.

随着信息存储密度的提高, 磁头尺度的不断缩小, 目前磁头宽度已经在 0.1 μm 的量级; MRAM 的器件尺度也在微米以下. 纳米至微米尺度的软磁薄膜叫做介观软磁薄膜, 其软磁性质与宏观软磁薄膜截然不同. 由于读写磁头和 MRAM 在信息电子工业中的重要性, 对微米和亚微米尺度的软磁薄膜的性质的理解变得越来越关键.

介观软磁薄膜的微磁模型是建立在纳米晶软磁薄膜的结构基础上的. 1988 年, 日本日立金属公司的 Yoshizawa 等研发成功一种优异的软磁材料 Finemet, 其典型成分为 $Fe_{75.5}Cu_1N_3Si_{13.5}B_9$, 饱和磁化强度为 1.3T, 相对初始磁导率 μ_r 高达 10^5. 这种合金内部含有 10~15 nm 的纳米晶粒, 晶粒之间的交换相互作用很强, 因此能比较独立地转动的微磁单元不是一个纳米晶粒, 而是由多个纳米晶粒组成的团簇(cluster).

图 5.41 中纳米晶软磁薄膜中团簇的典型尺度接近布洛赫交换相互作用长度 (exchange length):

$$L_{ex} = \sqrt{A^*/K_{eff}} \tag{5.39}$$

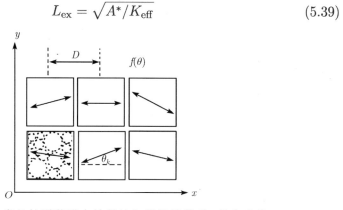

图 5.41　纳米晶软磁薄膜中的晶粒和团簇的关系. 其中磁晶各向异性场的取向分布 $f(\theta) = \exp(-\alpha \sin^2 \theta)$

在软磁薄膜的团簇中, N 个纳米晶粒的容易轴 $\hat{k}$ 假设是随机取向的, 团簇的等效各向异性常数为 (Herzer, 1990)

$$K_{eff} = K_1/\sqrt{N} = K_1(d/L_{ex})^{3/2}, \quad K_{eff} = K_1^4 d^6/(A^*)^3 \tag{5.40}$$

当晶粒尺度在 40~50 nm 以下的时候, 式 (5.40) 给出的团簇的等效各向异性常数 (effective anisotropy constant) 能与实验结果很好地吻合.

纳米晶软磁薄膜中一个团簇感受到的有效磁场包含外磁场、形状各向异性场、等效的磁晶各向异性场、交换相互作用场、静磁相互作用场五项:

$$\boldsymbol{H}_i = \boldsymbol{H}_{\text{ext}} - H_k^s(\hat{\boldsymbol{e}}_z \cdot \hat{\boldsymbol{m}}_i)\,\hat{\boldsymbol{e}}_z \; + \; H_k^c\,(\hat{\boldsymbol{k}}_i \cdot \hat{\boldsymbol{m}}_i)\,\hat{\boldsymbol{k}}_i \; + \; H_{\text{ex}}\sum_j^{\text{inter}}(\hat{\boldsymbol{m}}_j - \hat{\boldsymbol{m}}_i)$$

$$- (4\pi M_s)\,\text{FFT}_i^{-1}\left(\text{FFT}[\tilde{\boldsymbol{N}}] \cdot \text{FFT}[\hat{\boldsymbol{m}}]\right) \tag{5.41}$$

其中尺度为 $D \times D \times t$ 的长方体团簇的退磁矩阵与本书第四章表 4.3 中给出了的退极化矩阵完全一样. 形状各向异性场常数可以由式 (5.32) 获得: $H_k^s = (4\pi M_s)[\tilde{N}_{33}(0,0) - \tilde{N}_{11}(0,0)]$, 其中 $\tilde{\boldsymbol{N}}(0,0)$ 为自退磁矩阵. 团簇的磁晶各向异性场常数 $H_k^c = 2K_{\text{eff}}/M_s$, 其方向满足取向分布 $f(\theta)$. 交换相互作用场常数 $H_{\text{ex}} = A^*/(D^2 M_s) = (H_k^c/2)(L_{\text{ex}}/D)^2$. 交换相互作用长度 L_{ex} 约为 100 nm. 纳米晶软磁薄膜中团簇尺度 D 必须小于 L_{ex}, 在此选此范围内较大的团簇尺度 D =60 nm.

有效磁场的最后一项静磁相互作用场一般使用快速傅里叶变换以加速计算. 但是, 对于介观软磁薄膜, 原则上不能使用周期边界条件 (periodic boundary condition), 那么对于有限多的团簇, 就无法构成布拉维点阵, 也就无法使用 FFT. 解决这个重要的问题, 还是可以从周期边界条件的定义入手. 实际上, 只要将实际存在的介观薄膜尺度加倍, 再将"非真实"的部分的磁矩 $\{\hat{\boldsymbol{m}}\}$ 设定为零, 就可以在任意形状的铁磁薄膜的微磁学模拟中使用 FFT——只要基础的微磁单元还是全同的颗粒.

在软磁薄膜中, 常常要处理真实的磁矩–时间演化过程, 因此使用修正的朗道–栗夫希茨–吉尔伯特方程 (Landau-Lifshitz-Gilbert equation) 来求解磁矩的运动是更妥当的:

$$\frac{\mathrm{d}\hat{\boldsymbol{m}}}{\mathrm{d}(\nu t)} = -\left[\frac{\gamma}{\nu}(\hat{\boldsymbol{m}} \times \boldsymbol{H}) - \alpha\hat{\boldsymbol{m}} \times \frac{\mathrm{d}\hat{\boldsymbol{m}}}{\mathrm{d}(\nu t)}\right] \tag{5.42}$$

其中归一化频率 ν 一般用 MHz 为单位, 此时旋磁比可写为 γ =17.6 MHz/Oe. 朗道–栗夫希茨–吉尔伯特方程一般简称为 LLG 方程, 也是微磁学中的基本运动方程.

目前, 为了减低静磁相互作用对比特之间数据干扰的影响, 硬盘薄膜的矫顽力越来越大 (原因将在下一节解释). 要合适地进行磁记录, 必须使用饱和磁化强度更大的薄膜磁头软磁材料. 溅射的 Fe-M 系薄膜是非常有前途的磁头材料, 其中 M 可以是 Co、Al、N 等元素, 这种材料有时被称为巨磁矩 (giant magnetic saturation, GMS) 材料. 在本节以 Fe-Al-N 软磁薄膜为例, 来解释一下磁头极尖薄膜中可能存在的磁畴结构. 假设 Fe-Al-N 介观软磁薄膜的总尺度为 1 μm × 1 μm × 10 nm, 那么其中包含 16×16 个 60 nm × 60 nm × 10 nm 的团簇. Fe-Al-N 的饱和磁感应强度为 $4\pi M_\mathrm{s} = 1.7\mathrm{T}$, 团簇的等效各向异性常数 $K_\mathrm{eff} = 4060 \mathrm{erg/cm}^3$, 取向分布参数 $\alpha = 2$. 软磁薄膜的磁矩分布深受边界磁荷的退磁作用的影响, 因此其稳定磁畴必定使得边界磁荷的退磁场尽量小. 对于任意给定的初始磁化分布, 总可以获得两个典型的磁畴结构 (domain structure) 之一 (见图 5.42).

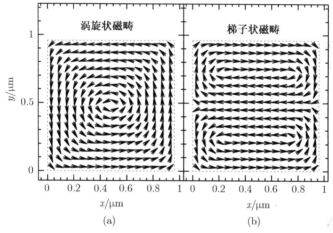

图 5.42　磁头中的 Fe-Al-N 软磁薄膜的两种磁畴结构. (a) 涡旋状磁畴, 对应于噪声较高的磁头; (b) 梯子状磁畴, 对应于噪声较低的磁头

　　正方形的介观软磁薄膜中的两种磁畴结构对应于不同的初始磁矩设置. 如果开始设定两个磁矩相反的磁畴, 就会获得涡旋状磁畴 (vortex-type); 如果开始设定一个或三个磁矩相反的磁畴, 都会获得梯子状磁畴 (ladder-type), 在朗道的连续介质电动力学中已经介绍过这样的磁畴, 实验中也确实测量到这样的磁畴结构. 这两种磁畴对应的磁头噪声是不一样的, 这可由后续研导率的计算结果作出验证. 磁畴结构问题是微磁学的发源之一, 用本节的微磁学方法能精确求解任意形状的介观软磁薄膜的磁畴结构.
　　铁磁体的磁导率, 与电介质的介电常数一样, 本身是个复杂的问题. 在交变磁场中, 磁导率的频率响应一般包含磁畴壁共振 (domain wall resonance)、涡流损耗 (eddy current loss) 和自旋共振 (spin resonance) 三种机制. 用微磁学的方法可以分析磁畴壁共振和自旋共振两种机制造成的磁导率 (permeability)

的高频响应 (high frequency response).

在 1991 年以前, 计算机硬盘中没有使用磁阻磁头, 薄膜感应磁头既作为读磁头又作为写磁头使用的. 由于数据存储密度很高, 对应的傅里叶空间中读出信号的最大频率也就很高, 读出信号的时候薄膜感应磁头中磁导率的高频响应对于磁头噪声分析非常重要. 磁头极尖的软磁薄膜中磁导率高频响应的具体的计算方法是: 在软磁薄膜的 y 方向加上一个交变磁场 $H_y = H_0 \sin(2\pi f_0 t)$; 然后计算介观软磁薄膜中 y 方向的平均磁矩, 在一级近似下会包含正弦和余弦两项. 磁导率的具体计算公式为

$$M_y(t) = M_R \sin(2\pi f_0 t) + M_I \cos(2\pi f_0 t) \tag{5.43}$$

$$\mu = \mu' - j\mu'' = (1 + 4\pi M_R/H_0) - j(4\pi M_I/H_0) \tag{5.44}$$

图 5.42 中的磁头软磁薄膜的两种磁畴结构对应的磁导率高频响应是有所不同的. 宏观的软磁薄膜磁导率的实部 μ' 大致接近 $4\pi M_s/H_k$, 对于软磁性能很好的 Fe-Al-N 材料, 这个数值是 2833. 可是, 在图 5.43 中介观软磁薄膜的 μ' 只在 100 的量级, 要比宏观的 μ' 小得很多, 这是因为介观软磁薄膜中边界上的团簇受制于强大的边界磁荷静磁场的影响, 无法随外场自由转动. 另外, 梯子状磁畴的 μ' 要比涡旋状磁畴的 μ' 大一些, 因为梯子状磁畴中 x 方向的磁矩分量比较大, 随外场转动更灵敏. 磁导率的实部和虚部也会随着外加交变磁场振幅 H_0 的变化而略有不同. 在 $H_0/H_k = 12$ 时, 具有图 5.42 中涡旋状磁畴和梯子状磁畴的介观软磁薄膜的虚部 μ'' 的共振峰分别在 2.5GHz 和 6.0GHz 时出现; 若 H_0/H_k 减小, 共振峰的位置会往高频移动, 但两种磁畴磁导率之间的关系不变, 梯子状磁畴的表现总是较优. 可见梯子状磁畴是低噪声磁头应该具备的, 这也为薄膜感应磁头的实验所证实.

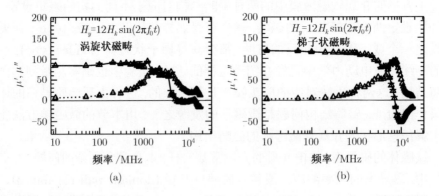

图 5.43　Fe-Al-N 软磁薄膜 (B_s =1.7 T, H_k =6 Oe) 在 $H_0 = 12H_k$ 时的高频响应. (a) 涡旋状磁畴; (b) 梯子状磁畴的初始磁导率. 朗道阻尼系数 α =0.02

MRAM 的一个存储单元 (cell) 基本上是个 TMR 多层膜, 其中包含十几层铁磁性、反铁磁性、金属和非金属薄膜. 在数据读写过程中, 存储单元中的自由层 (free layer) 是最经常被反转的, 因此自由层的磁滞回线是 MRAM 研究中很基本的问题. 自由层的材料选择十分关键, 首先不能直接选择坡莫合金这样太 “软” 的磁材料, 因为这样自由层磁矩太不稳定, 非常容易被反转而导致信息错误. 另外, 也不能选择太 “硬” 的材料, 否则字线和比特线中的电流不能反转自由层, 数据也无法读写. 为了避免上述的两个极端, 一般选择钴掺杂坡莫合金 $(Ni_{80}Fe_{20})_xCo_{1-x}$ 这样的软磁薄膜作为自由层.

坡莫合金的饱和磁感应强度约为 $4\pi M_s = 8000G$[①], 团簇的等效各向异性常数几乎为零. 对于 $(Ni_{80}Fe_{20})_xCo_{1-x}$ 材料, 考虑到钴掺杂的效应, 选取自由层的 $4\pi M_s=1T$, 团簇的等效各向异性常数 $K_{eff} = 5000 \ erg/cm^3$. 取向分布参数 $\alpha = 8$, 沿 x 轴优化取向, 形成涟波结构 (ripple structure). 现选取两种尺度的 Ni-Fe-Co 自由层, 一个是包含 16×4 个团簇的总尺度 4:1 介观薄膜, 另一个是包含 16×8 个团簇的总尺度 2:1 介观薄膜. 当外场与 x 轴夹角 θ 时, 它们的 $M\text{-}H$ 磁滞回线如图 5.44 所示. 当外加磁场的角度增加时, 矫顽力先略有下降, 然后略有上升, 但总的变化不大.

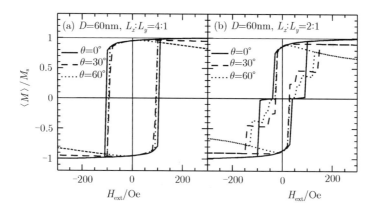

图 5.44 MRAM 中的存储单元自由层 $(Ni_{80}Fe_{20})_xCo_{1-x}$ 软磁薄膜的磁滞回线. (a) 具有 4:1 长径比的 0.96 μm × 0.24 μm 单元的磁滞回线; (b) 具有 2:1 长径比的 0.96 μm × 0.48 μm 单元的磁滞回线

在图 5.45 中, x 方向的外场 $H_{ext}=-40$ Oe 时二维几何尺度比为 2:1 的软磁薄膜中出现两个涡旋状磁畴, 这是其磁滞回线出现平台的原因. 这对于作为

① 1 G=10^{-4}T.

一个比特的 MRAM 单元的信息存储性能是不利的. 因此, 二维几何尺度比为 4:1 的存储单元尺度设计是更合理的选择.

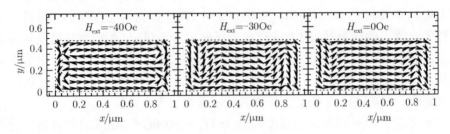

图 5.45　2:1 的 MRAM 自由层在 0° 外磁场为 0 Oe, −30 Oe, −40 Oe 时的磁畴结构

总结一下, 本节介绍了用微磁学的方法计算硬磁材料类型的水平记录计算机硬盘 Co-Cr 合金薄膜磁介质、垂直记录硬盘薄膜磁介质、颗粒磁带介质的磁滞回线, 软磁类型的感应薄膜磁头的 Fe-Al-N 介观软磁薄膜的磁畴和磁导率, 以及 MRAM 中的 Ni-Fe-Co 自由层的磁畴和磁滞回线. 这些都属于微磁学对铁磁材料的基本磁性质的研究.

5.3.3　读写过程的微磁学模拟

本节将用微磁学的方法模拟计算机硬盘中二进制数据的写入和读出过程, 并验证 5.2.4 节中讲述的 PR4 信道与磁记录读写过程之间的具体关系.

写入过程的微磁学模拟是对一个系统的微磁学模拟, 因此需要定义三个系列的参数, 即磁介质参数 (media parameter)、磁头参数 (head parameter)、磁头–磁盘的磁记录系统参数 (system parameter). 写磁头的计算在本书第四章的最后一节已经讨论过, 其中的重要参数有磁头缝隙 g, 磁头宽度 (width)W, 磁隙深处磁场 (deep gap field)H_g. 薄膜磁介质的计算在本章的 5.3.2 节例题 5.1 中已经详细讨论, 本节将对磁介质模型进行简化, 以一个六棱柱为一个磁颗粒, 不再考虑孪晶, 这对晶粒尺度小于 10 nm 的情形是正确的. 磁介质的重要参数有磁颗粒尺度 (grain size)a_L、薄膜厚度 (film thickness)δ、饱和磁化强度 (saturation magnetization)M_s、平均磁晶各向异性场 (average anisotropy field)H_k^a 及其分布参数 (distribution constant)β、交换相互作用常数 (exchange constant)A^*. 系统参数包括磁头与磁介质表面的间距 (head-medium spacing)d, 磁头的磁隙深处磁场和磁介质矫顽力的比 H_g/H_c, GMR 磁头的磁隙 G、有效宽度 W_{mr}^e 和高度 h_{mr}^e.

表 5.10 列出了磁介质、磁头、磁记录系统的重要参数. 本节讨论数据记录面密度在 100 Gb/in^2 的硬盘磁记录过程. 在 100 Gb/in^2 的存储系统中, 一个比特只有 6452 nm^2 的面积. 硬盘内每一个的纳米磁颗粒的尺度、基础磁性质都是有分布和涨落的, 信息存储的准确性依赖于一个比特内部磁性质的统计规律, 统计涨落反比于每个比特内部的磁颗粒数 N 的平方根. 因此, 一般的硬盘系统至少必须维持一个比特中有 100∼200 个磁颗粒. 也就是说, 100 Gb/in^2 的存储系统中每个磁颗粒的尺度必须介于 32∼64 nm^2. 因此, 本节在研究硬盘读写过程的微磁学模拟的时候, 将选用点阵常数为 $a_L = 8$ nm, 薄膜厚度为 $\delta = 10$ nm 的由全同六棱柱磁颗粒构成的薄膜为硬盘磁介质的基本模型.

表 5.10 水平记录硬盘系统的薄膜磁介质、写磁头 (g, W)、读磁头 (G, W^e_{mr})、系统参数

介质参数	α_θ	β	H^a_k /Oe	M_s /(emu/cm^3)	K /(erg/cm^3)	A^* /(erg/cm)
取值	0.3	0.9	10 000	300	1.5×10^6	0.2×10^{-6}
磁头系统	g/nm	W/nm	d/nm	G/nm	W^e_{mr}/nm	h^e_{mr}/nm
参数取值	80	160	10	56	100	70

计算机硬盘的读写系统的模拟十分复杂. 围绕着二进制数转换为电信号、以及电信号在磁介质中的写入过程和读出过程, 数据的恢复、数据存储模型必须包含表 5.11 中的几组程序.

表 5.11 计算机硬盘的数据存储模型: 微磁学及其他模型的组合

磁滞回线计算	确定所有几何、基础磁性质参数, 计算出 H_c/H^a_k
TFI 磁头场 写入过程模拟	4.5 节已讨论过, 可以用表面有限元法, 3-D-Jacobi 法求解 根据表 5.4 的方法, 运动的 TFI 磁场作为外场 $\{H^i_{ext}(t)\}$
GMR 读磁头 读出过程模拟	结合本章讨论的介观软磁薄膜的磁畴计算、表面有限元法进行模拟 对给定的磁矩分布, 计算出 GMR 磁隙中的场, 以及读出电压
PRML 信道 数据存储评估	对读出电压进行分离取样, 对获得的实数序列使用维特比探测器 对比写入的二进制数和读出的二进制数, 研究误码率, 噪声来源等

读写过程 (read and write process) 的第一步研究, 总是从硬盘的一个磁道中孤立的磁矩反转及其对应的孤立电脉冲信号 (isolated pulse) 的读出开始. 图 5.46(a) 中巨磁阻磁头 (giant-magnetoresistive head) 的示意图结构包含两个软磁磁极 (shields) 以及一个核心的自旋阀 (spin valve), 自旋阀中包含一个被相邻的 IrMn 反铁磁层钉扎以后磁矩基本固定的 CoFe 钉扎层 (pinned layer); 隔着一层 1 nm 左右厚度的导电金属层, 自旋阀的另一层 NiFe/CoFe 软磁层中的磁矩则是可以比较自由地转动的, 因此被称为自由层. 为避免钉扎层的边界磁荷对自由层的静磁相互作用影响读出性质, 一般在制备的时候将钉扎层分为两个 SAF 磁性层, 它们之间通过一个极薄的非磁层 (比如说金属 Ru 层) 反铁磁耦合. 在硬盘的 GMR 读磁头设计中, 钉扎层的磁矩接近垂直于硬盘薄膜的 ±y 方向. 与自旋阀相邻的两个硬磁偏置磁极提供水平方向的额外磁场, 这样自由层的两端被偏置固定在 z 方向.

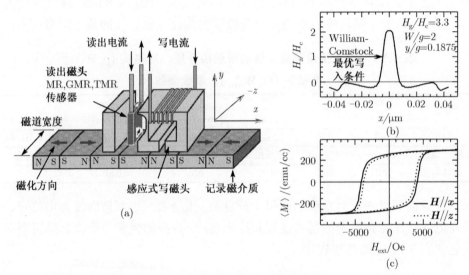

图 5.46　(a) 计算机硬盘的磁记录过程示意图. 读写过程由 GMR-TFI 复合磁头对硬盘磁薄膜上的一个磁道进行操作; (b) 被磁介质的矫顽力归一化的水平写磁头场 H_x/H_c, H_x 满足 William-Comstock 最优写入条件 —— 斜率 $\mathrm{d}H_x/\mathrm{d}x$ 最大处的 H_x 场等于 H_c; (c) 硬盘薄膜磁介质在薄膜面内两个垂直方向的磁滞回线

　　磁道中的每个比特是一个个 "小 N-S 磁极", 当 GMR 磁头飞过磁道上方时, 在磁矩反转的地方会产生磁场, 导致自由层中的磁矩偏转, 如图 5.47(c) 自由层的磁矩分布所示. GMR 磁头的读出信号依赖于自由层和钉扎层中磁矩的相对关系, 在给定 mA 量级的测量电流的时候, 读出电信号由电压的改变来表示:

$$\frac{\Delta V}{V} = \eta \frac{MR}{N} \sum_i -\cos(\theta^i_{\text{free}} - \theta_{\text{pinned}}) \sim \frac{MR}{N} \sum_i \hat{\boldsymbol{e}}_y \cdot \hat{\boldsymbol{m}}^i_{\text{free}} \qquad (5.45)$$

其中 MR 为巨磁阻自旋阀的电阻最大改变比例. 自由层中通过电流的有效宽度 W^e_{mr} 比 GMR 读磁头的软磁磁极的宽度 W_{shield} 小得很多. 在本节中对

式 (5.45) 中的点积求平均时, 使用有效宽度 $W_{\mathrm{mr}}^{\mathrm{e}}$, 其中 N 为自由层中心宽度为 $W_{\mathrm{mr}}^{\mathrm{e}}$ 的区域内团簇的总个数. $\hat{m}_{\mathrm{free}}^{i}$ 是自由层中某个团簇的磁矩方向的单位矢量, $\theta_{\mathrm{free}}^{i}$ 是其与 z 轴的夹角. 钉扎层的磁矩的角度 $\theta_{\mathrm{pinned}}^{i}$ 在 $-y$ 方向, 与 $+z$ 方向的夹角约为 $-\pi/2$. 因此, 读出电压就是正比于图 5.47(c) 被虚线框住的自由层区域的磁矩在 y 方向的平均分量.

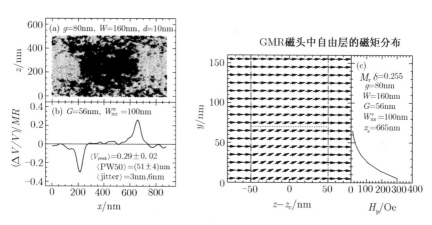

图 5.47　磁记录基础: 孤立电脉冲信号. (a)TFI 磁头在一个磁道中写的双比特 (dibit); (b)GMR 磁头对图 (a) 中的磁矩分布读出后得到的归一化的电压 $V_s = (\Delta V/V)/MR$. 图中给出了孤立脉冲的平均峰值 $\langle V_p \rangle$ 及涨落, 平均半高宽 $\langle \mathrm{PW50} \rangle$ 及涨落, 两个比特的位置抖动 $\langle \mathrm{jitter} \rangle$; (c) 写磁头飞到 $x_{\mathrm{h}} = 665\,\mathrm{nm}$ 处的磁矩反转区域时, GMR 磁头中深入磁隙的自由层感受到的平均垂直磁场 $H_y(y)$, 以及软磁薄膜自由层中各处的磁矩分布

　　对硬盘读出电压的分析可以有两种形式: 频域 (frequency domain) 和时域 (time domain) 分析. 频域分析的主要方法是对周期性的读出电压进行傅里叶变换, 并观察其各个谐振峰 (harmonics) 的高度. 时域分析就是直接对读出电压进行取样、计算和恢复. 在硬盘使用过程中数据流是按周期时间 $T = B/v$(v 为磁头和硬盘磁道相对的运动速度) 流入和流出硬盘的, 所以时域分析对于信道设计更为重要.

　　图 5.48 中显示了几个频域分析的实例, 其中周期反转的读出电压频谱分别对应于 110~1200 kfci 之间的不同的存储线密度. 可以看到在低密度的时候, 频谱中主要存在的是基频 $f_0 = v/(2B)$ 的 1,3,5,7, $\cdots$ 谐振峰, 这是跟方波或三角波的傅里叶频谱类似的结果. 但是到了线密度很高的时候, 由于磁介质噪声对读出电压的影响 —— 比如峰值涨落 (peak noise) 和位置偏离 (jitter noise),

逐渐地第二个不该出现的谐振峰出现了, 更高的谐振峰消失了. 到密度最高的时候, 只存在基频谐振峰. 基频谐振峰的峰值与数据存储线密度的关系叫做输出曲线 (output curve), 一般硬盘设计的时候, 其基频峰不能放在输出曲线已经降到非常低的频率区间, 那样噪声太大.

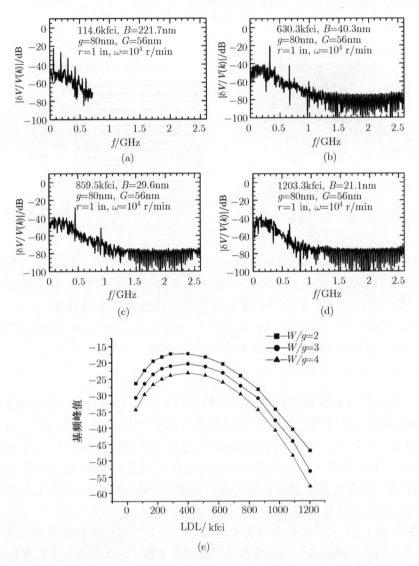

图 5.48 读出电压频谱. 直流消磁, 磁矩在长度为 B 的每个比特都做周期反转.
(a) $B=222$ nm; (b) $B=40$ nm; (c) $B=30$ nm; (d) $B=21$ nm; (e) 输出曲线: 读出电压频谱的基频峰值与数据存储线密度的关系

若一个比特在磁道上的长度为 B, 工业界常用的数据存储线密度 (linear density) 的定义为 $LD = 25\,400/(B/\mathrm{nm})\mathrm{kfci}$. kfci(kilo-flux-change-per-inch) 的意思就是每英寸 1000 个比特, 这个英制单位与高斯制的换算关系为 1 kfci=394 bit/cm. 对于面密度 (areal density) 在 100 Gb/in^2 的硬盘, 其线密度一般为 500~1000 kfci, 相应地, 其磁道密度为 200~100 ktci(kilo-track-per-inch), 磁道宽度是比特长度的 2~10 倍.

回到时域分析的领域. 磁介质在存储数据之前, 要进行交流擦除 (ac erasure) 或直流擦除 (dc erasure). 图 5.47(a) 中使用的是交流擦除初态. 直流消磁会使误码率增加很多, 这就是为什么所有实用的磁记录系统在写入信号前都是交流消磁的. 在图 5.47(b) 中的孤立电脉冲信号确实接近三角形, 极窄的磁道使得边界噪声相当大. 对 20 个孤立脉冲统计平均可得孤立脉冲的半高宽 PW50=(51 ± 4)nm, 这是硬盘信道设计最重要的数据之一. 这样, 适合 5.2.4 节图 5.25 中 PR4 信道设计的比特长度 B=PW50/1.5=34 nm, 在总长 887 nm 的模拟磁道中, 恰好可以存储 26 位二进制数.

图 5.25 中算符为 $(1-D^2)$ 的 PR4 信道的基本原理是: ① 将预编码好的二进制序列 b_k 用 NRZ 格式转换为写电流方波, 也就是说 $0 \to -I, 1 \to +I$, 写入以后磁矩的梯度 $\mathrm{d}M/\mathrm{d}t$ 与 b_k 相比已经自然执行了 $(1-D)$ 的操作; ② 每个磁矩反转的读出电压孤立峰有一定的宽度, 基本上会影响两个相邻的比特, 这就自然执行了 $(1+D)$ 的操作. 按照这个基本原理, 使用图 5.25 中的二进制序列 0011011111011010 加上额外的二进制位作为 b_k 序列写入. 若不考虑 RLL(0,4/4) 编码解码器的作用, PR4 信道的粗误码率见表 5.12.

表 5.12　用 PR4 信道进行时域分析获得的粗误码率

PR4 信道	RLL(0,4/4)$\to a_k$	$b_k = a_k + b_{k-2}$, NRZ 码, $I(t)$
数据位数	a_k 误码率	b_k 误码率 (硬盘的直接误码率)
24 位,B=36.9 nm	$\dfrac{24}{960}$=2.5%±0.5%	$\dfrac{12}{960}$=1.2%±0.4%
26 位,B=34.1 nm	$\dfrac{20}{1040}$=1.9%±0.4%	$\dfrac{12}{1040}$=1.2%±0.3%
28 位,B=31.6 nm	$\dfrac{30}{1120}$=2.7%±0.5%	$\dfrac{16}{1120}$=1.4%±0.4%

在对硬盘的磁记录过程进行微磁学模拟的时候, 要对硬盘磁介质使用周期边界条件, 因此必须使用偶数个比特位. 在本节的时域分析中, 使用 $N_{\mathrm{bit}} = 24$ bit, 26 bit, 28 bit 三种情形, 对应的数据存储线密度分别为 $LD = 687$ kfci, 748 kfci, 805 kfci. 从图 5.48 中的输出曲线来看, 24 bit, 26 bit 的基频峰值还是比

较高的, 28 bit 对应的电压有所下降, 选择此密度区间进行时域分析是比较合适的.

在 886 nm 的磁道上写入 24 bit、26 bit、28 bit 的二进制数, PW50/B 分别为 1.39,1.50,1.62. 26 bit 的 PW50/B 在 PR4 信道的理论设计值 1.5 左右, 误码率确实比较小; 24 bit 的时候 PW50/B 不满足理论设计值; 28 bit 的时候不仅 PW50/B 太大, 而且写入过程也容易出错, 此时误码率较 24 bit 时候更大, 这也验证了 PR4 信道的正确性.

对连续的 GMR 磁头读出电压的分立取样 $V(n) = V(nT)$ 十分关键. TFI 写磁头和 GMR 磁头是从右往左飞过磁道的, 本节总是使用第一个峰 (即最右边的峰) 作为基准, 确定第一个峰的位置往前 $B/2$ 的地方为第一个电压的取样点. 这样跟硬盘中读出某个文件时, 由初始的定标序列自动获得取样点的过程是类似的. 另外, 注意图 5.49 中读出电压上的黑点标志了分立取样的电压值 $V(n)$, 这些电压的数值是实数, 不过在多数情况下 $|V(k)|$ 与 a_k 序列可以一一对应, 就像在图 5.25 中已经用理想情形演示的那样. 有时候会有 "错误的" 电压取值, 维特比探测器这个对高噪声信号强大的判断工具自动会用最大相似(maximum likelihood) 的办法做快速纠正. 注意, 磁头的读出电压应

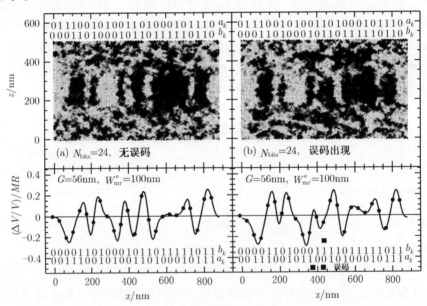

图 5.49　硬盘的一个磁道中由 TFI 磁头按照设计的 b_k 序列写入的磁矩分布, 由 GMR 磁头读出的电压信号, 用维特比探测器判断出的二进制序列 b_k 和 a_k 交流擦除, 24 位, PW50/B=1.39. (a) 正确的读写过程; (b) 出现一位 b_k 误码

该乘以适当的数值, 以满足 PR4 信道中 1 对应的电压值在 2~3 的要求.

图 5.49 中出现的误码, 是由于出现渗流 (percolation) 现象以及比特翻转的位置不准 (jitter error). 所谓渗流现象, 是指相邻两个比特的 $\pm M_r$ 的磁矩分布渗透到这个比特本来应该是 $\mp M_r$ 的区域中, 这是从材料科学中借用的名词. 维特比探测器 (Viterbi detector) 于是发生错误判断, 出现误码. 如果比特反转的位置不准, 按照周期 nT 周期取样的电压可能发生很大的变化, 这也会造成误码. 交流擦除的 887 nm 长的磁道上 24 位数据存储对应的 $PW50/B=1.39$ 离 PR4 信道的理想设计差一点, 因此 b_k 的误码发生率不大, 在 10^{-2} 的量级. 如果使用更高等级的 EPR4、E^2PR4 信道, 并结合强大的 RLL(0,4/4) 编码器和解码器的纠错功能, 同时再对写电流预编码 (precoding) 以防止渗流现象, 还是有可能实现硬盘的工业误码率标准的.

误码率最低的情形对应于图 5.50 中 W_{mr}^e=100 nm 的巨磁阻磁头读出交流擦除的 26 位比特磁记录. 此时 $PW50/B=1.5$ 就是理论设计值 $PW50/B=1.5$. 如果巨磁阻磁头的有效宽度更大, 读出电压 $\Delta V/V$ 还会减小, 因为磁道边界的信号不强烈, 噪声大.

当存储线密度再增加, 图 5.51 中 887 nm 的磁道上记录 28 位比特时, 误码率比 24,26 位时都有增加. 此时 $PW50/B=1.62$, 超过理论设计的 PR4 信道

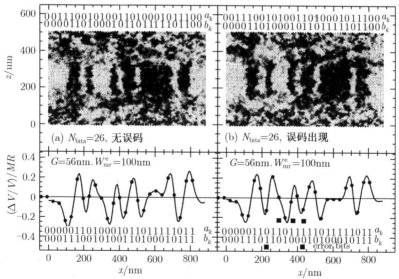

图 5.50 由 TFI 磁头按照设计的 b_k 序列写入的磁矩分布, 由 GMR 磁头读出的电压信号, 用维特比探测器判断出的二进制序列 b_k 和 a_k 及其误码. 交流擦除, 26 位, $PW50/B=1.50$. 读磁头有效宽度 (a) 无误码 (b) 出现误码

的要求 PW50/B=1.5, 不满足取样的要求, 而且渗流现象非常严重, 因此这个密度下的记录不再符合 PR4 信道的要求.

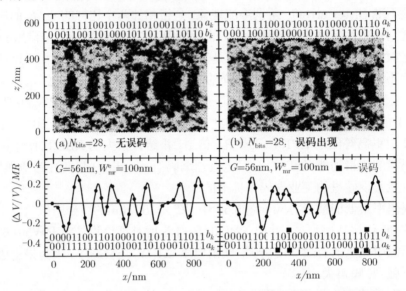

图 5.51　由 TFI 磁头写入, $W_{mr}^e = 100$ nm 的 GMR 磁头读出的电压信号, 并由维特比探测器判断出的二进制序列 b_k 和 a_k. 交流擦除, 28 位, PW50/B=1.62

　　目前读写磁头中的最小宽度已经进入深亚微米区域, GMR 磁头内部最小的光刻加工尺度更只有几十纳米, 这就使得现代的磁头制备工业必须使用大量尖端的微电子工艺. 硬盘本身是通过机械旋转的装置结合伺服自动控制系统寻找磁道的, 磁道寻找定位的精度现在已经达到1~2 nm, 磁头与磁介质之间的飞行高度也已经小于 10 nm, 因此硬盘的制造工业必须大量使用可控的纳米技术. 磁介质、磁头、读写系统和信号处理系统、机械系统、自动控制系统分别使用了材料、电子、机械、计算机、自动控制学科的高水平研究成果, 这充分体现了硬盘工业的多学科技术集成的特性.

　　到此将要结束本章的讨论. 本章以应用磁学的基本理论 —— 微磁学为经, 以磁信息存储工业为纬, 讨论了铁磁学这个古老的学科在现代信息工业中的应用, 同时也讨论了铁磁材料的磁滞回线磁畴和磁导体计算的基本方法.

　　本章介绍的微磁学的计算方法, 对于非常复杂多样的材料学的各类磁性问题, 有很多局限性. 例如, 永磁体的晶界和晶粒内部缺陷的钉扎效应对磁性的重要影响, 用微磁学的方法就不好解决, 需要将微磁学与其他材料学的模型结合才有可能做出较好的解释. 另外, 原子尺度的微观的基础磁性问题, 也是微磁学本身的基本假设就已经回避了的. 这些都是很有趣的科学–工程问题. 虽然如此, 微磁学对于磁性材料的基本磁性质的理解, 特别是对于磁滞回线的计算、磁畴问题、磁导率问题, 都是一种新的思路.

磁信息存储作为综合性能最好的电子信息存储的方式, 已经成为信息社会中人们日常生活的一部分. 微磁学与磁信息存储工业的结合, 从微磁学开始发展时起, 就是基础科学与工程结合得很好的一个典型. 对于本书的基本目的 —— 理解电磁现象并为人类所用, 这也是一个很好的实例.

本 章 总 结

信息存储的方式主要有三种: 半导体存储、磁存储和光存储. 本章介绍了光存储和半导体存储的起源, 对磁信息存储工业则做了更详尽的论述. 本章的后半部分介绍了磁性材料的基本理论 —— 微磁学, 以及微磁学在磁信息存储系统模拟中的重要作用.

(1) 磁、光、半导体存储的起源: 声音的存储源于爱迪生的天才设想, 其物理机制是膜的机械振动. 录音机系列磁存储的思想是直接借自爱迪生的, 最开始丹麦人帕尔森用来记录声音的磁介质就是钢丝, 因此噪声很大. 光存储的兴起则依赖于半导体激光器的成熟, 所以, 直到 20 世纪 60 年代半导体激光器发明以后, 菲利普公司才把它用于反射式的声音和图像光盘存储. 半导体存储的发展比光存储还要略微晚一些, 之前计算机一直使用磁芯阵列来存储信息.

(2) 磁信息存储系统的演进: 磁记录系统是按照声音、图像、数据存储的次序逐渐演进的. 录音机是由德国 AEG 公司和 BASF 公司合作开发的, 解决的关键技术有磁带、环形磁头、初始交流消磁. 录像机是美国 Ampex 公司研发成功的, 解决的关键技术有转动磁头. 硬盘则是由美国 IBM 公司发明的; 在后来的五十多年中, 硬盘的新技术层出不穷, 如溅射法制备硬盘磁介质、溅射法结合光刻工艺制备薄膜磁头、MR/GMR/TMR 读磁头、垂直记录磁介质、垂直记录磁头等. 目前全世界的绝大多数信息是保存在硬盘上的.

(3) 微磁学磁信息存储理论: 应用磁学的基本理论是朗道提出的, 他总结了与材料的磁性有关的塞曼效应、外斯理论和海森堡模型, 提出了铁磁材料的自由能, 并确定了磁矩运动的方程. 微磁学最终在 20 世纪 70 年代开始广泛用于录像机和硬盘公司的研发部门, 它能解决磁滞回线、磁畴、磁导率等基础磁性的计算, 也能用于计算磁信息存储系统的磁头场、模拟信号的读写过程.

参 考 文 献

《中国大百科全书》编辑组. 1998. 中国大百科全书·电工卷. 北京: 中国大百科全书出版社.

《中国大百科全书》编辑组. 1998. 中国大百科全书·电子学与计算机卷 (I-II). 北京: 中国大百科全书出版社.

Adler E, DeBrosse J K, Geissler S F, Holmes S J, Jaffe M D, Johnson J B, Koburger III C W, Lasky J B, Lloyd B, Miles G L, Nakos J S, Noble Jr. W P, Voldman S H, Armacost M and Ferguson R. 1995. The evolution of IBM CMOS DRAM technology. IBM Journal of Research and Development, 39(12).

Bai J, Takahoshi H, Ito H, Saito H, Ishio S. 2004. Dot-by-dot analysis of magnetization reversal in perpendicular patterned CoCrPt medium by using magnetic force microscopy. Journal of Applied Physics, 96(2): 1133~1137.

Bertram H N. 1994. Theory of Magnetic Recording. Cambridge: Cambridge University Press

Bertram H N, Zhu J-G. 1992. Fundamental magnetization processes in thin film recording media. Solid State Physics. New York: Academic Press. 46: 271~371.

Brown Jr W F. 1979. Special Issue Honoring William Fuller Brown. Jr. IEEE Transactions on Magnetics, MAG-15(5).

Chiu A, Croll I, Heim D E, Jones Jr R E, Kasiraj P, Klaassen K B, Mee C D, Simmons R G. 1996. Thin-film inductive heads. IBM Journal of Research and Development, 40(3).

Daniel E D, Mee C D, Clark M H. 1999. Magnetic Recording-The First 100 Years. New York: IEEE Press.

Eggenberger J, Patel A M. 1987-11-17. Method and Apparatus for Implementing Optimum PRML codes: US, 4707681.

Gerber R, Wright C D, Asti G. 1994. Applied Magnetism. Norwell: Kluwer Academic Publishers

Herzer G. 1990. IEEE Transaction on Magnetics, 26(5): 1397~1420.

Hunt R P. 1971. A magnetoresistive readout transducer. IEEE Transaction on Magnetics, 7(1): 150~154.

Iwasaki S. 2002. Perpendicular magnetic recording focused on the origin and its significance. IEEE Trans Magn, 38(4): 1609~1614.

Johnson K E, Mirzamaani M, Doerner M. 1995. In-plane anisotropy in thin-film media: Physical origins of orientation ratio. IEEE Transaction on Magnetics, 31(6): 2721~2727.

Landau L D, Lifschitz E M. 1935. Original papers. Phys. Z. Sowjetunion, 8: 153-169.

Landau L D. 1965. Collected Works. London: Pergamon Press.

Mao S, Linville E, Nowak J, Zhang Z, Chen S, Karr B, Anderson P, Ostrowski M, Boonstra T, Cho H, Heinonen O, Kief M, Xue S, Price J, Shukh A, Amin N, Kolbo P, Lu P L, Steiner P, Feng Y C, Yeh N H, Swanson B, Ryan P. 2004. Tunnelling magnetoresistive heads beyond 150Gb/in^2. IEEE Transaction on Magnetics, 40(1): 307~312.

Mallinson John C. 1993. The Foundations of Magnetic Recording. 2nd Edition. New York: Academic Press.

Mee C D, Daniel E D. 1989. Magnetic Recording Handbook. Volume I, II, III. New York: McGraw-Hill Publishing Company.

Ouchi K, Honda N. 2000. Overview of lastest work on perpendicular, recording media. IEEE Transaction on Magnetics, 36(1): 16~21.

Press W H, Teukolsky S A, Vetterling W T, Flannery B P. 1992. Numerical Recipes in Fortran 77 - The Art of Scientific Computing. 2nd Edition. Cambridge: Cambridge University Press.

Spangenberg K R. 1957. Fundamentals of Electronic Devices. New York: McGraw-Hill Publishing Company.

Stoner E C, Wohlfarth E P. 1948. A mechanism of magnetic hysteresis in heterogeneous alloys. Phil Trans Roy Soc, A240: 599~642.

Tsang C H, Fontana Jr R E, Lin T Heim D E, Gurney B A, Williams M L. 1998. Design, fabrication, and performance of spin-valve read heads for magnetic recording applications. IBM Journal of Research and Development, 42(1): 103.

Viterbi A J. 1967. Error bounds for convolutional codes and an asymptotically optimum decoding algorithm. IEEE Transaction on Information Theory, IT-13: 260~269.

Wohlfarth E P. 1982. Ferromagnetic Materials. North-Holland Publishing Company

本 章 习 题

1. [思考题] 请列举信息工业的四个门类中自己熟悉的产品, 并结合信息工业的总体框架做讨论.

2. [思考题] 粗略估算声音记录、图像记录、计算机硬盘数据记录需要的数据获取速率 (也就是每秒大约需要获取多少信息才能满足需求).

3. [思考题] 为什么在 1957 年以后, 工业技术的突破主要由公司推动, 少见有个人发明的形式? 结合磁头与磁介质的发明做讨论.

4. [思考题] 磁信息存储工业系统的基本结构与用户对信息存储工业的基本要求之间的关系是什么?

5. [思考题] 磁信息存储工业的发展大致与多少学科有关系? 请列举.

6. [思考题] 微磁学与原子尺度的基础磁学的关系是什么?

7. [思考题] 朗道阻尼系数有无更基本的第一性原理的解释?

8. 根据表 5.3 中基础铁磁参数, 给出 Fe, Co, Ni 单晶中自发磁化的方向.

9. 根据斯通纳–沃法斯模型, 通过简单的计算机编程, 画出当外场与各向异性场夹角为 30° 和 60° 的时候, 单磁畴一致反转磁颗粒的磁滞回线. 并给出方形度和矫顽力的精确数值.

10. 根据斯通纳–沃法斯模型, 通过简单的计算机编程, 画出单个铁磁颗粒的矫顽力 H_c 和外场与各向异性场的夹角 θ 之间的关系.

11. 忽略静磁相互作用和交换相互作用, 但是考虑各向异性场的分布和取向分布, 通过计算机编程, 画出 $\alpha = 4, \beta = 0.5$ 的磁介质中几个主轴方向的磁滞回线. 并给出方形度和矫顽力的精确数值.

12. 在介观软磁薄膜的边界上的团簇的磁矩为什么总是平行于边界? 用第四章表 4.3 中给出的长方体的退磁矩阵公式给予解释.

13. 根据图 (5.25) 中 PR4 信道的示意图, 自己给出 32 位随机数, 并用理想的三角波读出, 复原出原始数据.

第六章 电流及其传输

- 稳定电流基础 (6.1)
- 传输线 (6.1.2)
- 电话通信 (6.2)
- 集成电路中的时间延迟 (6.3.1)
- 电视: 真空中的粒子电流 (6.3.2)

 工、电子和信息工业最早基础之一, 就是稳定电流的产生和传输. 18 世纪中叶, 英国工业革命中最早开发的能源是煤, 并通过蒸汽机的发明将煤中的能源转换为热, 最终转换为机械能. 在 19 世纪, 随着电磁学的发展, 电能源工业也被快速地工业化, 这是人类对电磁相互作用力的第一次了不起的运用, 并开辟了一条将所有能源统一利用、转化和传输的道路.

1831 年, 亨利和法拉第对电磁铁和电感线圈的实验, 可以看成最早的变压器 (transformer). 现代的商用变压器是闭合磁路型的, 很像法拉第圆环的设计. 变压器的发明, 使得长距离的动力传输系统成为可能. 1856 年, 德国的西门子 (Werner von Siemens) 将导线圈缠绕在带槽的铁心上, 大幅度改进了电机 (electrical machines) 中的梭式电枢 (armature). 1866 年, 西门子兄弟等制造了一批具有很高使用价值的电机, 实用发电机的发明使得电灯的普遍使用成了可能. 1877 年, 一大批发明家参与了白炽灯的发明, 其中最著名的当数爱迪生, 他找到炭化的竹丝做灯丝. 电灯的普遍使用, 是电能第一次普遍影响人类的生活.

早在 1821 年, 安培就建议用导线中的交流电传送信号. 1833 年, 高斯和韦伯在哥廷根大学的天文台和物理馆之间 9000 ft[1] 的距离内架设了原始的电报线. 1837 年, 纽约的摩尔斯 (Samuel F. B. Morse) 设计了电报 (telegraph) 装

---

① 1ft = 3.048×10^{-1}m, 下同.

置, 利用电流控制永磁体的运动, 然后用永磁体控制 "笔" 在小纸片上产生点和线. 1876 年, 移民北美的苏格兰爱丁堡人贝尔 (Alexander Graham Bell) 发明了电话 (telephone), 这个仪器看上去很简陋, 不过确实能通话. 1877 年, 休斯 (David Edward Hughes) 和爱迪生发明了麦克风, 实现了电话的远程传输.

电网 (power grid)、电话网 (telephone net)、电缆电视网 (cable television net)、因特网 (internet) 都是现代生活中的重要组成部分. 电力自产生以后无法存储, 必须立刻以光速传输到每一个用户终端, 因此由电路 (circuit) 组成的电力系统本身是一个复杂的系统网络, 其中传输 50 Hz 左右的交流电. 人耳听觉能感知的声波频率在 16 Hz~20 kHz 的范围内, 电话网系统使用 300~3400 Hz 频带的交流电来传输声音信号. 电缆电视传输的是图像信号, 图像信号每秒的信息量比声音信号大, 所以电缆电视使用 50 MHz~1 GHz 的交流电或电磁波传输电视信号. 因特网中的光缆传输的是电磁波, 而不是交流电. 电网、电话网、电视电缆网、因特网设计都源于电力系统的网络思想.

本章讨论与电流的产生 (generation) 和传输 (transmission) 有关的材料问题, 这些问题是以能源工业、有线通信工业和电子工业为背景的. 这些工业中内容非常广泛, 本章不可能都涉及, 只能就与材料和器件设计相关的部分着重讨论, 如电感计算、传输线理论、电机、电话的设计、集成电路的电流传输和电视中电子电流等问题.

6.1 稳定电流基础

电流是在 18 世纪后期被发现的, 最初在这个领域做出贡献的两位学者都是意大利波罗尼亚 (Bologna) 人. 1780 年, 波罗尼亚的医生和动物学家伽伐尼 (Aloisio Galvani) 教授在解剖青蛙的时候, 他的妻子偶然将外科用的小刀刀尖碰到剥了皮的青蛙小腿神经, 此时电火花出现了, 蛙腿剧烈痉挛. 因此, 第一次被发现的流电是生物神经中的电流.

伽伐尼观察到的现象是惊人地新奇, 但他在帕维亚 (Pavia) 大学的同乡、物理学家伏打比他更深刻地研究了电学问题. 他以金属导线模拟蛙腿的神经, 试图研究流电为什么会存在. 1800 年, 伏打写信给英国皇家学会会长班克斯 (Joseph Banks), 在这封信中他描述了伏打电堆, 这种人造发电器可以由两种金属板组成, 如锌板和铜板, 在两个板之间放置浸泡盐水的法兰绒或吸墨纸, 然后将这个结构反复重复以加强效应, 就可以锌板为一极以铜板为另一极产生稳定电流. 班克斯收到这封信 6 周后, 第一个伏打电池 (Volta's battery) 在英

国由尼克尔逊 (William Nicholson) 和卡莱斯勒 (Sir Anthony Carlisle) 爵士制成. 1800 年 5 月 2 日, 由伏打电堆实现了水的分解.

现代能源工业分为一次能源和二次能源. 一次能源来源广泛, 包括煤、石油、天然气、核能、水能、太阳能等. 二次能源是以电力工业 (electric power) 为核心的, 因为电能适合长距离输送, 又易与其他形式的能源互相转换, 适合在各种环境下使用. 现代最重要的电力生产方式有三种：火电 (thermal power)、水电 (hydropower) 和核电 (nuclear power). 在各国这三种方式占的比重不同, 美国和中国都以火电为重, 占总发电量的 70% 以上, 煤主要用于发电; 法国则以核电为重, 核电比重已超过 70%.

伏打电池是第一个电动力装置 (emf device), 也就是说能为电路中流动的电荷克服各种能量损耗提供动力的装置, 形象地说电池就是一个电荷泵, 将物质内部化学结合能释放出来, 成为电路中流动的电能. 电池在很长时间内是唯一的产生稳定电流的装置.

现代社会中最重要的电动力装置当然是发电机 (dynamo), 这可以追溯到 1831 年法拉第的圆盘发电机 (见图 6.1(a))、1834 年美国人达文波特 (Thomas Davenport) 在电磁铁的发明人亨利的支持下制造的直流发电机、1866 年英国人惠斯通 (Charles Wheatstone) 和德国工程师西门子的自激发电机、1870 年在法国巴黎的比利时人格拉姆 (Zenobe Theophile Gramme) 的直流发电机 [见

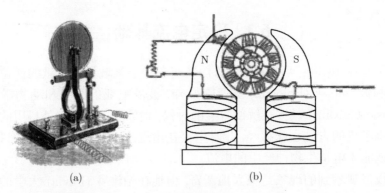

(a)   (b)

图 6.1　(a) 法拉第的圆盘发电机. 圆盘下缘转动通过永磁体的 N, S 极之间, 圆盘中心和边缘分别引出正负极[1]; (b) 格拉姆的直流发电机. 永磁体内缘做成圆形, 一系列线圈切割磁力线, 使用金属换向器产生直流电[2]

---

① 引自：http://www.oa.uj.edu.pl/c̆hris/magnetic/dynamo/dynamo.html.2007-03-02.
② 引自：La documentation et la recherche: la machine Gramme. 2007-03-02. City of Salins-les-Bains, France. http://www.musees-des-techniques.org/documentation2.php.

图 6.1(b)] 等贡献. 发电机能把火力、水力、核能等一次能源产生的能量转换为电能.

工业化的电力生产始于 19 世纪后期. 1875 年, 巴黎北火车站安装了格拉姆直流发电机, 为附近提供弧光灯照明用电, 这是世界上第一座火电厂. 1876 年, 俄国的雅布洛奇科夫建立了交流电厂, 提供照明用电. 1879 年, 爱迪生在纽约建造了珍珠街电厂 (Pearl Street), 总装机容量 670kW, 用 110V 的直流电提供照明, 这是世界上第一个比较正规的电厂. 1881 年, 英国建成世界上第一座水电站; 1895 年, 美国尼亚加拉瀑布的水电站设计容量已达 14.7 万 kW, 这是商业性水电站的发端. 1889~1891 年, 法国劳芬水电站至德国法兰克福开始使用适应电机的三相交流电输电. 至 1913 年, 全世界的年发电量已达 500 亿 kW·h, 电力工业由此成为一个独立的工业部门. 由于电力的普及, 一国的经济发展可以由电力使用的情况相当精确地做出判断.

6.1.1 电感的计算

电路中的三个无源器件是电阻、电容、电感. 电阻 (resistor) 是耗散能量的元件, 电容 (capacitor) 是存储电场能量的元件, 电感 (inductor) 是存储磁场能量的元件. 电感作为电工、电子线路的基本元件之一, 其计算问题当然是一个电磁材料的基础问题.

根据本书第三章式 (3.43) 中给出的电磁场的能量密度公式, 以及式 (3.30) 中磁矢势 $\boldsymbol{A}$ 的定义, 含有一路电流, 而且电流密度为 $\boldsymbol{j}_0$ 的系统中与磁场能量有关的总自由能为

$$\mathcal{F} = \frac{1}{2} \iiint \mathrm{d}^3 \boldsymbol{r} \; \boldsymbol{H} \cdot \boldsymbol{B} \tag{6.1}$$

$$= \frac{1}{2} \iiint \mathrm{d}^3 \boldsymbol{r} \; H_\alpha \epsilon_{\alpha\beta\gamma} \partial_\beta A_\gamma$$

$$= -\frac{1}{2} \iiint \mathrm{d}^3 \boldsymbol{r} \; \epsilon_{\gamma\alpha\beta} A_\gamma \partial_\beta H_\alpha$$

$$= \frac{1}{2} \iiint \mathrm{d}^3 \boldsymbol{r} \; A_\gamma \epsilon_{\gamma\beta\alpha} \partial_\beta H_\alpha$$

$$= \frac{1}{2} \iiint \mathrm{d}^3 \boldsymbol{r} \; \boldsymbol{A} \cdot \boldsymbol{j}_0 \tag{6.2}$$

式 (6.2) 的证明中使用了爱因斯坦符号, 也使用了麦克斯韦方程 (3.22), 并在低频近似下忽略了麦克斯韦位移电流项, 这与静电静磁学中的处理类似. 假设一个系统中有多个电流 $I_a \; (a = 1, 2, \cdots)$ 在独立地流动、构成多个电感, 普遍的

自感 L_{aa} (self-inductance) 和互感 L_{ab} (mutual inductance) 矩阵元可以分别定义为 (Landau et al., 1984)

$$\mathcal{F} = \frac{1}{2} \iiint \mathrm{d}^3 r \left(\sum_a \boldsymbol{A}_a \right) \cdot \left(\sum_a \boldsymbol{j}_a \right) = \sum_a \mathcal{F}_{aa} + \sum_{a>b} \mathcal{F}_{ab} \quad (6.3)$$

$$\mathcal{F}_{aa} = \frac{1}{2} \iiint \mathrm{d}^3 r \, \boldsymbol{A}_a \cdot \boldsymbol{j}_a = \frac{1}{2} L_{aa} I_a^2 \quad (6.4)$$

$$\mathcal{F}_{ab} = \iiint \mathrm{d}^3 r \, \boldsymbol{A}_a \cdot \boldsymbol{j}_b = \iiint \mathrm{d}^3 r \, \boldsymbol{A}_b \cdot \boldsymbol{j}_a = L_{ab} I_a I_b \quad (6.5)$$

其中自感和互感的概念是 1854 年由基尔霍夫 (Gustav Robert Kirchhoff) 在他的传输线理论中首次提出的; $\boldsymbol{A}_a$ 是由电流 I_a 产生的磁场的磁矢势. 根据麦克斯韦方程 (3.22), 并对磁矢势使用无旋度规范(gauge) $\boldsymbol{\nabla} \cdot \boldsymbol{A}_a = 0$, 可以得到磁矢势的基本方程:

$$\boldsymbol{\nabla}^2 \boldsymbol{A}_a = -\mu_0 \mu_{\mathrm{r}} \boldsymbol{j}_a, \quad \boldsymbol{\nabla} \cdot \boldsymbol{A}_a = 0 \quad (6.6)$$

电感中使用的软磁材料有很大的特点, 一般其磁滞回线 (hysteresis) 与顺磁材料的 B-H 关系十分类似, 在原点附近可以近似为一条直线, 在磁场较大的时候趋于饱和. 只是优质的电感软磁材料的 B-H 回线在原点的斜率, 即初始磁导率 (initial permeability)μ_{r} 特别大, 电阻率也大, 这样可以减小磁滞损耗和涡流损耗, 对使用是有利的.

如果一个电流线圈周围的介质是均匀的, 而且一直伸展到无穷远. 再假设电线本身很细很均匀, 构成回路 Γ, 那么式 (6.6) 中的磁矢势有一个简单的解析积分解:

$$\boldsymbol{A}_a(\boldsymbol{r}) = \frac{\mu_0 \mu_{\mathrm{r}}}{4\pi} \iiint \mathrm{d}^3 r' \frac{\boldsymbol{j}_a(\boldsymbol{r}')}{|\boldsymbol{r} - \boldsymbol{r}'|} = \frac{\mu_0 \mu_{\mathrm{r}}}{4\pi} I_a \int_{\Gamma_a} \frac{\mathrm{d}\boldsymbol{l}'}{|\boldsymbol{r} - \boldsymbol{r}'|} \quad (6.7)$$

当然, 真实的电感材料中软磁体的体积都是有限的, 为了求得有限尺度器件的电感, 必须使用数值计算的方法, 具体的程序结构见表 6.1.

表 6.1 电感的计算方法 (calculation of inductance)

模型基本假设	软磁材料的基础磁性参数 M_s, H_k, μ_{r} 作为模型参数输入
直接积分法	直接使用式 (6.4) 和式 (6.5) 中的解析解, 通过积分解出电感
计算步骤一	根据电感线圈 (coils) 的设计结构, 确定几何模型和电流分布
计算步骤二	对每个线圈中的电流, 忽略器件边界, 求出无穷空间的磁场分布
计算步骤三	根据器件边界形状, 使用表面有限元法, 计算真实的磁场分布
计算步骤四	使用式 (6.4) 和式 (6.5) 求出自感和互感

表 6.1 中包含两种电感的计算方法: 一种是直接积分法, 适用于对称性较高或空气中电感的计算; 另一种适用于片式电感等与材料制备关系更密切的电感器件, 其中最关键的一步是使用表面有限元法(surface finite element method, SFEM) 求解有限尺度的器件内部和外部的磁矢势分布. 三维 SFEM 方法在本书第四章 4.5 节求解感应式磁头的磁场时使用过. 在电感的计算中, 首先需要根据稳定电流的分布求出无穷空间中的磁矢势, 再用表面有限元法根据器件形状进行修正.

例题 6.1 输电网络中的电感问题.

在电网、电话网、电缆电视网中, 重要的输电器件包括双输电线、同轴电缆和变压器, 见图 6.2. 单根输电线的电感极大, 因此有双输电线的设计. 输送电视信号的同轴电缆首次由 AT&T 公司于 1936 年在美国纽约和费城之间铺设. 变压器的设计原型则来自法拉第环.

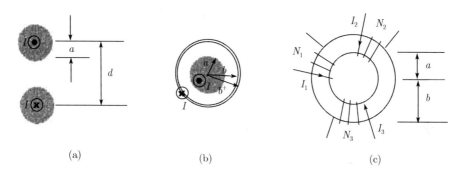

图 6.2 (a) 双传输线 (double circuit transmission line) 结构; (b) 同轴电缆 (coaxial line) 结构; (c) 法拉第圆环 (Faraday ring) 上的三个互感线圈示意图, 线圈匝数分别为 N_1、N_2、N_3

图 6.2 中的三个器件都可以用直接积分法求电感. 首先计算一下图 6.2(a) 中平行传输线的电感. 注意, 根据斯托克斯定理, 单独一根传输线外部离中心 ρ 处的切向磁场正比于 $1/\rho$, 那么根据式 (6.1) , 单位长度的单根传输线的总自由能

$$\mathcal{F}/Z = \mathcal{F}_{\text{in}}/Z + \frac{\mu_0}{2} \int_r^\infty \rho \mathrm{d}\rho \int_0^{2\pi} \mathrm{d}\phi \, (I/2\pi\rho)^2 \tag{6.8}$$

式 (6.8) 中的积分是发散的 (无穷大). 因此单根传输线的单位长度的自感是没有定义的.

现考虑图 6.2(a) 中的双传输线, 其中的电流 I 大小相同, 方向相反. 根据式 (6.3) 和式 (6.7), 真空中的双传输线的总自由能可以通过对两根输电内部做体积分, 得

$$
\begin{aligned}
\mathcal{F}_{\text{tot}} &= \frac{1}{2} \iiint \mathrm{d}^3 r \left(\sum_{\alpha=1}^{2} \boldsymbol{A}_\alpha \right) \cdot \left(\sum_{\beta=1}^{2} \boldsymbol{j}_\beta \right) \\
&= \sum_{\alpha=1}^{2} \sum_{\beta=1}^{2} \frac{\mu_0}{8\pi} \iiint \mathrm{d}^3 r_1 \iiint \mathrm{d}^3 r_2 \frac{\boldsymbol{j}_\alpha(\boldsymbol{r}_1) \cdot \boldsymbol{j}_\beta(\boldsymbol{r}_2)}{|\boldsymbol{r}_1 - \boldsymbol{r}_2|} \\
&= \frac{\mu_0}{8\pi} \left(\frac{I}{\pi a^2} \right)^2 \iiint \mathrm{d}^2 \boldsymbol{\rho}_1 \mathrm{d} z_1 \iiint \mathrm{d}^2 \boldsymbol{\rho}_2 \mathrm{d} z_2 \left(\frac{2}{|\boldsymbol{r}_1 - \boldsymbol{r}_2|} - \frac{2}{|d\hat{\boldsymbol{e}}_y + \boldsymbol{r}_1 - \boldsymbol{r}_2|} \right)
\end{aligned}
$$
$$(6.9)$$

其中 $\boldsymbol{r}_1 = \boldsymbol{\rho}_1 + z_1\hat{\boldsymbol{e}}_z, \boldsymbol{r}_2 = \boldsymbol{\rho}_2 + z_2\hat{\boldsymbol{e}}_z$ 分别是两根输电线内部的坐标. 双传输线单位长度的电感 L/Z 可以由 $\mathcal{F} = \frac{1}{2}LI^2$ 的关系计算出来 (令 $z = z_1 - z_2$):

$$
\begin{aligned}
L/Z &= \frac{\mu_0}{2\pi} \left(\frac{1}{\pi a^2} \right)^2 \iint \mathrm{d}^2 \boldsymbol{\rho}_1 \iint \mathrm{d}^2 \boldsymbol{\rho}_2 \\
&\quad \int_{-\infty}^{\infty} \mathrm{d} z \left[\frac{1}{\sqrt{(\boldsymbol{\rho}_1 - \boldsymbol{\rho}_2)^2 + z^2}} - \frac{1}{\sqrt{(d\hat{\boldsymbol{e}}_y + \boldsymbol{\rho}_1 - \boldsymbol{\rho}_2)^2 + z^2}} \right] \\
&= \frac{\mu_0}{2\pi} \left(\frac{1}{\pi a^2} \right)^2 \iint \mathrm{d}^2 \boldsymbol{\rho}_1 \iint \mathrm{d}^2 \boldsymbol{\rho}_2 \, \ln \left(\frac{z + \sqrt{(\boldsymbol{\rho}_1 - \boldsymbol{\rho}_2)^2 + z^2}}{z + \sqrt{(d\hat{\boldsymbol{e}}_y + \boldsymbol{\rho}_1 - \boldsymbol{\rho}_2)^2 + z^2}} \right) \bigg|_{-\infty}^{\infty} \\
&= \frac{\mu_0}{2\pi} \left(\frac{1}{\pi a^2} \right)^2 \iint \mathrm{d}^2 \boldsymbol{\rho}_1 \iint \mathrm{d}^2 \boldsymbol{\rho}_2 \, \ln \frac{(d\hat{\boldsymbol{e}}_y + \boldsymbol{\rho}_1 - \boldsymbol{\rho}_2)^2}{(\boldsymbol{\rho}_1 - \boldsymbol{\rho}_2)^2}
\end{aligned}
$$
$$(6.10)$$

式 (6.10) 中最后得到的积分很难计算, 但是确实可以用级数法解析地积出来, 积分的结果可以给出一个很漂亮的双传输线单位长度的电感一般表达式:

$$
L/Z = \frac{\mu_0 \mu_{\text{r}}}{4\pi} \left(1 + 4\ln\frac{d}{a} \right)
$$
$$(6.11)$$

读者可以用数值积分的办法验证这个解析解的结果. 即使两根传输线的半径不同, 只要其中的电流还是大小相同方向相反, 双传输线单位长度电感的公式还是很简洁的: $L/Z = (\mu_0\mu_{\text{r}}/4\pi)\{1 + 2\ln[d^2/(a_1 a_2)]\}$ (Jackson, 1975).

理想导体的电荷和电流都在表面, 无论传输线的截面形状如何, 具有相反电流的两根传输线的单位长度电容和电感满足一个非常完美的归一关系

(Jackson, 1975):

$$\frac{C}{Z} \times \frac{L}{Z} = (\epsilon_r \mu_r)\epsilon_0 \mu_0 = \frac{\epsilon_r \mu_r}{c^2} \tag{6.12}$$

式 (6.12) 实际上可以用 6.1.2 节传输线理论中的式 (6.25) 作出干净利落的证明. 若传输线半径为 $a=1$ cm, 相距 $d=2$ cm, 假设相对磁导率和相对介电常数都是 1, 注意到真空磁导率 $\mu_0 = 0.4\pi$ μH/m, 真空介电常数 $\epsilon_0 = 8.85$ pF/m, 那么单位长度双传输线的电感为 $L/Z = 0.377$ μH/m, 单位长度双传输线的电容一定是 $C/Z = 29.5$ pF/m.

图 6.2(b) 中同轴电缆 (coaxial cable) 的对称性比较高, 其电感计算相比双传输线来说要简单一些. 根据式 (2.53) 中的斯托克斯定理, 以及麦克斯韦方程 (3.22), 磁场一定是沿着柱坐标的 $\hat{e}_\phi$ 方向的: $\int_\Gamma \boldsymbol{H} \cdot \mathrm{d}\boldsymbol{l} = I_{\mathrm{in}}$, 在空间的分布为

$$H_\phi = \begin{cases} \dfrac{I\rho}{2\pi a^2}, & 0 < r < a \\[2mm] \dfrac{I}{2\pi\rho}, & a < r < b \\[2mm] \dfrac{I}{2\pi\rho}\left(1 - \dfrac{\rho - b}{b^+ - b}\right), & b < r < b^+ \\[2mm] 0, & r > b^+ \end{cases} \tag{6.13}$$

那么, 同轴电缆的单位长度总自由能及单位长度的电感就很容易计算出来:

$$\begin{aligned}
\mathcal{F}/Z &= \frac{\mu_0}{4\pi}I^2\left[\int_0^a \rho\mathrm{d}\rho\frac{\rho^2}{a^4} + \int_a^b \rho\mathrm{d}\rho\frac{1}{\rho^2} + \int_b^{b^+} \rho\mathrm{d}\rho\frac{1}{\rho^2}\left(1 - \frac{\rho - b}{b^+ - b}\right)^2\right] \\
&= \frac{\mu_0}{4\pi}I^2\left[\frac{1}{4} + \ln\frac{b}{a} + \left(\frac{b^+}{b^+ - b}\right)^2 \ln\frac{b^+}{b} - \frac{3b^+/2 - b/2}{b^+ - b}\right]
\end{aligned} \tag{6.14}$$

$$L/Z = \frac{\mu_0}{2\pi}\left[\ln\frac{b}{a} + \frac{1}{4} + \frac{1}{3}\left(\frac{b^+ - b}{b}\right)\right] \tag{6.15}$$

注意, 同轴电缆的外壳中的电流分布在比较薄的一个半径范围内; 根据电缆中正负电流相等的原则, 同轴电缆外壳厚度占总半径的比 $(b^+ - b)/b$ 大约等于 $a^2/2b^2$, 因此电感中的最后一项正比于 $a^2/2b^2$, 这是一个很小的数, 一般可以忽略.

假设电视电缆的内导线直径 $2a=0.5$ mm, 外导线直径 $2b=5$ mm, 单位长度的同轴电缆的电感 $L/Z=0.51$ μH/m. 如果考虑到同轴电缆中传输的电

视信号频率较高, 内导线的电流有趋肤效应, 主要集中在 $\rho = a$ 附近, 那么内导线贡献的电感 $\mu_0/8\pi$ 一项就没有了, 同轴电缆的单位长度电感应为 $L/Z = 0.46\ \mu\text{H/m}$. 根据式 (6.12), 不填充电介质的同轴电缆的单位长度电容应为 $C/Z = \epsilon_0\mu_0/(L/Z) = 24.1\ \text{pF/m}$.

图 6.2(c) 中基于法拉第圆环的互感变压器也是一类非常重要的电感, 法拉第圆环本身是软磁材料制成的, 假设其相对磁导率为 μ_r. 圆环上的三个互感线圈线圈匝数分别为 N_1、N_2、N_3, 其中的电流分别为 I_1、I_2、I_3. 那么, 法拉第圆环上的三个线圈在半径为 $r_0 = (a+b)/2$ 的圆环中心线上贡献的磁感应强度为

$$B_\phi^i = \mu_0\mu_r\frac{N_iI_i}{2\pi r_0} \qquad (i = 1, 2, 3) \tag{6.16}$$

根据安培环路定律, 圆环内部的磁场 $\boldsymbol{H}$ 与软磁材料无关, 只与电流有关; 但圆环内部的磁感应强度 $\boldsymbol{B}$ 却因铁磁材料内部的自发磁化效应而被增强了 μ_r 倍, 因此法拉第圆环的总自由能主要集中在磁芯内部, 这是使软磁体在电工中得到应用的关键效应.

通过软磁磁芯内部的磁场自由能, 很容易计算出三个线圈的自感和互感:

$$L_{ij} = \mu_0\mu_r N_iN_j A/l \qquad (A = \pi(b-a)^2; l = 2\pi r_0; i,j = 1,2,3) \tag{6.17}$$

可见, 法拉第圆环中的自感和互感正比于相对磁导率、线圈匝数、圆环的截面积 A, 反比于圆环周长 l, 这样线圈的自感和互感与电导 $G = I/V = \sigma A/l$ 有点类似. 因此, 对软磁材料构成的回路, 有磁路 (magnetic circuit) 一说. 与电路相比, 磁通量 $\Phi = BA$ 取代了电流的位置, 而线圈中总的驱动电流取代了电压的位置:

$$NI = \sum_a H_a l_a = \Phi\sum_a \frac{l_a}{\mu_0\mu_r A_a} = \Phi\sum_a \mathcal{R}_a \tag{6.18}$$

其中 $\mathcal{R}_a$ 是磁路中第 a 段的 "磁阻". 感应式磁头的始祖—— 环形磁头就是从法拉第圆环上的线圈的思想衍生来的, 磁隙的相对磁导率 $\mu_r = 1$, 因此其"磁阻"就特别大, 这就是为什么线圈电路中主要的驱动能量都从磁隙中漏出去了, 这对于磁信息存储是个关键的设计. 本书第四章中的磁头效率式 (4.53) 就体现了这个设计的效果.

例题 6.2　片式电感的计算问题.

表面安装技术 (surface mount technology, SMT) 是电子工业中产品的外部电路板器件组装成型的关键技术. 计算机的主板上除了 CPU/DRAM 以外,

其他外部电路都是使用表面封装的办法进行组装的. 其他电器设备当中的外部电路也是这样. 为了大幅度提高产率, 利用专用安装设备进行快速、准确、大批量的器件组装, 电路中的元件如电阻、电容、电感等都需要标准化并适合安装设备的要求. 片式电感就是为表面安装技术设计的一种表面安装器件 (surface mount device, SMD).

本节前面的表 6.1 已经给出了电感一般的计算方法: 首先建立适合工业设计标准的几何模型; 然后忽略器件边界, 用直接积分法解出无穷空间中的磁场; 最后用表面有限元法确定软磁铁氧体对于空间磁场的影响. 这个计算设计的原理在于分两步解决磁场的计算问题: 第一步是无散度有旋度的电流贡献的磁场; 第二步的表面有限元法实际上是一种表面磁荷法, 磁荷贡献的磁场是有散度无旋度的. 这是比较可靠的计算任意线圈电流分布、任意形状的器件电感的方法.

在均匀的相对磁导率为 μ_{r} 的软磁材料中, 根据式 (6.7) , 可以推导出由毕奥–萨伐尔定律 (Biot-Savart law), 并据此计算出线圈中的电流产生的磁感应强度 $\boldsymbol{B}$ 和磁场 $\boldsymbol{H}$, 即

$$\boldsymbol{B} = \mu_0 \mu_{\mathrm{r}} \boldsymbol{H} = \frac{\mu_0 \mu_{\mathrm{r}}}{4\pi} I \int_{\Gamma} \frac{\mathrm{d}\boldsymbol{l}' \times (\boldsymbol{r} - \boldsymbol{r}')}{|\boldsymbol{r} - \boldsymbol{r}'|^3} \tag{6.19}$$

注意, 上述方程是适用于计算铺满无穷空间的均匀材料中的磁场, 其中的线积分是沿着导线进行的. 据此计算的三匝、五匝线圈产生的磁场分布截面见图 6.3(a)、6.3(c). 真正的片式电感是有一定大小的, 这个磁场分布肯定会因为软磁材料的存在而有所改变.

根据目前的表面安装技术, 片式电感的尺度选为 5 mm × 5 mm × 2 mm. 导线埋在软磁铁氧体中共烧, 线圈的横向尺度为 2.5 mm × 2.5 mm. 软磁铁氧体的磁导率随着频率的变化会有所改变, 在共振频率处, 磁导率实部会突然下降, 虚部有极大值. 现假设相对磁导率 $\mu_{\mathrm{r}} = 20$(无虚部), 图 6.3(b)、6.3(d) 分别为 3 匝和 5 匝线圈的片式电感 $y = 0$ 截面中的磁场分布.

从图 6.3 中可以看到, 使用表面有限元法以后, 软磁铁氧体边界上, 诺伊曼边界条件得到了满足: 磁场 $\boldsymbol{H}$ 的切向分量连续, 意味着铁氧体内部的磁感应强度 $\boldsymbol{B}$ 的切向分量比边界外部大 μ_{r} 倍. 从磁荷的观点来看, 为了使表面磁荷达到极小, 磁矩应尽量平行于软磁体表面排列. 表 6.2 中给出了边条件满足精度为 10^{-4} 量级的数值模拟结果.

在空气中, 螺线管线圈的磁场主要集中在线圈内. 在片式电感中, 器件边界

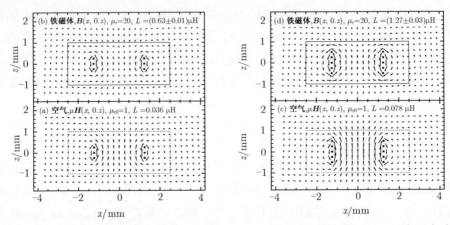

图 6.3 片式电感 $y = 0$ 截面中的磁场分布. (a) 不考虑器件边界时, 三匝线圈产生的磁场分布; (b) 考虑铁氧体边界时, 三匝线圈的磁场分布; (c) 不考虑器件边界时, 五匝线圈产生的磁场分布; (d) 考虑铁氧体边界时, 五匝线圈的磁场分布

表 6.2　5 mm×5 mm×2 mm 表面安装器件的电感问题

器件	$\mu_{r0} = 1$ 时的电感/μH	$\mu_r = 20$ 时的电感/μH
一匝 2.5 mm × 2.5 mm 的线圈	0.006	0.11±0.01
三匝 2.5 mm × 2.5 mm 的线圈	0.036	0.63±0.01
五匝 2.5 mm × 2.5 mm 的线圈	0.078	1.27±0.03

上的表面磁荷产生的退磁场 (demagnetizing field) 使得片式电感内部的 **H** 场有所减弱, 而且磁场比较集中在导线的周围. 因此, 片式电感的电感值要略小于真空电感值的 μ_r 倍.

另外, 线圈的匝数 $N = 1$ 时, 磁场太过发散, 电感很小. 当线圈匝数 $N > 2$ 时, 每一匝线圈贡献的电感数值趋于饱和, 至于具体选择几匝导线, 这要依赖于电子线路中需要多大的电感数值. 尺度在毫米级的表面安装器件的电感数值在 10^{-6}H 的量级.

从片式电感问题的解决以及本书第四章最后一节中感应式磁头磁场的计算实例中, 可以看到表面有限元法 (surface finite element method) 是计算软磁器件内外磁场的有力手段. 原因就在于表面有限元法非常适合处理高磁导率软磁体的诺伊曼边界条件.

6.1.2 传输线

1850 年, 横跨大西洋的海底电缆开始建设; 1854 年, 英国人汤姆孙 (见图 6.4(a)), 也就是定义绝对温标的开尔文勋爵, 首次提出了海底电缆中的传输理论. 1857 年, 基尔霍夫 (见图 6.4(b)) 进一步提出了架空的传输线理论, 得到了一组电报方程 (telegraph equation). 基尔霍夫是德国人, 1854~1875 年他是海德堡大学的教授, 在此作出了光谱锐线的发现、传输线理论、电路理论等重要成果.

(a)　　　　　　　　　　　　　　　(b)

图 6.4　(a) 汤姆孙[1]; (b) 基尔霍夫[2]

假设图 6.5 的传输线中交流电频率为 $f = \omega/2\pi$, 电压和电流都按 $\exp(\mathrm{i}\omega t)$ 的规律随时间改变. 在 $l \to l + \delta l$ 的一段传输线上, 电阻对电压降的贡献为 $\delta V^{(1)} = I\mathcal{R}\delta l$, 电导对电流差别的贡献为 $\delta I^{(1)} = V\mathcal{G}\delta l$. 根据电容

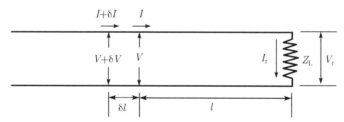

图 6.5　传输线中的电压 V、电流 I 与传输距离 l 的关系. 在用户载荷处的阻抗为 Z_{L}、电流 I_{r}、电压 V_{r}. 在传输距离 l 处, 双根导线的传输线中的电流相反. 单位长度传输线的电阻、电导、电容、电感分别记为 $\mathcal{R}, \mathcal{G}, \mathcal{C}, \mathcal{L}$ (Terman, 1947)

---

[1] 引自: Andrew Watson. 2007-01-10. Sir William Thomson, Lord Kelvin. Glasgow University, City of Glasgou, UK. http://www.archives.gla.ac.uk/gallery/awatson/studies/kelvin.html.

[2] 引自: Energie Wissen. 2007-03-01. http://www.udo-leuschner.de/basiswissen/SB132-10.htm.

的定义, $\delta I^{(2)} = \mathcal{C}\delta l \, dV/dt = \mathrm{i}\omega \mathcal{C}V \, \delta l$; 根据电感的定义, $\delta V^{(2)} = \mathrm{d}\mathcal{F}/(I\mathrm{d}t) = \mathcal{L}\delta l \, \mathrm{d}I/\mathrm{d}t = \mathrm{i}\omega \mathcal{L}I\delta l$. 因此, 电报方程为

$$\frac{\partial V}{\partial l} = (\mathcal{R} + \mathrm{i}\omega\mathcal{L})I = \mathcal{Z}I$$
$$\frac{\partial I}{\partial l} = (\mathcal{G} + \mathrm{i}\omega\mathcal{C})V = \mathcal{Y}V \tag{6.20}$$

在无线电频率区间, 导线中会有趋肤效应 (skin effect), 这是在 1885 年由英国人亥维赛 (Oliver Heaviside) 和兰姆 (Horace Lamb) 共同发现的. 1911 年亥维赛在求解电报方程的时候还提出了阻抗 (impedance) 的概念. 假设图 6.6 中的导线沿着 x 方向延伸, 在表面某处的法向为 z 轴; 此处的电流沿着 x 方向传播, 磁场主要沿着 y 方向, 电场也主要沿着 x 方向. 由麦克斯韦方程 (3.21)、(3.22) 可以证明趋肤效应的存在:

$$\partial_z^2 E_x = -\mathrm{i}\omega \, \partial_z B_y = \mathrm{i}(2\pi f\mu_0\mu_\mathrm{r}\sigma)E_x$$

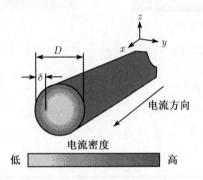

图 6.6　导线趋肤效应示意图 D 为半径, δ 为趋肤深度[①]

可得

$$E_x(z) = E_x(0)\exp(\mathrm{i}z/\delta)\exp(-|z|/\delta)$$
$$\delta = \sqrt{\frac{1}{\pi\mu_0\mu_\mathrm{r}\sigma f}} = 5.03\,\mathrm{cm}\sqrt{\frac{\rho/(\mu\Omega \cdot \mathrm{cm})}{\mu_\mathrm{r}(f/\mathrm{Hz})}} \tag{6.21}$$

上述推导过程中忽略了麦克斯韦位移电流, 因为此项在导体中比自由电流 $\boldsymbol{j}_0 = \sigma\boldsymbol{E}$ 要小得多. 根据式 (6.21), 铜导线的趋肤深度 (skin depth)$\delta =$

---

① 引自: Clarke R. 2006-12-31. Power Losses in Wound Components. University of Surrey, City of Surrey, UK. http://www.ee.surrey.ac.uk/Workshop/advice/coils/power_loss.html.

6.62 cm/$\sqrt{f}$, 当电视电缆中传播频率 f=50 MHz~1 GHz 的电视信号时, 趋肤深度减小到 9.36~2.09 μm 的范围内. 趋肤深度减小, 意味着导线的有效截面积减小, 因此电缆电阻 $\mathcal{R}$ 必然正比于 $\sqrt{f}$. 电阻是损耗的来源, 因此测量传输线的 Q 因数可以验证电阻 $\mathcal{R}$ 正比于 $\sqrt{f}$ 的规律.

6.1.1 节已计算过双传输线、同轴电缆的单位长度电感, 式 (6.12) 中给出了理想导体传输线的 $\mathcal{L}$ 和 $\mathcal{C}$ 的关系. 表 6.3 中给出了无线电频率区间的两个传输线的实例: 一个是将天线中的信号引到主机中的双导线传输线式的天线电缆 (antenna-down cable); 另一个是电缆电视 (cabel TV) 的同轴电缆. 其中传输的电视信号频率在 50 MHz~1 GHz.

表 6.3　双导线传输线和同轴电缆的传输线常数

器件	双导线传输线式的天线电缆	同轴电缆式的电视电缆
几何尺度	a=0.5 mm, d=5 mm	a=0.25 mm, b=4 mm
介电常数	$\epsilon_r = 1$	$\epsilon_r = 4.9$
电感 $\mathcal{L}$	$\dfrac{\mu_0}{4\pi}\left(1 + 4\ln\dfrac{d}{a}\right) = 1.02\ \mu\text{H/m}$	$\dfrac{\mu_0}{2\pi}\left(\ln\dfrac{b}{a} + \dfrac{1}{4}\right) = 0.60\ \mu\text{H/m}$
电容 $\mathcal{C}$	$4\pi\epsilon_0\epsilon_r / \left(1 + 4\ln\dfrac{d}{a}\right) = 10.9\ \text{pF/m}$	$2\pi\epsilon_0\epsilon_r / \left(\ln\dfrac{b}{a} + \dfrac{1}{4}\right) = 90.2\ \text{pF/m}$
特征阻抗	$Z_0 = \sqrt{\mathcal{L}/\mathcal{C}} = 309\Omega$	$Z_0 = \sqrt{\mathcal{L}/\mathcal{C}} = 82\Omega$
波速 v_{p}	$3.00 \times 10^8\text{m/s}$	$1.36 \times 10^8\text{m/s}$

考虑到在图 6.5 中传输线的右端 $l = 0$ 的载荷处的边界条件 $V_r = Z_L I_r$, 电报方程式 (6.20) 的解为

$$
\begin{aligned}
V(l,t) &= [V_r \cosh(\sqrt{\mathcal{Z}\mathcal{Y}}\, l) + I_r \mathcal{Z}_0 \sinh(\sqrt{\mathcal{Z}\mathcal{Y}}\, l)]\exp(\mathrm{i}\omega t) \\
I(l,t) &= [I_r \cosh(\sqrt{\mathcal{Z}\mathcal{Y}}\, l) + (V_r/\mathcal{Z}_0)\sinh(\sqrt{\mathcal{Z}\mathcal{Y}}\, l)]\exp(\mathrm{i}\omega t)
\end{aligned}
\tag{6.22}
$$

其中特征阻抗 (characteristic impedance) $Z_0 = \sqrt{\mathcal{Z}/\mathcal{Y}}$ 和交流电的复波数 $k_{\text{T}} = -\mathrm{j}\sqrt{\mathcal{Z}\mathcal{Y}}$ 是传输线中最重要的分布常数, 它们可以由传输线的材料常数 $\mathcal{R}$、$\mathcal{G}$、$\mathcal{C}$、$\mathcal{L}$ 来表达:

$$
Z_0 = \sqrt{\mathcal{Z}/\mathcal{Y}} = \sqrt{(\mathcal{R} + \mathrm{i}\omega\mathcal{L})/(\mathcal{G} + \mathrm{i}\omega\mathcal{C})}
\tag{6.23}
$$

$$
k_{\text{T}} = -\mathrm{i}\sqrt{\mathcal{Z}\mathcal{Y}} = -\mathrm{i}\sqrt{(\mathcal{R} + \mathrm{i}\omega\mathcal{L})(\mathcal{G} + \mathrm{i}\omega\mathcal{C})} = \beta - \mathrm{i}\alpha
\tag{6.24}
$$

交流电复波数的实部 $\beta = \omega/v_{\text{p}}$ 就是沿传输线传播的电磁波的波数, 虚部 α 则代表增益或损耗. 在电工、电子设备中, 交流电频率在 1 kHz~100 GHz 的范围内, 因此常常可以假设 $\omega\mathcal{L} \gg \mathcal{R}, \omega\mathcal{C} \gg \mathcal{G}$, 这样传输线中的特征阻抗、波数和传播速度可近似为

$$Z_0 = \sqrt{\mathcal{L}/\mathcal{C}}, \quad k_{\mathrm{T}} = \omega\sqrt{\mathcal{L}\mathcal{C}}, \quad v_{\mathrm{p}} = \frac{1}{\sqrt{\mathcal{L}\mathcal{C}}} = \frac{c}{\sqrt{\epsilon_{\mathrm{r}}\mu_{\mathrm{r}}}} \tag{6.25}$$

如果将交流电分解成入射和反射波, 传输线中的电压 $V(l,t)$ 和载荷处的反射系数 r_{L} 分别为

$$V(l,t) = \frac{1}{2}(V_{\mathrm{r}} + I_{\mathrm{r}}Z_0)\mathrm{e}^{\sqrt{zy}\,l+\mathrm{i}\omega t} + \frac{1}{2}(V_{\mathrm{r}} - I_{\mathrm{r}}Z_0)\mathrm{e}^{-\sqrt{zy}\,l+\mathrm{i}\omega t}$$

$$r_{\mathrm{L}} = \frac{V_{\mathrm{r}} - I_{\mathrm{r}}Z_0}{V_{\mathrm{r}} + I_{\mathrm{r}}Z_0} = \frac{Z_{\mathrm{L}} - Z_0}{Z_{\mathrm{L}} + Z_0} = \frac{Z_{\mathrm{L}}/Z_0 - 1}{Z_{\mathrm{L}}/Z_0 + 1} \qquad (l = 0) \tag{6.26}$$

在载荷 Z_{L} 处的反射率 $R = |r_{\mathrm{L}}|^2$ 是电能被反射的比例; 透射率 $T = 1 - |r_{\mathrm{L}}|^2$ 是电能被载荷损耗的比例. 电能在载荷处的反射率和透射率都只取决于 Z_{L}/Z_0 之比.

如果 Z_{L} 载荷只是庞大的电网中的一环, 那么最好能量可以全部通过这个节点、继续在网络中传播, 这就要求载荷匹配 (impedance matching), 也就是说 $Z_{\mathrm{L}} = Z_0$. 如果在 $l=0$ 的另一边, 电网的实际载荷 Z_r 不等于 Z_0, 也可以通过变压器 (transformer) 将载荷 Z_r 变为等效载荷 $Z_{\mathrm{L}} = Z_0$, 以实现载荷匹配. 考虑图 6.2(c) 中基于法拉第圆环的互感变压器, 假设这是个理想变压器 (ideal transformer), 本身没有能量损耗. 根据法拉第电磁感应定律, 电压、电流和载荷在线圈 1 和线圈 2 之间的变化规律为

$$\frac{\mathrm{d}\varPhi}{\mathrm{d}t} = \frac{V_1}{N_1} = \frac{V_2}{N_2}$$

$$\frac{\mathrm{d}\mathcal{F}}{\mathrm{d}t} = V_1 I_1 = V_2 I_2$$

$$Z_1 = \frac{V_1}{I_1} = \frac{(N_1/N_2)V_2}{(N_2/N_1)I_2} = \left(\frac{N_1}{N_2}\right)^2 Z_2 \tag{6.27}$$

因此, 理想变压器中载荷的变化 Z_1/Z_2 等于其中两个线圈匝数之比的平方 $(N_1/N_2)^2$. 这就可以根据需要, 在电网的任何一个节点配备变压器, 将节点左右的两个部分进行载荷匹配, 在电网的多级标准电压 500 kV、330 kV、220 kV、110 kV、35 kV、10 kV、6 kV、380 V、220 V 之间的任一转换也都要使用变压器, 以最大限度地减小电网传输中的能量损耗.

6.1.3 网络

电机的基本原理很简单, 就是法拉第电磁感应定律描述的过程: 转动线圈切割磁力线产生感生电流, 见图 6.1. 但电机具体的设计细节很复杂, 在此不再

详叙. 本节要讨论的是电网的基本理论, 这是后续的电话网、电视电缆网和因特网的思想来源.

网络理论 (network theory) 与电路理论 (circuit theory) 恰好是互逆的; 电路理论由已知的元件推算电路的性质, 而网络理论则要从特定的功能反推恰当的电路元件分布. 实际上, 由于电能是以光速传输的, 网络中的电能或电磁场能的生产必须时刻与消费保持平衡. 因此, 电网的随机变化就成为制约其结构和运行的根本特点, 这就是网络理论的重要性所在. 当然, 本节只能非常初步地介绍网络理论.

在网络理论建立之前, 由汤姆孙和基尔霍夫提出的传输线理论是非常重要的前驱, 由此带来了载荷处能量的透射和反射、特征阻抗、阻抗匹配等重要概念. 其后, 英国人亥维赛 (Oliver Heaviside) 根据传输线理论讨论了网络的分布载荷 (distributed loading) 和集总载荷 (lumped loading), 对网络理论的正式建立起到关键性的作用.

在早期的网络理论中, AT&T 的工程师坎贝尔 (George A. Campbell) 继承了亥维赛的集总载荷理论, 并发展了滤波电路的理论. 实际上, 除了坎贝尔以外, 德国工程师华格纳 (K. W. Wagner) 也独立提出了类似的滤波理论. 他们发现传输线可以看成是一种低通滤波器 (low-pass filter), 也就是说, 当传输线中的电流频率低于某个截止频率时, 传输线可以是无损耗的; 而这个截止频率与传输线的间距和尺度有关.

到 20 世纪 30 年代, 比较混乱的网络理论由贝尔实验室的博德 (Hendrik W. Bode)、德国的考尔 (Wilhelm Cauer) 等进行了系统化. 同一时期, 坎贝尔的同事福斯特 (R. M. Foster) 给出了电感电容二端网络的电抗 (reactance) 定理, 并理清了网络理论中的数学函数类别. 另一支重要的网络理论是由布莱克 (Harold Black) 发明的负反馈放大器 (feedback amplifier), 此后由瑞典人奈奎斯特 (Harry Nyquist) 给出了负反馈放大器稳定性的判据. 福斯特和奈奎斯特的理论构成了现代网络理论的基础.

此后, 受到其他学科发展出来的新元件、新的通信需求和计算需求的刺激, 网络理论有了进一步的发展; 反过来, 网络理论也对相关的学科有重要的影响. 在电子元件方面, 从基本的 R、L、C 元件、真空管, 逐渐发展到晶体管等固体电子元件, 再发展到集成电路技术. 在电路分析方面, 从基于线性电路的网格节点理论 (mesh nodal theory) 发展到各种实现技术 (realization technique)、反馈理论、基于个人计算机和大中型计算设备的计算机辅助设计 (CAD)、数字电路 (digital circuit) 等. 在滤波器方面, 从 LC 镜像滤波器发展到晶体滤波器, 以及在本书第七章将要讨论的波导和光纤等.

网格节点理论

1848 年, 基尔霍夫扩展了欧姆定律以解决电流网络的问题. 网络的基本方程则是根据基尔霍夫定律构筑的. 基尔霍夫定律包括在任意回路中定义的基尔霍夫电压定律 (KVL) 和在任一网络节点上的电流定律 (KCL):

$$\sum_i V_i = 0 \quad \text{(KVL)}, \qquad \sum_j I_j = 0 \quad \text{(KCL)} \tag{6.28}$$

其中电流的正或负分别以出入节点为准, 电压的正和负则以 R、L、C 无源器件和三极管等有源器件本身的物理机制为准; 式 (6.28) 可以在有 N 个节点、M 个分支的网络中应用.

图 6.7 中的网格 (mesh) 含有 $N = 4$ 个节点 (node)、$M = 6$ 个分支 (branch), 那么网格中独立的环路数一定服从 $L = M - N + 1$ 的关系. 根据基尔霍夫电压定律 (顺时针求和) 和电流定律分析这个网格, 可以得到一组独立的电压和电流的线性方程:

$$\begin{cases} Z_a I_a + Z_b I_b + Z_c I_c = E_a + E_b + E_c & \text{(KVL)} \\ -Z_b I_b + Z_d I_d - Z_e I_e = -E_b & \text{(KVL)} \\ -Z_c I_c + Z_e I_e + Z_f I_f = -E_c & \text{(KVL)} \\ I_a = I_b + I_d & \text{(KCL)} \\ I_a = I_c + I_f & \text{(KCL)} \\ I_f = I_d + I_e & \text{(KCL)} \end{cases}$$

$$Z_\alpha = \mathrm{i}\omega L_\alpha + \frac{1}{\mathrm{i}\omega D_\alpha} + R_\alpha \qquad (\alpha = a, b, c, d, e, f) \tag{6.29}$$

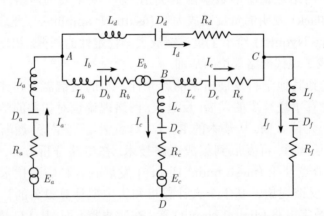

图 6.7　无源电网示意图, 其中双圈代表变压器或电源 (Bode, 1945)

其中与交流电频率相关的参数 $i\omega$ 有时候也用 p 或 s 表示, 代表傅里叶分析方法中对时间的微分 $\mathrm{d}/\mathrm{d}t$.

消去式 (6.29) 中不独立的三个分支电流 I_b、I_c、I_e, 可得以 $L \times L$ 的矩阵 $\tilde{Z}$ 为核心, 只含 R、L、C 元件的无源网格方程 (passive mesh equation) $\sum Z_{ij} I_j = V_j \ (i, j = 1 - L)$:

$$
\begin{pmatrix}
Z_a + Z_b + Z_c & -Z_b & -Z_c \\
-Z_b & Z_b + Z_d + Z_e & -Z_e \\
-Z_c & -Z_e & Z_c + Z_e + Z_f
\end{pmatrix}
\begin{pmatrix}
I_1 \\
I_2 \\
I_3
\end{pmatrix}
=
\begin{pmatrix}
V_1 \\
V_2 \\
V_3
\end{pmatrix}
\tag{6.30}
$$

其中 I_1, I_2, I_3 分别等于 I_a, I_d, I_f; 电压常数 V_j 就是式 (6.29) 中头三个方程右边的常数.

网格中常含有真空管或晶体管等有源器件, 其中三极管的源 (S)、漏 (D)、栅 (G) 在电路中的作用是关键的因素. 在网格节点理论中, 三极管的源栅、漏栅可分隔为两个分支: 源栅之间可以等效为一个阻抗 Z_{SG}, 而栅漏之间可以等价为阻抗 Z_{DG} 加上放大电压降 $-\mu I_{\mathrm{SG}} Z_{\mathrm{SG}}$.

如果把图 6.8 中的有源网格中的源栅阻抗为 Z_2, 漏栅阻抗记为 Z_3. 在写下 $L = 3$ 个独立的环路方程以后, 可得含有真空管或晶体管的有源网格方程 (active mesh equation):

$$
\begin{pmatrix}
Z_1 + Z_4 + Z_5 & -Z_4 - Z_5 & Z_5 \\
-Z_4 - Z_5 & Z_2 + Z_4 + Z_5 & -Z_5 \\
Z_5 & \mu Z_2 - Z_5 & Z_3 + Z_5
\end{pmatrix}
\begin{pmatrix}
I_1 \\
I_2 \\
I_3
\end{pmatrix}
=
\begin{pmatrix}
E \\
0 \\
0
\end{pmatrix}
\tag{6.31}
$$

其中 μ 为图 6.8 中三极管的放大倍数. 注意, 式 (6.30) 中的无源网格矩阵是一个对称矩阵, 而式 (6.31) 中的有源网格矩阵则不是对称矩阵, 不对称因素就是三极管的放大倍数. 不过, 在等效电路中, 环路、节点和分支的关系 $L = M - N + 1$ 还是满足的.

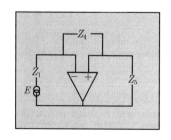 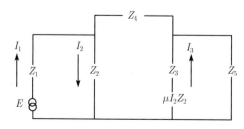

图 6.8　有源网格及其等效电路. 图中三极管变为分开的两支 (Bode, 1945)

在网格设计中, 往往要在三极管放大器输入/输出两端加上负反馈, 这也就是图 6.8 中的阻抗 Z_4 起到的作用. 如果定义三极管的源与栅、漏与栅极之间的电压差分别为 V_- 和 V_+, 与阻抗 Z_4 相关负反馈的系数为 β, 那么负反馈的基本公式为

$$V_+ = \mu(V_- + \beta V_+)$$

可得

$$V_+ = \frac{\mu}{1 - \mu\beta} V_- \tag{6.32}$$

布莱克 (Harold Black) 和奈奎斯特提出负反馈放大器的概念就是为了建立在所使用的带宽范围内都保持线性的电路, 这对电话等信号的保真是非常重要的.

自 20 世纪 60 年代以后, 前述网格节点方程就成为了电网分析的主流. 实际的网络很大, 要用网格节点方程, 就必须对角化求解一组很大的线性网格方程. 在网络设计过程中, 还需要针对大量的无源网格和有源网格构形进行模拟, 以找到最优 (optimal) 设计方案. 因此, 网络模拟是非常费时间的, 必须有恰当的简化措施才可能真正实施.

网络模拟简化办法主要有: ① 把网络结构分成树状结构 (hierarchy), 在每个树状分支中的电路元件都不多, 容易计算; 根据分形原理, 在更高的树状分支中, 可以把团块等价为亥维赛提出的集总载荷, 这样能控制元件总数, 也比较容易计算; ② 依靠模拟软件进行计算, 并选取一系列恰当的电路构形来减少计算量, 寻求较优 (suboptimal) 的系统实施方案; ③ 寻找自动化的电路模拟方法, 减少人工干预, 增加模拟速度.

6.2　电　话　通　信

在电话发明之前, 人和人的对话只能在同一时空内进行, 此时声波 (sound wave) 在对话人之间的空气中传播, 是一种以空气为传播介质的机械波 (mechanical wave). 电话的发明使得声波可与传输线为传播介质的电磁波 (electromagnetic wave) 互相转换, 这样人和人的对话可以在同一时间不同空间内进行, 声音传输速度于是接近光速.

贝尔是苏格兰人, 父母兄弟都热衷于演说. 受家庭氛围感染, 贝尔少年时就和他的哥哥一起, 对人发声的生理、力学机制进行研究. 1870 年, 苏格兰流行结核病, 他的两个兄弟因此去世, 因此全家移民加拿大, 此时贝尔 23 岁.

1872 年, 贝尔定居于波士顿, 并开设了学校, 专门训练聋哑学校的教师. 1873 年, 贝尔成为波士顿大学声音生理学的教授. 贝尔一直想制造沿着电线传播声音的设备 (见图 6.9), 1875 年, 他终于发明了电话, 实现了电声转换.

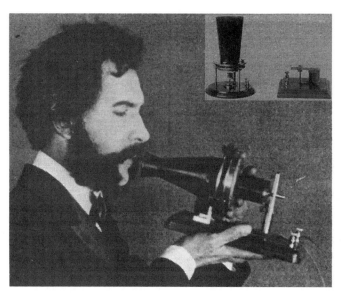

图 6.9　贝尔、电话发射机和接收机[1]

与贝尔同时期的电话发明家中, 最著名的是缪奇 (Antonio Meucci) 和格雷 (Elisha Gray). 缪奇是一位意大利裔的移民, 实际上, 1871 年缪奇已经准备提交他的专利 "Teletrofono", 后因资料不全等问题使其专利没有被批准. 1874 年, 格雷发明 "调音电报", 这个装置将电报两端的电磁衔铁与一个粘在音叉上的永磁体互相感应, 可以把音叉的振动转换为电路中相应的电信号, 然后传输到远方, 只是这个专利设计并未工业化.

贝尔在发明电话的过程中曾受到亨利的鼓励. 1876 年 2 月 14 日, 贝尔也提交了他的专利 "Improvements in Telegraphy"(US Patent 174465), 比格雷提交的专利只早了两小时. 其后几年, 贝尔为了他的电话专利优先权经历了大约 600 项诉讼, 特别是与格雷进行了旷日持久的专利官司, 最后贝尔终于在 1893 年获得了美国最高法院的专利优先认可, 贝尔的专利也成为了历史上最有价值的专利. 到现在, 缪奇的先驱性贡献也逐渐受到肯定.

1877 年, 贝尔电话公司 (Bell Telephone Company) 正式成立. 1880 年, 贝

---

[1] 引自: Early Office Museum.2007-07-05. http://www.officemuseum.com/IMagesWWW/.

尔继续他的特殊教育事业, 帮助了聋哑人海伦·凯勒 (Helen Keller), 使他的技术被更多人所知. 至 1890 年, 超过十万美国人已经拥有了电话, 标志着电话进入了日常生活.

6.2.1   电话接收机

声波以模拟信号 (analogy signal) 的方式转换为交流电波是信息电子工业发展史上非常关键的一步. 在递交了专利以后, 贝尔和他的助手华生 (Thomas Watson) 继续改进电话系统, 1876 年 3 月 10 日, 华生听到了贝尔在另一间房间的声音 "Mr. Watson, come here, I want to see you." 这是第一次实现有一定距离的通话. 当时他们的电话系统中使用的是液体电话发射机 (liquid transmitter) 和磁性电话接收机 (magnetic receiver).

电话的发射机中使用液体是为了稳定电阻, 降低噪声. 液体电话发射机的结构如图 6.10(a) 所示, 其中电解液盛放在导体容器中, 另一个针形导体活塞与振动钢膜 (diaphragm) 连接. 说话声音传到振动钢膜上, 声波就被转换成振动膜的机械振动, 针形活塞与电解液之间的相对位置也就随之改变, 系统的电阻随之变化, 这样可以使电压变化恰好模拟出声波的振动, 但这个最早的设计显然噪声很大. 图 6.11(a) 中的磁性电话接收机与电报接收机非常类似, 由铁振动膜和绕在铁心上的线圈构成, 传到接收线圈中起伏的电信号通过电磁感应使得铁振动膜振动, 发出声音.

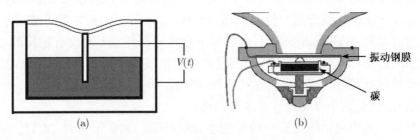

图 6.10   (a) 贝尔液体电话发射机的原始设计 (Ida, 2000);
(b) 爱迪生炭屑电话发射机原理[1]

1877 年, 爱迪生和柏林内尔 (Emile Berliner) 发明了炭屑电话发射机 (carbon transmitter), 其中声音信号通过振动膜传递给压制炭屑片或石墨片, 再通过石墨片的压电性转换为电信号, 炭屑发射机产生的电流比贝尔的电

---

[1] 引自: http://www.exnet.btinternet.co.uk/293/moretelephones.htm.

话发射机要大, 更适用于长途电话的传输. 在图 6.10(b) 的炭屑麦克风中, 振动钢膜本身就是一个电极, 声波驱动钢膜, 使得炭屑片感受到的压力随之改变, 这样两电极间的电压就能反映声波的振动, 这是压电性 (piezoelectricity) 的最早应用. 在后来美国的电话系统中, 长期使用爱迪生的炭屑电话发射机和贝尔的电磁感应电话接收机. 后来, 柏林内尔和休斯 (David Edward Hughes) 把炭屑电话发射机重新命名为麦克风 (microphone).

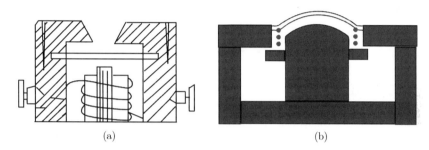

(a)   (b)

图 6.11 (a) 贝尔电话接收机的原理; (b) 移动线圈电话接收机, 线圈中载着音频信号交流电, 与蓝色的永磁体相互作用, 驱动振动膜产生声波. 反之, 声波驱动膜振动, 可引发音频交流电 (Terman, 1947)

1874 年, 德国工程师西门子发明了移动线圈换能器 (moving-coil transducer), 同年申请了美国专利, 但他当时没有想到可以用移动线圈设计电声转换器件. 1877 年, 受贝尔发明电话的启示, 西门子申请了德国专利, 把移动线圈换能器用作扬声器 (loudspeaker) 和电话接收机, 如图 6.11(b) 所示, 其中振动膜是非铁磁性的, 永磁体固定、而重量很轻的感应线圈可以移动. 移动线圈接收机和固定线圈接收机是电话接收机的两种标准设计.

在移动线圈接收机中, 线圈中通有以音频 ω 振动的交流电波, 线圈因此产生磁通量密度 $B_s \sin(\omega t)$. 永磁体 (permanant magnet) 的磁隙中有稳定的磁场 B_0. 沿着 y 方向移动的线圈与永磁体之间的相互作用力正比于自由能的微分 $F_y = -\partial_y \mathcal{F}$. 作用在与线圈相连的电话振动膜 (diaphragm) 上的单位面积的力为

$$
\begin{aligned}
F_y/A &= -\partial_y \left\{ \frac{1}{2\mu_0} (-y) \left[B_0 + B_s \sin(\omega t) \right]^2 \right\} \\
&= \frac{1}{2\mu_0} B_0^2 + \frac{1}{\mu_0} B_0 B_s \sin(\omega t) + \frac{1}{4\mu_0} B_s^2 \left[1 - \cos(2\omega t) \right]
\end{aligned}
\tag{6.33}
$$

振动钢膜感受到的力有三项: ① 常数项; ② 与音频振动成正比的项, 此项驱动振动膜与空气相互作用, 产生可闻的声波信号; ③ 与音频的两倍频成正

比的项, 这就是噪声. 可见, 信噪比正比于 B_0/B_s, 永磁体产生的磁场越大, 器件的信噪比也就越高, 这就是为什么在麦克风和电话接收机中总是需要使用最好的永磁体; 为了防止涡流损耗, 此永磁体还最好是绝缘体. 近年来, 钕铁硼 (NdFeB) 永磁体发明以后, 在电话接收机和麦克风等电声转换装置中立刻得到了应用, 就是这个道理.

从麦克风和电话接收机的设计来看, 与声波互相转换的电信号只能是模拟信号. 也就是说, 在与声音有关的电子设备中, 输入输出终端的电路必须是模拟电路. 即使声音记录的方式由模拟信号转为数字信号, 声音信号数字文件在变成声音的时候还是得使用 D/A 数模转换器, 才能驱动麦克风发出声音.

6.2.2 程控交换机

在电话诞生以后的很长时间内, 用户的电话转接都要依赖接线员. 贝尔实验室在 20 世纪 30 年代就开始研究机电型电话交换系统. 40 年代进而探讨电子交换系统 (electronic switching system, ESS), 其中贡献最大的是玖耳 (Amos E. Joel Jr.)、凯塞 (William Keister) 和凯奇里奇 (Raymond W. Ketchledge). 玖耳于 40 年代初在 MIT 获得 EE 本科和硕士学位, 并到贝尔实验室工作, 领导一个小组专门研究 ESS.

20 世纪 40 年代末, 固体电子器件诞生, 此时贝尔电话公司没有推动基于单晶硅的集成电路技术, 而是致力于把固体电子器件用到电话交换领域, 终于 1957 年制备完成接通电话仅用 1μs 的程控交换 (stored program control switching) 系统; 并于 1961 年在伊利诺伊州的 Morris 试运行. 1965 年, 商用模拟程控交换电话局在新泽西州的 Succasunna 开通. 数字程控交换局则于 1970 年在法国的 Lannion 开通.

电话交换系统的尺度与电话号码的位数直接相关, 如果号码位数从 2 增加到 8 , 总号码数会增加 100 万倍; 不过, 每个电话局 (程控交换机) 控制的电话号码数目不能这么大, 一般只控制四位数的号码, 服务 10 000 个用户. 图 6.12(a) 中显示的是左边的用户打电话给右边的用户的过程: 在左边的用户拨号以后, 首先当地的电话局会通过电话号码的开始几位数判断目的地用户的电话局是什么, 然后送出信号; 在目的地的电话局中, 交换机发现尾数号码在 1200~1299 之间, 于是会命令这个范围内的某个线路接通.

电话交换机的设计, 开始深受电话接线员的操作模式影响. 在图 6.12(b) 中显示的是应用时间最长、20 世纪 30~70 年代的主流十字条 (crossbar) 电话交换机, 右侧为示意图, 左侧为详图, 可以看到这是一个机电系统: 其中固

定磁铁 (hold magnet) 使得横向的支撑条 (hold bar) 固定; 而选择磁铁 (select magnet) 控制纵向的选择条 (select bar) 运动, 找到适当的电话号码接口, 这就相当于接线员的接线动作. 一个选择条显然不可能选择成千上万个号码, 因此某个电话局中的上万个号码必然有上百个选择条来进行实际操作.

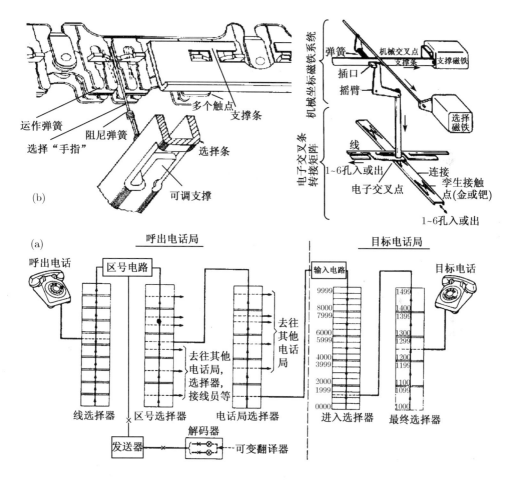

图 6.12　(a) 电话交换系统示意图; (b) 十字条电话交换机[1]

电话系统的程控交换机可以分为模拟和数字两类. 在图 6.13(a) 的模拟交换机中, 由用户电话机传来的脉冲, 通过一系列空间分割 (space-division) 的金属接触点开关的选择, 直接用模拟信号的方式 (例如, 本书第七章将要讨论的

① 引自: Massey D, Bob & Sheri Stritof. 2006-12-22. Telephone Tribute. City of Phoenix, Arizona, USA. http://www.telephonetribute.com/introduction.html.

调幅技术) 传送到目的地. 在图 6.13(b) 的数字交换机中, 由用户电话传来的声音电信号首先经模数转换变为 0-1 信号, 然后一系列时间分割 (time-division) 的信号被传送到半导体处理器和存储器中, 经开关选择送到用户处, 再经数模转换变为接电话者麦克风中的电信号.

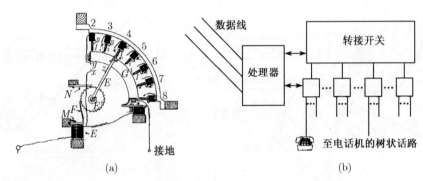

图 6.13　(a) 第一台模拟交换机原理 (Joel, 1979);
　　　　　(b) 数字交换机原理 (Duncan et al., 1982)

程控交换系统实际上比图 6.13(a) 中显示的开关部分要复杂, 一般分为话路、控制和输入输出三个部分. 在数字交换机中, 话路连接用户包括输电线、模数和数模转换设备. 控制部分以处理器和存储器为核心, 一方面连接话路部分, 另一方面连接输入输出设备. 输入输出部分包括显示器、打印机、磁存储设备等, 保存经过这个程控交换机的通话信息, 进行系统的维护和管理.

6.2.3　电话网

电话网中最基本的参数是电话线的特征阻抗 Z_0 和复波数 k_T. 单位长度电话线的电阻、电导、电容和电感的数值见表 6.4. 在声频 300Hz~3.4kHz 的范围内, "高频" 近似条件 $\omega \mathcal{L} \gg R$ 是不成立的, 因此常数 Z_0 和 k_T 应该表达为

表 6.4　电话线的基本常数

长度	半径	电阻 $\mathcal{R}$	电导 $\mathcal{G}$	电容 $\mathcal{C}$	电感 $\mathcal{L}$
1km	0.4~0.9 mm	138~141 Ω	1.61~2.25 μS	40~100 nF	1.61 mH
1mile[①]	0.4~0.9 mm	86~88 Ω	1~1.4 μS	25~62 nF	1 mH

引自: Bradfield et al., 1929.

---

① 1 mile=1.609 34 km, 下同.

$$Z_0 \approx \sqrt{4 - i\frac{56\text{kHz}}{f}} \times 100\Omega, \qquad k_\text{T} \approx \sqrt{4 - i\frac{56\text{kHz}}{f}} \times 2.5 f \times 10^{-8} \text{ m}^{-1} \quad (6.34)$$

其中电容取值选为 $C = 40$ nF. 可见, 在电话网中特征阻抗和波数的虚部都是不可忽略的.

电话机接收机本身的电阻是 $32 \sim 64$ Ω; 通过变压器以后, 电话接收机在电话网中的等效阻抗约为 600 Ω. 对比式 (6.34), 这个 600 Ω 的阻抗约等于频率 $f = 1.55\text{kHz}$ 的时候电话线的特征阻抗 $|Z_0|$, 因此电话接收机与电话线大致是阻抗匹配的.

现代电话网一般包含四个层次: ① 局域网 (local network), 在英国, 平均每 2000 个用户共用一个局域网程控交换机; ② 接合网 (junction network) 把相邻的局域网交换机连接起来, 也把局域网和主干网的交换机连接起来; ③ 主干网 (trunk network) 以大型程控交换机为中心, 管理一个区域的局域网, 大约每 20 个局域网会配备一个主干网; ④ 国际网 (international network) 以国家之间的通道为中心建立, 一个国家会有数个国际网通道 (gateway), 分别与邻国的通信线相连.

电话网的布局则与一国的经济发展紧密相关. 根据欧洲各国电话网的发展历史, 总结出了一个经验公式描述这种关系:

$$\frac{\text{d}T}{T} = \alpha \frac{\text{d}P}{P}$$

可得

$$T = C \, e^{\alpha P} \quad (6.35)$$

其中 T 指的是电话需求; P 指的是国民生产总值 (gross national product, GNP), 即一年内本国常住居民所生产的最终产品价值总和. 可见, 电话的需求会随着 GNP 呈指数增长.

流量模型 (traffic model) 就是在式 (6.35) 的基础上发展起来的电话网理论, 研究重点是在接合网和主干网中的一系列局域网交换机之间的对话. 第 i 和第 j 个主干网交换机之间的通信量 A_{ij} 与这两个主干网中局域网的电话用户 (subscriber) 数目之间是有关系的:

$$A_{ij} = \sum_{k=1}^{M} \sum_{l=1}^{M} N_k^{(i)} a_{kl} N_l^{(j)} \quad (6.36)$$

其中 M 为两个主干网中的局域网交换机总数; $N_k^{(i)}$ 为第 i 个主干网中的第 k 个交换机服务的电话用户数; a_{kl} 为两个交换机之间的通信量统计, 会随着距离的增加而减小.

表 6.5 中给出了各种电信矩阵: 其中流量矩阵的大小为 $M \times M$, 与局域网交换机的总数 M 相关; 而邻接矩阵、距离矩阵、路由矩阵的大小为 $(M + M') \times (M + M')$, 与局域网交换机的总数 M 和主干网、接合网交换机的总数 M' 都相关. 除了邻接矩阵以外, 还有二阶、三阶的跳邻接矩阵, 描述次近邻、再次近邻的交换机之间的连接关系.

表 6.5　各类电信矩阵

流量矩阵 (traffic matrix)	a_{kl} 与第 k 和第 l 局域网交换机之间的通信量有关
邻接矩阵 (connection matrix)	如第 α 与第 β 交换机为近邻, $a_{\alpha\beta} = 1$; 否则 $a_{\alpha\beta}$ 为零
距离矩阵 (cable-run matrix)	与邻接矩阵类似, 只是不为零的矩阵元 $a_{\alpha\beta}$ = 交换机距离
路由矩阵 (route-traffic matrix)	与邻接矩阵类似, 矩阵元之和 $\sum_{\beta} a_{\alpha\beta}$ = 与电信矩阵一样

交换机或节点 (node) 之间的流量矩阵、邻接矩阵等对网络设计 (network planning) 是很重要的. 流量矩阵的矩阵元 a_{kl} 与时间相关, 一般白天流量小、晚上流量大; 正在使用电话的用户数 $N_k^{(i)}$ 也是有涨落的. 根据某个时刻的邻接矩阵, 可以算出同一时刻的通信量, 即会话数. 这样就可以进行流量预测, 分析通信量的峰值、什么时候什么地点可能出现拥堵等问题, 从而反过来对网络中的交换机等硬件的配置做出调整.

6.3　电流在其他电子系统中的传输

电流的传输当然是电力、电子系统中的普遍现象, 除了在能源工业中的电网、通信工业中的电话网和电缆电视网, 在信息处理、存储、输入输出系统中也有很多电流传输的问题. 本节将讨论集成电路和阴极射线电视荧屏中的电流传输问题.

6.3.1　集成电路中的时间延迟

集成电路 (integrated circuit, IC) 是一个非常复杂的系统, 要说清楚 IC 的设计、结构、制备、功能, 肯定需要一本计算机和微电子领域的专著. 本节仅就与稳定电流有关, 又非常重要的集成电路中的时间延迟 (time delay) 问题做一个讨论.

计算机的中央处理器 (CPU) 中, 电阻、电容、晶体管等无源器件和有源器件通过三维立体分布的导线互相连接, 如图 6.14 所示. 在 IC 中, 按计算机主频振荡的控制时钟电流往往是方波, 在经过一段导线输出的时候, 电压往往不再是方波, 而是有一定的上升时间. 输出端的电压从 0 上升到最大值的 $63\% = 1 - e^{-1}$ 所需的时间间隔一般就定义为时间延迟 τ. 时间延迟效应目前已经变成 CPU 设计中最重要的瓶颈之一, τ 本身又与集成电路中的传输线常数有关, 因此是个与材料密切相关的常数.

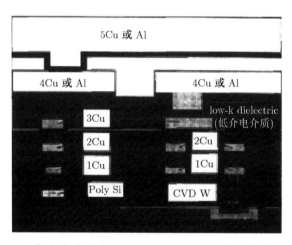

图 6.14   集成电路中多层导线连接示意图 (张鼎张等, 1999)

当集成电路中宽度为 d 的导线网络中通过电流时, 其传输线方程会很复杂. 假设考虑一段孤立的长度为 Δl 的导线, 并假设其上的电压对长度 l 与时间 t 的微分在导线各处都基本相同, 电流与此段导线上总电压的关系类似式 (6.20) 的第二个传输线方程的形式:

$$\frac{I}{L} = \left(\frac{1}{R} + \mathrm{i}\omega C\right)\frac{V}{L} \quad \Leftrightarrow \quad I = \frac{V}{R} + C\frac{\mathrm{d}V}{\mathrm{d}t} \quad \Rightarrow \quad V = IR(1 - \mathrm{e}^{-t/RC})$$

(6.37)

可见, 电压的上升时间的延迟 $\tau = RC$. 因此, 集成电路中的时间延迟往往又叫做 RC 时间延迟 (RC time delay). 对应于计算机主频的振荡周期 T 必须远大于任何一个通路中的时间延迟, 如图 6.15 所示, 否则在 CPU 电路中进行加法的时候会发生错误.

延迟时间 τ 与导线的基础电性质和几何形状有关. τ 与导线宽度 d 的关系由单位长度的电阻和电容决定. 本书第四章的表 4.8 中给出了单根长方形导线单位长度的电容系数, 可以看到电容数值跟导线本身的宽度无关, 只跟导线的

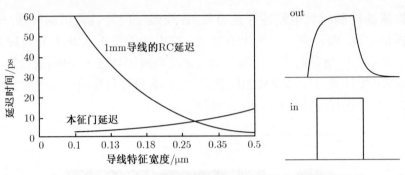

图 6.15　集成电路中的延迟时间与导线特征宽度的关系 (张鼎张等, 1999)

几何比例有关. 但是, 电阻显然跟导线宽度有关, 因此长度为 l 的导线上的 RC
时间延迟的表达式为

$$\tau = RC = (\rho l/d^2)(\epsilon_{\mathrm{r}}\mathcal{C}_0 l) = \epsilon_{\mathrm{r}}\left(\frac{\rho}{\mu\Omega\cdot\mathrm{cm}}\right)\left(\frac{\mathcal{C}_0}{\mathrm{pF/m}}\right)\left(\frac{l}{d}\right)^2 \times 10^{-20}\ \mathrm{s} \quad (6.38)$$

可见 RC 时间延迟 τ 反比于集成电路中导线的特征宽度的平方 d^2, 这个规
律大致符合图 6.15 中的实验数据; 另外, τ 正比于集成电路中导线材料的电
阻率 ρ、绝缘材料的相对介电常数 ϵ_{r}, 以及单位长度孤立导线的等效电容
$\mathcal{C}_0 = \mathcal{C}/\epsilon_{\mathrm{r}}$.

　　表 6.6 中给出了导线材料和绝缘材料的特性、导线中的延迟时间 τ 随时
间的演进图 (road map). 在导线的特征宽度随着摩尔定律 (Moore's law) 不断
缩小的时候, 导线材料和绝缘材料也必须随之更新, 以缩短 RC 延迟时间. 集
成电路中材料的使用一向要求最简洁有效: 原先使用铝为导体材料、二氧化
硅为绝缘材料; 现在, 为了缩短延迟时间, 一般使用铜为导体材料、本书第四
章 4.1 节中讨论过的低介材料 (low-k films) 为绝缘材料.

表 6.6　1 mm 长的集成电路导线中的 RC 时间延迟

年份	1995	2001	2004	2007
导线特征尺度/nm	350	180	90	60
导线材料 $\rho/\mu\Omega\cdot\mathrm{cm}$	铝, 2.7	铜, 1.7	铜, 1.7	铜, 1.7
绝缘材料 ϵ_{r}	SiO_2, 3.9	低介, 2.3	低介, 1.7	低介, 1.3
等效电容 $\mathcal{C}_0/(\mathrm{pF/m})$	20	20	20	20
延迟时间 τ/ps	17	24	71	122

　　根据图 6.15, 在导线宽度小于 250 nm 后, 集成电路中的 RC 时间延迟比
CMOS 中的栅延迟更长. 目前 CPU 中的特征宽度已经小于 100 nm, RC 延

迟几乎是全部的时间延迟来源; 计算机主频已经超过 2GHz , 因此时钟周期 T 小于 500ps , 表 6.6 中给出的 RC 延迟显然已经跟时钟周期可比, 这是 IC 设计中必须考虑的因素.

6.3.2 电视: 真空中的粒子电流

真空中的粒子电流 (current in vacuum) 也是稳定电流 (steady current) 的一种, 包括真空电子电流和真空离子电流两大类. 真空之所以是必需的, 原因在于带电粒子与空气中气体分子碰撞太厉害, 会破坏电子电流或者粒子电路的稳定流动.

真空管的历史可以追溯到 19 世纪中期德国人盖斯勒 (Heinrich Geissler) 的汞真空管 (见图 6.16). 到 1870 年左右, 爱迪生在发明灯泡的过程中, 为了延长炭灯丝的寿命, 也发展了灯泡抽真空的技术. 1873 年, 英国电子学家古斯瑞 (Blake Guthrie) 发现真空管中的白热铁会发射一种射线, 射线击打在玻璃壁上或管内其他固体上, 会发出荧光, 射线也能被磁铁改变轨迹. 1876 年, 德国物理学家戈德斯坦 (Eugen Goldstein) 命名古斯瑞发现的射线为阴极射线 (cathode ray). 1878 年, 英国人克鲁克斯 (Sir William Crookes) 改善了盖斯勒真空管, 制造了能稳定产生阴极射线的克鲁克斯管. 1897 年, 德国物理学家布劳恩 (Karl Ferdinand Braun) 基于电磁系统发明了阴极射线管示波器 (CRT oscilloscope), 这也就是后来的电视和雷达系统的先驱, 布劳恩因此获得 1909 年的诺贝尔物理学奖.

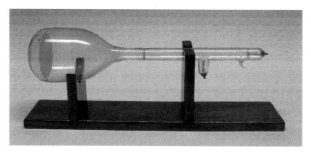

图 6.16　早期的真空管[①]

真空中的粒子电流的后续研究是极其丰富的. 对电子、质子、中子等基本粒子的研究, 与后续的原子物理、量子力学、相对论量子力学、核物理、高

[①] 引自: The Cathode Ray Tube Site. 2008-09-10. http://members.chello.n1/~h.dijkstra19/page3.html.

能物理等基本物理理论的发展关系极大. 此外, 电子衍射、电子蒸镀、电子刻蚀、离子束物理、离子刻蚀等属于应用物理和高科技领域的研究也是非常重要和活跃的前沿领域. 在电子学方面, 真空电子管是人类最早用来做电子仪器设备的基本电子元件, 虽然现在它已经多数被固体电子器件所替代, 但是它对后来固体电子电路的基本设计有重要的影响.

真空中的自由电子电流可以通过好几种方式产生: ① 热电子发射 (themionic emission), 绝大多数真空管中的电子束都是这样产生的, 透射电子显微镜 (TEM) 中的电子束也是这样产生的; ② 光电效应 (photoelectric effect), 这类产生电子的真空管叫做光电管, 属于光电子学的范围; ③ 二次电子发射 (secondary electron emission), 当能量较大的电子束或离子束击打到固体上的时候, 固体材料表面会发射出电子, 这些电子统称为二次电子, 扫描电子显微镜 (SEM) 的图像就是二次电子的效应.

电子从固体表面发射的过程, 与气体分子从液体表面蒸发的过程非常类似. 在一定温度下, 系统中的原子、分子或其他粒子的动能都服从统计分布, 在高能端, 费米统计逐渐趋于经典的麦克斯韦–玻尔兹曼统计 (M-B statistics). 在液体表面, 动能最大的分子摆脱表面张力的束缚, 成为蒸气分子; 同样, 在固体表面, 费米面以上的高能电子会克服固体表面的束缚电能, 逃逸到真空中成为自由电子. 从固体中发射的真空电子电流与温度的关系在固体物理中已经讨论过, 服从热发射方程 (equation of emission):

$$I = AT^2 \exp(-b/T) \tag{6.39}$$

其中 $A = 60\mathrm{A}/(\mathrm{cm}^2 \cdot \mathrm{K}^2)$ 是一个普适常量, 有时候也与材料有关; b 为电子逃逸出固体表面的功函数 (work function). 一般在固体温度达到 1000K 以上的时候, 可以开始测量热电子发射电流, 在电流密度达到 $1\mathrm{A}/\mathrm{cm}^2$ 左右就可以在真空管中使用了.

热电子发射的常用物质有钨 (tungsten)、钍钨合金 (thoriated tungsten)、表面包覆钡锶碳酸盐氧化物的镍合金 (oxide-coated emitter) 等材料. 多晶的钨丝具有最高的功函数, 在阳极电压超过 3500V 时, 其他灯丝发射的热电子电流会被空气中的高能正离子的轰击所抑制, 此时钨丝几乎是唯一能使用的热电子发射材料. 而且, 即使使用其他热电子发射材料, 钨丝往往也是其内部的加热灯丝. 钍钨合金在 500~600K 以上就能发射热电子, 在同一温度下, 其发射电子的能力是纯钨的几千倍, 在要求高电子束密度时很有用; 使用前它必须升温到 2600~2800K , 把表面的氧化钍层烧掉, 然后在接近 2000K 的温区使用. 表面包覆氧化物灯丝材料, 在钡锶碳酸盐和镍合金的界面上会发生电化学反应, 产生自由金属原子, 并扩散达到氧化层的表面; 这层自由金属薄膜可以在 1150K 的温区、100V 的阳极电压下有效地发射热电子. 因此, 表面包覆氧化物的镍合金是很好的 "低温" 低压热电子发射材料, 这对于电视显像管中的热电子发射非常关键.

电视发明的历史在本书第八章中再详述. CRT 电视接收机最早于 1907 年由俄国彼得堡理工学院的罗斯因 (Boris Rosing) 发明. 其后, 在电视荧屏方面最重要的贡献来自罗斯因的学生斯福罗金 (Vladimir Zworykin) 和美国人范恩斯沃斯 (Philo Taylor Farnsworth), 他们服务的公司 RCA 和 Philco 恰好隔着美国的 Delaware River 相望.

目前常见的电视显像管 (iconoscope) 都是阴极射线管 (cathode ray tube, CRT), 如图 6.17 所示, 其中电子枪发射的电子束的扫描过程由电磁铁产生的磁场控制. 电视显像管一般设计的宽度高度比为 4:3, 电子枪 (electron gun) 必须在 1s 内扫描屏幕 30 次, 每次至少扫描涂磷光剂的马赛克板上的 525 行. 考虑到马赛克板每一行内有大约 400 个格子. 因此, 电视图像对应的视频信号的最高频率为 $30 \times 525 \times 400 = 6(\text{MHz})$, 这也就是视频的带宽. 电视信号主要是用录像带的方式进行磁信息存储, 在本书第五章中已经介绍了相关的工业设计; 电视信号在空间的传输必须使用电磁波, 这将在第七章进行讨论.

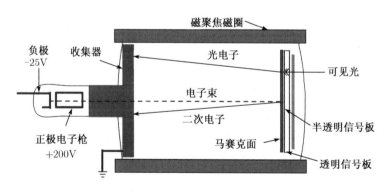

图 6.17　电视显像管示意图 (Terman, 1947)

本　章　总　结

本章的内容比较庞杂, 因为在电子系统中电流传输处处存在. 不过也有其脉络. 信息传输的两种方式就是电流传输和电磁波传输, 本章着重讨论电流传输部分, 其中最重要的就是电网和电话系统. 在本书第四章中, 已经讨论过静电学和静磁学, 本章讨论的则是电感的计算, 结合长导线的电容和电感分析发展出来的传输线理论, 是网络理论的基础. 网络化生存现在可以说处处存在, 这些就是最早的网络思想.

(1) 电感的计算. 本书第四章中已经指出, 含有多个导体系统电容具有矩阵的形式. 同样, 在含有多个电流源的系统中, 电感也是矩阵. 电感的计算十分复杂, 因为导线外面可能还有铁磁体, 这就要用到第四章中介绍的表面有限元法来解决. 在电网和电话网中, 常用的电流传输线有两个类型: 双传输线和同轴电缆, 这两种器件的电感计算问题都在本节解决了.

(2) 传输线理论. 传输线理论是开尔文勋爵和基尔霍夫提出的, 其关键是单位长度传输线的分布电容和分布电感的思想. 在长长的传输线中, 每一个微元都有电容和电感, 传输线方程正是包含了这些因素. 传输线理论把复杂的网络分解为一段一段的传输线, 从而化繁为简, 即使不构筑网络已经可以判断很多问题了.

(3) 网络理论. 网络理论的基础是基尔霍夫定律, 但其理论形式则是矩阵化的. 在含有 N 个节点、M 个分支网格 (mesh) 中, 不独立的电压值有 N 个、电流值有 M 个. 根据基尔霍夫电压定律和电流定律分析这个网格, 就可以得到一组独立的电压和电流的线性方程, 解出所有的电压和电流数值. 如果网格中还有三极管等有源器件, 可以用负反馈理论修正基尔霍夫电压定律, 最后还是能用矩阵法解出所有电压和电流.

(4) 电话通信. 电话系统的关键包括电话发射机、接收机、程控交换机和电话网. 电话发射机和接收机有过三种设计: 液体式、移动线圈式和压电式. 程控交换机能大幅度减轻接线员的工作强度, 曾经经历了模拟交换机和数字交换机两个发展阶段. 在电话网中, 电话线本身的特征阻抗问题还是要用传输线理论解决, 而电话网的布局则由新的矩阵法来进行分析.

(5) 其他电子系统中的电流. 在集成电路系统中, 工作频率越来越高, 因此要求电流信号能无变形地传播芯片的每个角落. 但是, 根据传输线理论, 电流传输总是有延迟的, 这种延迟可以通过材料的改进来部分克服. 在阴极射线管类型的电视屏幕中, 主要是真空电流在工作, 本书第八章将介绍其他物理机制的电视屏幕.

参 考 文 献

卡约里. F. 2003. 物理学史. 戴念祖译. 桂林: 广西师范大学出版社.

《中国大百科全书》编辑组. 1998. 中国大百科全书·电工卷. 北京: 中国大百科全书出版社.

《中国大百科全书》编辑组. 1998. 中国大百科全书·电子学与计算机卷 (I-II). 北京: 中国大百科全书出版社.

张鼎张, 周美芬. 1999. 有机高分子低介电材料简介. 奈米通讯, 6(1): 28.

Bode H W. 1945. Network Analysis and Feedback Amplifier Design. New York: D. Van Nostrand Inc.

Bradfield R, John W J. 1929. Telephone and Power Transmission. New York: John Wiley & Sons Inc.

Darlington S. 1999. A history of network synthesis and filter theory for circuits composed of resistors, inductors, and capacitors. IEEE Transaction on Circuits and Systems for Video Technology, 46(1): 4~13.

Dudurytch I, Gudym V. 1999. Mesh-Nodal network analysis. IEEE Transaction on Power Systems, 14(4): 1375~1381.

Duncan T, Huen W H. 1982. Software structure of No. 5 ESS - A distributed telephone switching system. IEEE Transaction on Communication, COM-30, (6): 1379.

Ida N. 2000. Engineering Electromagnetics. New York: Springer-Verlag.

Jackson J D. 1975. Classical Electrodynamics. New York: John Wiley & Sons Inc.

Joel A E. 1979. Digital switching-how it has developed. IEEE Transaction on Communication, COM-27, (7): 948.

Landau L D, Liftshitz E M, Pitaevskii L P. 1984. Electrodynamics of Continuous Media, Landau and Liftshitz Course of Theoretical Physics. 2nd Edition. New York: Pergamon Press.

Terman F E. 1947. Radio Engineering. 3rd Edition. New York, London: McGraw-Hill Book Co., Inc.

本 章 习 题

1. 为什么理想导体单位长度的电容和电感会满足式 (6.12)?

2. 用数值积分的办法验证式 (6.11) 中的电感公式.

3. 用泰勒展开的方法证明式 (6.15) 中的最后一项确实正比于 $(b^+ - b)/b$.

4. 用电磁学中的螺线管磁场公式, 验证表 6.2 中 $\mu_{r0} = 1$ 时不考虑铁氧体的线圈在一匝、三匝、五匝时的电感数值, 特别是其数量级.

5. 根据式 (6.21) 计算集成电路中 90 nm 宽的铝导线和铜导线在 1 GHz 的频率下的趋肤深度. 这会对集成电路导线的电阻有什么影响?

6. 表 6.3 给出了双导线传输线和同轴电缆的电视传输线的常数. 当电视天线中获得的视频信号要输入同轴电缆的时候, 需要怎样的变压器?

7. 如果传输线不是无损耗的, 根据电报方程式 (6.20) 给出表 6.3 中同轴电缆的电压和电流随传输线长度的依赖关系: (a) 画出上述 $V(l), I(l)$ 的依赖关系, 并讨论其变化的特征常数, (b) 根据传输线方程估计单位长度传输线的能量损耗是多少?

8. 如果电视电缆要传输电视信号, 在内外导电体中填有电介质的同轴电缆传输线的特征阻抗在 6 MHz 的视频带宽范围内都是常数吗? 为什么?

9. 考虑网格节点理论：(a) 求解式 (6.30) 和式 (6.31) 中无源网格和有源网格方程；(b) 无源电网的网格矩阵是对称的, 有源电网的网格矩阵则是不对称的, 这会对网络中独立的分支电流的解有什么影响？

10. 钕铁硼永磁体在移动线圈电话接收机的磁隙中大约能产生多大的磁场？永磁体磁场与线圈产生的磁场的比例的量级是多少？

11. 根据式 (6.34) 画出电话线的特征阻抗和复波数的实部和虚部与频率的关系.

12. 集成电路的低介材料中介电常数要求接近于 1, 这意味着要选择怎样的绝缘材料？计算 20 nm, 40 nm, 60 nm 特征宽度的集成电路的 RC 时间延迟.

13. 电视显像管中, 电子束在离开电子枪以后受到磁场的聚焦, 电子具体的运行轨道是什么？为什么电子束会聚焦？电子束的聚焦对于电视图像的清晰度有什么影响？

第七章　电磁波与信息传输

最 早的电磁波发射和接收设备, 是 1888 年赫兹 (Heinrich Rudolf Hertz) 使用的一对黄铜钮. 莱顿瓶、导线电阻、电路中的电感和黄铜钮的电容构成一个振荡电路, 在莱顿瓶的放电过程中会发生电流的阻尼振荡, 电子的加速运动使得黄铜钮处的电磁场急剧改变, 并向空间发射电磁波. 房间另一端的导线环路和一对黄铜钮相连则构成了电磁波的最早的接收电路.

在赫兹实验以后, 19 世纪末 20 世纪初, 又有多种无线电波检波器 (radio detector) 被发明出来, 如粉末检波器 (coherer)、磁检波器 (magnetic detector)、真空电子管 (vacuum electron tube) 等, 可以用来检测传输了很远距离、强度很弱的电磁波.

无线通信的第一个伟大成就是 1895 年马可尼 (Guglielmo Marconi) 发明的无线电报. 马可尼本是意大利波罗尼亚 (Bologna) 人, 从小接受私人教育, 他在赫兹实验的激励下, 在火花式发射机和粉末检波器上都加装了天线 (antenna), 大幅度增加了无线通信的距离. 后来到英国工作, 于 1897 年实现了横跨英吉利海峡的通信, 1901 年实现了横跨大西洋的远距离 无线电通信. 由于这个发明的重要性, 1909 年, 马可尼与发明阴极射线管的布劳恩 (Karl Ferdinand Braun) 共同获得了诺贝尔物理学奖.

信息传播和通信技术的进步, 改变着战争与和平的格局. 1906 年, 曾在爱迪生实验室工作的美国人费森登 (Reginald Aubrey Fessenden) 成功实现了语言和音乐的无线电广播(broatcast). 1935 年, 中国工农红军的几个方面军和各个军团之间正是依靠无线电报的帮助, 完成了伟大的长征. 1936 年, 英国物理学家沃森－瓦特 (Robert Alexander Watson-Watt) 在第二次世界大战中利用广播系统研制成功探测距离达到 80 km 的米波防空雷达, 这是微波通信领域较早的应用, 并以此极大地打击了入侵者的飞机.

17 世纪, 在英国爆发了第一次工业革命; 19 世纪, 电磁学的确立促使德国和美国爆发了第二次工业革命; 20 世纪 70 年代以后, 以网络通信为标志, 爆发了第三次工业革命, 再次极大地改变了人们的日常生活. 1970 年, 美国康宁 (Corning) 玻璃公司的工程师莫拉 (Robert Maurer)、凯克 (Donald Keck) 和舒尔茨 (Peter Schultz) 发明了光纤 (optical fiber), 它比铜导线的通信能力提高了 60 000 多倍. 60 年代, 在美国国防部的高级研究项目机构 (ARPA-The Advanced Research Projects Agency) 推动下, 首先在加利福尼亚州实现了网络通信. 70 年代初, 瑞士日内瓦欧洲核子物理实验室 (Centre Européen pour la Recherche Nucleaire, CERN) 创造了后来最流行的 WWW 网络格式, 又规定了数据传输协议 (protocol); 连接当地数百台电脑的网络曾有五花八门的名字, 如 CERNET、INDEX、FOCUS 等. 不管如何简陋, 光纤和局域网的形成, 宣告了网络时代的来临.

本书第六章讨论的传输线中各种频率的电流传输问题, 实际上这也是一个电磁波的传播过程, 只不过导线周围电磁波的电场始终能激发金属导线中的电流, 用不着电磁波与电流之间的转换设备. 本章将以电磁波在自然界的大气、地面, 以及材料中的传播规律为基础, 讨论无线通信、网络等信息传播系统中的材料和器件设计问题.

7.1　电磁波基础

电磁波 (electromagnetic wave) 的概念起源于麦克斯韦方程组. 1861 年, 麦克斯韦在安培环路定律的微分形式中增添了当时还没有实验证据的 "位移电流" 一项, 1873 年他又根据麦克斯韦方程组预言了电磁波的存在. 1888 年, 赫兹用电磁波实验证实了麦克斯韦对电磁波的预言.

就在赫兹电磁波实验以后仅仅几年, 1891 年后兴起了无线通信技术, 最初的动因是为了跟大西洋上的大船联系, 使得航运更安全. 当时英国的大雾和大潮天气极多, 参加救援的救生艇很不容易及时看到出事船只发出的求救信号弹. 英国的 Trinity House 公司旗下的 East Goodwin 子公司演示的马可尼 (Guglielmo Marconi) 无线电报系统应运而生, 很多船长因此能及时发出求救信号, 挽救了很多生命 (见图 7.1).

(a)　　　　　　　　(b)

图 7.1　早期的无线通信技术. (a) 马可尼和他的电报机; (b) 费森登[①]

无线通信技术的下一步发展目标是要直接传播人类的声音, 而不仅仅是电报密码. 20 世纪初, 费森登 (Reginald Aubrey Fessenden) 的工作使得今日的音乐、新闻、电话的长距离传播成为可能. 费森登曾经是爱迪生实验室的首席化学家, 后来又在西屋公司、普渡大学、宾夕法尼亚大学、美国气象局以及他自己参与创立的国家电子信号公司工作, 这些经历使得他熟悉声音传播以及电磁波的规律. 1900 年, 费森登从一个小岛上通过短波通信向 1mile 之外的助手说话, 他的助手激动地回应, 创造了广播通信的历史. 1906 年圣诞节前夜, 费森登利用调幅技术, 把声波与无线电波混合, 从马萨诸塞州 Brant Rock 开始放送音乐和声音, 当时他还是美国国家气象局的工作人员.

1912 年, 泰坦尼克号的沉没事件是无线电技术开始广泛被公众认可的里程碑. 这个 "永不沉没" 的泰坦尼克号装备了当时最先进的马可尼无线通信系统, 5kV 的交流发动机驱动旋转火花电磁波发生器工作, 250 ft 的四个线性天线高耸在船的桅杆上, 通信范围达到 250~2000mi, 很多有钱的旅客还可以通过这个系统不断发送个人的通信信息. 1912 年 4 月 15 日, 从欧洲出发 3 天以后, 泰坦尼克号撞上了冰山, 并发出了第一个求救信息, 在沉没之前一共发出了三十多条信号, 远在意大利的电台都能听到这些悲惨的呼唤. 泰坦尼克号的沉没造成超过 1500 条生命丧失, 但还有 700 人左右因无线通信技术获救. 自此以后, 无线电技术成了日常生活不可分割的一部分.

[①] 引自: Federal Communications Commission. 2006-12-13. The Ideas that Made Radio Possible. City of Washington DC, USA. http://www.fcc.gov/omd/history/radio/ideas.html.

7.1.1　通信与载波

在古代, 不同地域之间互通消息, 必须使用由实在的物质构成的文书, 并通过驿站传递; 而普通人在异乡如果要跟家乡互通消息, 则只能通过熟人带话. 可见, 当时的 "通信" 必须依赖由原子分子组成的实物本身在两地的移动, 这是非常缓慢、不可靠和不方便的. 现代的通信 (communication) 主要是指电子通信, 信息通过电磁波以光速传播, 根据爱因斯坦的相对论, 这是物质世界中可以达到的 最快速度 了. 如果没有便捷的电子通信, 今天的全球信息一体化、经济一体化进程是不可想象的.

通信实际上是信息传输 (information transmission) 的过程, 需要传输的信息可以分为声音信号、图像信号、数字信号等; 当然早年还有电报使用的报文编码信号, 这类似于现代计算机使用的 ASCII 编码方式的数字信号. 声音记录可通过留声机、录音机等系统实现, 而声音信号 首先是由 有线电话 传输的, 后来逐渐发展的长途电话则需要使用远程无线通信, 更近以来的手机则要依赖卫星通信、远程以及近程的移动无线通信来实现. 图像记录可以在录像带、光盘、计算机硬盘上实现, 而图像信号 则必须以 微波 通信和 电缆 通信的方式实现. 数字记录可以用磁带、计算机硬盘等方式实现, 而数字信号 则需以 光纤通信等方式在因特网中实现. 可以看到, 本书第六章中讨论的沿导线进行的电流信息传输和本章将讨论的以电磁波为基础的无线信息传输是相辅相成的.

粗略来说, 通信–信息传输系统必须包含信息的预处理、发送、接收、复原 四个部分. 其中, 信息通过电流、电磁波实现的发送和接收的过程是个物理过程, 涉及电话、电缆电视、因特网、卫星通信等诸多庞大的工业领域. 信息的预处理和复原部分则基于信号处理理论来实现, 最简单的就是下面要讨论的调幅和调频技术.

信息传输过程中无线电波的调制方法起源于最早的无线通信 —— 电报 (telegraph). 电报在发送的过程中, 发报员按照图 7.2(a) 中的摩尔斯电码 (Morse code) 时而接通、时而断开电路. 然后, 以更高频率振动的无线电波如图 7.2(b) 所示被电报编码调制, 载有信息的调制波 (modulated wave) 向空间发送出去. 然后, 在电报接收机一端, 图 7.2(b) 中的调制波经过天线接收、三极管放大、二极管整流、再平均就可以获得原始的电报编码信息. 普遍来说, 具有局域振幅 $A(t)$ 的上半个周期整流无线电波的平均值为

$$\langle V_{\rm r}(t) \rangle = \frac{1}{T} \int_0^{T/2} {\rm d}t A(t) \sin\left(2\pi\frac{t}{T}\right) \sim \frac{1}{\pi} A(t) \tag{7.1}$$

这就是调幅 (amplitude modulation, AM) 技术可以恢复信号的基本原理. 与电报类似, 声音也可以通过调幅技术发射和接收, 如图 7.2(d)~(f) 所示. 在信号接收端的收音机中, 图 7.2(f) 中的粗黑线表示的经过放大、整流、平均后的信号, 大致等于原始的声音信号加上一个常数, 需要通过滤波器 (filter) 去掉此常数, 以恢复围绕原点的声音信号振动, 然后由本书第六章讨论过的喇叭将电信号变为人耳可以听到的声波信号.

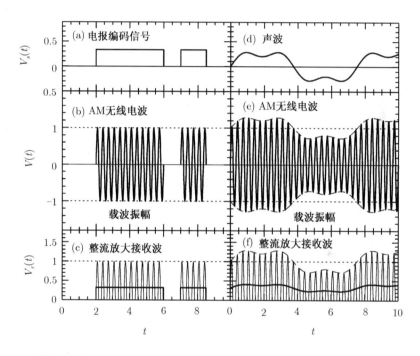

图 7.2　无线电波的调制–解调过程 (Terman, 1947). (a) 电报编码片断; (b) 与电报编码相应的调幅无线电波; (c) 接收无线电波并经过整流的电压, 其中粗黑线为平均后恢复的电报信号; (d) 声音信号片断; (e) 与声音信号相应的调幅无线电波; (f) 接收无线电波并经过整流的电压, 其中粗黑线为平均后恢复的声音信号

　　带宽 (bandwidth) 这个概念在信息工业的各个领域都很重要, 这可以从本书第三章表 3.3 和图 7.3 中各种军用民用的电磁波带宽布局中看出来.

　　人耳能听见的频率区间是 20 Hz~20 kHz 的音频区间, 因此声音通信只要使用几千赫的带宽就可以了; 人眼适应的电视画面需要 30 Hz~6 MHz 的视频信号来控制电子枪, 这样电视传输就需要几兆赫的带宽.

　　在技术上, 声音信号、图像信号或数字信号的传输需使用以某个载波频率 f_0 为中心频率, 具有带宽 W_{audio}、W_{video} 或 W_{digital} 的调制 (modulation) 电

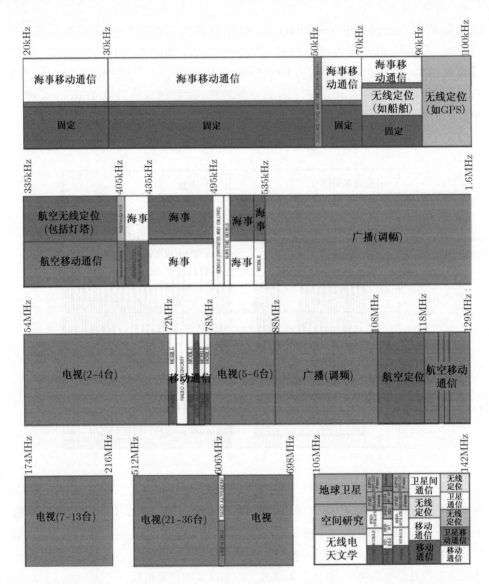

图 7.3　美国商业部规定的部分带宽分配：海事、航空、AM 广播 (0.5~1.6 MHz)、FM 广播 (88~108 MHz)、电视 (约 100 个频道)、移动通信、卫星通信和科学实验 (105~142 GHz)

磁波. 信息传输、带宽和噪声的关系可以由信号调制的概念很好地说明. 以调幅 (AM) 和调频 (FM) 技术为例, 假设载波频率为 f_0, 声音、图像或数字信号的频谱中频率为 f_s 的信号振幅为 b, 那么, 在某个固定的空间点上, 调制波的电磁场分量随时间的变化关系为

$$s_{\mathrm{AM}}(t) = (1 + b \sin 2\pi f_s t) \sin 2\pi f_0 t$$

$$= \sin 2\pi f_0 t + \frac{1}{2} b \cos 2\pi (f_0 - f_s)t - \frac{1}{2} b \cos 2\pi (f_0 + f_s)t \qquad (7.2)$$

$$s_{\mathrm{FM}}(t) = \cos\left[\omega_0 t + b \sin(\omega_s t)\right] = \sum_{n=-\infty}^{\infty} \mathrm{J}_n(b) \cos(\omega_0 t + n\omega_s t) \qquad (7.3)$$

式 (7.2) 中的调幅波可分解为两个部分: ① 以频率 f_0 振动的载波 (carrier), 载波振幅与传输信息无关, 而与电磁波输送功率有关; ② 以频率 $f_0 \pm f_s$ 振动的载有信息的谐振.

式 (7.3) 中调频波则需要分解成: ① 以载波角频率 ω_0 振动的载波; ② 角频率为 $\omega_0 \pm n\omega_s (n \neq 0)$ 的无穷多个谐振, 其中的系数 $\mathrm{J}_n(b)$ 恰好是频率为 ω_s 的信息振幅 b 的贝塞尔函数, 也是函数 $\exp\{ib \sin(\omega_s t)\}$ 的傅里叶系数:

$$\mathrm{J}_m(x) = \frac{1}{\pi} \int_0^\pi \mathrm{d}\phi \cos(x \sin\phi - m\phi), \quad \mathrm{J}_{-m}(x) = (-1)^m \mathrm{J}_m(x)$$

$$\mathrm{J}_n(b) = \frac{2\omega_s}{\pi} \int_0^{\pi/\omega_s} \mathrm{d}t \cos\left[\omega_0 t + b \sin(\omega_s t)\right] \cos(\omega_0 t + n\omega_s t) \qquad (7.4)$$

实际上, 信号的频率 f_s 有一定的范围, 比如人的声音可分解为 $0\sim10$ kHz 的谐振声波, 电视图像控制信号可分解为 $0\sim6$ MHz 的谐振交流电. 可见, 在信息传输系统中, 信息就是通过图 7.4 中显示的载波频率附近的边带(sideband) 进行的. 基于正负边带的对称性, 在通信过程中只要使用一侧边带即可. 由此可见, 带宽实际上就是被传输的声音、图像、数字信号包含的谐振频率的范围, 根据传输能力和传输精度需求, 几千赫的音频带宽、几兆赫的视频带宽, 甚至几吉赫的卫星通信带宽就可以确定下来.

更复杂一些的信号处理模型就是香农于 1948 年在贝尔实验室的内部技术杂志上发表的 "A Mathematical Theory of Communication", 给出了通信的一方如何精确或近似地再现另一方发出的消息的理论.

香农给出的通信系统的结构包括图 7.5 中的信息源 (information source)、发射机 (transmitter)、信道 (channel)、接收机 (receiver) 以及信息目标 (destination) 等. 其中, 信息源的类型有电报字码, 广播信号 $f(t)$, 黑白电视信号 $f(x, y, t)$, 三原色的彩色电视信号 $r(x, y, t)$、$g(x, y, t)$、$b(x, y, t)$ 等. 发射机把原始信息转换成适合通过信道的信号, 一般包括编码 (coding)、压缩 (compression)、数字化 (quantization) 等过程; 接收机则执行发射机的逆过程, 从传输信号提炼出原始信息. 本书第六章介绍的移动线圈电话接收机 (moving-coil telephone receiver) 既可以作为声音–电流转换的发射机的一部分, 也可以作为电流–声音转换的接收机的一部分. 信道主要是指发射机和接收机之间传输信号的介质, 这个介质可以是同轴电缆、无线电频段、空气或光纤中的光束等. 通信系统主要有三个类别: 分立的数字传输、连续的模拟传输以及混合传输. 注意, 数字传输的基本原理在计算机内部通信中也适用.

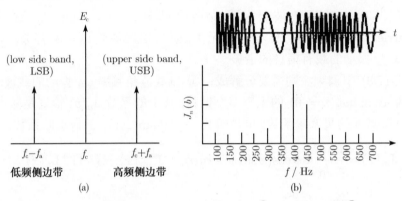

图 7.4　信息传输与边带. (a) AM 边带[①]; (b)FM 边带[②]

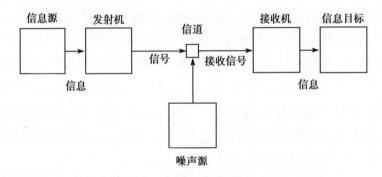

图 7.5　通信系统的基本结构 (Shannon, 1948)

香农理论继承了奈奎斯特和哈特里在信息传输方面的基本思想. 1927 年, 奈奎斯特分析了在单位时间内通过一根电报线能传输的互相独立的电脉冲的数目, 给出了能被传输的信号的最大频率:

　　① 引自: Nippon Foundation Library. 2006-12-10. 船舶电器装备技术讲座. City of Tokyo, Japan. http://nippon.zaidan.info/seikabutsu/2003/00136/contents/0019.htm.

　　② 引自: Hass J. 2006-11-17. Principles of Audio-Rate Frequency Modulation. Center for Electronic and Computer Music, Indiana University. City of Bloomington, Indiana, USA. http://www.indiana.edu/ emusic/fm/fm.htm.

$$f_{\text{pulse}} \leqslant 2W = f_{\text{Nyquist}} \tag{7.5}$$

其中 W 为带宽; f_{pulse} 为电脉冲的频率; f_{Nyquist} 为著名的奈奎斯特频率 (Nyquist rate), 体现了带宽与信号截止频率之间的关系. 同年, 哈特里系统地阐述了定量地衡量信息的方法, 给出了通过信道传输的电脉冲的最大数目 M 和每秒钟信息传输的比率 R 之间的关系, 即后来被命名为哈特里定律 (Hartley law) 的公式:

$$R = 2W \log_2 M = 2W \log_2(1 + A/\Delta V) \quad (\text{s}^{-1}) \tag{7.6}$$

其中 A 为电脉冲的电压最大值, 与信号有关; ΔV 为接收器能分辨的电压精度, 与噪声有关; $2W$ 可以看成没有噪声的信道中每秒可以通过的符号数.

香农对信息理论的最大贡献在于对真实的有噪声的信道的理解. 他直接以数字通信为基础, 考虑 0-1 双稳态的比特传输问题, 比特一词是图凯 (John W. Tukey) 首先提出的. 首先, 当 N 个比特信息进行无噪声传输的时候, 总的可能的态数就是 $M = 2^N$, 那么对应的单位频率的信息传输比率为

$$r = \log_2 M = \frac{\log_{10} M}{\log_{10} 2} = 3.32 \log_{10} M \quad (\text{dB}) \tag{7.7}$$

举例来说, 旧式的手摇计算机有 10 个稳定的位置, 相应的存储容量 (storage capacity) 就是一个十进位数; 根据式 (7.7), 一个 $M = 10$ 的十的进位数又恰好相当于 $3\frac{1}{3}$ 个二进制的比特.

分立信道意味着每个比特系统只能从有限的一组值 $S_1, S_2, \cdots, S_n$ 中来选取信号, 其中 S_i 在时间轴上会延续一段时间 t_i. 这样一个分立系统的信道容量 (capacity) 是通信理论中的基本问题. 对有噪声的信道, 香农指出信息传输的比率必然小于信道的容量:

$$R < C = \lim_{T \to \infty} \frac{\lg N(T)}{T} = \max\{H(x) - H_y(x)\} \tag{7.8}$$

其中, $N(T)$ 为在时间长度 T 内可容纳的信号总数; H 为香农借用玻尔兹曼统计熵的概念建立的信息熵 (information entropy). 在信道设计上最接近上述不等式 (7.8) 的是 20 世纪 90 年代初由法国人贝若 (Claude Berrou) 和格拉维克斯 (Alain Glavieux) 发明的 Turbo code, 接近香农理论传输率的极限, 在单位频段上只低 $C - R = 0.5$ dB.

香农提出的信息熵是信息理论的核心概念之一. 图 7.6 中单个分立信道的信号和噪声对应的信息熵分别为

$$H(x) = -\sum_{i,j}^{n} p(i,j)\lg\sum_{j'}^{n} p(i,j') = -P\lg P - 2Q\lg Q, \quad 信号$$

$$H_y(x) = -\sum_{i,j}^{n} p(i,j)\lg\frac{p(i,j)}{\sum_{i'} p(i',j)} = -2Q(p\lg p + q\lg q), \quad 噪声 \tag{7.9}$$

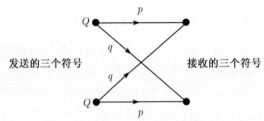

发送符号的概率 P

Q $\quad p$

发送的三个符号　q　接收的三个符号

q

Q $\quad p$

图 7.6　香农画的分立信道. P, Q, Q 为被发送的三个符号的概率,
p, q 分别表示信号和噪声的传输概率

一般来说, 当概率 $p(i,j) = 1/n$ 时, 信息熵是最大的. 根据式 (7.8) 和式 (7.9), 再加上每个比特所有三个可能的符号出现的总概率为 1 的拉格朗日乘子, 可计算出图 7.6 中分立信道的容量:

$$\begin{cases} 0 = \dfrac{\partial}{\partial P}\left[-P\lg P - 2Q\lg Q + 2Q(p\lg p + q\lg q) + \lambda(P+2Q)\right] \\ 0 = \dfrac{\partial}{\partial Q}\left[-P\lg P - 2Q\lg Q + 2Q(p\lg p + q\lg q) + \lambda(P+2Q)\right] \end{cases}$$

$$\Rightarrow P = Q\mathrm{e}^{-(p\lg p + q\lg q)} = Q\beta \quad \Rightarrow \quad C = \lg\frac{\beta+2}{\beta} = \lg(1 + 2p^p q^q) \tag{7.10}$$

根据式 (7.10), 当概率 $p = 1$ 时, $N(T) = 3$, 每个比特可输送三个符号; 当 $p = 1/2$ 时, 后两个符号混起来了, $N(T) = 2$, 单个信道只能输送两个符号, 这是符合实际的.

对带宽为 W、噪声呈高斯分布的信道, 香农对式 (7.10) 中的概率 p, q 做了复杂的积分处理, 算出的信道容量即著名的香农 – 哈特里定理 (Shannon-Hartley theorem):

$$C = 2W\log_2 M = W\log_2(1 + S/N) \tag{7.11}$$

其中 S/N 是通信系统的信号噪声比, 信道传输的最大信号数目 $M = 1 + A/\Delta V$ 与信噪比的关系可以这样理解: 最大电压 A 就是信号, 电压分辨率 ΔV 就是噪声.

香农 1916 年生于美国密西根州, 1936 年获密西根大学数学和电子工程本科双学位, 随后去贝尔实验室游学, 1940 年以 "遗传学代数" 在 MIT 获数学博士学位, 1948 年做出划时代的贡献. 他是信息时代最重要的学者之一, 于 2001 年去世.

7.1.2 电磁波在大气层和地面的传播

自然科学对电磁波的传播问题研究的着眼点是不同的, 但也有联系. 本节首先介绍电磁波传播的自然科学起源, 然后讨论电子工学中对这个问题的研究着眼点.

1902 年, 英国物理学家瑞利 (Baron Rayleigh III) 勋爵为了解释 "天空为什么是蓝的", 设计了一个实验来验证空气分子对电磁波的偶极辐射 (dipole radiation). 偶极辐射公式是 1890 年由吉拉德 (Fitz Gerald) 根据洛伦兹的推迟势 (retarded potential) 得到的, "推迟" 是因有限光速而来. 偶极辐射源中的电流振荡产生的磁矢势服从的方程为 (cgs 制)

$$\boldsymbol{\nabla}^2 \boldsymbol{A}(\boldsymbol{r},t) - \frac{1}{c^2}\frac{\partial^2}{\partial t^2}\boldsymbol{A}(\boldsymbol{r},t) = -\frac{4\pi}{c}\boldsymbol{j}(\boldsymbol{r},t) \tag{7.12}$$

当空气中的分子被光波的电场极化, 成为随着光波频率振动的电偶极子或偶极辐射源时, 其电偶极矩为 $\boldsymbol{p}(t) = -ez_0\hat{\boldsymbol{e}}_z \mathrm{e}^{-\mathrm{i}\omega t} = \boldsymbol{p}_0 \mathrm{e}^{-\mathrm{i}\omega t}$, 相应的偶极辐射场为 (cgs 制)

$$
\begin{aligned}
\boldsymbol{E}(\boldsymbol{r},t) &= \frac{\mathrm{i}}{k}\boldsymbol{\nabla}\times\boldsymbol{B} = -\frac{\mathrm{i}}{k}(\boldsymbol{\nabla}^2 - \boldsymbol{\nabla}\boldsymbol{\nabla}\cdot)\boldsymbol{A}(\boldsymbol{r},t) \\
&= -\frac{\mathrm{i}}{\omega}(\boldsymbol{\nabla}^2 - \boldsymbol{\nabla}\boldsymbol{\nabla}\cdot)\iiint \mathrm{d}^3 \boldsymbol{r}'\frac{\boldsymbol{j}(\boldsymbol{r}',t-|\boldsymbol{r}-\boldsymbol{r}'|/c)}{|\boldsymbol{r}-\boldsymbol{r}'|} \\
&= -\frac{\mathrm{i}}{\omega}(\boldsymbol{\nabla}^2 - \boldsymbol{\nabla}\boldsymbol{\nabla}\cdot)\iiint \mathrm{d}^3 \boldsymbol{r}'\boldsymbol{j}(\boldsymbol{r}',t)\frac{\exp(\mathrm{i}k|\boldsymbol{r}-\boldsymbol{r}'|)}{|\boldsymbol{r}-\boldsymbol{r}'|} \\
&\approx -(\boldsymbol{\nabla}^2 - \boldsymbol{\nabla}\boldsymbol{\nabla}\cdot)\iiint \mathrm{d}^3 \boldsymbol{r}'\boldsymbol{r}'\rho(\boldsymbol{r}',t)\frac{\exp(\mathrm{i}kr)}{r} \\
&\approx -\left(\boldsymbol{k}\boldsymbol{k} - k^2\tilde{\boldsymbol{I}}\right)\cdot\left[\boldsymbol{p}(t)\,\frac{\exp(\mathrm{i}kr)}{r}\right] \\
&= -\frac{\omega^2}{c^2}\hat{\boldsymbol{k}}\times\left(\hat{\boldsymbol{k}}\times\boldsymbol{p}_0\right)\frac{\exp(\mathrm{i}kr-\mathrm{i}\omega t)}{r}
\end{aligned}
$$

$$B(r, t) = \frac{\omega^2}{c^2} \left(\hat{k} \times p_0 \right) \frac{\exp(\mathrm{i}kr - \mathrm{i}\omega t)}{r}, \qquad (r \gg r') \qquad (7.13)$$

上述推导中使用了电荷守恒定律方程 (2.20) 的积分表达式. 空气分子发射的球面电磁波的电磁场的横波振幅正比于频率的平方: $E \propto B \propto \omega^2$, 因此偶极辐射强度 $I \propto E^2 \propto \omega^4$, 这就是瑞利散射定律 (Rayleigh's scattering law). 人眼看到的天空和海洋主要是散射光, 由于频率较高的蓝光散射比红光强烈, 因此天空和海洋自然会呈现蓝色.

瑞利发现的空气分子在光频的偶极辐射规律, 实际上与 1888 年赫兹利用一对黄铜球进行的电磁波的偶极辐射规律是一样的. 这两者有一个共同点, 那就是偶极辐射源的尺度远小于辐射电磁波的波长. 在电子工业中, 发射天线的设计一般都源于偶极辐射.

对电磁辐射与物质相互作用进一步的自然科学研究工作, 是由印度杰出的物理学家拉曼 (Chandrasekhara Venkala Raman) 完成的. 1920 年左右, 他有一次坐船从欧洲经红海回印度, 旅途中海洋的蓝色感染了他, 他开始思考一个问题: "海洋为什么是深蓝色的?" 回到印度以后, 他的研究组使用相当简单的汞弧灯光源、液体和三棱镜, 经过反复实验发现液体在外加光线的照射下, 确实会发射强度很弱的、相对于外加光线频率有位移的二次辐射. 海水之所以是深蓝色的, 是因为海水在散射可见光的时候, 往高频方向移动的二次辐射强度相对较高. 从此这种现象被称为拉曼效应 (Raman effect). 1930 年, 拉曼因此获得诺贝尔物理学奖, 他是获得此奖项的第一位亚洲科学家.

当单色光打到一个分子上的时候, 光子既可以被散射, 也可以被吸收. 绝大多数出射光子与入射光子能量相同, 这就是发生了瑞利散射. 但是, 约有 1% 的光子会与分子发生非弹性散射, 出射/入射光子的能量差往往与被散射分子的振动能级体系有关, 这就是拉曼散射 (Raman scattering); 更微小的出射/入射光子的能量差与转动能级有关, 这就是红外辐射 (infrared-IR radiation), 见图 7.7. 到 20 世纪 30 年代末, 拉曼谱仪已经成为非破坏性化学分析的主要方法, 第二次世界大战以后, 一是因为红外电子学的巨大进步, 二是因为拉曼光谱与荧光经常混在一起, 红外谱仪遂成为更好的化学分析方法.

在大气层顶层中, 太阳发出的比可见光频率更高的光子也会发生瑞利散射和拉曼散射, 但更重要的是这些高频光子和其他高能粒子会解开空气分子的化学键, 使价电子发生电离, 形成含有分子、离子、电子的等离子体, 这一层就是电离层 (ionosphere).

1899 年, 美国纽约人特斯拉 (Nikola Tesla) 第一次针对电离层做科学实验. 他曾在爱迪生实验室工作, 一生的发明包括特斯拉线圈、无线通信 (1895 年完成演示, 与马可尼同时)、宇宙无线电波 (cosmic radio waves) 和宇宙通信 (地球 — 火星之间的通信设想)、发现荧光 (fluorescent light) 以及电离层. 1902 年, 英国人亥维赛 (Oliver Heaviside) 和美国人肯尼利 (A. E. Kennelly) 更精确地分析了电离层, 预言电离层中的某一层 (即 Heaviside-Kennelly 层) 可以反射无线电波, 因此可以用来实现长距离通信.

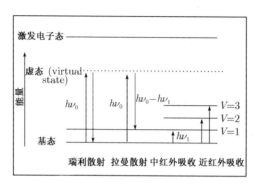

图 7.7　分子的量子能级与瑞利散射、拉曼散射、红外辐射的关系[1]

图 7.8 中显示了电离层的结构和人类使用的范围. 可以看到, 电离层的最低处离地面 60 km, 最高处可达几百公里, 而且其结构细节在白天和晚上是不同的. 在白天, 电离层分为 D、E、F 三层, D、E 层之间是流星等天外物质烧毁的地方; E、F 层是无线通信使用的分层; F 层下半部分因地球磁场的作用会产生北极光, 上半部分是航天飞机的轨道.

通信用无线电波在空气中也会发生瑞利散射, 但是它的频率比光波小 4~10 个数量级; 空气分子的瑞利散射强度正比于频率的四次方, 因此无线电波的瑞利散射是非常弱的. 此外, 对应于空气分子转动、振动能级的拉曼散射特征频移一般在红外区域, 因此这种频移对于射频区的无线电波也是不太会发生的. 围绕着地球表面的电离层并不是人工的 "材料", 马可尼首先利用这自然界的恩赐, 实现了电报的无线传输.

无线通信系统中的电磁波在地球表面传播过程中一般分为地面波 (ground wave)、天空波 (sky wave)、空间波 (space wave) 三类. 地面波是指沿着大地表面传播的无线电波; 天空波是指在大气层中传播并能被电离层反射的无线电波; 空间波则是指频率在 50 MHz 以上、在空气中通过微波站的形式一站一站

---

[1] 引自: National Research Council Canada. 2006-11-30. Raman. City of Winnipeg, Manitoba, Canada. http://ibd.nrc-cnrc.gc.ca/research/spectroscopy/2_raman_e.html.

传播的无线电波, 此时电磁波频率太高, 被电离层反射的条件比较苛刻, 不容易满足工学设计的要求.

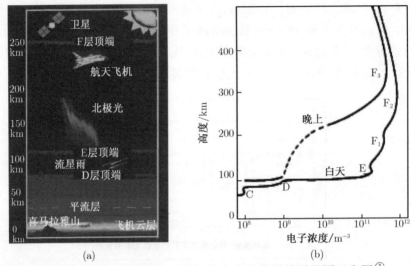

(a)   (b)

图 7.8 电离层 (a) 电离层三个分层的细节和人造装置使用范围示意图[1];
(b) 在 D、E、F 三个分层中, 白天和晚上电子浓度与高度的关系 (Rishbeth, 1973)

　　首先来分析天空波在电离层中的传播. 将天空波的传播过程类比为几何光学中光线的传播路径, 如图 7.9(a) 所示, 电离层的 "折射率" $n < 1$, 这是任何玻璃都不具备的性能. 为分析电离层的光学特性, 首先有两个近似: ① 只分析电离层中最轻、运动最快的电子运动, 忽略分子、离子对折射率的贡献; ② 忽略电磁波本身的磁场对电子运动的影响. 这样, 根据式 (3.26) 中洛伦兹力的表达式, 在互相垂直的电磁波电场 $E(r, t)$ 和地球磁场 B_0 中, 电离层中电子的运动方程为 (cgs 制, 复数波动表达)

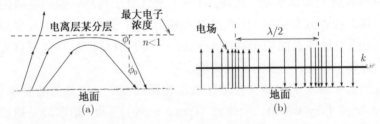

(a)   (b)

图 7.9 电磁波在大气和地面的传播. (a) 电磁波在电离层的透射和反射, 电离层中电子密度. 极大层对电磁波反射十分关键; (b) 沿着地面传播的垂直极化电磁波

　　① 引自: Veron Corportation. 2006-12-15. Hoe is Het Weer···. http://www.veron.nl/amrad/art/hetweer.htm.

$$m\frac{\mathrm{d}^2\boldsymbol{r}}{\mathrm{d}t^2} = -\frac{e}{c}\frac{\mathrm{d}\boldsymbol{r}}{\mathrm{d}t} \times \boldsymbol{B}_0 - e\boldsymbol{E}(\boldsymbol{r},t) \quad \Rightarrow \quad v_\perp^* = Ae^{i\omega_{\mathrm{B}}t} + Be^{i\omega t} \tag{7.14}$$

其中 $\omega_{\mathrm{B}} = eB_0/mc$ 是与磁场相关的进动频率 (frequency of precession); 电子的运动轨道是围绕地球磁场 $\boldsymbol{B}_0$ 转动的螺线, 而且横向运动速度 $v_\perp$ 比纵向速度 v_{0z} 快得多.

再假设无线电波的波矢 $\boldsymbol{k}$ 平行于地球磁场 $\boldsymbol{B}_0$, 那么式 (7.14) 中的三项矢量都沿着垂直于 $\boldsymbol{B}_0$ 的横截面内的径向. 然后, 可以用固体物理中的洛伦兹光学模型计算电离层等离子体的谐振位移、极化矢量、极化率、介电常数和折射率为

$$-m\omega^2\boldsymbol{\rho}(\omega) = \pm(m\omega_{\mathrm{B}})\omega\boldsymbol{\rho}(\omega) - e\boldsymbol{E}_0 \tag{7.15}$$

$$\varepsilon_\pm = 1 + 4\pi n_e\frac{-e\rho(\omega)}{E_0} = 1 + 4\pi n_e\frac{-e^2}{m\omega(\omega \pm \omega_{\mathrm{B}})} \tag{7.16}$$

$$n_\pm = \sqrt{\varepsilon_\pm} = \sqrt{1 - \frac{\omega_{\mathrm{p}}^2}{\omega(\omega \pm \omega_{\mathrm{B}})}} \tag{7.17}$$

$$n_e^0 = \frac{m}{4\pi e^2}\omega(\omega \pm \omega_{\mathrm{B}}) \tag{7.18}$$

式 (7.15)~ 式 (7.18) 中有两个特征频率, ω_{B} 为电子绕磁场做螺线运动的进动频率; $\omega_{\mathrm{p}} = 4\pi n_e e^2/m$ 为浓度为 n_e 的自由电子气体的等离子体频率 (plasma frequency); n_e^0 为无线电波在电离层中反射处 (折射率 $n = 0$) 的电子浓度, 电子浓度的分布见图 7.8(b). 如果取典型的地球表面磁场强度 $B_0 = 0.3\mathrm{G}$, 并将等离子体频率中的电子常数代入, 可以得到

$$\omega_{\mathrm{B}} = \frac{eB_0}{mc} = 5.27\mathrm{MHz}, \quad \omega_{\mathrm{p}} = \sqrt{\frac{4\pi n_e e^2}{m}} = \sqrt{\frac{n_e}{\mathrm{cm}^{-3}}} \times 56.4\mathrm{kHz} \tag{7.19}$$

电离层中电子浓度一般在 $n_e = 10^4 \sim 10^6\mathrm{cm}^{-3}$ 的范围内. 若忽略地磁进动项, 再利用式 (7.17) 中的折射率表达式, 可得在电子工学中常用的电离层的折射率:

$$n_{\mathrm{ion}} = \sqrt{1 - \frac{81 \times (n_e/\mathrm{cm}^{-3})}{(f/\mathrm{kHz})^2}}, \quad \omega \gg \omega_{\mathrm{B}} \tag{7.20}$$

这个电离层折射率的公式对于米波、微波是比较准确的. 对于频率稍低的无线电波, 则需要考虑 ω_B 的影响以及离子的效应. 电离层有大量的离子, 其质量为电子质量的几千倍, 因此相应的等离子体频率要比电子小两个数量级. 有了折射率的公式, 很容易根据几何光学中的斯涅耳定律 (Snell's law) 求出电磁波在电离层中的传播轨迹:

$$\sin\phi_0 = n_{\text{ion}}\sin\phi = \sqrt{1 - (f_c/f)^2}, \quad f_c = \sqrt{81 \times (n_e^0/\text{cm}^{-3})}\ \text{kHz} \quad (7.21)$$

$$f = f_c \sec\phi_0 = f_c \frac{\sqrt{h'^2 + 2R(R + h')[1 - \cos(d/2R)]}}{h' + R[1 - \cos(d/2R)]} \quad (7.22)$$

其中 ϕ_0 是对电离层的入射角, ϕ 为折射角; f_c 为临界频率 (critical frequency); h' 为虚拟高度 (virtual height); d 为沿地球表面的传播距离; R 为地球半径, 见图 7.10(a). 可以看到, 在无线电波传播轨道的最顶端处, 折射角 $\phi = 90°$, 电子浓度达到此轨道的最大值 n_e^0. 在晚上电离层只有一层, 离地面较近; 在白天电离层有三个分层, 离地面较远. 因此, 浓度极值 n_e^0 会随着时间、地点、气候有所变化.

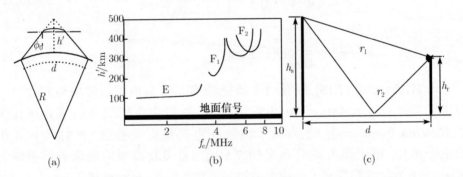

图 7.10　(a) 天空波在地球表面大尺度传播示意图; (b) 白天的天空波轨道虚拟高度 h' 与临界频率 f_c 的关系 (Murkett, 1979); (c) 空间波在地球表面传播的示意图. 其中 h_s 和 h_r 分别为发射塔和接收塔的高度, d 为传播距离

根据式 (7.21), 当无线电波的频率 f 小于 $\max[f_c]$ 时, 以任何角度入射的电磁波都会被电离层反射, 即使垂直入射, 在电子浓度达到 n_e^0 处也会被反射; 当 $f > \max[f_c]$ 时, 入射角 ϕ_0 必须大于临界角度 ϕ_c 才能被反射, 其中 $f = \max[f_c]\sec\phi_c$. 在晚上, 临界频率 f_c 的实验值为 $1\sim7$ MHz. 在白天, f_c 的实验值为 $3\sim8$ MHz, 白天的辐射虽然更强, 但电离层的 E、F 层的浓度分布比较集中, 见图 7.8(b), 因此临界频率的范围反而比晚上小. 出入电离层的波

矢延长线的交点离地面的高度就是式 (7.22) 中的虚拟高度 h', h' 实际上是在无线电波被电离层反射之前以光速行进的等效距离.

在白天的反射实验中, 当传播距离 $d=1000$ km 和频率 $f=10$ MHz 固定时, 在临界频率 $f_c^*=3.0$ MHz、4.3 MHz、5.0 MHz 附近轨道的虚拟高度 h' 会有尖锐的极大值, 见图 7.10(b); 实际上, 在这三个极值处, 无线电波都是刚刚突破电离层的一个分层时, 与三个 f_c^* 对应的 n_e^0 就是电离层的三个分层 E、F_1、F_2 中最大的电子浓度. 为解释上述极大值的出现, 先考虑在 h' 和临界入射角 ϕ_c 固定的情况下, 在频率变化使得无线电波刚突破一个分层时, 当地的折射角 ϕ 必然接近 90°, 因此传播距离 d 会趋于极大; 反过来, 在传播距离 d 固定的条件下, 在刚突破一个分层时, 虚拟高度 h' 必然是极大.

当电磁波频率 f 大于 f_c 太多的时候, 临界角 ϕ_c 会变得很接近 90°, 考虑到电离层的高度为几百公里, 此时 1000 km 以内的电磁波传播就无法进行了. 对于这种频率较高的无线电波 (也就是微波), 只能用空间波的方式传播.

空间波的传播方式就是电磁波从发射塔到接收天线的直接传播. 不过, 由于地面的影响, 接收天线上收到的信号既有从空中直接传播过来的电磁波 (路径长度 $r_1 \sim d + (h_s - h_r)^2/2d$), 也有在地面反射以后再传播过来的电磁波 (路径长度 $r_2 \sim d + (h_s + h_r)^2/2d$), 如图 7.10(c) 所示. 考虑到地球本身可以看成导体, 其表面的切向总电场必然为零, 因此电场强度水平极化的电磁波在地面反射以后电场 $\boldsymbol{E}$ 会反向. 另外, 沿两路传播的空间波互相之间会有干涉, 因此接收天线上空间波的总强度大约为

$$E_r = \frac{k^2 p_0}{d} 2 \sin\left(k \frac{r_2 - r_1}{2}\right) \sim 4 p_0 \left(\frac{2\pi}{\lambda}\right)^3 \left(\frac{h_s h_r}{d^2}\right) \tag{7.23}$$

可见, 空间波的传播在频率越高、发射塔越高、接收距离越近的时候效果越好. 这就是为什么微波站不能相隔太远, 而电视发射塔往往会成为现代城市中最高的建筑之一.

地面波指的是在地球表面传播的无线电波, 顾名思义, 地面波的波矢沿着地球表面传播, 其电场矢量则垂直于地球表面, 如图 7.9(b) 和图 7.11 所示. 由于地球表面 (包括海洋) 是导体, 因此随着电磁波的传播, 地表会激发表面电荷 $\sigma = E_\perp$. 表面电荷的激发显然会损耗能量, 因此地面波在传播时强度是会逐渐降低的. 1909 年, 著名的德国物理学家索末菲 (Arnold Sommerfeld) 曾经提出过一个地面波电场的公式, 第一次清楚地区分了空间波和地面波 (surface wave):

$$E(d) = A\frac{E(0)}{d^\alpha} \tag{7.24}$$

当地面波的频率较低, 在 150kHz 以下时, 衰减幂次 $\alpha \sim 1$, 此时地面波电场与距离成反比; 地球基本可以看成一个电阻, 衰减常数 $A \propto \exp(-\eta f^2)$ 随频率快速下降, 而且当地面电导率越高时, 电场随频率衰减得越快. 当地面波的频率超过 10 MHz 时, 衰减幂次 $\alpha > 1$, 电场随着距离的衰减更快, 根据传输线理论, 此时地球可以看成一个电容, 衰减常数 $A \propto \exp(-\zeta\sqrt{f})/(\varepsilon + 1)$, 地面的介电常数越高, 电场衰减得越快. 海洋的介电常数和电导率都比陆地高, 因此在海洋表面传播的电磁波衰减是很快的.

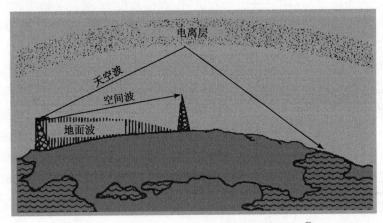

图 7.11   天空波、空间波和地面波的对比[①]

一般来说, 地面波传输距离 d=100 km 时, 电场强度就会从发射时的 $E(0)$=60 mV/m 降低到 $E(d)$=0.3 mV/m, 接近噪声区间, 几乎不能再用了. 相比来说, 天空波的传输特性与地面波有很大的不同. 当传输距离 $d <100$ km 的时候, 天空波对电离层的入射角 ϕ_0 随着 d 的增大而增加, 这样电磁波在电离层中的轨道最大高度 h' 会逐渐降低, 能量损失因此减少, 天空波传输的电场强度反而会随传输距离 d 的增长而增加. 当传输距离 $d >$ 100 km 的时候, 天空波在电离层上的反射趋于稳定, 传输的电场强度可以大致稳定在 $E(d) \sim 1$ mV/m 的值上. 当传输距离 $d >$200 km 的时候, 电场强度只是略有衰减而已. 因此, 70 km 以下中低频的电磁波传输一般用地面波的方式进行, 70 km 以上中低频的电磁波传输就可以采用天空波的形式进行, 10 MHz

---

① 引自: Integrated Publishing. 2006-12-15. The Effect of the Earth's Atmosphere on Radio Waves. http://www.tpub.com/neets/book10/40c.htm.

以上的高频电磁波传输必须用空间波的形式进行. 现代的卫星通信当然会比以上方式更优.

无线电波的远距离传输所要达到的信号噪声比, 实际上还与电磁波发射和接收的区域有关. 大城市中心和工厂区域的背底噪声最大, 噪声次大的是大城市中的居住区、小城镇, 噪声最低的是农村区域. 因此接收天线收到的电场强度的要求在大城市中心最高, 其次是大城市郊区、小城镇和农村. 在广大的乡村区域, 使用天空波覆盖是非常合适的, 因为天空波本身电场强度为 0.1~0.5 mV/m, 正适合农村等低噪声地区, 同时覆盖面又很广. 在城市中心区域, 短距离的电磁波传输使用地面波是很合适的, 地面波强度可以达到 100 mV/m, 足够克服大城市中心的喧嚣噪声.

远距离的天空波传播, 包括电离层反射方式或是卫星通信的方式, 太阳的活动、大气物理和地球物理等诸多因素都很重要. 例如, 大气中离地面最近的对流层 (troposphere) 中, 湿度、温度多变, 因此当无线电波在其中传播时每每有局部折射率的改变. 这些对于电磁波的远距离传输都是要考虑的问题. 又如, 太阳黑子爆发、空间核爆炸、电磁炸弹爆炸, 都会使空气中的电子、质子、光子浓度剧变, 这些都会影响甚至完全中断电磁波的远距离传播. 人类既然可以利用自然界中天然存在的电离层, 在应用过程中就得仔细考虑自然界的复杂变化.

7.1.3 电磁波在材料中的传播

在本节首先普遍讨论了电磁波在金属、非金属、晶体等典型材料中的传播规律. 这些基本的电磁波传播规律对于理解各种各样的电磁波传播系统设计都是很重要的.

1. 电磁波在导体中的传播

金属导体 (conductor) 有很多特性, 但其最大特点就是电导率 σ 比较高, 室温时金属电阻率 ρ 一般为 $1 \sim 100\,\mu\Omega\cdot\text{cm}$. 此外, 电磁波的电场 $\boldsymbol{E}$ 是比较弱的, 因此金属中的极化强度 $\boldsymbol{P}$ 很小, 也就是说, 金属中的束缚电子贡献对介电常数的贡献是比较小的. 实际上, 在本书第四章 4.1 节已经讨论过金属中的等效介电常数问题. 根据简单的自由电子模型, 由金属中的自由电子贡献的等效介电常数 (complex permittivity) 为

$$\varepsilon_{\text{eff}} = 1 + \text{i}\frac{\sigma}{\varepsilon_0\omega} \approx \text{i}\frac{\sigma}{\varepsilon_0\omega} = \frac{\text{i}}{(f/\text{Hz})\cdot(\rho/\mu\Omega\cdot\text{cm})} \times 1.8\times10^{18} \tag{7.25}$$

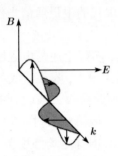

图 7.12　极化电磁波的电场、磁场和波矢的方向的关系[①]

式 (7.25) 中导体的等效介电常数实际上在相当广泛的无线电波频率区间范围内都是纯虚数, 因为麦克斯韦方程 (3.22) 中的麦克斯韦位移电流一项要远远小于电子电流的贡献. 通信无线电波频率的区间在 $10\,\mathrm{kHz} \sim 1\,\mathrm{THz}$, 根据式 (7.25), 金属中的等效介电常数为 $\mathrm{i}10^{14} \sim \mathrm{i}10^{4}$, 可以说就是纯虚数的.

根据麦克斯韦方程 (3.21)、(3.22), 金属中频率为 ω 的电磁波传播方程, 以及在金属的内部沿着 $\hat{e}_z$ 方向传播, 并迅速衰减的平面电磁波为

$$\nabla \times \boldsymbol{E}(\boldsymbol{r},t) = \mathrm{i}\mu_0\mu_{\mathrm{r}}\omega\boldsymbol{H}(\boldsymbol{r},t), \quad \nabla \times \boldsymbol{H}(\boldsymbol{r},t) = -\mathrm{i}\varepsilon_0\varepsilon_{\mathrm{eff}}\omega\boldsymbol{E}(\boldsymbol{r},t) \quad (7.26)$$

$$\boldsymbol{E} = \hat{e}_x E_0 \mathrm{e}^{-\alpha z}\cos(\beta z - \omega t), \quad \boldsymbol{H} = \hat{e}_y \frac{\varepsilon_0 c E_0}{\sqrt{\mu_{\mathrm{r}}/\varepsilon_{\mathrm{eff}}}}\mathrm{e}^{-\alpha z}\cos(\beta z - \omega t) \tag{7.27}$$

$$k = \frac{\omega}{c}n(\omega) = \frac{\omega}{c}\sqrt{\mu_{\mathrm{r}}\varepsilon_{\mathrm{eff}}}, \quad \alpha = \beta = \frac{\omega}{c}\sqrt{\frac{\mu_{\mathrm{r}}}{2}\frac{\sigma}{\varepsilon_0\omega}} = \frac{1}{\delta}$$

式 (7.27) 中 $\delta \propto f^{-1/2}$ 就是本书第六章式 (6.21) 中的趋肤深度. 在固体物理中已讨论过, 纯虚的介电常数导致金属折射率 (refraction index) 的实部 n' 和虚部 n'' 都很大, 因此金属对无线电波吸收系数很大, 反射系数 R 约等于 1. 实际上, 赫兹就曾经使用薄锡板反射电磁波, 而且被反射的电磁波也能在黄铜钮构成的电磁波接收器中引起火花.

在本书第三章中已经讨论了电磁场的能量密度和能流密度的普遍公式, 根据式 (3.44) 和式 (3.43), 金属中平面电磁波的平均坡印亭矢量 (Poynting vector) 或平均能流密度为

$$\boldsymbol{P}_{\mathrm{av}} = \frac{1}{2}\langle \boldsymbol{E} \times \boldsymbol{H}^* \rangle = \frac{1}{2}E_0 H_0 \mathrm{e}^{-2\alpha z}\hat{\boldsymbol{k}} = \frac{1}{2}\frac{c}{n}\varepsilon_0\varepsilon_{\mathrm{eff}}E_0^2 \mathrm{e}^{-2\alpha z}\hat{\boldsymbol{k}} = \frac{c}{n}u\hat{\boldsymbol{k}} \tag{7.28}$$

可见在导体中, 电磁场的平均能流密度和平均能量密度 u 都是以 $\mathrm{e}^{-2\alpha z} = \mathrm{e}^{-2z/\delta}$ 的形式衰减的. 图 7.13 中显示了 1GHz 的电磁波在大脑内的衰减过程, 电场的穿透深度 δ 大约在数厘米的量级, 这就可以理解手机信号有可能影响人体健康的原因.

---

① 引自: Radio Electronics Company. 2006-11-15. Antenna Polarization. http://www.radio-electronics.com/info/antennas/basics/polarisation.php.

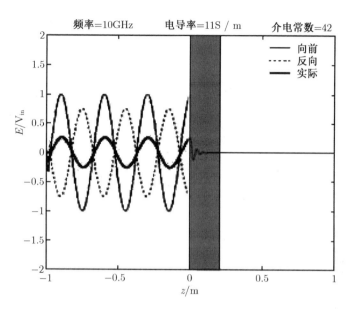

图 7.13 电磁波在人脑中的衰减过程[1]

另一个有趣的问题, 是与导线中的交流电相关的电磁波, 这也是由德国物理学家索末菲于 19 世纪末首先进行分析的. 在本书第六章中讨论了传输线和同轴电缆, 其中交流电的频率、强度都是受电源电压控制的. 无论导线有多长, 一旦电路接通, 传输线或电缆中的电流是以 光速 传播的, 而不是以金属中电子的 漂移速度 传播的. 这个现象的根源在于电磁波以光速沿着导线表面的传播. 不管导线本身做多少 (宏观) 弯折, 波矢 $\boldsymbol{k}$ 或电磁波的坡印亭矢量方向始终是沿着导线的. 导线外部电场 $E_{\perp}^{\mathrm{out}}$ 基本垂直于导线表面; 导线内部电场 $E_{/\!/}^{\mathrm{in}}$ 基本平行于导线表面:

$$E_{\perp}^{\mathrm{out}} = \frac{k}{\varepsilon_0 \omega} H_\phi \sim \frac{1}{\varepsilon_0 c} \frac{I}{2\pi r}, \quad E_{/\!/}^{\mathrm{in}} = \frac{IR}{L} \sim \frac{\rho}{\delta} \frac{I}{2\pi a} \tag{7.29}$$

其中 ρ, a 分别为导线的电阻率和半径. 代入典型数据可知 $E_{\perp}^{\mathrm{out}} \gg E_{/\!/}^{\mathrm{in}}$, 因此导线内部的电场和电流完全受导线表面电磁波控制, 几乎可以瞬时产生.

导线中的电流既然是被沿着导线表面传播的电磁波所激发, 那么从空中传来的无线电波也能激发导线中的电流, 这就是天线能接受无线信号的基本原理.

---

[1] 引自: http://proxy.ee.kent.ac.uk/~pry//body.htm.2007-02-23.

2. 电磁波在非导体中的传播

非导体 (nonconductor) 包括半导体和绝缘体, 其电导率很小, 而极化率比较高. 在非金属中, 麦克斯韦方程 (3.22) 中的位移电流一项一般要远大于载流子电流的贡献, 这也是麦克斯韦从电容器实验中抽象出位移电流概念的初衷. 非金属的介电常数随着频率的变化已经在固体物理课程中讨论过, 其等效介电常数 (complex permittivity) 为

$$\varepsilon_{\text{eff}} = \epsilon' - \text{i}\epsilon'' + \text{i}\frac{\sigma}{\varepsilon_0 \omega} = \epsilon' - \text{i}\epsilon'' + \frac{\text{i}}{(f/\text{Hz}) \cdot (\rho/\mu\Omega \cdot \text{cm})} \times 1.8 \times 10^{18} \quad (7.30)$$

绝缘体的电阻率为 $10^{14} \sim 10^{26}\mu\Omega\cdot$cm, 那么在 $10^4 \sim 10^{12}$Hz 的射频区间由电流导致的介电常数虚部的量级为 $1 \sim 10^{-18}$, 这些绝缘体在电子学中一般被称为低损耗电介质 (low-loss dielectics). 半导体的电阻率为 $10^3 \sim 10^{14}\mu\Omega \cdot$ cm, 这就要具体情况具体分析, 有时半导体会有相当强烈的对电磁波的吸收.

非金属中振动频率为 ω 的电磁波传播规律与式 (7.26) 的形式完全一样. 非金属内部沿着 $\hat{e}_z$ 方向传播的平面电磁波也有衰减, 不过衰减较慢:

$$\boldsymbol{\nabla} \times \boldsymbol{E}(\boldsymbol{r},t) = \text{i}\mu_0\mu_{\text{r}}\omega \boldsymbol{H}(\boldsymbol{r},t), \quad \boldsymbol{\nabla} \times \boldsymbol{H}(\boldsymbol{r},t) = -\text{i}\varepsilon_0\varepsilon_{\text{eff}}\omega \boldsymbol{E}(\boldsymbol{r},t) \quad (7.31)$$

$$\boldsymbol{E} = \hat{e}E_0 \text{e}^{-\alpha z}\cos(\beta z - \omega t), \qquad \boldsymbol{H} = \frac{\boldsymbol{k}}{\mu_0\mu_{\text{r}}\omega} \times \boldsymbol{E}$$

$$\beta \approx \frac{\omega}{c}\sqrt{\mu'\epsilon'}\left[1 - \frac{\epsilon''\mu''}{2\epsilon'\mu'} + \frac{\mu''}{2\mu'}\frac{\sigma}{\varepsilon_0\epsilon'\omega} + \frac{1}{8}\left(-\frac{\epsilon''}{\epsilon'} - \frac{\mu''}{\mu'} + \frac{\sigma}{\varepsilon_0\epsilon'\omega}\right)^2\right] \quad (7.32)$$

$$\alpha \approx \frac{\omega}{2c}\sqrt{\mu'\epsilon'}\left|-\frac{\mu''}{\mu'} - \frac{\epsilon''}{\epsilon'} + \frac{\sigma}{\varepsilon_0\epsilon'\omega}\right| \quad (7.33)$$

非金属的相对介电常数由式 (7.30) 给出, 包括束缚电子贡献的实部、虚部和自由电子贡献的虚部; 相对复数磁导率为 $\mu_{\text{r}} = \mu' - \text{i}\mu''$; 其有效折射率 (complex refraction index) 可以定义为 $n' + \text{i}n'' = kc/\omega = (\beta + \text{i}\alpha)c/\omega$. 对折射率的虚部 (即吸收系数 α) 的贡献来自介电常数的虚部、磁导率的虚部以及电导率. 吸收系数很小的材料就是 (此频段的) 透明材料.

如果对金属介质中传播的电磁场使用复数表达, 平均坡印亭矢量和平均电磁场能量密度也常用复数形式来进行计算:

$$\boldsymbol{P}_{\text{av}} = \frac{1}{2}\Re\{\boldsymbol{E} \times \boldsymbol{H}^*\} = \frac{1}{2}E_0 H_0 \text{e}^{-2\alpha z}\hat{\boldsymbol{k}} = \frac{1}{2}\frac{c}{n}\varepsilon_0\varepsilon_{\text{eff}}E_0^2 \text{e}^{-2\alpha z}\hat{\boldsymbol{k}} \quad (7.34)$$

$$u_{\text{av}} = \frac{1}{4}\Re\{\boldsymbol{E}\cdot\boldsymbol{D}^* + \boldsymbol{H}\cdot\boldsymbol{B}^*\} = \frac{1}{2}\varepsilon_0\varepsilon_{\text{eff}}E_0^2 \text{e}^{-2\alpha z} \quad (7.35)$$

其中 $\boldsymbol{P}_{av}, u_{av}$ 分别为电磁波能流密度和能量密度的时间平均值, 都是按照 $e^{-2\alpha z}$ 指数衰减的. 电磁波的强度 $I = |\boldsymbol{P}_{av}| = I_0 e^{-2\alpha z}$, 因此准确地说 2α 才是电磁波在某种材料中的吸收系数. 电磁波失去的能量一般转化为非金属电介质的热振动能, 有时也会转化为各种量子能级跃迁的能量, 如在核磁共振实验中转化为核子的自旋能量.

例题 7.1 海洋中的长波通信问题: 海水中的电磁波传播问题对于研究在水下运行的潜艇的通信是非常关键的. 对较低频率的无线电波, 地球表面的各类物压的相对介电常数、电导率和电阻率见表 7.1.

表 7.1 地球表面各类物质的相对介电常数、电导率和电阻率的参考数值

地球表面不同的地形	相对介电常数	电导率/(S/m)	电阻率/($\mu\Omega\cdot$cm)
海水 (sea water)	81	4	2.5×10^7
淡水 (fresh water)	80	0.9×10^{-2}	1.1×10^{10}
平原–肥沃土壤 (rich soil)	20	0.9×10^{-2}	1.1×10^{10}
丘陵–森林地区 (forest)	13	4.5×10^{-3}	2.2×10^{10}
岩石、沙漠地区 (rocky soil)	12	1.8×10^{-3}	5.6×10^{10}
城市、工业地区 (cities)	5	0.9×10^{-3}	1.1×10^{11}

引自: Terman, 1947.

海水是半导体, 相对磁导率为 1. 在地球表面各类物质中, 海水的介电常数和电导率都是最高的, 因为水分子的电偶极矩很高, 而且很容易随着外场转动; 同时, 海水中的钠、氯、钾离子是可以导电的. 因此海水是一种高损耗电介质 (high-loss dielectrics).

对于运行在海水中的潜艇 (submarines), 无线通信几乎是唯一的通信方法, 如图 7.14 所示. 在海洋表面, 无线电波的磁场强度可以高达 $H_0 = 10^4$ A/m$=126$Oe, 但在海洋深处潜艇只能接收到 1μA/m 的微弱磁场信号. 因此, 跟海面相比 H_0 下降 $e^{-\alpha d} = 10^{-10}$ 倍的相应深度 d 是海洋中可以进行无线通信的极限深度. 现在来考虑两种频率的电磁波, 频率分别为 1 MHz 和 100 Hz, 海洋对它们的吸收系数和海洋无线通信深度为 (Ida, 2000)

$$f = 1\text{MHz}, \quad \frac{\sigma}{\varepsilon_0 \epsilon_r \omega} = 889, \quad \alpha = \sqrt{\pi f \mu_0 \sigma} = 3.97\text{m}^{-1}, \quad d = 5.79\text{m} \tag{7.36}$$

$$f = 100\text{Hz}, \quad \frac{\sigma}{\varepsilon_0 \epsilon_r \omega} = 8.89\times10^6, \quad \alpha = 0.0397\text{m}^{-1}, \quad d = \frac{10\ln 10}{\alpha} = 579\text{m} \tag{7.37}$$

上述计算中没有考虑介电常数和电导率随频率的变化. 可见, 对于海洋这样的高损耗电介质, 一般只有长波 (long wave) 通信才能保证在潜艇的活动范围内通信不中断, 这可由图 7.3 中的带宽分配方案中得到印证.

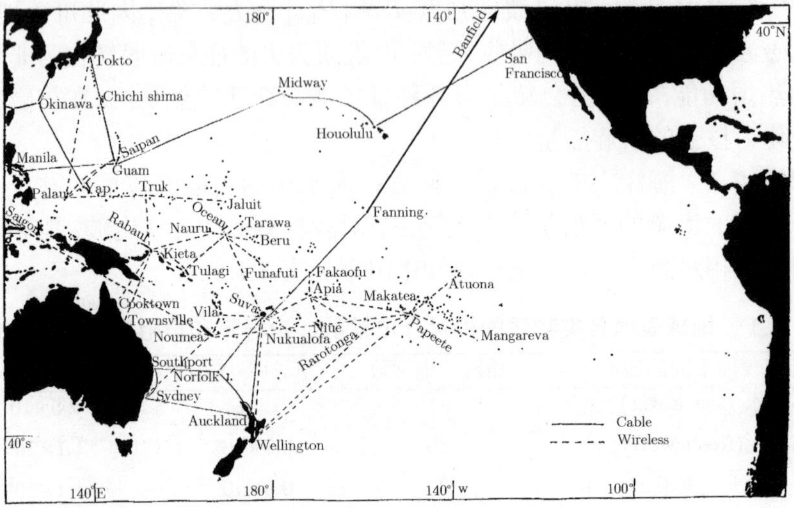

图 7.14　1939 年太平洋中的电缆 (实线) 和无线通信 (虚线)[1]

例题 7.2　空气中的电磁波传播速度对于任何形式的远程通信. 包括卫星通信都很重要. 对无线电波来说, 空气是个低损耗的电介质, 它的相对介电常数 $\varepsilon_r = 1.05$, 电导率 $\sigma_{air} = 10^{-3}$ S/m, 相对磁导率为 1. 现在考虑在空气中传播的电视信号, 使用的电磁波带宽为 6 MHz, 载波的中心频率为 $f_0 = 96$ MHz. 在这个频率下空气介电常数的虚部很小, 可以忽略. 电磁波在空气中的吸收系数和能量传播速度为 (Ida, 2000)

$$\frac{\sigma}{\varepsilon_0 \varepsilon_r \omega} = 0.17, \quad 2\alpha = \frac{\omega}{c} \sqrt{\varepsilon_r} \frac{\sigma}{\varepsilon_0 \varepsilon_r \omega} = 0.35 \text{m}^{-1} \tag{7.38}$$

$$v_g = \frac{1}{\mathrm{d}\beta/\mathrm{d}\omega} = \frac{c}{\sqrt{\varepsilon_r} \left[1 - \frac{1}{8} \left(\frac{\sigma}{\varepsilon_0 \epsilon' \omega} \right)^2 \right]} = 2.916\,025\,37 \times 10^8 \text{m/s} \tag{7.39}$$

因此, 对于频率为 96 MHz、波长为 3.125 m 的电磁波, 其强度在 $d = 2.86$ m 以后就会衰减为初始值的 e^{-1} 倍. 这就是为什么必须每隔一段距离就建立一个地面微波站, 将信号重新放大. 对于卫星通信, 则需要非常灵敏的接收器, 或者用高频无线电波.

---

[1] 引自: University of Texas Libraries. 2006-12-27. Cable and Wireless Communications. City of Austin, Texas, USA. http://www.lib.utexas.edu/maps/historical/pacific_islands_1943_1945.html.

值得注意的是, 如果电磁波频率高到超过 1 THz 的红外区域, 空气分子的量子转动能级和振动能级的存在就会使得电磁波的传播有强烈吸收, 如图 7.15 所示, 如果要在这个频率区间进行通信电磁波传播, 那就必须使用透明的窗口或光纤通信.

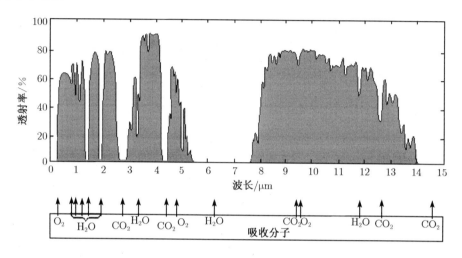

图 7.15 红外频段电磁波在空气中的透射率: 强烈吸收区和窗口

3. 电磁波在晶体中的传播

电磁波在晶体中的传播实际上有很多研究领域, 比如 X 射线衍射学、光在液晶等有机物中的传播、电磁波在人工周期结构中的传播等. 在此显然不会讨论衍射学, 液晶的问题将在本书第八章中讨论. 本节的主要着眼点是电磁波在晶体中传播的经典理论.

晶体 (crystal) 是由原子周期排列而成的, 但以经典电磁理论中的连续介质的观点来看, 晶体则是各向异性的, 也就是说电磁波的入射波矢 k 相对晶体转动角度时光性质可能会改变, 此外波矢与坡印亭矢量也不一定在同一方向. 因此, 本书第三章的式 (3.17) 和式 (3.18) 给出的 E-D 关系和 B-H 关系必须修改. 具体来说, 晶体的介电常数 (permittivity) 和磁导率 (permeability) 都必须使用矩阵形式 (cgs 制):

$$D = \tilde{\epsilon}_r \cdot E \quad \Rightarrow \quad D_i = \epsilon_{ij} E_j, \quad B = \tilde{\mu}_r \cdot H \quad \Rightarrow \quad B_i = \mu_{ij} H_j \qquad (7.40)$$

上述介电常数矩阵和磁导率矩阵一般是对称的实矩阵, 而且其形式体现晶体的对称性. 考虑矩阵形式以后, 晶体的平均电磁场能量密度和坡印亭矢量为

$$u_{\mathrm{av}} = \frac{1}{16\pi} \Re \left\{ \epsilon_{ij} E_i E_j^* + \mu_{ij} H_i H_j^* \right\}, \quad \boldsymbol{P}_{\mathrm{av}} = c u_{\mathrm{av}} \boldsymbol{s} \qquad (7.41)$$

在磁导率矩阵为单位矩阵的非铁磁晶体中, 电磁波传播方程和平面波解为 (cgs 制)

$$c\boldsymbol{\nabla} \times \boldsymbol{E}(\boldsymbol{r}, t) = \mathrm{i}\omega \boldsymbol{H}(\boldsymbol{r}, t), \quad c\boldsymbol{\nabla} \times \boldsymbol{H}(\boldsymbol{r}, t) = -\mathrm{i}\omega \boldsymbol{D}(\boldsymbol{r}, t)$$

$$\boldsymbol{n} \times \boldsymbol{E}_0 \mathrm{e}^{\mathrm{i}(\boldsymbol{k}\cdot\boldsymbol{r}-\omega t)} = \boldsymbol{H}_0 \mathrm{e}^{\mathrm{i}(\boldsymbol{k}\cdot\boldsymbol{r}-\omega t)}, \quad \boldsymbol{n} \times \boldsymbol{H}_0 \mathrm{e}^{\mathrm{i}(\boldsymbol{k}\cdot\boldsymbol{r}-\omega t)} = \boldsymbol{D}_0 \mathrm{e}^{\mathrm{i}(\boldsymbol{k}\cdot\boldsymbol{r}-\omega t)} \qquad (7.42)$$

其中 $\boldsymbol{n} = n\hat{\boldsymbol{k}}$ 为沿着波矢方向、大小为折射率的矢量. 由此可以得到光的波前的方程:

$$\boldsymbol{D}_0 = -\boldsymbol{n} \times \boldsymbol{H}_0 = -\boldsymbol{n} \times (\boldsymbol{n} \times \boldsymbol{E}_0) = n^2 \boldsymbol{E}_0 - (\boldsymbol{n} \cdot \boldsymbol{E}_0)\boldsymbol{n} = \tilde{\epsilon}_{\mathrm{r}} \cdot \boldsymbol{E}_0$$

$$\Rightarrow \begin{cases} D_\alpha \left(n^{-2}\delta_{\alpha\beta} - \epsilon_{\alpha\beta}^{-1} \right) D_\beta = 0 \\ E_\alpha \left(s^{-2}\delta_{\alpha\beta} - \epsilon_{\alpha\beta} \right) E_\beta = 0 \end{cases} \quad (\boldsymbol{D} \perp \hat{\boldsymbol{k}}, \boldsymbol{E} \perp \boldsymbol{s}) \qquad (7.43)$$

其中 $\boldsymbol{n} \cdot \boldsymbol{s} = 1$. 在单轴晶体中, 平面电磁波的 $\boldsymbol{D}_0$ 与 $\boldsymbol{H}_0$ 场是互相正交的, 可分别定义为沿 x 轴和 y 轴; $\boldsymbol{n}$ 矢量或波矢 $\boldsymbol{k}$ 沿 z 轴; 这样, $\boldsymbol{E}_0$ 场和 $\boldsymbol{s}$ 矢量都在 x-z 面, 即主截面 (principle section) 内.

　　立方晶系的晶体具有很高的对称性, 其介电常数矩阵必然就是 $\epsilon \boldsymbol{I}$, 因此电磁波在立方晶体中的传播是各向同性的, 其菲涅耳椭球和指示椭球都是球形的. 比立方晶系的对称性稍低的单轴晶体 (uniaxial crystal) 可能属于四方、三角或六角晶系. 图 7.16 显示的就是单轴晶体的光学性质, 图中的 z' 轴就是旋转对称性最高的主对称轴, 也常被叫做光学轴 (optical axis);

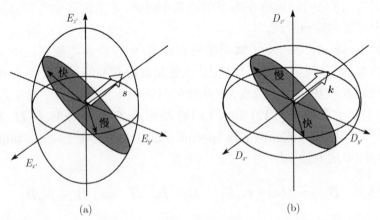

图 7.16　晶体光学. (a) 菲涅耳椭球 (Fresnel ellipsoid), 即波前;

(b) 指示椭球 (index ellipsoid), 主截面为 $\boldsymbol{k}$-$\boldsymbol{D}_0$-$\boldsymbol{D}_{z'}$ 构成的面

其菲涅耳椭球的三主轴正比于 $\sqrt{\epsilon_{x'}^{-1}}, \sqrt{\epsilon_{x'}^{-1}}, \sqrt{\epsilon_{z'}^{-1}}$, 指示椭球的三主轴则正比于 $\sqrt{\epsilon_{x'}}, \sqrt{\epsilon_{x'}}, \sqrt{\epsilon_{z'}}$. 一般称 $\epsilon_{x'} > \epsilon_{z'}$ 的单轴晶体为 "正单轴晶体", 意思是指示椭球比半径等于 z' 主轴长度的球体积大; 反之, 如果 $\epsilon_{x'} < \epsilon_{z'}$, 则叫做 "负单轴晶体".

在单轴晶体中, 波矢 $\hat{k}$(折射率矢量 n)、坡印亭矢量 s 和光学轴 $\hat{e}_{z'}$ 这三个矢量总是共面的, 它们所共的面叫做主截面 x-z-z'. 在单轴晶体中传播的电磁波有两种: 一种是正常电磁波 (ordinary), 波矢 $k/\!/n$ 必定是沿着对称性最高的光学轴传播的, 电磁场都在 x'-y' 面内, 而且 E, D 同向, H, B 同向, 其折射率为 $n = \sqrt{\epsilon_{x'}}$. 另一种叫做反常电磁波 (extraordinary), 它的波矢 k 沿着与 z' 轴夹角为 θ 的方向传播, 而且 E, D 不同向, H, B 也不同向; 反常电磁波的折射率以及 $s, \hat{e}_z$ 的夹角 θ' 为

$$\frac{1}{s^2} = \epsilon_{x'} \sin^2 \theta' + \epsilon_{z'} \cos^2 \theta', \quad \frac{1}{n^2} = \frac{\sin^2 \theta}{\epsilon_{x'}} + \frac{\cos^2 \theta}{\epsilon_{z'}}, \quad \frac{\tan \theta'}{\tan \theta} = \frac{\epsilon_{z'}}{\epsilon_{x'}} \quad (7.44)$$

对正单轴晶体, $\epsilon_{x'}$ 比 $\epsilon_{z'}$ 大, 当波矢逐渐偏离光学轴的时候, 折射率会随之增大. 对负单轴晶体, $\epsilon_{x'}$ 比 $\epsilon_{z'}$ 小, 当 θ 角增大时, 折射率反而会减小.

双轴晶体 (biaxial crystal) 的晶体对称性可能属于三斜、单斜或正交晶系, 它们的指示椭球的三个主轴的长度 $n_\alpha < n_\beta < n_\gamma$ 都是不同的, 如图 7.17(a) 所示. 当光穿过双轴晶体时, 如果波矢不沿着图 7.17(b) 中表示的位

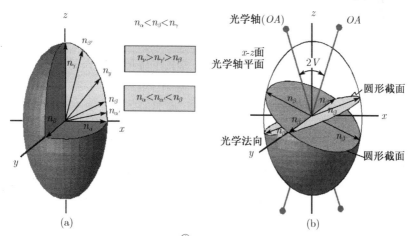

图 7.17 双轴晶体的光学性质[①]. (a) 指示椭球; (b) 光学轴和圆形截面

① 引自: Finn G C. 2006-12-10. Biaxial Indicatrix. Department of Earth Sciences. Brock University, City of St.Catharines, Ontario, Canada. http://www.brocku.ca/earth-sciences/people/gfinn/optical/biaxindc.htm.

于 x, z 面内的两个光学轴 (OA) 中的任何一个时, 入射光就会被分为两束. 值得注意的是, 垂直于任一光学轴的截面都是正圆形, 而且其半径恰好是 n_β. 双轴晶体的数学描述也是基于式 (7.43) 展开的, 不过步骤太复杂, 在此不再详述, 感兴趣的读者可以看朗道的书 (Landau et al., 1984).

7.2　无线通信

无线通信 (wireless communication) 是电子时代最重要的成就之一, 这项技术始自赫兹的电磁波实验, 成于马可尼的越洋无线电报实验, 行于 20 世纪初实现的广播系统, 盛于第二次世界大战以后逐渐实现的卫星通信系统, 极于半导体时代以后开始发展的手机通信. 无线通信系统本身是非常复杂的, 包含诸门类工科的综合研究成果. 因此, 在本节中只能做很有限的讨论, 主要集中在无线电波的发射、接收和传输的材料和器件方面.

最早发展的无线通信器件就是以粉末检波器为标志的无线电波检波器和以马可尼天线为标志的无线电发射接收器. 时至今日, 继粉末检波器发展的真空管检波器在绝大多数场合也已经被半导体固体器件取代, 但天线的设计则变化较少, 只不过在到达家庭电视的图像信息传输方面多半被已经讨论过的电缆系统取代.

最早的无线电波检波器叫做粉末检波器 (coherer), 它是由英国出生、1879 年在美国肯塔基州工作的音乐系教授胡杰斯 (David Edward Hughes) 发明的, 当时他的发明没有正式发表. 粉末检波器的结构就是一个填满很细的铁屑、银屑或镍屑的玻璃管, 玻璃管两端有银电极, 并与金属屑保持接触. 两个电极一个接地, 另一个接天线; 此外还与电池、继电器线圈等连接, 如图 7.18(b) 所示. 当检波器接收到无线电波时, 金属屑互相黏连起来, 整个检波器的电阻因此降低, 这样电路中的电流增加了, 继电器开动, 敲响电钟; 然后检波器受到振荡, 金属屑又互相分开, 电阻回复到初始的水平.

1890 年, 在巴黎天主教大学工作的物理系教授布兰吕 (Edouard Branly) 发现, 在感受到电磁波时, 沉积在玻璃上的铂层的电阻会减小. 1894 年, 洛奇 (Oliver Joseph Lodge) 十分称道布兰吕的工作, 并在此基础上独立地发明和改进了粉末检波器, 成为当时无线电波接收器的标准配置. 1895 年, 俄国物理学家波波夫 (Alexander Popov) 也演示了无线电波的远程接收, 比马可尼的演示还要略早一些, 波波夫接收器的核心也是粉末检波器. 1900 年, 马可尼在卢瑟福的工作基础上发明了磁检波器, 以包银铁线为工作物质, 可以检测强度很弱的电磁波, 后来也成为接收器的标准配置.

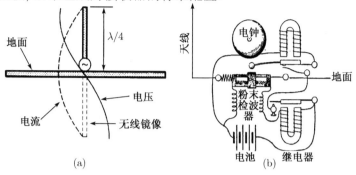

图 7.18 (a) 马可尼天线[①]; (b) 波波夫接收器[②]

7.2.1 天线: 电磁波的发射与接收

在电磁波的发射和接收系统中有很多重要的器件, 包括天线、检波器、二极管、三极管以及其他构成电路的元件, 这些器件综合在一起就可以实现电信号–无线电波之间的相互转换. 简单的无线电波发射器 (transmitter) 和接收器 (receiver) 的电路见图 7.19(a)、(b). 在发射器中, 三极管 (在图 7.19 中标记为大圆圈加阴极、阳极、栅极等) 起到核心的放大作用, 最早的放大器 (amplifier) 就是用真空管做的; 现在发射器多半已经使用固体电子集成电路了, 只是在大功率的无线电波发射台中, 还是要使用功率很高的真空管来做放大器. 在接收器中, 信号要通过整流、滤波、放大, 送到喇叭等信号输出器件中, 最后达到使用者; 整流器 (rectifier) 是由二极管实现的, 其物理过程见图 7.2. 在发射器和接收器中, 都有 LC 电路来实现滤波, 这是为了选择合适的频率. 滤波器 (filter) 也可以用其他方式实现, 将在下一节再详细讨论.

真空管 (vacuum tube) 是历史上重要的电子器件, 曾经兼信息处理、存储、传输和输入输出的核心器件于一身. 它的结构如图 7.19 中二极管、三极管的阴极 (见图 7.19 中的圆点或三角) 热发射电子, 电子束越过一段真空以后, 达到阳极 (见图 7.19 中的一横). 在真空二极管中, 电子只能从阴极飞往阳极, 因此电流是单向的, 可作整流器. 在真空三极管中, 阴极、阳极之间要引入栅极 (图 7.19 中的虚线), 栅极电压会被放大.

---

① 引自: Moonraker Australia Pty. 2006-12-19. Quarter Wave Verticals. City of Tasmania, Australia. http://www.moonraker.com.au/techni/quarterwaveverticals.htm.

② 引自: Victor Jones R. 2006-11-20. A Truly Crazy Device-That Worked. City of Boston, USA. http://people.deas.harvard.edu/jones/cscie129/nu_lectures/lecture6/coherers/coherer.html.

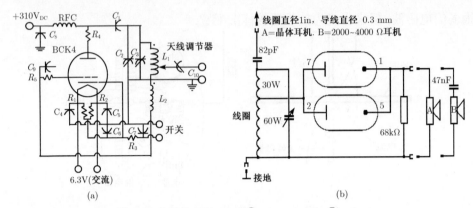

图 7.19   (a) 发射器[1]; (b) 接收器[2]

真空管的发展历史可以追溯到 19 世纪. 1873 年电子的热发射效应被发现, 这种现象在 1883 年被命名为爱迪生效应, 当时对电的概念都是连续电流, 电子的粒子本质未为人知, 因此连爱迪生本人也不能理解这种现象. 1904 年, 原来在爱迪生实验室、后来转往马可尼公司工作的弗莱明 (John Ambrose Fleming) 发明了一种器件叫做 "oscillation valve", 后来被命名为二极管 (diode). 1906 年, 德弗罗斯特 (Lee De Forest) 把一根弯折的导线放到阴极和阳极之间作为屏蔽, 这就是后来的栅极, 栅极电压可以控制阴、阳极之间的电流. 德弗罗斯特当时把这个改进的二极管叫 "Audion", 它的真空度不高. 1915 年通用电子公司的朗缪尔 (Irving Langmuir) 才真正制成了真空三极管 (triode).

费森登的 Brant Rock 广播站在 1906 年已经实现了革命性的演示, 但当时 AT&T 公司认为此系统还不能实现商业化, 暂时搁置了. 1920 年, 第一个商业广播系统才在美国加利福尼亚州的卡塔里那 (Catalina) 岛安装运行, 在发射、接收系统中使用了真空管. 20 世纪 50 年代是真空管无线电收音机的黄金年代, 此时固体电子器件已经出现, 但还没有实用化.

天线是发射器末端、接收器开端的重要器件. 天线的基本原理就是在 7.1 节已经讨论过的偶极辐射. 在空气中, 分子在电磁波中极化, 成为偶极子, 并进行光的二次辐射. 在电子工学中, 如果在一根孤立的金属导线天线中通有振荡

① 引自: Lotito F J. 2006-11-27. Build an Early 1920s One-Tube Transmitter. Antique Wireless Association. City of Breesport, New York, USA. http://www.antiquewireless. org/otb/1920xmtr.htm.

② 引自: Wumpus's Old Radio World. 2006-12-11. Single Circuit Tube (valve) Rectifier Receiver. http://www.oldradioworld.de/gollum/tube.htm.

电流, 天线也成为一个振荡的电偶极子, 并向四周辐射出电磁波. 空气分子的尺度在 0.1 nm 的量级, 辐射波长为 100 nm 量级的可见光; 天线的尺度在 1 cm~1 m 的量级, 辐射出的无线电波的波长为 10 cm~1 km. 上述两个问题的物理本质确实是很类似的, 当然构成振荡电偶极子的 "材料" 则与空气分子完全不同.

根据式 (7.13), 在远场近似下, 偶极辐射的电磁场都是球面波. 假设与地面隔绝、长度 $\delta l \ll \lambda$ 的天线中通有频率为 ω 的交流电 $I(t) = I_0 \mathrm{e}^{-\mathrm{i}\omega t}$, 那么此天线必然等价于一个电偶极矩为 $\boldsymbol{p}(t) = q\delta l\hat{\boldsymbol{e}}_z = \mathrm{i}\hat{\boldsymbol{e}}I(t)\delta l/\omega = \boldsymbol{p}_0 \mathrm{e}^{-\mathrm{i}\omega t}$ 的偶极辐射振子. 若波矢 $\hat{\boldsymbol{k}}$ 与天线取向 $\hat{\boldsymbol{e}}_z$ 的夹角记为 θ, 根据偶极辐射式 (7.13), 天线辐射的基本公式为 (SI 制)

$$
\begin{aligned}
\boldsymbol{E}(r,t) &= \Re\left[-\frac{\mu_0}{4\pi}\omega^2\,\hat{\boldsymbol{k}}\times\left(\hat{\boldsymbol{k}}\times\boldsymbol{p}_0\right)\,\frac{\exp(\mathrm{i}kr-\mathrm{i}\omega t)}{r}\right]\\
&= -\hat{\boldsymbol{e}}_\theta \sin\theta\frac{30k}{r}I\delta l\sin(kr-\omega t)
\end{aligned}
\tag{7.45}
$$

$$
\boldsymbol{B}(r,t) = -\hat{\boldsymbol{e}}_\phi \sin\theta\frac{30k}{cr}I\delta l\sin(kr-\omega t)
\tag{7.46}
$$

$$
\frac{\mathrm{d}P_{\mathrm{av}}}{\mathrm{d}\Omega} \sim \langle r^2\hat{\boldsymbol{k}}\cdot(\boldsymbol{E}\times\boldsymbol{B})\rangle \sim 450k^4|\boldsymbol{p}_0|^2\sin^2\theta
\tag{7.47}
$$

其中电场沿着球坐标的 $\hat{\boldsymbol{e}}_\theta$ 方向; 磁场沿着 $\hat{\boldsymbol{e}}_\phi$ 方向; 坡印亭矢量 $\boldsymbol{S}$ 沿着 $\hat{\boldsymbol{k}} = \hat{e}_r$ 的方向, 而且在 $\theta = 90°$, $\hat{\boldsymbol{k}} \perp \delta l$ 时辐射最强. 上式使用了远场近似 $r \gg \delta l$ 的条件, 因此不适合描述 $r \sim l$ 的近场分布; 如要准确描述 $r \sim l$ 的近场, 要对式 (7.13) 做高阶展开.

在孤立的天线中, 交流电的分布与一根琴弦上的振动十分类似, 可以看成一个驻波. 在天线上坐标 $z \in (0, l)$ 附近长度为 $\mathrm{d}z$ 的一段中, 振荡交流电及电偶极子为

$$
I(z,t) = I_0 \sin\left(\frac{2\pi}{\lambda}z\right)\mathrm{e}^{-\mathrm{i}\omega t}, \quad \Delta\boldsymbol{p}(z,t) = \frac{\mathrm{i}}{\omega}\hat{\boldsymbol{e}}_z\,I(z,t)\,\mathrm{d}z
\tag{7.48}
$$

假设球面波的半径 $r \gg l$, 天线可以看成一系列振荡电偶极子 $\boldsymbol{p}(z,t)$, 其电场可以直接叠加. 叠加时要注意天线上位置在 z 的电偶极子有 "光程差" $z\cos\theta$:

$$
\begin{aligned}
\boldsymbol{E} &= -\frac{\mu_0}{4\pi}\,\omega^2\,\Re\left\{\int_0^l \mathrm{e}^{-\mathrm{i}\frac{2\pi}{\lambda}z\cos\theta}\,\hat{\boldsymbol{k}}\times\left[\hat{\boldsymbol{k}}\times\Delta\boldsymbol{p}(z,t)\right]\frac{\exp(\mathrm{i}kr)}{r}\right\}\\
&= -\hat{\boldsymbol{e}}_\theta\,I_0\sin\theta\,\frac{30k}{r}\int_0^l \mathrm{d}z\,\sin(kz)\,\sin(kr-\omega t-kz\cos\theta)
\end{aligned}
\tag{7.49}
$$

$$\frac{\mathrm{d}P_{\mathrm{av}}}{\mathrm{d}\Omega} \sim \frac{900}{c^2}k^2 I_0^2 \sin^2\theta \left(\frac{k^2 l^2}{2k}\right)^2 \langle \sin^2(kr-\omega t)\rangle \sim \frac{450}{4c^2}k^4 l^4 I_0^2 \sin^2\theta \quad (7.50)$$

当天线长度 $l \leqslant \lambda/2$ 时, 偶极辐射场互相叠加时没有符号的差别, 总辐射场分布很像偶极辐射场, 此时辐射功率的角分布满足式 (7.50). 当天线长度 $l = \lambda$ 时, 天线中交流电的驻波在 $x = l/2$ 处是个节点, 在其左右分别是一正一负两个对称的 sin 波, 在 $\theta = 90°$ 方向经过叠加显然会使电场为零, 此时辐射功率在 $\theta = 54°$ 处出现了一个极大值, 形象地说, 在 $0° \sim 90°$ 有一个 "耳朵". 当天线长度 $l = m\lambda/2$ 时 (m 为整数), 辐射功率的角分布不再像式 (7.50) 那么简单, 在 $0° \sim 90°$ 会出现 $\mathrm{int}(m/2)$ 个 "耳朵". 随着 m 的增大, 强度最大的第一个 "耳朵" 的角度 θ_{e1} 越来越小, 如图 7.20(b) 所示.

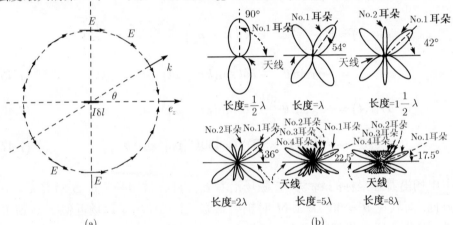

图 7.20　(a) $\delta l \ll \lambda$ 的振荡电偶极子发射的球面电磁波的电场示意图; (b) 长度比 $l/\lambda = 0.5, 1.0, 1.5, 2.0, 5.0, 8.0$ 的天线辐射的电磁场强度 (Terman, 1947)

如果天线与待接收或发射的无线电波发生共振, 无线传输系统会在最佳状态工作. 根据驻波的基本原理, 与电磁波发生共振的天线长度要求为 $l = m\lambda/2$, 因此, 最短的共振长度 $l = \lambda/2$. 这样, 待发射或接收的无线电波的频率越高, 天线可以越短; 频率越低, 则要求天线越长, 安装越困难, 见表 7.2. 上千米长的天线对海事等交通通信是个大负担, 一般要使用二维 "面" 接收代替一维天线, 面天线的宽度 $l = \lambda/4$ 比线天线缩小 50%, 可安装在交通工具的顶部, 在海船上还可用金属船壳来作无线电波的接收.

表 7.2　天线的长度与无线电波发射频率的关联

无线电频率	天线长度	无线电频率	天线长度
100 kHz	1440 m	500 kHz	288 m
2 MHz	72 m	30 MHz	4.8 m
100 MHz	1.4 m	1 GHz	0.14 m

单根天线辐射的电磁波能量的空间分布还不够集中, 因此在广播和电视信号发射时常常使用天线阵列 (array). 假设每根天线本身的取向沿 $\hat{e}_z$ 方向, 沿 $\hat{e}_y$ 方向每隔 Δy 放置一根天线, 构成天线阵列. 对于天线阵列的辐射场, 还是可以使用几何光学中光程差的概念. 假设 $i(z)$ 为归一化的电流在天线中的分布函数, β 为 $\hat{k}$ 和 $\hat{e}_y$ 的夹角, 服从 $\cos\beta = \sin\theta\sin\phi$ 的关系, 将天线的辐射场加权叠加即可获得天线阵列的辐射场:

$$E_a = -I_0 \sin\theta \frac{30k}{r} \sum_n \int_0^l \mathrm{d}z i(z) \sin(kr - \omega t - kz\cos\theta - nk\Delta y \cos\beta) \quad (7.51)$$

天线阵列问题与光栅 (grating) 问题是完全类似的. 每个天线辐射的电磁波好比 "光源", 间隔为 Δy 的天线阵列好比光栅. 以单根天线辐射最强的第一个 "耳朵" 为例, 辐射在 $\theta = \theta_{e1}$ 处是最强的, 而且分布对 ϕ 角具有旋转对称性. 如果现在沿着 $\hat{e}_y$ 排列有 N 根天线, 那么在 $(\theta_{e1}, 0)$ 角度附近会出现一个尖锐的辐射极大, 其半宽角 $\Delta\phi$ 为

$$\frac{\lambda}{2} = N\Delta y\cos\beta = N\Delta y\sin\theta_{e1}\sin\Delta\phi \quad\to\quad \Delta\phi = \frac{\lambda}{2N\Delta y\sin\theta_{e1}} \quad (7.52)$$

也就是说, 在垂直于阵列线 $\hat{e}_y$ 的 x-z 平面内, 与天线的取向 $\hat{e}_z$ 夹角为 θ_{e1} 处是天线阵列辐射最强的地方. 这样, 天线阵列可以保证电磁波信号准确地、能量集中地传输到很远的地方. 在宇宙学的实验中, 为了接收宇宙空间非常微弱的电磁信号, 也需要使用天线阵列, 以大幅度提高灵敏度和分辨率. 再有, 所谓激光武器, 也需要把电磁波的能量集中到很小的角度上, 这也需要通过天线阵列的设计来实现.

天线阵列中辐射强度的分布可以通过各天线信号之间的相位差 $\Delta\phi_n$ 来调节:

$$E_a = -I_0 \sin\theta \frac{30k}{r} \sum_n \int_0^l \mathrm{d}z i(z) \sin(kr - \omega t - kz\cos\theta - nk\Delta y \cos\beta - \phi_n)$$

$$(7.53)$$

如果相差为零, 那么辐射最强的 "耳朵" 一定出现在 $\theta = 90°$ 的天线阵列侧面. 如果相差不为零, 那么 "耳朵" 可以转到其他的角度. 在实际的天线阵列中, 一般把最大的 "耳朵" 调到略低于 $\theta = 90°$ 的方向, 而次强的辐射峰则哪个方向都有, 如图 7.21(b) 所示.

单根天线的辐射功率也是天线系统的一个重要的参数. 根据方程 (7.45) 以及本书第三章中能量密度的式 (3.43), 长度为 δl 的天线的辐射总功率为

$$P_{av} = \int_0^\pi 2\pi r^2 \sin\theta d\theta \langle c\varepsilon_0 \boldsymbol{E}^2 \rangle_t$$

$$= 60\pi^2 \langle I^2(t) \rangle_t \left(\frac{\delta l}{\lambda}\right)^2 \int_0^\pi \sin^3\theta \, d\theta$$

$$= \langle I^2(t) \rangle_t \, 80\pi^2 \left(\frac{\delta l}{\lambda}\right)^2 = \langle I^2(t) R_{radiation} \rangle_t \quad (7.54)$$

当 $l = \lambda/2$ 的天线被使用时, 天线的顶端电压最低而电流最大, 此时天线的辐射阻抗 $R_{radiation}$ 是比较低的, 一般为 $30 \sim 50\Omega$, 恰好是自由电偶极子阻抗的一半. 当天线的长度增加时, 在单位时间内有更多能量被辐射出去, 辐射电阻也就增加了.

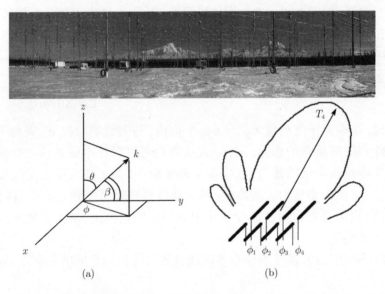

图 7.21 安装在美国阿拉斯加的 HAARP(High Frequency Active Auroral Research Program) 天线阵列, 频率范围 $2 \sim 10$ MH[1]. (a) 角度 θ, ϕ, β 的关系图; (b) 天线阵列的空间辐射强度分布示意图, 辐射角度为 $\pm 30°$

　　天线可以看成电容器的其中一个或两个导体电极的拓扑变形体, 这样天线就是 RLC 电路的一部分, 可实现特定频率的电磁波发射. 在电磁波接收过程中, 空中传来电磁波激发天线中的电子发生振荡, 这样与天线相连的接收电路

---

① 引自：High Frequency Active Auroral Research Program. 2006-11-18. HAARP Photo Gallery. City of Kirtland AFB, New Mexico, USA. http://www.haarp.alaska.edu/haarp/photos.html.

中, 就会产生与空中电磁波频率相等、强度变化类似的交流电. 实用的天线还是十分复杂的, 有时候要考虑到大地这个导体的效应. 另外, 不同频率的电磁波发射和接收需要不同的天线设计. 电磁波的频率越高, 波长越短, 信号就越不容易收到, 相应的天线设计就越复杂. 重要的天线种类如图 7.22 所示.

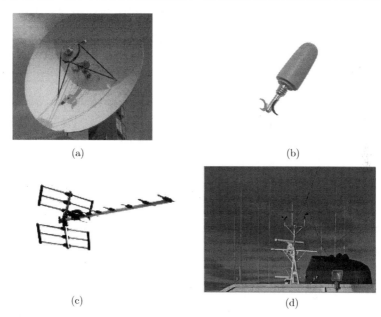

(a)　　　　　　　　　　　　(b)
(c)　　　　　　　　　　　　(d)

图 7.22　重要的天线种类. (a) 美国航天局的高增益天线, 频率 1GHz 以上的通信、卫星、科学研究系统使用[1]; (b) 手机天线[2] (c) 电视天线[3]; (d) 船用天线[4]

7.2.2　波导

波导 (wave guide) 是重要的无线通信器件. 当电磁波的频率非常高时, 一般的传输线中趋肤效应太强, 电阻太大, 导致交流电传输的信息损耗太厉害. 这时, 波导是传输线很好的替代材料. 任何可以引导电磁波的线性结构都叫做

① 引自：Jet Propulsion Laboratory. 2006-11-30. High-Gain Antenna. California Institute of Technology. City of Pasadena, California, USA. http://www2.jpl.nasa.gov/basics/cassini/hga.html.

② 引自：Huahong Electronic Co. 2006-11-30. Mobile Phone Antenna. City of Beijing, China. http://huahongnet.com/motorola_antenna.htm.

③ 引自：System OpenRussia. 2006-12-30. Outdoor TV Antenna. City of Rostov on Don, Russia. http://www.openrussia.ru/catalogitems/1828/Outdoor-TV-Antenna.htm.

④ 引自：Moiseyenko O O. 2006-11-30. Ship's Antenna. http://www.pbase.com/omoses/image/43756194.

波导. 最早和最常用的波导是指空心金属管; 光纤 (optical fiber) 等棒状波导叫做电介质波导, 这将在下一节讨论. 此外, 由电路构成的传输线、长条状的介质区等都可以看成是波导.

1893 年, 汤姆孙爵士首次设计了波导. 1894 年, 洛奇 (Oliver Lodge) 爵士进行了波导的实验. 1897 年, 瑞利勋爵则完成了空腔圆柱形波导中电磁波的传播模式的数学分析. 1938 年, 斯坦福大学的汉森 (W. W. Hansen) 发明了加速器用微波波导.

一般来说, 尺度越大的波导可以传播频率越低的电磁波, 这是由麦克斯韦方程组决定的. 这也是为什么地球表面和电离层构成的尺度巨大的 "自然" 波导会与 7.83Hz 频率的电磁波发生共振, 这也叫做舒曼共振 (Schumann resonance). 截面尺度在毫米以下的波导, 则可以传播卫星通信中使用的 $30 \sim 300\text{GHz}$ 超极高频率 (EHF) 的电磁波.

波导可以传输频率范围很宽的电磁波能量和信号, 只是在微波频段波导特别有用, 可以作为允许高频电磁波通过的微波滤波器 (microwave filter) 使用. 1915 年, 德国的华格纳 (K. W. Wagner) 和美国 AT&T 公司的坎贝尔 (George A. Campbell) 在分析传输线的时候分别提出了滤波器 (filter) 的概念. 图 7.23 中的滤波器就是能选择某个频率范围信号的电路或器件. 在当前 100 Hz~300 GHz 的全波段无线电波几乎都被使用的情形下, 在天线接收的信号中选择出具有一定带宽的电磁波, 显然是电子工业的基本问题.

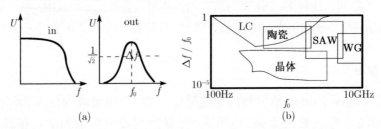

图 7.23　滤波器. (a) 输入的信号经过滤波, 输出为 f_0 附近带宽为 Δf 的信号 (Terman, 1947); (b) 各类滤波器的相对带宽 $\Delta f / f_0$ 与中心频率 f_0 之间的关系. LC 表示电感、电容滤波器; 陶瓷表示陶瓷滤波器; 晶体表示石英晶体滤波器; SAW 表示声表面波滤波器; WG 表示波导–微波滤波器

电感、电容滤波器可以在 100 Hz~100 MHz 这样广泛的频率区间内使用, 不过 LC 滤波器的相对带宽 $\Delta f / f_0$ 一般在 10^{-2} 以上, 在各类滤波器中是最宽的. 晶体滤波器 (crystal filter) 是在 1921 年由凯地 (W. G. Cady) 发明的, 由石英晶体加上几对耦合电极组成, 其频率选择性和稳定性比 LC 滤波器要

好得多. 陶瓷滤波器 (ceramic filter) 经常是由钇铁石榴石等铁磁材料为核心构成的, 铁磁材料与电磁波之间会发生电子自旋共振, 在此共振频率附近就可以设计出一个电磁波的定向滤波器来. 声表面波滤波器 (surface acoustic wave filter, SAW) 是利用压电材料表面的晶格振动波进行滤波的器件. 一般在压电材料表面分布两组叉指电极: 一组接通输入信号; 另一组接通输出信号. 频率在晶格振动波带宽范围内的输入电磁波转换为压电材料表面的声波, 然后再转换为经过滤波的输出信号. 微波滤波器是由微波传输线、同轴电缆或波导单元组合而成的器件, 可以分离不同微波频率的信号. 本节要讨论的波导就是一种高通微波滤波器.

图 7.24 中波导内部的空腔有可能是空气或电介质, 假设其相对介电常数和相对磁导率分别为 $\varepsilon_{\mathrm{r}}, \mu_{\mathrm{r}}$, 根据麦克斯韦方程 (3.21) 和 (3.22), 波导中的电磁波方程和复数波动解为

$$\boldsymbol{\nabla} \times \boldsymbol{E} = \mathrm{i}\omega \boldsymbol{B}, \quad \boldsymbol{\nabla} \times \boldsymbol{B} = -\mathrm{i}\omega \frac{\varepsilon_{\mathrm{r}}\mu_{\mathrm{r}}}{c^2} \boldsymbol{E} \tag{7.55}$$

$$\boldsymbol{\nabla}^2 \boldsymbol{E} + \varepsilon_{\mathrm{r}}\mu_{\mathrm{r}}\frac{\omega^2}{c^2}\boldsymbol{E} = 0, \quad \boldsymbol{\nabla}^2 \boldsymbol{B} + \varepsilon_{\mathrm{r}}\mu_{\mathrm{r}}\frac{\omega^2}{c^2}\boldsymbol{B} = 0 \tag{7.56}$$

$$\boldsymbol{E}, \boldsymbol{B} = \boldsymbol{E}, \boldsymbol{B}(x,y)\,\mathrm{e}^{-\alpha z}\,\mathrm{e}^{\mathrm{i}(\beta z - \omega t)}, \quad k_{\perp}^2 + k_{/\!/}^2 = \varepsilon_{\mathrm{r}}\mu_{\mathrm{r}}\frac{\omega^2}{c^2} \tag{7.57}$$

电磁波在沿着波导的 z 方向是行波, 其波数为 $k_{/\!/} = \beta + \mathrm{i}\alpha$; 在 x-y 横截面内则往往是驻波, 其波数为 $k_{\perp}$. 式 (7.57) 中的电磁场形式对沿着 z 方向传播电磁波的波导、光纤都是成立的, 只是在不同器件中 $k_{\perp}$ 与谐振模式 (m, n) 的依赖关系各异.

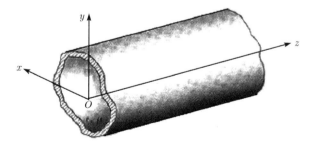

图 7.24 任意形状的波导定义电磁波传播方向为 z, 横截面在 x-y 平面内

波导中电磁波传播的基本模式为: ① 横电模式 (transverse electric, TE), 在电磁波传播的 z 方向电场分量为零; ② 横磁模式 (transverse magnetic, TM), 在电磁波传播的 z 方向磁场分量为零; ③ 横电磁模式 (transverse electro magnetic, TEM), 电场和磁场的 z 分量都为零; ④ 混合模式 (hybrid), 电场和磁场的 z 分量都不为零.

对于频率较高的微波, 电磁场进入导体的趋肤深度 $\delta \ll a, \delta \ll b$, 因此波导的导体壁内部的 $\boldsymbol{E} = 0, \boldsymbol{B} = 0$, 根据电磁场的边界条件, 要求波导内壁边界的切向电场为零; 法向磁场为零.

最常使用的波导是图 7.25 中的长方形波导 (rectangular wave guide), 其 x-y 截面为 $a \times b$ 的长方形, 内壁是绝缘的, 绝缘层覆盖着导体材料. 这样, 电磁波既能被限制并沿着在导体内部的空腔传播, 又能防止内壁上的感生电荷导致的电磁波能量损耗. 长方形波导中, 在横电模式下, 电场没有 z 分量, 其 E_y 分量在 $x = 0, a$ 时必须为零, E_x 分量在 $y = 0, b$ 时必须为零; 在横磁模式下, 磁场没有 z 分量, 其 B_x 分量在 $x = 0, a$ 时必须为零, B_y 分量在 $y = 0, b$ 时必须为零; 在横电磁模式下, 电场和磁场都没有 z 分量, 其 E_y, B_x 分量在 $x = 0, a$ 时必须为零, E_x, B_y 分量在 $y = 0, b$ 时必须为零.

图 7.25　长方形截面的空腔金属波导[①]

表 7.3 给出了长方形波导中第 (m, n) 个横电 (TE) 模式和横磁 (TM) 模式的电场和磁场的分量表达式. 注意, 空腔长方形波导是不能支持横电磁 (TEM) 模式的: 此模式中沿传播方向 z 的波数 β 恰好等于总波数 k, 因此横向的波数 $m = n = 0$, 电磁场都是零:

$$\frac{\partial^2 E_y}{\partial z^2} = \mathrm{i}\omega \frac{\partial B_x}{\partial z} = \mathrm{i}\omega \mathrm{i} \frac{k^2}{\omega} E_y \quad \Rightarrow \quad \beta_{\mathrm{TEM}}^2 = k^2 \tag{7.58}$$

① 引自: Answers Corporation. 2006-12-22. Waveguide. City of New York, USA. http://www.answers.com/topic/waveguide-electromagnetism.

式 (7.58) 的推导没有考虑损耗. 表 7.3 中的电场和磁场都是 实数, 可以与实验
值比较; 而式 (7.57) 中电场和磁场的解是虚数, 虚数波动解在做矢量场旋度运
算的时候很方便.

表 7.3 长方形波导中的横电模式和横磁模式: $k_\perp^2 = \dfrac{\pi^2}{a^2}m^2 + \dfrac{\pi^2}{b^2}n^2$

TE_{mn}	$E_x = +C\left(\dfrac{n\pi}{b}\right)\cos\dfrac{m\pi x}{a}\sin\dfrac{n\pi y}{b}\cos(\beta z - \omega t)$
	$E_y = -C\left(\dfrac{m\pi}{a}\right)\sin\dfrac{m\pi x}{a}\cos\dfrac{n\pi y}{b}\cos(\beta z - \omega t)$
	$E_z = 0$
	$B_x = -\left(\dfrac{\beta}{\omega}\right)E_y, \quad B_y = +\left(\dfrac{\beta}{\omega}\right)E_x$
	$B_z = -C\left(\dfrac{k_\perp^2}{\omega}\right)\cos\dfrac{m\pi x}{a}\cos\dfrac{n\pi y}{b}\sin(\beta z - \omega t)$
TM_{mn}	$E_x = +\left(\dfrac{c^2\beta}{\omega\varepsilon_\mathrm{r}\mu_\mathrm{r}}\right)B_y, \quad E_y = -\left(\dfrac{c^2\beta}{\omega\varepsilon_\mathrm{r}\mu_\mathrm{r}}\right)B_x$
	$E_z = -D\left(\dfrac{k_\perp^2}{\omega}\right)\sin\dfrac{m\pi x}{a}\sin\dfrac{n\pi y}{b}\sin(\beta z - \omega t)$
	$B_x = +D\left(\dfrac{n\pi}{b}\right)\sin\dfrac{m\pi x}{a}\cos\dfrac{n\pi y}{b}\cos(\beta z - \omega t)$
	$B_y = -D\left(\dfrac{m\pi}{a}\right)\cos\dfrac{m\pi x}{a}\sin\dfrac{n\pi y}{b}\cos(\beta z - \omega t)$
	$B_z = 0$

引自: Terman, 1947.

图 7.26 中显示了长方形波导中的两个横电波和两个横磁波的实例.

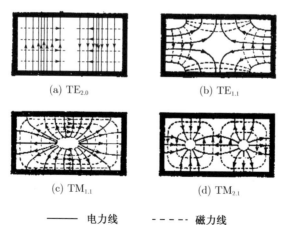

(a) $\mathrm{TE}_{2.0}$ (b) $\mathrm{TE}_{1.1}$

(c) $\mathrm{TM}_{1.1}$ (d) $\mathrm{TM}_{2.1}$

——— 电力线   - - - - 磁力线

图 7.26 长方形波导中的电力线 (实) 与磁力线 (虚). (a) 横电模式 TE_{20}; (b) 横电模
式 TE_{11}; (c) 横磁模式 TM_{11}; (d) 横磁模式 TM_{21}(Terman, 1947)

在 TE_{20} 波中, 电场实际上只有 y 分量, 而且在 $x = 0, a$ 的区间内 E_y 是谐振模式 $m = 2$ 的驻波; 此时磁场有 x, z 分量, 而且在 $x = 0, a$ 的波导壁附近磁场振幅是最大的. 在 TE_{11} 波中, 电场的 E_x 分量在 $x = 0, a; y = b/2$ 处分别达集到 $+, -$ 极值, 电场的 E_y 分量在 $y = 0, b; x = a/2$ 处分别达到 $+, -$ 极值, 因此在波导的中心线上电场强度为零; 磁场与电场处处垂直, 而且磁场分布也中在波导壁附近. 在 TM_{11} 波中, 横向磁场沿着波导壁形成一个涡旋, 电场与磁场处处垂直, 波导中心仿佛存在一个电荷一样. 在 TM_{21} 波中, 横向磁场形成两个涡旋; 对电场分布来说, 两个涡旋的中心仿佛起到一对正负电荷的作用.

正如式 (7.58) 中显示的那样, 在波导中电磁波的横向波矢 $\boldsymbol{k}_\perp$ 不能为零, 否则电场和磁场的所有都是零, 这也可以从表 7.3 中清楚地看出. 这表示波导确实是一种高通滤波器, 波数 k 有最小值, 叫做截止频率 (cut-off frequencies)f_c. 当波导中传输的电磁波的频率 f 接近 f_c 时, 横向波矢很大而纵向波矢很小. 形象地说, 电磁波的波矢在波导壁上来回反射, 纵向波数 β 很小, 电磁波沿着波导的纵向传播相速度 $v_p = \omega/\beta$ 很大. 不过, 电磁波的能量沿着波导传播的速度必须用群速度(group velocity) 来描述:

$$v_g = \frac{1}{d\beta/dk} = \frac{c^2\beta}{\omega\sqrt{\varepsilon_r\mu_r}} = \frac{c}{\sqrt{\varepsilon_r\mu_r}}\sqrt{1 - \left(\frac{k_\perp}{k}\right)^2} = \frac{c}{\sqrt{\varepsilon_r\mu_r}}\sqrt{1 - \left(\frac{\lambda}{2a}\right)^2} \quad (7.59)$$

$$f_c = \frac{c}{\max\{\lambda\}} = \frac{c}{2a}, \quad f_c^{mn} = \frac{k_\perp(m,n)c}{2\pi} = \frac{c}{2}\sqrt{\frac{m^2}{a^2} + \frac{n^2}{b^2}} \quad (7.60)$$

群速度和相速度的几何平均 $\sqrt{v_p v_g}$ 恰好等于介质中的光速. 当波长 λ 趋近于 $2a$ 时, 群速度必然趋于零, 说明这样的波导传输电磁波的能力已趋于极限, 相应的临界频率就是 f_c. 对第 (m, n) 模式, 临界频率则是 f_c^{mn}. 在波导传输中要使用 (m, n) 较小的模式, 这样能量传输的群速度 v_g 较快. 在长方形波导中, 当采用 TE_{10} 模式时, 横向波矢 $k_\perp = \pi/a$ 是各类模式中最小的, 相应的信息传输速度最快, 截止频率也最低.

在空腔波导的电磁波传输的各个基本模式 (fundamental mode) 中, 群速度 v_g 最快的模式是最常被使用的, 相应的垂直波数 $k_\perp$ 最小、临界频率 f_c 最低. 比如, 对长方形波导, TE_{10} 模式是最经常使用的; 对圆形 (circular) 波导, 则是 TE_{11} 模式最经常使用. 表 7.4 中给出了长方形、方形和圆形空腔金属波导中横电、横磁模式对应的截止波长 (critical wavelength), 也就是说, 可以传输的电磁波的波长必须小于 λ_c.

表 7.4 长方形、方形、圆形波导中各种模式的截止波长 $\lambda_c = c/f_c$

$a = 2b$ 的长方形波导	TE_{10}	TE_{01}	TE_{20}	TE_{11}	TM_{11}
可传输最大波长 λ_c	$2a$	a	a	$0.89a$	$0.89a$
$a=b$ 的正方形波导	TE_{10}	TE_{01}	TE_{20}	TE_{11}	TM_{11}
可传输最大波长 λ_c	$2a$	$2a$	a	$1.4a$	$1.4a$
半径为 r_0 的圆形波导	TE_{11}	TM_{01}	TE_{21}	TE_{01}	TM_{11}
可传输最大波长 λ_c	$3.41r_0$	$2.61r_0$	$2.06r_0$	$1.64r_0$	$1.64r_0$

引自: Terman, 1947.

在半径为 r_0 的圆形波导中, TE_{mn}、TM_{mn} 模式与长方形波导中的情形相当不同. 选用柱坐标, 定义电场或磁场分量为 $\Psi e^{i(\beta z - \omega t)}$, 那么 Ψ 的波动方程为

$$\frac{1}{\rho} \frac{\partial}{\partial \rho} \left(\rho \frac{\partial \Psi}{\partial \rho} \right) + \frac{1}{\rho^2} \frac{\partial^2 \Psi}{\partial \phi^2} + k_\perp^2 \Psi = 0, \quad k_\perp = \frac{a}{r_0} \tag{7.61}$$

$$\Psi_{mn}(\rho, \phi) = J_m \left(\frac{a_{mn}}{r_0} \rho \right) e^{im\phi} \quad (m = 0, 1, 2, \cdots; \ n = 1, 2, \cdots) \tag{7.62}$$

$$TE \quad J_m'(a_{mn}) = 0, \quad a_{11} = 1.841, \quad a_{21} = 3.054, \quad a_{01} = 3.832, \cdots \tag{7.63}$$

$$TM \quad J_m(a_{mn}) = 0, \quad a_{01} = 2.405, \quad a_{11} = 3.832, \cdots \tag{7.64}$$

其中 $J_m(x)$ 为 m 阶贝塞尔函数. 在 TM 模式中, 令 $H_\rho = \Psi e^{i(\beta z - \omega t)}$, 那么 $H_\rho(r_0) = 0$ 的边界条件要求 $J_m(a) = 0$, 这个条件可以定出一系列参数 a_{mn}, 其中最小的是 $a_{01} = 2.405$. 在 TE 模式中, 令 $H_\phi = \Psi e^{i(\beta z - \omega t)}$, 那么 $E_z \propto \partial H_\phi(r_0)/\partial \rho = 0$ 的边界条件要求贝塞尔函数的一阶微分 $J_m'(a) = 0$, 这个条件可以定出另一个系列参数 a_{mn}, 其中最小的是 $a_{11} = 1.841$. 表 7.4 中列出的圆形波导中 TE_{mn}, TM_{mn} 模式可以传输的电磁波的最大波长与参数 a_{mn} 是直接相关的:

$$\frac{2\pi}{\lambda_c} = k_c = k_\perp = \frac{a_{mn}}{r_0} \quad \Rightarrow \quad \lambda_c = \frac{2\pi}{a_{mn}} r_0 \tag{7.65}$$

圆形波导中 TE_{11} 模式对应的 $a_{11} = 1.841$ 是最小的, 相应的截止频率是最低的, 截止波长 $\lambda_{max} = \lambda_c = 3.41r_0$ 是最大的, 即传输带宽也是最大的. TM_{01} 模式对应的 $a_{01} = 2.405$ 是次小的, 相应截止波长 $\lambda_c = 2.61r_0$ 也是排在第二位的. 圆形波导中 TE_{11} 和 TM_{01} 是最常用的模式, TM_{01} 模式的损耗尤其小:

$$\frac{\mathrm{d}P_{\mathrm{av}}}{\mathrm{d}z} = \frac{1}{2} \iint \mathrm{d}s \langle \hat{e}_z \cdot (\boldsymbol{E} \times \boldsymbol{B}^*) \rangle \approx \iint \mathrm{d}s |E_\rho B_\phi| \mathrm{e}^{-2\alpha z} \qquad (7.66)$$

TM_{01} 模式的 ρ 越大, E, B 越小, 因此式 (7.66) 中的面积分比 TE_{11} 的相应值小, 如图 7.27 所示.

发明雷达 (radar) 的沃森 - 瓦特爵士在早年研究用短波探测雷电的位置. 1936 年, 他把这种短波探测技术与探空火箭技术相结合, 设计了一个系统来探测飞机, 并命名为无线电探测和漫游 (RAdio Detection And Ranging) 系统, 缩写恰好是 RADAR, 其中文译名也恰巧体现了雷达系统与雷电的关系. 到 1938 年秋, 沃森-瓦特成为英国航空部的科学顾问, 在英格兰南部所有的港口都布置了雷达, 使用广播系统来进行操作, 对第二次世界大战中的空战起到非常重要的作用.

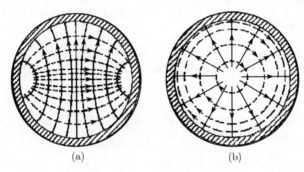

图 7.27 圆形波导中的电力线 (实) 与磁力线 (虚). (a)TE_{11}; (b)TM_{01}

雷达的波导空腔的末端, 安有一个小小的针形探测器, 与波导腔的上、下、左面的距离都是 $\lambda/4$, 如图 7.28(a) 所示. 在雷达波出射的过程中, 探测器中通有微波频率的振荡电流, 使之起到 $\lambda/4$ 天线的作用; 从探测器中出射的电磁波的电场方向为图中的水平方向; 探测器的出口正好在共振腔的中间, 局域电场恰好是最大的. 在雷达波接收的过程中, 入射到波导空腔中的雷达波进入探测器, 然后被后部电路探测到.

另一种往雷达波导中注入能量的方式是安装一个线圈, 以激发横向的磁场, 如图 7.28(b) 所示. 如果线圈的振荡频率在雷达波导的带宽范围内, 就可以激发 TM 模式电磁波. 线圈的位置要安装在 TM 模式的磁场较大的几个位置, 以保证电磁波的激发.

在网络中也有类似雷达波导中线圈的设计, 如图 7.29 所示. 在光通信中, 由于光纤中传输的信号会发生损耗和衰减, 必须每隔一段就有一个放大器, 从而实现信号的长距离传输. 但是电磁波信号的直接放大却不是那么容易的. 不过, 以真空三极管和晶体管为核心的电子信号放大技术已经非常成熟了. 所以, 目前最先进的设计是在光纤的两端加上包含有 (将在本书第八章讨论的) 电荷耦合器件 (charge coupled device, CCD) 的光集成电路 (opti-IC), 从光纤输入的光进入第一个 opti-IC, 先经 CCD 转换成电信号, 再通过波导等滤波器、各种放大器, 转换成去掉噪声并放大的电信号, 进入第二个 opti-IC, 由另一个 CCD 加上激光器转换成光信号, 这样, 在光纤中传播一段距离以后衰减掉的光信号, 经过处理就能重新恢复, 并可以继续在网络中进行传输.

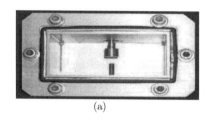
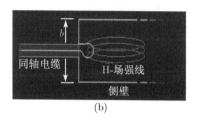

图 7.28 雷达. (a) 尺度 $a > b$ 的波导腔, 其中探测器的端点离上、下、后金属壁的距离都是 $\lambda/4$; (b) 利用线圈激发、接收磁场的波导腔[①]

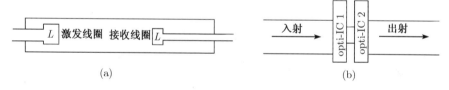

图 7.29 (a) 波导中电磁波的激发和接收 (Terman, 1947); (b) 网络中在输入、输出光纤之间进行信号放大的两个包含电荷耦合器件的光电集成电路 (opti-IC)

时至今日, 波导在无线通信领域还是非常重要的. 不过, 现代很多波导的波导壁不是由金属构成的, 而是经常使用半导体材料. 根据 7.1.3 节的式 (7.30), 电磁波在半导体中的介电常数的虚部还是有可能很大的, 此时电磁波一进入半导体中就会衰减, 半导体壁就跟导体壁起到一样的作用. 在这种情况下, 本节前面介绍的空腔长方形波导的电磁场形式、截止频率、能量传输的群速度等重要公式都是可以对半导体波导直接使用的.

目前, 无线通信都是以卫星通信为中心来构架的. 图 7.30(a) 中显示的是全球定位系统 (global navigational satellite systems, GNSS) 与网络通信的关系, GNSS 与另一个全球定位系统 (global positioning system, GPS) 以及欧洲

[①] 引自: Wolff C. 2006-12-1. Radar Principles. Waveguide Input/Output Methods. European Union. http://www.radartutorial.eu/03.linetheory/tl11.en.html.

的伽利略 (Galileo) 系统一样, 都能准确地把电磁波传到地球上的任何一点, 其中甚至包含了广义相对论的修正; 信号通过当地的天线放大后, 服务于当地的网络用户. 图 7.30(b) 中显示的是无线通信系统的基础设施, 包括卫星控制的全球通信, 以及其下的郊区、城区、建筑等多个层次. 实际上, 无线通信除了涉及最基本的天线、滤波器和放大器以外, 还有很多其他器件, 限于篇幅不能详述, 读者可以阅读更专业的书籍.

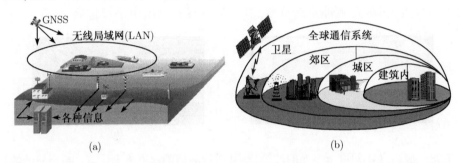

图 7.30　无线通信系统的基本结构 (a) 全球定位系统 (GNSS) 与无线局域网 (LAN) 以及用户之间的关系[1]; (b) 从卫星到用户的无线通信基础设施[2]

7.3　光纤通信和网络

　　网络通信, 即光通信的历史可以追溯到 19 世纪伟大的发明家贝尔. 1876 年, 贝尔在美国提出的专利 "Transmitting Vocal or Other Sounds Telegraphically" 标志着电话的诞生. 1880 年, 贝尔递交了专利 "Optical Telephone System", 他命名为 "光电话", 只是这个新专利不如电话系统实用, 因此一直处于实验室阶段, 没有具体实现.

　　20 世纪 20 年代, 英国的拜尔德 (John Logie Baird) 和美国的汉塞尔 (Clarence W. Hansell) 提出使用空心管子阵列或透明的杆子来传输电视和传真信号. 1954 年, 荷兰人范·黑尔 (Abraham van Heel) 和英国人霍普金斯 (Harold H. Hopkins) 独立地发表了成像纤维束 (imaging bundle) 方面的论文. 霍普金斯报告了用没有包裹的纤维来成像. 受到美国光学家欧布里恩 (Brian O'Brien) 模拟计算的影响, 范·黑尔则在包层光纤 (cladding optical

---

① 引自: Satellite Navigation & Wireless Communication. 2006-12-01. http://www. lo-pos.com/com/home.htm.

② 引自: Wireless Communication Infrastructur. 2006-12-22. http://www.soi.wide.ad.jp/class/20000002/slides/07/16.html.

fiber) 方面做了关键性的革新, 他用包裹有透明、低折射率薄膜的玻璃纤维来进行成像, 这样纤维内部的信号能被全反射, 不受外来噪声的影响, 也能减少纤维之间的干扰 (见图 7.31).

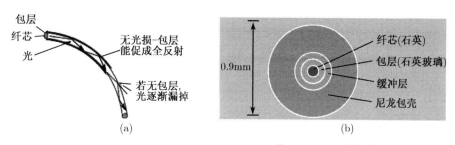

图 7.31　包层光纤 (a) 传输示意图[1]; (b) 结构[2]

1961 年, 美国光学家斯尼策 (Elias Snitzer) 提出了新的光纤理论. 他认为可以把光纤芯 (core) 做得很小, 其中只能传输一个波导模式. 斯尼策的理论对医学光纤成像很有用. 到 20 世纪 60 年代, 包层玻璃光纤已经达到损耗 1 dB/m 的水平, 在医学成像方面已经很有用了, 但是对长距离的通信传输来说损耗还是太高. 1966 年, 英国标准电信实验室工作的工程师高锟[3] (Charles K. Kao) 和同事霍克汉姆 (George Hockham) 发表了一篇光纤理论方面的关键性论文, 提出长距离通信的损耗必须达到 10~20 dB/km 的标准, 这可以通过对玻璃光纤的提纯来实现.

1970 年夏天, 康宁玻璃公司的研究人员莫拉 (Robert D. Maurer)、凯克 (Donald Keck) 和舒尔茨 (Peter Schultz) 通过对二氧化硅光纤纤芯的提纯解决了高锟提出的问题, 并递交了专利 "Optical Waveguide Fibers", 有时也叫做光学波导纤维光缆. 由添加钛的高纯度二氧化硅制成的光纤芯可以比铜导线的传输容量提高 65 000 倍, 对波长为 633 nm 的红光损耗为 17 dB/km, 因此光纤传输的距离可达上千公里, 覆盖全球. 1972 年, 莫拉、凯克和舒尔茨又发明了多模式锗掺杂的光纤, 损耗只有 4 dB/km. 1973 年, 贝尔实验室的麦克契斯尼 (John MacChesney) 发展了一种化学气相沉积 (chemical vapor deposition, CVD) 光纤制备工艺, 为光纤工业的商业化奠定了基础.

网络 (network), 即因特网 (internet) 和内部网 (intranet), 首先使用的总

---

[1] 引自: Force Incorporated. 2006-12-20. The Nineteenth Century. http://www.fiber-optics.info/fiber-history.htm.

[2] 引自: Totoku Electronic Corporation. 2006-1-14. Optical Fiber. City of Tokyo, Japan. http://www.totoku.com/products/optical_product/fiber/nylon/index.html.

[3] 高锟出生于中国上海, 后来曾任香港中文大学校长.

是科学研究机构, 这在全世界各国都是比较普遍的规律. 1965 年, 受苏联发射卫星刺激而由美国国防部成立的高级研究项目机构 (The Advanced Research Projects Agency, ARPA) 开始推动网络计划. 1969 年, 在 ARPANET 计划的推动下, 使用 BBN 公司生产的计算机, 在加利福尼亚州大学的 UCLA、UCSB 校园、斯坦福大学和犹他大学之间通行了网络. 图 7.32 中显示的 ARPANET 还包含美国的林肯实验室、哈佛、MIT、卡内基学院等学术机构.

　　1971 年, BBN 公司的汤姆林森 (Ray Tomlinson) 开发出了电子邮件 (E-mail). 同一时期, 在瑞士日内瓦的欧洲核子物理实验室 (Centre Européen pour la Recherche Nucleaire, CERN), 高能物理的数据呈指数增长, 为实现加速器设备和理论研究的计算机之间的通信, CERN 出现了一种数据通信系统 (data communications), 并初步定义了数据传输的国际标准. 当时还没有局域网 (local area networks, LAN), 每个机器之间的对话都有专门的线路. 1976 年, CERN 内部基于约 100 台 IBM 的计算机构建了局域网, 并实现了 2 Mb/s 的快速数据传输. 20 世纪 80 年代初, CERN 与英国的剑桥网、卢瑟福实验室和美国的 ARPANET 实现互联, 具体使用的数据传输协议 (protocol) 参考了 ARPANET 网的瑟夫 (Vinton Cerf) 于 1983 年开发的 TCP/IP 协议. 1991 年, 最常用的网络模式 WWW—World Wide Web 由 CERN 的学者伯纳斯 - 李 (Tim Berners-Lee) 开发成功.

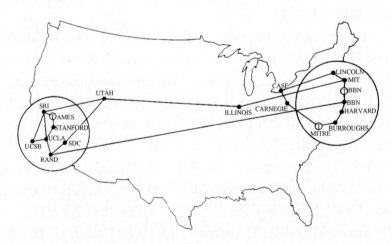

图 7.32　世界上最早的网络: 1971 年美国的 ARPANET 网络[①]

　　① 引自: Martin Dodge. 2006-12-11. Historical Maps of Computer Networks. Department of Geography. University College London, City of London, UK. http://www.cyber-geography.org/atlas/historical.htm.

中国互联网的起步则是在中国科学院高能物理研究所首先发生的. 中国科学院高能物理研究所参加了 CERN 的一个国际合作组 ALEPH. 1986 年 8 月 25 日, 高能物理 ALEPH 组长吴为民从北京 710 所的 IBM-PC 机上发给 ALEPH 总负责人斯坦伯格 (Jack Steinberger) 的电子邮件是中国第一封国际电子邮件; 同年, 北京计算机应用技术研究所与德国卡尔斯鲁厄大学合作启动了中国学术网 (Chinese Academic Network, CANET) 项目, 在德国和中国间建立了 E-mail 连接, 正式建成国际互联网电子邮件节点. 互联网发展的历史, 是合作、发现和巧合的历史, 这正是网络时代的全球共同发展的先声.

7.3.1 光纤

20 世纪 70 年代初, 光纤电话系统首先在美国的海军和空军中开始使用. 1975 年, 贝尔实验室在亚特兰大主干网安装了 650 nm 波长的光纤, 数据传输速率是 45 Mb/s, 在 11 km 处误码率仅为 10^{-9}. 到 1977 年, 加利福尼亚州、芝加哥和波士顿的商用光纤电话系统开始运行. 1978 年, 日本电话公司 (NTT) 开始使用光纤技术传输电视信号. 1980 年, 纽约的 Winter Olympics 广播公司开始使用光纤来传输图像信号, 进行大规模录像复制. 到 1990 年, 贝尔实验室已实现 7500 km、传输速度为 2 Gb/s 的光纤信号传输, 系统中使用了孤子激光源 (soliton laser)、铒掺杂光纤放大器. 1998 年, 贝尔实验室基于密集波分复用 (dense wavelength-division multiplexing) 技术使得光纤传输的速度达到 1 Tb/s. 时至今日, 80% 的全球长途电话通信和网络数据传输都是由光纤实现的.

光纤中传播的信息光源在早期是从 1960 年代发展起来的发光二极管 (light emitting diode, LED) 借用的. 随着光纤应用的日渐广泛, 光纤使用的光源也逐渐专门化, 要求有更高的响应频率, 更适合的波长和更大的功率. 光纤中光源波长的选择是由二氧化硅材料本身的光学性质决定的. 图 7.33 中显示了二氧化硅光纤的四个波长窗口, 或者说四个可用的带宽, 其中最上面的画线表示 20 世纪 80 年代早期的光纤性能; 中间的点线表示 80 年代晚期的光纤性能; 最下面的实线表示 2000 年以后的光纤性能.

最早的光纤系统都使用 850 nm 的窗口, 即第一窗口, 因为相应波长的 LED 和光探测器比较成熟, 此处的吸收峰是由光纤材料中水气的瑞利散射造成的, 其损耗 3 dB/km 是较大的. 到 20 世纪 80 年代初, 绝大多数公司跳到 1310 nm 的第二窗口, 此处的损耗 0.5 dB/km 是比较小的; 日本 NTT 公司则使用 1550 nm 的第三窗口, 相应的损耗 0.2 dB/km 已接近理论极限. 目

前, 最早的 660 nm 的光纤系统在短程通信中还有应用, 850 nm、1310 nm、
1550 nm 的系统则是主流, 也互有短长: 波长越长, 光散射越弱, 损耗越小, 相
应的系统越贵. 波长 1625 nm 的第四窗口的光纤通信系统正在研发中, 第四窗
口的损耗并不比第三窗口低, 只是也许能使复杂的波分复用系统简化.

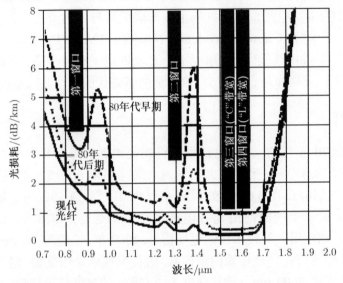

图 7.33　二氧化硅光纤材料的四个可以使用的波长窗口[①]

　　石英的原料提纯简单, 拉丝成型控制精度高, 到目前为止还是光纤纤芯唯
一的材料选择. 近红外光在石英中会发生色散, 这既包括在固体物理中讨论过
的材料的色散现象, 也包括光纤本身的设计造成的各类色散现象. 1.27 μm 波
长的电磁波在纯石英中的色散为零, 因此 1310 nm 是光纤通信中常用的电磁
波波长区间.

　　光纤是一种传输电磁波的线性结构, 因此它就是一种波导. 只是光纤中的
电磁波传输原理和空腔金属波导有所不同, 原因是光纤是一种多层的电介质波
导, 因此需要分析每层电介质中电磁波的解, 然后把不同层的解衔接起来. 在
本节的分析中, 首先要假设光纤中每层的折射率是常数, 层与层的交界处折射
率呈阶梯型的跃变, 如图 7.34 所示. 此外, 电磁波的分析只局限于纤芯和包层,
折射率为 n_3 的外层是不考虑的.

　　对光纤分析来说, 柱坐标当然是合适的选择. 图 7.34(a) 中内径为 a 的纤
芯的相对介电常数 ϵ_1 较大, 包层的相对介电常数 ϵ_2 较小. 假设沿着光纤纵向

[①] 引自: Force Incorporated. 2006-12-20. The Nineteenth Century. http://www.fiber-
optics.info/fiber-history.htm.

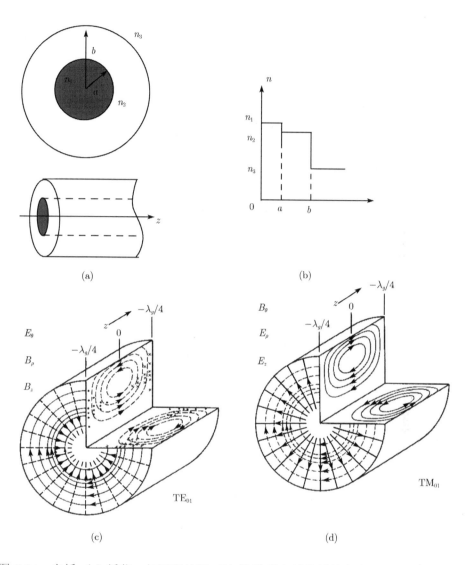

图 7.34 光纤. (a) 纤芯、包层和外层; (b) 阶梯型光纤的折射率分布; (c) TE_{0n} 模式, 其中实线表示电场, 虚线表示磁场; (d) TM_{0n} 模式 (Cantrell et al., 2001)

的 z 轴传播的电磁波波数为 β, 光在纤芯和包层交界的 $\rho = a$ 处发生全反射的条件为

$$
\begin{aligned}
&\boldsymbol{E}(\rho, \theta, z; t) = \boldsymbol{E}(\rho, \theta)\mathrm{e}^{\mathrm{i}(\beta z - \omega t)}, \qquad k_\perp^2 = \mu_1 \epsilon_1 \frac{\omega^2}{\mathrm{c}^2} - \beta^2 > 0, \quad \rho \leqslant a \\
&\boldsymbol{B}(\rho, \theta, z; t) = \boldsymbol{B}(\rho, \theta)\mathrm{e}^{\mathrm{i}(\beta z - \omega t)}, \quad -\gamma_\perp^2 = \mu_2 \epsilon_2 \frac{\omega^2}{\mathrm{c}^2} - \beta^2 < 0, \quad \rho > a
\end{aligned}
\tag{7.67}
$$

在 $\rho > a$ 的纤芯处, 横向波数为虚数, 电磁场强是指数下降的. 根据式 (7.56), 光纤中的波动方程、普遍解 $\psi_{mn}\mathrm{e}^{\mathrm{i}(\beta z - \omega t)}$、以及 TE_{0n} 和 HE_{1n} 模式的 ψ 电磁场分量分别为

$$
\begin{cases}
\left(\dfrac{\partial^2}{\partial \rho^2} + \dfrac{1}{\rho}\dfrac{\partial}{\partial \rho} - \dfrac{m^2}{\rho^2} + k_\perp^2\right)\psi = 0 \quad \Rightarrow \quad \psi = \mathrm{J}_m(k_\perp \rho)\mathrm{e}^{\mathrm{i}m\theta}, \quad \rho \leqslant a \\[2mm]
\left(\dfrac{\partial^2}{\partial \rho^2} + \dfrac{1}{\rho}\dfrac{\partial}{\partial \rho} - \dfrac{m^2}{\rho^2} - \gamma_\perp^2\right)\psi = 0 \quad \Rightarrow \quad \psi = \mathrm{K}_m(\gamma_\perp \rho)\mathrm{e}^{\mathrm{i}m\theta}, \quad \rho > a
\end{cases} \tag{7.68}
$$

$$
\begin{cases}
B_z = b\mathrm{J}_0(k_\perp \rho), \ B_\rho = -\dfrac{\beta}{\omega}E_\theta = \dfrac{\mathrm{i}\beta}{k_\perp^2}\dfrac{\partial B_z}{\partial \rho} = -b\dfrac{\mathrm{i}\beta}{k_\perp}\mathrm{J}_1(k_\perp \rho), \quad \rho \leqslant a \\[2mm]
B_z = \mathrm{K}_0(\gamma_\perp \rho), \ B_\rho = -\dfrac{\beta}{\omega}E_\theta = \dfrac{\mathrm{i}\beta}{\gamma_\perp^2}\dfrac{\partial B_z}{\partial \rho} = \dfrac{\mathrm{i}\beta}{\gamma_\perp}\mathrm{K}_1(\gamma_\perp \rho), \quad \rho > a
\end{cases} \tag{7.69}
$$

$$
\begin{cases}
B_z = \mathrm{J}_1(k_\perp \rho)\mathrm{e}^{\mathrm{i}\theta}, \quad \boldsymbol{B}_\perp = \dfrac{\mathrm{i}}{k_\perp^2}\left[\beta\boldsymbol{\nabla}_\perp B_z + \dfrac{\omega}{c^2/(\epsilon_1\mu_1)}\hat{e}_z \times \boldsymbol{\nabla}_\perp E_z\right] \\[2mm]
E_z = \mathrm{i}\dfrac{c}{\sqrt{\epsilon_1\mu_1}}\mathrm{J}_1(k_\perp \rho)\mathrm{e}^{\mathrm{i}\theta}, \quad \boldsymbol{E}_\perp = \dfrac{\mathrm{i}}{k_\perp^2}\left[\beta\boldsymbol{\nabla}_\perp E_z - \omega\hat{e}_z \times \boldsymbol{\nabla}_\perp B_z\right], \quad \rho \leqslant a
\end{cases} \tag{7.70}
$$

式 (7.69) 中未提及的 $\boldsymbol{B}, \boldsymbol{E}$ 场分量都是零. 式 (7.70) 中的 $\boldsymbol{\nabla}_\perp = \hat{e}_\rho\partial_\rho + \hat{e}_\theta\rho^{-1}\partial_\theta$. 纤芯内的电磁波以贝塞尔函数的形式、纤芯外的电磁波则以虚宗量汉开尔函数的形式沿着光纤传播, 这就是几何光学中 "全反射" 的精确物理描述. 如果光纤发生弯折, 波矢与 z 轴的夹角变大, 全反射的条件很容易被破坏, 漏出去的光会引起能量的损耗.

光纤中的电磁波传播的基本模式有横电模式、横磁模式和磁电模式等. 其中 HE_{11} 是光纤传输的基模, 见图 7.35(a). 光纤材料的磁导率 $\mu_\mathrm{r} = 1$, 因此 $E_z, E_\theta, B_z, B_\rho$ 电磁场分量必须在纤芯的边界 $\rho = a$ 处连续. $\mathrm{TE}_{0n}, \mathrm{TM}_{0n}$ 以及普遍的 ψ_{mn} 模式的本征方程分别为

$$
\frac{B_\rho(a^-)}{B_z(a^-)} = \frac{B_\rho(a^+)}{B_z(a^+)} \quad \Rightarrow \quad \frac{1}{k_\perp}\frac{\mathrm{J}_1(k_\perp a)}{\mathrm{J}_0(k_\perp a)} = -\frac{1}{\gamma_\perp}\frac{\mathrm{K}_1(\gamma_\perp a)}{\mathrm{K}_0(\gamma_\perp a)} \qquad \mathrm{TE}_{0n} \tag{7.71}
$$

$$
\frac{E_\rho(a^-)}{E_z(a^-)} = \frac{\epsilon_2}{\epsilon_1}\frac{E_\rho(a^+)}{E_z(a^+)} \quad \Rightarrow \quad \frac{1}{k_\perp}\frac{\mathrm{J}_1(k_\perp a)}{\mathrm{J}_0(k_\perp a)} = -\frac{\epsilon_2}{\epsilon_1\gamma_\perp}\frac{\mathrm{K}_1(\gamma_\perp a)}{\mathrm{K}_0(\gamma_\perp a)} \qquad \mathrm{TM}_{0n} \tag{7.72}
$$

$$
\frac{1}{k_\perp}\frac{\mathrm{J}_m'(k_\perp a)}{\mathrm{J}_m(k_\perp a)} = -\frac{1}{\gamma_\perp}\frac{\mathrm{K}_m'(\gamma_\perp a)}{\mathrm{K}_m(\gamma_\perp a)} \pm m\frac{(\epsilon_1 - \epsilon_2)\omega^2}{\gamma_\perp^2 k_\perp^2 a c^2} \approx -\frac{1}{\gamma_\perp}\frac{\mathrm{K}_m'(\gamma_\perp a)}{\mathrm{K}_m(\gamma_\perp a)} \qquad \psi_{mn} \tag{7.73}
$$

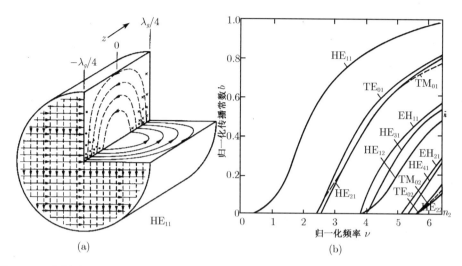

图 7.35 光纤中 (a) HE_{11} 模式, 其中实线表示电场, 虚线表示磁场; (b) 各种模式的传输能力与频率的关系, 其中 HE_{11} 的临界频率趋于零 (Cantrell et al., 2001)

TE_{0n}, TM_{0n} 的本征方程见图 7.36(a)、(b), 在 $\epsilon_1 \approx \epsilon_2$ 的弱光纤中, 两者的解基本相同. 根据式 (7.69) 和式 (7.70), 基模 TE_{01}, TM_{01} 和 HE_{11} 的截止频率 (条件 $\gamma_\perp = 0$) 分别为

$$J_0(k_\perp a)=J_0(x_{01}=2.405)=0 \;\Rightarrow\; \omega_{TE}=\frac{c}{\sqrt{\epsilon_1-\epsilon_2}}\sqrt{k_\perp^2+\gamma_\perp^2} \geqslant \frac{2.405\,c}{\sqrt{\epsilon_1-\epsilon_2}a} \quad (7.74)$$

$$J_0(k_\perp a)=J_0(x_{01}=2.405)=0 \;\Rightarrow\; \omega_{TM}=\frac{c}{\sqrt{\epsilon_1-\epsilon_2}}\sqrt{k_\perp^2+\gamma_\perp^2} \geqslant \frac{2.405c}{\sqrt{\epsilon_1-\epsilon_2}a} \quad (7.75)$$

$$J_1(k_\perp a)=J_1(x_{11}=0)=0 \;\Rightarrow\; \omega_{HE}=\frac{c}{\sqrt{\epsilon_1-\epsilon_2}}\sqrt{k_\perp^2+\gamma_\perp^2} \geqslant 0 \quad (7.76)$$

可见, 纤芯和包层的 ϵ 差别越大, 临界频率越低. HE_{11} 模式的 f_c 为零, 是最佳模式.

1961 年, 斯尼策 (Elias Snitzer) 提出了单模 (single mode) 光纤的理论, 这样能避免模式分散, 因而传输频带宽、容量大. 单模光纤所传输的模式实际上就是上面讨论的基模 HE_{11}. 光纤中第一个高次模为 TE_{01}、TM_{01} 和 HE_{21} 模, 其截止频率见式 (7.74) 和式 (7.75). 为了避免 TE_{01}、TM_{01} 等高次模在光纤中的出现, 单模光纤的纤芯半径 a 必须满足以下条件:

$$a < \frac{2.405\lambda}{2\pi\sqrt{\epsilon_1-\epsilon_2}} \quad (7.77)$$

其中 λ 为工作波长. 这就是说, 单模光纤尺寸的上限和工作波长在同一量级. 由于光纤的工作波长在 1 μm 的量级, 这给光纤的工艺制造带来了困难. 为了降低工艺制造的困难, 可以减少 $\epsilon_1 - \epsilon_2$, 也就是取弱光纤的极限, 这样 $a \sim 10\lambda$ 是可能实现的.

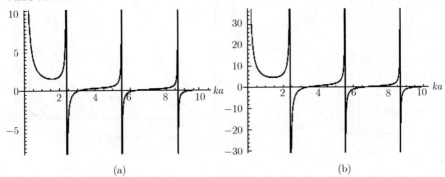

图 7.36　光纤中的基本模式的本征频率. (a) TE_{0n}; (b) TM_{0n} (Cantrell et al., 2001)

光缆 (optical cable) 是由多根光纤组合, 并加以增强和保护构成的. 光缆既能在较严酷的自然环境中又能在需要防火的室内环境中使用, 其使用方法与同轴电缆十分类似. 光缆有两种主要的类型, 如图 7.37 所示: ① 胶体填充管型 (loose-tube gel-filled cable), 其中每根光缆覆盖有 250 μm 的涂层, 一般在室外长距离传输中使用, 这种光缆的接口比较贵, 也容易着火, 因此常用在整栋建筑的入口处, 与室内光缆 (这一般是金属制成的, 不是电介质波导) 连接; ② 紧致缓冲型 (tight-buffered cables) 光缆的接口安装比较容易, 其中每根光缆覆盖有 950 μm 的缓冲涂层, 这种结构适用于室内接口很多、温度较稳定的环境. 紧致缓冲型光缆又分为两个主要的子类型: 分布型 (distribution cable) 光缆经常与胶体填充管型光缆直接连接; 突破型 (breakout cable) 光缆中还有很多子光缆, 这种光缆是最便宜的, 也最容易互相直接连接, 因为每根子光缆比较独立, 有自己的接口.

在光纤工业发展史上, 从 1972 年锗掺杂光纤的出现算起, 10 年以后康宁公司才接到第一个大商业订单. 1983 年, 当时还很小的美国电话公司 MCI 向康宁公司预订大量光纤, 以建立 MCI 自己的全国电话网. MCI 现在已经是美国最大的长途电话公司. 1986 年, 南安普顿大学的培那 (David Payne) 和贝尔实验室的德苏瓦 (Emmanuel Desurvire) 发明的嵌入光纤内部的铒掺杂放大器 (erbium doped fiber amplifier, EDFA) 成为光纤通信中的第二次革命, 其原理类似激光器, 见图 7.38, 其中 Er^{3+} 起到关键的作用. 20 世纪 80 年代中期, 数字光纤网建立. 1991 年, 光子晶体光纤出现, 可以比一般的光纤效率更高.

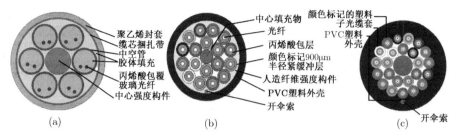

图 7.37 光缆. (a) 胶体填充管型; (b) 紧致缓冲分布型;(c) 紧致缓冲突破型[1]

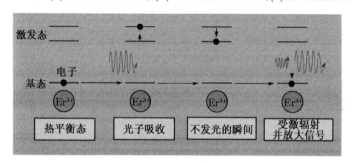

图 7.38 铒掺杂光纤放大器 (EDFA) 的工作原理：Er^3 的粒子数反转[2]

7.3.2 激光器：光纤的光源

激光技术是光纤传输的关键之一. 只有激光二极管 (laser diode) 和它的低功率发光二极管才有能力在光纤的针尖般大小的尺度内产生大量的光.

1954 年, 汤斯 (Charles Hard Townes) 在哥伦比亚大学发明了微波激射器. 1957 年, 哥伦比亚大学的研究生古德 (Gordon Gould) 不断在周围宣传激光的优点, 他受到汤斯等的支持, 使激光技术逐渐进入科学界的主流. 1960 年, 加利福尼亚州 Hughes 实验室的梅曼 (Theodore H. Maiman) 发明了红宝石激光 (ruby laser); 同年, 加范 (Ali Javan) 在贝尔实验室发明了氦氖激光器 (helium-neon laser). 1961 年, 莫斯科 P. N. Lebedev 物理研究所的巴索夫 (Nicolay Gennadiyevich Basov) 发明了半导体激光器 (semiconductor laser). 1962 年, 实用的半导体激光器由通用电子公司的宏龙雅克 (Nick Holonyak) 等制备出来. 至此, 激光技术基本成熟, 见图 7.39, 很快被光纤通信技术借用.

---

[1] 引自：Sumitomo Electric. 2006-12-27. Waveguide Input/Output Methods. City of Tokyo, Japan. http://www.sei.co.jp/products_e/info/.

[2] 引自：Hidenori Taga. 2006-11-25. Global Lightwave Undersea Cable Networks. KDD Submarine Cable System Inc. City of Shinjyuku-ku, http://www.apricot.net/ apricot97/apII/Presentations/KDDSubmarineFiber/sld011.htm.

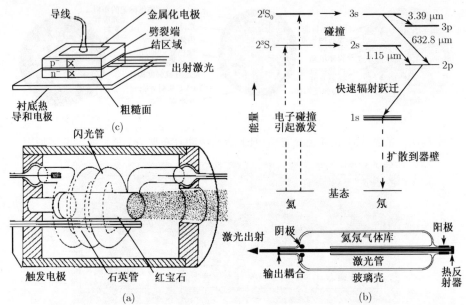

图 7.39　激光器. (a) 梅曼的红宝石激光器原理 (Maiman, 1960); (b) 氦氖激光器示意图及原理[1]; (c) 半导体激光器示意图[2]

　　激光的频率比无线电波高得多, 因此承载的信息量 (即信息容量) 至少是无线电波的 10 000 倍. 但是, 激光却不适合在空气中传播, 因为光的散射强度与频率的四次方成正比. 在光纤技术出现以后, 激光终于有了恰当的传输介质. 到 1970 年, 光纤中激光的传输损耗达到 20 dB/km 以下, 也就是说, 在传输了 1 km 以后, 90% 以上的光能都会损耗掉. 不过, 这样的损耗程度已经是工业化信息传输系统允许的了.

　　光发射器 (light emitter) 是光纤通信系统中的关键元件, 它能把电信号转换为对应的光信号, 并射入光纤中. 光发射器的特性会严重影响整个光纤通信系统的终极性能, 因此光发射器往往是系统中最贵的元件. 光发射器可用发光二极管或激光二极管来做.

　　激光二极管和发光二极管都是基于 pn 结构的半导体发光器件, 只是激光二极管发射有相位关系的相干光, 而发光二极管则发射相位混乱的非相干光. 激光二极管的光转换效率较高, 因此它不太会发射相位混乱的白热光, 其主要

① 引自: About Inc. 2006-11-24. Helium-neon Laser. City of New York, USA. http://en. allexperts. com/e/h/he/helium-neon_ laser.htm.

② 引自: Institute of Material Science and Applied Research. 2006-11-19. Light-Emitting Diodes (LED). Vilnius University. City of Lithuania, Lithuania. http://www.mtmi.vu.lt/ pfk/funkc_dariniai/diod/led.htm.

优点有体积小、发射面积小、光强密度高、寿命长、可靠性高、开关频率高.
作为光纤的光发射器, 发光二极管的优点与激光二极管类似. 表 7.5 中给出了
两者的性能对比.

表 7.5   光纤通信中使用的发光二极管和激光二极管的性能对比

性能	LED	激光二极管
出射功率	正比于驱动电流	正比于阈值以上的驱动电流
驱动电流	极大值 50~100 mA	阈值电流 5~40 mA
功率	中等强度	高强度
速度	慢	快
发射分布	较宽	较窄
带宽	中等	很宽
传输波长	0.66~1.65 μm	0.78~1.65 μm
频谱宽度	较宽, 半高宽 (40~190 nm)	较窄, 半高宽 ($10^{-5} \sim 10^1$ nm)
光纤类型	只能多模	单模、多模
使用难易	更容易使用	较难使用
寿命	更长	较长
价格	低 ($5~300)	高 ($100~100 00)

引自: www.fiber-optics.info.

   光纤中的 660nm 波长的光发射器常用 GaAlAs 激光二极管, 而 1310nm、
1550nm、1625nm 波长的光发射器则常用 InGaAsP 激光二极管. 实际上,
上述波长只是激光强度最大处的波长, 实际的光发射都有一定的频谱宽
度 (spectral width). 发射分布 (emission pattern) 实际上就是出射激光强度在
空间的角分布, 影响到从激光二极管出射的光与光纤的耦合, 因此发射分布越
窄越好. 激光二极管的功率 (power) 要比发光二极管大, 更适合远程信息传
输. 激光二极管的开关速度则会影响输出信号的带宽, 它被定义为从最大功率
的 10% 上升到 90% 的时间, 激光二极管的速度比发光二极管快.

   半导体激光二极管中发射的激光是在谐振腔 (cavity) 中形成的, 谐振腔两
侧都有反射镜 (reflector), 如图 7.40(a) 所示, 反射镜的机制相当于正反馈, 有
助于激光工作物质负温度态的形成与光能的放大, 出射光是相干 (coherent)
的. 激光增益 (gain) 的定义为定量地描述激光谐振腔中功率的放大倍数, 其一
般表达式为

$$G = \frac{P_{\text{output}}}{P_{\text{input}}} \qquad (7.78)$$

在激光物理中, 对较小的增益, 常用百分比 3% 来表示 $G = 1.03$. 对很
大的增益, 则用 dB= $10 \log_{10} G$ 来表示. 有时还会定义单位长度的增

益 dB/m=ln G/L. 激光增益曲线与出射激光频率之间的关系见图 7.41, 只有增益大于 1 的光频才能从谐振腔出射.

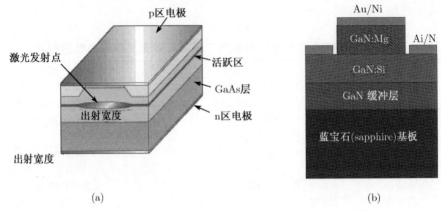

图 7.40　(a) 激光二极管结构[1]; (b) 发光二极管结构[2]

图 7.41 中增益大于 1 的谐振频率构成等频率间距的光频梳 (optical frequency comb), 若使用钛宝石作为增益物质, 光频梳会很密集, 频率间距在射频的区域, 就能用来做比铯原子钟更精确的光频原子钟 (时间测量精度 10^{-15}s, 获 2005 年诺贝尔物理学奖).

在光纤通信中, 则要控制激光模数, 而且激光二极管应保持线性 (linearity). 所谓线性, 指的是输出光功率与驱动电流直接呈正比. 激光器中的非线性 (nonlinearity) 会导致光纤中传输模式的扭曲, 因此是要避免的. 绝大多数光源都没有严格的线性, 只能在数字系统中使用; 利用负反馈可使激光二极管的线性很好, 可在模拟系统中使用.

激光器对温度是很敏感的, 输出功率会随温度的变化而改变, 激光二极管的温度敏感性见图 7.42(a). 当温度升高的时候, 阈值电流 (threshold current) 会增加, 阈值电流以上的功率-电流曲线斜率则一般会下降. 在激光二极管工作的时候, 一般要求阈值电流稳定, 斜率稳定, 为此要在光纤的光路中加上负反馈的光电二极管 (photodiode).

与之对比, 发光二极管输出功率-驱动电流曲线的线性则很差, 见图 7.42(b), 在很大的范围内, 功率对电流的二阶微分都是负的, 也就是曲线向

---

[1] 引自: Sony Corporation. 2006-12-22. Features and Cooling Methods of High Power Laser Diodes. City of Tokyo, Japan. http://www.sony.net/Products/SC-HP/laserdiodewld/application/index3_01.html.

[2] 引自: Internet Journal of Nitride Semiconductor Research. 2007-01-05. p-doping of GaN by MOVPE. http://nsr.mij.mrs.org/2/37/complete.mac.html.

上凸, 这主要是由 LED 在发光过程中的自我加热引起的. LED 温度越高, 效率越低, 非线性越强. 种非线性使得发光二极管根本不能用在模拟系统中.

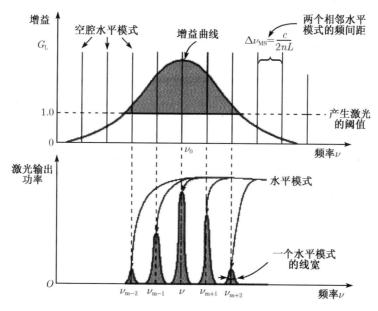

图 7.41   激光增益曲线与出射波长之间的关系[1]

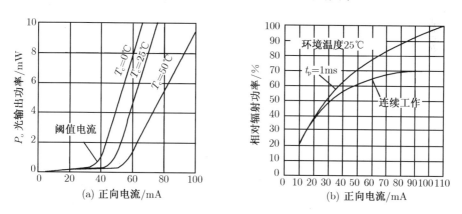

图 7.42   激光输出的非线性. (a) 激光二极管的输出功率−驱动电流曲线与温度的关系; (b) 发光二极管的输出功率−驱动电流曲线[2]

① 引自 : Arieli R. 2006-11-20.   Laser Gain Curve.   Physics Education Research Group. Kansas State University. City of Manhattan, Kansas, USA. http://web.phys. ksu.edu/vqm/laserweb/Ch-5/C5s1p5.htm.
② 引自 : Force Incorporated. 2006-12-20. Light-emitting Diode (LED). http://www. fiber-optics.info/articles/LEDs.htm.

激光二极管主要有两种类型：法布里–珀罗 (Fabry-Perot, FP) 型和分布反馈 (distributed feedback, DFB) 型, 见图 7.43. FP 激光二极管出现得早, 可追溯到宏龙雅克的工作, 这种类型比较便宜, 但是出射光有几个不同的频率, 噪声大, 速度慢. FP 型又可以分为异质结 (BH-hetero) 子型和多重量子阱 (multi quantum well, MQM) 子型; BH 子型的用途曾经是最广的; 但现在 MQM 子型则是最重要、用途最广的激光二极管, 它的阈值电流很低, 功率/电流斜率很高, 线性好, 噪声低, 与反射镜配合好, 温度稳定性好, 价格也不是很贵. DFB型激光二极管出射的光几乎是单色的, 噪声很低, 速度快, 价格很贵, 它一般在模拟系统和最高速度的数字光纤通信系统中使用.

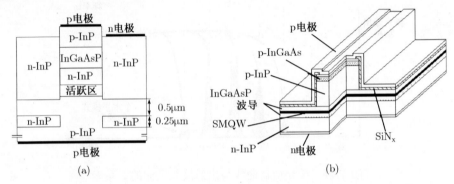

图 7.43 激光二极管 (a) DFB 型[1]; (b) MQM 型[2]

最新的多重量子阱 (MQM) 子型结构叫做单频率激光二极管 (vertical-cavity surface-emitting laser, VCSEL), 在这种类型中, 激光不从侧面出射, 而是沿着垂直于薄膜表面的方向出射, 与 LED 相同. VCSEL 激光二极管的中心是一个间隙 (gap), 见图 7.44(a), 这个区域叫做泵浦增益区, 也叫做活跃区, 间隙厚度与出射光频率有关. 在间隙上下的上百层半导体薄膜则起反射镜的作用, 每一层半导体薄膜的厚度只有 20~30 个原子层、只反射一个很窄的频率区间的电磁波, 这样最后出射的光单色性是很好的. VCSEL 激光二极管的阈值电流很小, 低于 1mA, 温度稳定性也比任何其他类型的激光二极管都要好.

激光二极管和光纤的耦合过程见图 7.44(b). 在产品中, 激光二极管一般和

[1] 引自：Department of Information Technology and Electrical Engineering. 2006-11-20. Tunable Twin-Guide DFB Laser Diode. Swiss Federal Institute of Technology, City of Zurich, Swiss. http://www.iis.ee.ethz.ch/ laser/research/tunable_sim.html.
[2] 引自：Weierstrass Institure. 2006-01-07. Modeling and Simulation of Strained Quantum Wells in Semiconductor Lasers. City of Berlin, Germany. http://www.wias-berlin.de/kaiser/smqw/smqw.html.

一段光纤安装在一起, 这一段光纤一般是单模的, 以防止背反射. 低功率的激光二极管一般与光纤的耦合较弱, 也许只有 5%~10%的激光功率传入光纤中, 这也就意味着只有 5%~10%的背反射可以传回到激光二极管的谐振腔中, 这使得低功率激光器对背反射不敏感. 高功率的激光二极管也许有 50%~70%的激光功率传入光纤中, 这就意味着有 50%~70%的背反射可以传回到激光二极管的谐振腔中, 因此高功率激光器更易受背反射的影响.

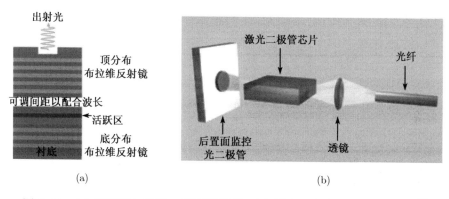

图 7.44 (a) VCSEL 激光二极管的结构; (b) 激光二极管和光纤的连接[①]

发光二极管与激光二极管的最大区别实际上是其出射光的非相干 (incoherent) 性. LED 常用的发光材料有 GaP、AlAs、GaAs、InP, 以及 GaAlAs 和 InGaAsP, 峰值波长分别在 550nm、590nm、870nm、930nm, 以及在 770~870nm、1100~1670nm 的范围内. 与激光二极管相比, 发光二极管的速度慢、线性差, 但寿命长、可靠性高、容易使用.

发光二极管有两种类型: 侧面出射 (edge emitter) 型和表面出射 (surface emitter) 型. 侧面出射 LED 的结构复杂, 也比较贵, 但是功率高、速度快、单色性好, 半高宽只有峰值波长的 7%. 此外, 其出射口的尺度只有 30~50 μm, 与光纤的耦合很好. 侧面出射 LED 有一种超亮 (superradiant) 子型, 其截面介于发光二极管和激光二极管之间, 其中心有一点类似激光的共振效应, 但是出射光还是非相干的. 这种超亮子型的频谱非常窄, 半高宽只有峰值波长的 1%~2%; 强度也与激光二极管是可比的. 表面出射 LED 的结构比较简单, 价格便宜, 功率和速度都在中低的范围内, 它的功率比侧面出射 LED 高, 出射面积更大, 出射方向是各向同性的, 因此与光纤的配合很不好.

---

① 引自: Force Incorporated. 2006-12-20. Laser Diodes. http://www.fiber-optics.info/ articles /laser-diode.htm.

本 章 总 结

本章根据电磁波在大气层、电离层、地面、海洋、各类固体材料中的传播特性, 讨论了在无线通信和网络光纤通信中的主要器件天线、波导、光纤和激光器. 不过, 与之密切相关的电路设计、微电子工艺、器件制备、网络理论方面的内容没有涉及, 请感兴趣的读者去阅读电子、计算机学科的相关著作.

(1) 通信基础理论. 首先, 讨论了通信系统中的载波、信号调制、带宽等基本概念, 以及模拟信息系统中的调幅、调频理论. 然后, 简单介绍了香农的信息理论, 分析了模拟和数字通信系统中的截止频率、信息传输比率、信息熵以及分立信道容量等基础概念.

(2) 电磁波在地球表面的传播. 电磁波在大气中的散射是由吉拉德的偶极辐射理论和瑞利的实验分析清楚的. 电离层的发现和使用则要归功于特斯拉、马可尼等. 在地球表面传播的电磁波可以分为天空波、空间波和地面波三类.

(3) 电磁波在材料中的传播. 在导体中, 光频以下的电磁波穿透到趋肤深度左右就会被反射出来, 导线中的电流是由导线表面的电磁波激发的. 在非导体中, 电磁波的振荡和吸收特性都与材料的介电常数和磁导率的实部和虚部有关; 在海水中, 长波的传输比短波更好; 在空气中, 电磁波的衰减是相当明显的. 在立方晶体中的电磁波传播特性与连续介质相同; 在四方、六角和三角晶体中, 存在一个光学轴; 在三斜、单斜和正交晶体中, 存在两个光学轴.

(4) 无线通信和天线. 无线通信的发射和接收与检波器、真空管, 以及固体电子器件的关系很大. 单根天线的辐射场在远场近似下与偶极辐射完全相同; 天线长度与波长的比则会影响辐射功率的空间角分布. 天线阵列的辐射场是单根天线辐射场的波动叠加, 辐射最强角度可以调节.

(5) 波导. 波导是一种高频滤波器. 波导中存在横电、横磁和其他模式. 长方形波导中只有横电和横磁模式, 截止频率最低的 TE_{10} 模式可以传播的最大波长为长方形长边的 2 倍. 圆形波导中截止频率最低的 TE_{11} 模式可以传播的最大波长是半径的 3.42 倍. 在雷达的波导空腔中, 则要加入一个发射、接收电场的探测器, 或加入发射、接收磁场的线圈, 以保证雷达波的激发.

(6) 网络和光纤. 网络起步于美国和欧洲的科学研究机构中. 光纤就是一种电介质圆形波导, 可以传输红外或光频的电磁波, 因此传输容量特别大. 光纤中传输的电磁波一般使用 850nm、1310nm、1550nm 这三个窗口. 在光纤中, HE_{11} 模式的截止频率为零, TE_{01}、TM_{01} 和 HE_{21} 的截止波长约为纤芯半径的 $1 \sim 10$ 倍. 早期的光纤中常用 HE_{11} 单模传输, 现在则常用波分复用技术.

(7) 激光器. 光纤通信的光源可以用激光二极管或发光二极管. 激光二极管发射相干光, 主要类型有法布里–珀罗型和分布反馈型. 发光二极管发射非相干光, 主要类型有侧面出射型和表面出射型. 在光纤通信中, 分布反馈型、多重量子阱的单频子型的激光二极管以及侧面出射型的超亮子型发光二极管, 是常用的光发射器.

参 考 文 献

《中国大百科全书》编辑组. 1998. 中国大百科全书 · 电子学与计算机卷 I - II. 北京: 中国大百科全书出版社.

Cantrell C D, Hollenbeck D M. 2001. Fiberoptic Mode Functions: A Tutorial.

Feynman R P, Leighton R B, Sands M. 1977. The Feynman Lectures on Physics (I, II). 6th Edition. Addison-Wesley Publishing Company.

Ida N. 2000. Engineering Electromagnetics. New York: Springer-Verlag.

Jackson J D. 1975. Classical Electrodynamics. New York: John Wiley & Sons Inc.

Landau L D, Liftshitz E M, Pitaevskii L P. 1984. Electrodynamics of Continuous Media. Landau and Liftshitz Course of Theoretical Physics. 2nd Edition. Translated by Sykes J B, Bell J S, Kearsley M J. New York: Pergamon Press.

Lodge O J. 1894. Proc Roy Inst, 14: 321.

Maiman T H. 1960. Stimulated optical radiation in ruby. Nature, 187: 493.

Mutkett A J. 1979. Phys Educ, 14.

Rayleigh L. 1899. Phil Mag, 43: 125.

Rishbeth H. 1973. Physics and chemistry of the ionosphere. Contemp Phys, 14: 229.

Shannon C E. 1948. A mathematical theory of communication. The Bell System Technical Journal, 27: 379~423; 623~656.

Terman F E. 1947. Radio Engineering. 3rd Edition. New York: McGraw-Hill.

Thomson J J. 1893. Notes On Recent Researches In Electricity And Magnetism.

本 章 习 题

1. 为什么使用载波对声波、图形信号进行调制, 然后进行信息的传输, 比直接传输的方法信噪比要高?

2. 编一个计算机程序, 根据式 (7.3) 和式 (7.4) 计算调频信号的傅里叶系数.

3. 利用式 (7.13) 中的电场公式, 估算离一个空气分子 100 km 的时候电场强度的量级, 请给出高斯制和国际制的结果.

4. 在式 (7.13) 的证明过程中, 使用了 $(\nabla^2 - \nabla\nabla\cdot)p\dfrac{\exp(\mathrm{i}kr)}{r} = -\hat{\boldsymbol{k}} \times (\hat{\boldsymbol{k}} \times \boldsymbol{p})\dfrac{\exp(\mathrm{i}kr)}{r}$ 这个等式, 请用本书第二章介绍的数学方法证明之.

5. 将电离层折射率的两个公式: 考虑地球磁场影响的式 (7.17) 和忽略地球磁场影响的式 (7.20) 对于无线电波的频率范围画出来, 进行对比, 并说明在什么频率下地球磁场有重大影响, 怎么解决这个问题?

6. [思考题] 在一个城市内部, 使用什么类型的波进行电磁波的传输合适?

7. 假设由纯石英玻璃构成光纤的纤芯, 并传输波长在微米量级的电磁波, 利用式 (7.30) 计算其复数介电常数、纯石英玻璃的折射率, 并估计电磁波的吸收系数.

8. 根据图 7.13 中电磁波在大脑中传播的分布图, 估算电磁波频率 ν 和大脑物质的吸收系数 $A = 2\alpha$.

9. [思考题] 图 7.14 中给出了第二次世界大战期间太平洋上的通信, 试问: 电磁波传输的合适波长与传播距离的关系是什么?

10. [思考题] 如果考虑光纤中石英的晶体对称性, 其中光传播的坡印亭矢量和波矢是不是在一个方向上?

11. 根据式 (7.49) 计算长度 $l = 2.5\lambda$ 的电场与角度的关系, 并画出函数曲线.

12. 根据式 (7.51) 编计算机程序, 计算在 x-y 截面内呈正方形网格排列、天线取向沿 x 方向的 10×10 的天线阵列在空间各个方向的电场强度, 并根据结果画出与图 7.21(b) 类似的等强度线.

13. 利用式 (7.62) 中给出的圆形波导电磁场的表达式, 编程计算 x-y 截面内的电场分布, 并根据计算结果画出圆形波导中 TE_{21} 模式的电力线和磁力线.

14. 写出光纤中 TM_{01} 模式的电场和磁场分量表达式, 并据此解释图 7.34(b) 中电磁场分布的形式.

15. 根据式 (7.71) 和式 (7.67) 编程计算 TE_{01} 模式的第 1, 2, 3 个解, 并与图 7.36(a) 比较.

16. [思考题] 为什么图 7.41 中显示的增益必须超过 1 激光才能出射?

17. [思考题] 为什么作为光纤的光发射器, 激光二极管必须运转在图 7.42(a) 中的线性区?

第八章 信息的输入输出

- 显示材料: 照明、电视和电脑屏幕等系统中的发光材料和磷光剂 (8.1)
- 光电转换器件: 复印、打印、扫描、照相、太阳能系统中的器件 (8.2)

息工业的四个要素中, 信息处理是由半导体器件的集成实现的; 信息存储可以通过磁存储、半导体存储、光存储以及其他多种方式实现; 信息的传输可通过电流、光纤或无线通信等模式实现; 信息的输入/输出则会涉及显示材料、光电转换等多种材料, 以及灯、荧屏、复印、打印、扫描、能源等诸多系统. 在本书第五章已讨论过磁存储; 第六章和第七章已经初步分析过信息的传输机制; 本章将讨论与信息的输入/输出有关的器件, 其中多数的贡献都是由高科技公司做出的.

8.1 显示材料

显示材料 (display material) 是重要的信息材料, 用于实现信息的输出. 信息显示系统一般可以通过光源与荧光物质的相互作用来实现. 所以, 显示材料既包含发光材料 (luminescence material), 又包含磷光剂 (phosphor). 发光材料的源头来自 1870 年爱迪生发明的照明灯泡中的竹炭灯丝, 以及 1910 年由库里格 (William David Coolidge) 改进的钨灯丝, 这些灯丝发出的光被称为白热光 (incandescence), 光能从热能中来. 1897 年布劳恩发明了阴极射线管, 其发光机制是几千伏能量的电子束击打磷光剂导致发光, 被称为阴极射线荧光 (cathodoluminescence).

光致发光 (photoluminescence) 包括荧光 (fluorescence) 和磷光 (phosphorescence) 两种现象: 荧光是由可见光、紫外线或 X 射线对物质的照射引起的, 一般在照射后几纳秒至几微秒的时间内发生; 磷光则是在光照射后较长时间内发生的, 这个现象最早在夜晚的磷中发现, 因此叫做磷光. 目前, 有机物的光致发光是很活跃的前沿研究领域.

电致发光 (electroluminescence) 是指固体中的电子跃迁导致的发光. 最早是于 1907 年由朗得 (Henry Joseph Round) 在一块碳化硅中, 初次观察到了无机半导体的发光现象, 但 SiC 发出的黄光太暗, 无法使用. 20 世纪 30 年代, 随着电流的应用日趋广泛, 出现了电致发光这个名词. 50 年代, 发光二极管开始在英国出现, 只是在使用时需要埋在液氮里, 以减低噪声. 1962 年, 实用的 GaAs 激光二极管由通用电子公司、IBM 研究实验室、MIT 林肯实验室的四个小组几乎同时发现, 其中通用电子的宏龙雅克 (Nick Holonyak) 研究组制备出很亮的红光二极管, 最为著名. 另外, 有机发光二极管 (organic LED, OLED) 也是重要的电致发光材料, 这是在 1979 年由柯达公司罗切斯特实验室的邓青云 (Ching W. Tang) 发现的. 一天晚上, 他偶然回到黑暗的办公室, 发现一块有机蓄电池在发光, 这就是 OLED 研究的开始.

等离子体显示屏 (plasma display panel, PDP) 是 1964 年美国 UIUC 的比策 (Donald Bitzer) 和斯洛特 (Gene Slottow) 教授为一种计算机系统 PLATO 发明的, 当时只能显示橙色或绿色. 等离子体显示的基本原理是利用平行板电极产生的强大电场将惰性气体等离子体化, 然后通过电子击打磷光剂发光.

液晶显示 (liquid crystal display, LCD), 是在 1963 年由美国无线电公司 (RCA Laboratories) 的海麦尔 (George H. Heilmeier) 和威廉姆斯 (Richard Williams) 首先提出的, 但他们的液晶显示器的机制是动态散射 (dynamic scattering, DS), 器件不够稳定. 1971 年, 希达特 (Martin Schadt) 和海夫立齐 (Wolfgang Helfrich) 发明了另一种液晶显示的方式 —— 扭曲向列相 (twisted nematic, TN) 模式, 通过这种模式液晶显示才实现了工业化. 液晶显示是通过光的调制机制实现的.

8.1.1　白热光

白热光 (incandescent light) 是固体被加热到足够高的温度以后发出的光, 热能激发物体中电子的能级, 然后通过电子的自发跃迁发光. 白热光一般具有连续频谱. 也就是说, 白热光频谱中没有亮线或暗线, 而是接近量子物理中最重要的黑体辐射频谱 (blackbody spectrum). 因此, 白热光辐射的能量密度可以由普朗克定律 (Planck's law) 或爱因斯坦辐射定律 (Einstein's radiation law) 描述:

$$\mathcal{E} = \varepsilon_{\mathrm{eff}} \int \mathrm{d}\lambda \, \frac{8\pi}{\lambda^4} \frac{hc/\lambda}{\mathrm{e}^{\beta hc/\lambda} - 1}$$

$$= 2\varepsilon_{\mathrm{eff}} \iiint \frac{\mathrm{d}^3 \boldsymbol{p}}{h^3} \frac{h\nu}{\mathrm{e}^{\beta h\nu} - 1} \tag{8.1}$$

其中 $\varepsilon_{\mathrm{eff}}$ 为发光效率; $\beta = 1/k_{\mathrm{B}}T$ 为热能因子; ν 为光波的频率; h 为普朗克常量; c 为光速; $\boldsymbol{p} = \hbar\boldsymbol{k} = h\nu\hat{\boldsymbol{k}}/c$ 是光子的动量. 这是质量为零波速为 c 的光子气体的普遍辐射规律.

白热光, 即黑体辐射频谱会随着温度的升高而不断向高频端移动, 黑体辐射最强处的频率 $\nu_{\max}$ 要比太阳光低得多, 因为太阳的温度比任何白炽灯丝都要高得多. $\nu_{\max}$ 服从维恩 (Wilhelm Wien) 在 1896 年提出维恩位移定律 (Wien's displacement law):

$$0 = \frac{\mathrm{d}}{\mathrm{d}\nu} \frac{h\nu^3}{\mathrm{e}^{h\nu/k_{\mathrm{B}}T} - 1} \;\Rightarrow\; 0 = 3(\mathrm{e}^u - 1) - u\mathrm{e}^u \;\Rightarrow\; u_0 = \frac{h\nu_{\max}}{k_{\mathrm{B}}T} = 2.821\,437 \tag{8.2}$$

白炽灯灯泡中的灯丝温度一般要超过 2000°C 这只有炭丝或钨丝可以忍受. 在通常的 75~120W 灯泡中, 灯丝温度约为 2550°C 或 $T = 2823\mathrm{K}$, 这样, 相应的白热光辐射最强频率 $\nu_{\max} = 1.66 \times 10^{14}\mathrm{Hz}$, 此处的波长 $\lambda_{\max} = 1.8\mu\mathrm{m}$, 在电磁波谱的红外区, 这也是为什么白炽灯让人感觉到相当强的热辐射的原因. 相应地, 图 8.1 中白炽灯在可见光区的频谱几乎可以用 $h\nu^3 \mathrm{e}^{-h\nu/k_{\mathrm{B}}T}$ 的形式来描述.

白热光或黑体辐射的功率可以由下列公式来计算, 注意在某个参考面的微元附近, 只有速度指向面外的光子才会对发光功率有贡献, 而且某个光子的坡印亭矢量与这个微元法向的夹角也要考虑:

$$\Delta P = \frac{2\varepsilon_{\mathrm{eff}}}{h^3} \int_0^\infty \mathrm{d}p_z \int_{-\infty}^\infty \mathrm{d}p_x \int_{-\infty}^\infty \mathrm{d}p_y \frac{h\nu\hat{\boldsymbol{k}} \cdot \hat{\boldsymbol{e}}_z}{\mathrm{e}^{\beta h\nu} - 1} \frac{\Delta Ac\Delta t}{\Delta t}$$

$$= c\Delta A \frac{2\varepsilon_{\mathrm{eff}}}{h^3} \int_0^\infty p^2 \mathrm{d}p \int_0^{2\pi} \mathrm{d}\phi \int_0^{\pi/2} \sin\theta\mathrm{d}\theta \cos\theta \frac{h\nu}{\mathrm{e}^{\beta h\nu} - 1} \tag{8.3}$$

$$P = \frac{1}{4}cA\mathcal{E} = \left(\frac{2\pi k_{\mathrm{B}}^4}{h^3 c^2} \int_0^\infty \frac{u^3 \mathrm{d}u}{\mathrm{e}^u - 1} \right) A\varepsilon_{\mathrm{eff}} T^4 = \sigma A\varepsilon_{\mathrm{eff}} T^4$$

其中 $\sigma = \dfrac{2\pi^5 k_{\mathrm{B}}^4}{15h^3 c^2} = 5.67 \times 10^{-8}\mathrm{J/(s \cdot m^2 \cdot K^4)} = 5.67 \times 10^{-8}\mathrm{kg/(s^3 \cdot K^4)}$ 就是斯特藩–玻尔兹曼常量 (Stefan-Boltzmann constant). 式 (8.3) 又叫做斯特藩–玻尔

兹曼定律, 1879 年由斯特藩 (J. Stefan) 在实验中发现, 后由玻尔兹曼 (Ludwig Boltzmann) 从热力学的角度证明.

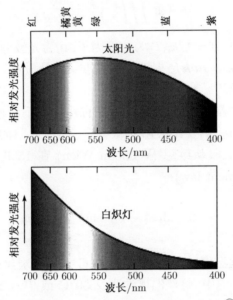

图 8.1　白热光频谱与太阳光频谱的对比[①]

8.1.2　阴极射线荧光

　　阴极射线荧光 (cathodoluminescence) 是一种光电现象, 在真空的阴极射线管 (cathode ray tube, CRT) 中, 一束电子束或阴极射线击打在磷光剂 (phosphor) 上, 使之发出可见光, 也就是阴极射线荧光. 阴极射线荧光最重要的应用就是电视机的屏幕.

　　电视的发明可以一直追溯到 19 世纪. 1880 年, 一位法国工程师勒布兰克 (Maurice LeBlanc) 构思了一种用光束、照相术以及电路系统把电影图像投影到屏幕上的系统. 1884 年, 德国工程师尼布科 (Paul Nipkow) 发明了一项专利, 利用光阀 (light valve) 和打孔的碟来产生图像. 16 年以后的 1900 年, 另一位法国工程师帕斯基 (Constantin Perskyi) 发明了 television 这个词汇.

　　最早的电视都有很小的黑白荧屏, 而且价格昂贵 (见图 8.2). 1907~1921 年, 世界上好几个国家的工程师独立地发明了电视接收机, 具体的技术一般都包括照相术、旋转的鼓或碟等机械系统, 还有阴极射线. 俄国圣彼得堡理工学

　　① 引自：Thrush P. 2006-10-09.　Incandescent Light Bulbs.　USA. http://users. mikrotec.com/pthrush/lighting/glow.html.

院毕业的工程师斯福罗金 (Vladimir Zworykin) 和美国人范恩斯沃斯 (Philo Taylor Farnsworth) 对电子束的扫描和成像贡献最大. 斯福罗金移民美国后先进入西屋电子公司 (Westinghouse), 后进入新泽西州普林斯顿的美国无线电公司 (RCA Laboratories). 范恩斯沃斯则在 Philco 公司工作. 1923 年, 斯福罗金在西屋电子公司工作时, 申请了一个利用存储系统的电视专利, 但是具体的产品效果不好, 被西屋电子公司的高层否决. 1929 年, 斯福罗金在美国无线电公司用阴极射线管制造了一个很亮的显示屏 kinescope, 显示屏面板内壁覆盖了磷光剂. 1931 年, 杜蒙特 (Allen B. Du Mont) 制造出第一台商业化的电视机.

图 8.2 早期的电视机

美国无线电公司是 1919 年由通用电子公司建立的, 促动者是亚历山大逊 (Ernst F. W. Alexanderson). 亚历山大逊早在 1904 年就发明了专用于广播系统的发电机; 1924 年他在美国无线电公司发明了无线传输图像或电影的电报系统; 1928 年, 在他的领导下, 美国无线电公司实现了从新泽西到纽约州的电视放送. 同年, 美国无线电公司和 GE 公司在亚历山大逊的家乡纽约州 Schenectady 建立了第一家电视台 WGY, 后换名为 WRGB. 当时在 Schenectady 只有四台电视机, 电视屏幕也只有 3in 大. 1939 年, 在纽约的世界博览会 (World's Fair) 期间, 美国无线电公司第一次实现了预定程序的电视放送服务. 同年, 美国无线电公司获得了范恩斯沃斯的核心专利许可, 开始生产电视摄像机. 美国联邦通信委员会 (Federal Communications Commission, FCC) 于 1941 年正式公布了商业电视标准, 沿用至今.

20 世纪 40 年代末, 美国无线电公司发明了基于掩膜技术 (shadow-mask) 的彩色电视机, 其中涂覆了磷光剂的面板后面有一个打孔的屏幕, 这样电子束可以分别击中红、绿、蓝的磷光剂. 1958 年, 在美国最高法院的干预下, 美国无线电公司向所有美国电视制造商免费公开了它拥有的 3000 项彩色电视专利. 至 20 世纪 50 年代末, 美国 95％的家庭拥有了电视机.

最重要的阴极射线荧光材料是电视屏幕内壁的磷光剂 (phosphor). 彩色电视磷光剂的发明与彩色电视的发明同步, 始于 20 世纪 40 年代末. 但磷光剂则在 20 世纪初就有了. 专用于 CRT 的磷光剂在第二次世界大战中完成了标准化, 所有标号都用字母 P 后面加数字表示.

磷光剂最初是指显示磷光的物质. 现代的磷光剂一般都是过渡金属或稀土元素的化合物, 因为未填满的 3d 和 4f 电子壳层容易发生电子跃迁等光学现象. 在制备磷光剂的时候, 一般会在恰当的母体材料 (host material) 中加入活化剂 (activator). 最有名的磷光剂就是在 ZnS 母体中加入铜或银作为活化剂.

表 8.1 中列出了在各种场合使用的磷光剂, 包括显像管 (display tube)、雷达屏 (radar display)、投影管 (projection tube)、束引管 (beam index tube)、示波器 (oscilloscope) 和荧光管 (fluorescent tube). 其中, 投影管是背投电视 (projection television) 中将输入信号投射到机内镜面上的红、绿、蓝单色显像管; 束引管是新开发的 beam-index 彩色显示系统中的显像管, 其中电子束只做横向扫描, 而纵向是红、绿、蓝三种磷光剂周期性排列的线条. 荧光管是一种光致发光器件, 在液晶电视中作为光源使用, 这在下节再作讨论.

表 8.1　荧屏磷光剂

化学成分	标号	颜色和波长	使用范围
$ZnS:Ag$	P22B	蓝色 (450nm)	显像管
$ZnS:Cu,Al$	P22G	绿色 (530nm)	显像管
$Y_2O_2S:Eu$	P22R	红色 (626nm)	显像管
$ZnS:Ag+(Zn,Cd)S:Cu$	P40	白色	显像管
$(Zn,Cd)S:Ag,Cu$	P20	蓝绿色 (490nm)	显像管
$(Zn,Cd)S:Cu,Cl$	P28	绿色 (525nm)	显像管
$Gd_2O_2S:Tb$	P43	黄绿色 (545nm)	显像管
$Zn_2SiO_4:Mn$	P1	绿色 (525nm)	显像管
$(KF,MgF_2):Mn$	P19	黄色 (590nm)	雷达屏
$(Zn,Mg)F_2:Mn$	P38	橘黄色 (590nm)	雷达屏
$(KF,MgF_2):Mn$	P26	橘黄色 (595nm)	雷达屏
$MgF_2:Mn$	P33	橘黄色 (590nm)	雷达屏
$ZnS:Ag,Al$	P55	蓝色 (450nm)	投影管
$Y_3Al_5O_{12}:Tb$	P53	黄绿色 (544nm)	投影管
$Y_2SiO_5:Ce$	P47	蓝色 (400nm)	束引管
$Y_3Al_5O_{12}:Ce$	P46	绿色 (530nm)	束引管
$ZnS:Cu,Ag$	P31	蓝绿色 (500nm)	示波器
$ZnO:Zn$	P24	蓝绿色 (505nm)	荧光管

注: 化学成分中 ":" 前为母体, ":" 后为活化剂.

引自: http://www.search.com/reference/phosphor? redir=1.2006-12-01.

磷光剂的母体材料一般是锌、锰、铝和稀土元素的氧化物 (oxide)、硫化物 (sulfide)、硒化物 (selenide)、卤化物 (halide) 或硅化物 (silicate). 活化剂的加入会使发光的持续时间或响应时间增加, 这在波长较短时更明显. 此外, 金属镍则可以用来截断活化剂造成的发光时间延迟. 两种母体材料的混合可以改变磷光剂发光的波长, 如 ZnS 和 CdS 不同比例的混合就可以用来控制显示屏的颜色以及响应时间.

除了电视屏幕之外, 雷达、高能物理实验以及各种粒子发射都需要自己的屏幕磷光剂. 例如, ZnS 和镭-228 和镭-226 的混合可以用作 α 粒子散射和 β 粒子散射的荧屏磷光剂; 只是在强辐射下 ZnS 的晶体结构会发生改变, 以至于慢慢失去发光的能力. 覆盖 ZnS:Ag 的荧屏曾经在卢瑟福发现原子核的 α 粒子散射实验中使用.

值得注意的是, 表 8.1 中列出的波长是指磷光剂发射的频谱最强处的波长, 显像管中红、绿、蓝三种磷光剂的发射频谱如图 8.3(a) 所示. 除了发光波长以外, 磷光剂的持续时间或响应时间 (persistence) 也是一个重要的参数, 响应时间是指磷光剂被电子击中以后持续发光的时间. 例如, P24(ZnO:Zn) 的响应时间是 $1 \sim 10 \mu s$, P31(ZnS:Cu,Ag) 的响应时间是 $0.01 \sim 1 ms$, P1(Zn_2SiO_4:Mn) 的响应时间是 $1 \sim 100 ms$, P26((KF,MgF_2):Mn) 的响应时间约为 1s, 而 P20[(Zn,Cd)S:Ag,Cu] 的响应时间则长达 $1 \sim 10 h$. 图 8.3(b) 中是一种新的磷光剂 DP104 与典型的 P22 彩色电视磷光剂响应时间的比较. 磷光剂的响应时间长, 则相应屏幕的反应就慢.

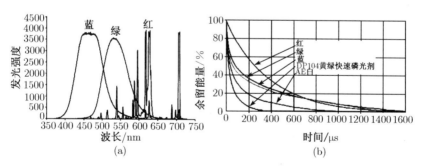

图 8.3 (a) 显像管中红、绿、蓝三种磷光剂的发光频谱[1]; (b) 磷光剂的响应时间, DP104 与红、绿、蓝三原色 P22 磷光剂的对比[2]

① 引自: Answers Corporation. 2006-11-01. Phosphor. City of New York, USA. http://www.answers.com/topic/phosphor.

② 引自: Cambridge Research Systems. 2006-10-29. Fast-Phosphor Monitors. City of Cambridge, UK. http://www.crsltd.com/research-topics/stereo/index.html.

目前, CRT 仍然占据着最大的电视市场份额, 只是在计算机屏幕的市场占有率有所下降. 其他类型的电视机价格较 CRT 价格贵很多, 也就是说, CRT 的性能价格比是最好的, 体积笨重对居家应用也不是主要问题. 虽然 CRT 技术早已成熟, 但近些年来在大屏幕化、全平面化、薄型化等方面仍取得突破. 根据斯坦福大学的统计, 2003 年全球共销售了将近 1.61 亿台电视机, 其中 CRT 电视为 1.51 亿台, 占总量的 94%. 从中国台湾 (www.itis.org.tw) 的预测看, CRT 电视机市场需求在未来几年内, 仍将以年 3% 的成长率平稳增长, 市场需求从 2003 年的 1.6 亿台上升到 2006 年的 1.9 亿台, 占电视总需求的 85%. 相应地, 全世界对阴极射线管显示材料的需求大约是每年 220 亿美元, 其中包括显像管玻璃、光学薄膜、导电薄膜、金属材料、气体、光刻材料、化学腐蚀材料、颜料、磷光剂等.

新出现的场发射显示 (field emission display, FED) 原理 (见图 8.4) 与阴极射线管非常接近, 都是利用电场吸引阴极电子源发射电子束, 撞击荧光物质发光. 只不过在阴极射线管中只有一个阴极电子枪, 电子束需要扫描才能构成一幅画面. FED 显示器中, 有大量的阴极, 每一个像素点都有三个微型电子枪分别对应像素点上红、绿、蓝三色, 能量为 $\mathcal{E}_0$ 的隧穿电流密度服从福勒 – 诺德海姆隧穿方程 (Fowler-Nordheim tunneling equation), 其中从电极 1 到 2 的隧穿能垒随位置作线性变化 $\mathcal{E}(x) = \mathcal{E}_{f_1} + q\phi - qEx = \mathcal{E}_0 - qE(x-d)$:

$$T(\mathcal{E}_0) = \exp\left(-\frac{2\sqrt{2m}}{\hbar}\int_0^d \mathrm{d}x \,\sqrt{\mathcal{E}_{f_1} + q\phi - qEx - \mathcal{E}_0}\right)$$

$$= \exp\left[-\frac{4\sqrt{2m}}{3\hbar qE}(\mathcal{E}_{f_1} + q\phi - \mathcal{E}_0)^{3/2}\right] \tag{8.4}$$

$$J = \frac{4\pi qm^*}{h^3}\int_{\mathcal{E}_{\min}}^{\mathcal{E}_{\max}} \mathrm{d}\mathcal{E}_0 T(\mathcal{E}_0)\int_{\mathcal{E}_0}^{\infty}\mathrm{d}\mathcal{E}(f_1(\mathcal{E}) - f_2(\mathcal{E}))$$

$$\approx \frac{4\pi qm^*}{h^3}\int_{\mathcal{E}_{f_2}}^{\mathcal{E}_{f_1}}\mathrm{d}\mathcal{E}_0(\mathcal{E}_{f_1} - \mathcal{E}_0)\,\exp\left[-\frac{4\sqrt{2m}}{3\hbar qE}(\mathcal{E}_{f_1} + q\phi - \mathcal{E}_0)^{3/2}\right]$$

$$\approx \frac{q^3 m^* E^2}{8\pi mhq\phi}\exp\left[-\frac{4\sqrt{2m}}{3\hbar qE}(q\phi)^{3/2}\right] \tag{8.5}$$

其中 d 为势垒厚度; $\mathcal{E}_{f_1}$ 和 $\mathcal{E}_{f_2}$ 为两电极的费密能量; ϕ 为两极电势差. 式 (8.5) 中还使用了两电极功函数相等、$q\phi \gg \mathcal{E}_{f_1} - \mathcal{E}_{f_2}$、$\mathcal{E}_{f_1} \gg \mathcal{E}_{f_2}$ 这几个假设. 在实

际的 FED 显示器中, 阴极针尖一般用钼、硅或碳纳米管制备. 廉价的碳纳米管、碳纳米管与玻璃底座的胶合剂、与玻璃结合的真空腔设计, 显示器的热胀冷缩问题, 50V 低压的磷光剂等是 FED 显示器研究的关键问题. 目前只有韩国三星公司制造了 FED 样机.

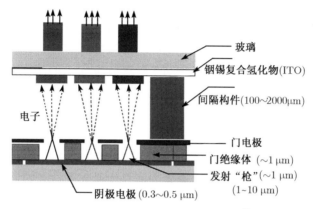

玻璃

铟锡复合氢化物(ITO)

间隔构件(100~2000μm)

电子

门电极

门绝缘体 (~1 μm)

发射 "枪"(~1 μm)

(1~10 μm)

阴极电极 (0.3~0.5 μm)

图 8.4　场发射显示的基本原理[1]

8.1.3　光致发光

光致发光 (photoluminescence) 包括荧光和磷光. 一般来说, 光发射衰减时间小于 10ns 的被称为荧光现象, 否则归类为磷光现象. 磷的英文名起源于希腊语 (phosphoros), 意思是光携带者 (light bearer). 1669 年, 德国汉堡的炼金术士布兰德发现了磷元素, 他在从尿制炼盐的过程中, 发现获得的白色材料在黑夜中会放光, 当然他还没明白, 这是因为磷的化学性质非常活泼, 易跟空气中的氧结合, 缓慢燃烧, 在此过程中放出微弱的辉光 (glow), 即后世命名的磷光. 荧光则是在 19 世纪末由特斯拉 (Nikola Tesla) 发现的. 荧光与磷光的发光机制不同. 当原子或分子吸收了一个光子、跃迁到更高的能级然后又跃迁回基态时, 发出的光就叫做荧光. 荧光都是各向同性的. 当原子之间缓慢结合、形成化学键时, 发出的辉光则是磷光, 磷光的延续时间可以达到数小时. 对光致发光的理解, 一般需要用量子力学研究分子或化学键的能级和跃迁, 对比较复杂的分子能级的理解需要用到计算化学 (量子化学的计算).

最简单的光致发光就是共振辐射 (resonant radiation), 即物质发射和吸收的光子能量是一样的. 这个过程不会引起物质总内能的改变, 而且在 10ns 的

---

[1] 引自：City of Seoul, Korea. 2006-10-30. Field Emission Display: FED. Korean Physical Society. http://www.kps.or.kr/ pht/8-10/991032.html.

时间内完成, 这个时间也叫做荧光寿命 (fluorescence lifetime). 在更有趣的光致发光过程中, 物质在吸收光子以后、发出光子之前, 会有内能的损耗, 也就是说, 在荧光过程中, 出射光子的能量会比入射光子的能量低, 有一部分能量被损耗了. 磷光过程则更为复杂, 磷光物质在吸收光子以后, 会发生内部量子态的改变, 一般来说分子的总自旋会增加, 比如成为双电子的三重态. 根据选择定则, 从双电子的三重态直接跃迁到单重态就是被禁止的, 只能通过热激发缓慢释放能量, 这就是为什么在磷光可以延续很长时间.

　　荧光与激光既有关联又有区别, 两者都牵涉到二能级系统, 但是前者属于光子的自发辐射 (spontaneous emission), 后者属于受激辐射 (stimulated emission). 在激光产生的过程中, 共振腔中的工作物质开始处于高能级的粒子数少, 发出的光就是荧光. 到后来发生粒子分布反转, 处于高能级的粒子数反而多, 这时候发出的光就是激光. 有时候, 荧光物质在受到激光照射时, 可以发生向高能级转化的过程, 使得出射荧光的波长比激光的波长短, 如图 8.5 所示.

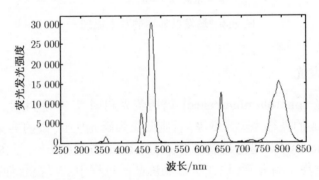

图 8.5　ZBLAN 光纤中的铥离子荧光谱, 光纤中通有波长 1140nm 的激光[①]

　　荧光现象本身就很有用, 比如说可以用来测量光学器件的透射能谱, 或者激光工作物质的频谱特性. 荧光可以用来很仔细地分析某种物质的激发态能级, 可以用来估计激光工作物质的吸收截面, 也可以用来做光学冷却 (optical refrigeration).

　　荧光灯大约出现在 20 世纪 30 年代, 所有荧光灯都有高效率、低功耗、长寿命的特点, 这是因为荧光的频谱分布比较锐, 而且集中在可见光区域, 不像白炽灯的主频分布在红外区域. 表 8.2 中列出了荧光灯内壁使用的磷光剂. 室内照明的日光灯, 学名叫做低压水银灯 (low-pressure mercury vapor lamp). 低压汞蒸气在放电过程中辐射紫外线, 从而使磷光剂发出可见光, 因此也叫做

　　[①] 数据来源: R.Paschotta ORC 公司, 南安普敦.

荧光灯. 高压水银灯 (high-pressure mercury vapor lamp) 中充氩气, 氩气电离后将水银加热和气化, 然后水银蒸气受电子激发而放电产生强烈辉光, 这样发出的紫外线较多, 可用于消毒杀菌、光刻照明、制版等方面. 冷阴极荧光灯 (cold cathode fluorescence lamp) 可在液晶面板充当背光光源, 在平板式扫描仪中充当光源, 也可用于全自动曝光系统和半导体工业中的光刻工艺. 发出蓝光和绿光的荧光灯磷光剂主要是铝酸盐或磷酸盐. 发出红光的荧光灯磷光剂则与电视荧屏红色磷光剂类似. 值得注意的是, 磷本身不是磷光剂. 紫外频段的荧光灯常用 TiO_2 作磷光剂, 其能隙约为 3.2eV, 因此对波长 $\lambda <387nm$ 的紫外线敏感.

表 8.2　荧光灯磷光剂[①]

化学成分	颜色和波长	使用范围
$Sr_{10}(PO_4)_6Cl_2$:Eu	蓝色 (447 nm)	三色荧光灯
(Ba,Sr,Eu)(Mg,Mn)$Al_{10}O_{17}$	蓝色 (447 nm)	三色荧光灯
(Ba,Eu)(Mg,Mn)$Al_{10}O_{17}$	绿色 (513 nm)	冷阴极荧光灯
$LaPO_4$:Ce,Tb	黄绿色 (543 nm)	三色荧光灯
Y_2O_2S:Eu	红色 (626 nm)	三色荧光灯, 显像管
YVO_4:Eu	红色 (611 nm)	高压水银灯, 冷阴极荧光灯

注: 化学成分中, ": " 前为母体, ": " 后为催化剂.

真空荧光显示 (vacuum Fluorescent display, VFD) 也是在真空管的基础上发展出来的技术, 它于 1967 年首先由日本 ISE 电子公司开发成功, 后来日本 Futaba 和 NEC 公司在此领域投入也很大. 真空荧光显示管在开始的时候大量用于计算器或仪表面板显示, 目前主要的公司有 NEC、Futaba、ISE、Samsung 和中国的 ZEC(1993 年从日本 NEC 购得生产线). 目前, VFD 的主要市场是用于录音、录像机、摄像设备的面板显示.

图 8.6(a) 中的 VFD 真空管包含三个电极: 阴极、阳极和栅极, 因此, 它实际上是一个微型的阴极射线管. VFD 管的阴极灯丝非常细, 一般会加热到略低于白热光发射的高温, 此时电子会发射出来. 在图 8.6(b) 具体的 VFD 显示单元中, 栅极是一个透明的金属网, 阳极表面构成数字 8 的 7 个小段, 其上都覆盖了磷光剂, 这样它们在被电子击打的就会发光. 在发光时, 栅极和阳极之间的电压一般是 12~15V; 否则, 栅极会维持相对于阴极的负电压, 阻止电子通过. 真空荧光显示管的磷光剂可以显示红色、黄色、绿色和蓝色, 表 8.3 中列出的主要是从蓝色到橙色的范围, 在此频率范围内 VFD 亮度较高.

① 引自: Kasei Optonix Corporation. 2006-10-11. The Functions of Phosphors. City of Tokyo, Japan. http://www.kasei-optonix.co.jp/english/products/phosphor/phosphor.html.

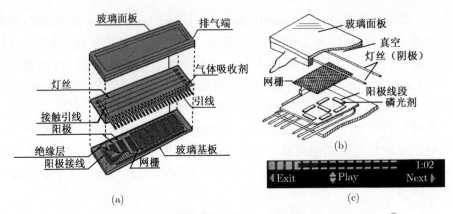

图 8.6　(a) VFD 屏幕[①]; (b) VFD 单元结构;(c) VFD 面板[②]

表 8.3　真空荧光显示管磷光剂[③]

化学成分	颜色和波长	化学成分	颜色和波长
$ZnS:Ag+In_2O_3$	蓝色 (450 nm)	$(Zn,Cd)S:Ag+In_2O_3$	黄绿色 (545 nm)
$ZnO:Zn$	绿色 (505 nm)	$ZnS:Au,Al+In_2O_3$	黄绿色 (550 nm)
$ZnS:Cu,Al+In_2O_3$	绿色 (530 nm)	$ZnS:Mn+In_2O_3$	橙色 (585 nm)

　　磷光与荧光的区分主要是依据发光持续时间 (persistence time) 的长短.
学术界有另外的一种较少采用的分法, 以发光持续时间的温度依赖关系为准,
若持续时间随温度的升高而降低就叫做磷光, 若持续时间与温度无关就叫做
荧光.

　　磷光的研究开始于 19 世纪. 最普通的磷光材料是无机物, 无机物中
的杂质在磷光现象中可作为催化剂 (activator)、感光剂 (sensitizer) 或抑制
剂 (inhibitor) 起到重要的作用. 有机磷光物质一般是溶液或胶体中的有机染
料, 它们的磷光持续之间一般与温度无关, 所以有时候也被认为是慢发光的荧
光材料 (slow fluorescence).

　　磷光物质的基态一般是单重态 (singlet), 其中的电子一般都配对形成共
价键. 基态分子吸收一个光子, 会跃迁到更高的单重态, 绝大多数分子马上
又跃迁回基态, 但是有些分子会通过自旋–轨道耦合跃迁到能量略低的三重

　　① 引自: Passagen Corporation. 2006-11-10. Vacuum Fluorescent Display (VFD). City
of Stockholm, Sweden. http://hem.passagen.se/communication/vfd.html.

　　② 引自: Furr R. 2006-10-29. Electronic Displays. http://www.vcalc.net/display2.htm.

　　③ 引自: Kasei Optonix Corporation. 2006-10-11. The Functions of Phosphors. City of
Tokyo, Japan.   http://www.kasei-optonix.co.jp/english/products/phosphor/phosphor.
html.

态 (triplet), 这个三重态就是亚稳态 (metastable state), 此时原共价键中的两个电子自旋是平行的. 从双电子的三重态跃迁到基态的单重态, 总轨道自动量的变化 $\Delta L = \pm 1$, 其跃迁矩阵元 $\left\langle \mathrm{i} \left| \sum_i q_i \boldsymbol{r}_i \right| \mathrm{f} \right\rangle$ 不等于零, 似乎是允许的; 但总自旋自动量 $\Delta S = \pm 1$ 是不允许的, 其跃迁矩阵元 $\langle \sigma_i | \sigma_f \rangle$ 等于零. 所以, 受到选择定则的禁制, 分子无法直接跃迁发光, 一般通过热激发的方式发生小概率的三重态–单重态变换: 先跃迁到更高的单重态, 然后跃迁到基态发光.

三重态–单重态变换或单重态–三重态变换可以用二阶微扰理论解释, 跃迁概率为

$$P = \frac{\left| \left\langle \mathrm{i} \left| \sum_i q_i \boldsymbol{r}_i \right| \mathrm{f} \right\rangle \right|^2}{E_i - E_f} = \frac{B \hbar^2}{2\pi (E_i - E_f)} \tag{8.6}$$

其中 $|\mathrm{i}\rangle$ 和 $|\mathrm{f}\rangle$ 分别为分子跃迁的初态与终态; E_i 和 E_f 分别为初态与终态的能量; B 为爱因斯坦系数 (Einstein coefficient). 根据上述跃迁概率公式, 初态、终态的能量差越小, 跃迁越容易. 因此, 系统中能量较高的单重激发态–三重激发态的跃迁概率较大, 三重亚稳态–单重基态的跃迁概率较小, 如图 8.7(b) 所示.

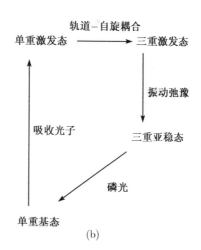

(a)   (b)

图 8.7   (a) 磷光[1]; (b) 磷光发生的量子过程: 共价键中双电子的诸量子态[2]

① 引自: Bosman R. 2006-10-24. Phosphorescence. University of Wisconsin. City of Madison, Wisconsin, USA. http://www.tandempress.wisc.edu/tandem/gallery/bosman/phosphorescence.htm.

② 引自: Department of Mathematics. 2006-11-02. Phosphorescence. UC Riverside. City of Riverside, California, USA. http://math.ucr.edu/home/baez/spin/node17.html.

从三重态到单重态的分子能级变换在物理上有很多种可能性. 例如, 在三重态－单重态变换发生的时候, 剩余的能量可能会通过分子的各种转动、振动量子跃迁发散出去; 反过来, 转动、振动量子跃迁也可以使价电子发生单重态－三重态变换. 可见, 磷光与分子的电子能级与转动、振动能级的耦合有关, 宏观来说即与热激发有关.

8.1.4　电致发光

电致发光是一种 (广义的) 光电效应, 即物质或器件在电场作用下产生的发光效应. 最早的电致发光都是块体材料或磷光剂的发光. 20 世纪 60 年代以后, 最重要的电致发光器件是指二极管中电子－空穴复合时发出的光. 高能电子在强电场中转弯时, 也会发射光, 一般也归类为电致发光. 电致发光器件与激光很类似, 只不过电致发光器件需要的电能小得多, 也不会发出相干光.

对电致发光的研究始于 20 世纪初. 1907 年, 朗得上校第一次在 SiC 中发现电致发光现象: 当电流通过 SiC 探测器时, 会有黄色的光出射. 朗得在发明无线电报的马可尼公司工作, 而且是马可尼的个人助手. 18 年以后, 朗得的实验由俄国 Nijni-Novgorod 无线电实验室的罗瑟夫 (O. V. Lossev) 重复验证, 罗瑟福也做过真空二极管发光的实验. 1936 年, 在法国巴黎居里实验室工作的德斯特里欧 (Georges Destriau) 用磷光剂 ZnS:Cu 与油混合, 再通电流以后, 发现混合物可以发光. Electroluminescence 这个词很可能就是德斯特里欧首先提出的.

第二次世界大战时期相关的研究进展主要集中在薄膜制备. 20 世纪 50 年代末, 弗拉森科 (N. A. Vlasenko) 和泊普可夫 (I. A. Popkov) 制备了 ZnS/ZnS:Mn 双层薄膜电致发光器件 (TFEL), 发现这样的多层膜的电致发光效应比单层膜或磷光剂粉末有大幅度的增长.

20 世纪 60 年代, 电致发光显示 (ELD) 首先是由 Sigmatron 公司的索克斯曼 (Edwin J. Soxman) 和克驰佩尔 (Richard D. Ketchpel) 提出的他们认为, 将很多 TFEL 排成阵列, 就可以达到很高的发光强度. 这个公司在 1965 年就制造出了薄膜电致发光点阵列显示器, 但是一直没能商业化.

所有 ELD 器件都有类似的基本结构, 如图 8.8(a) 所示, 其中至少包含六层: 第一层是基底 (玻璃); 第二层是导体电极; 第三层是绝缘体; 第四层是磷光剂; 第五层又是绝缘体; 第六层是另一个导体电极. ELD 的结构跟电容很像, 只不过绝缘体中心加了一层磷光剂 (见表 8.4), 磷光剂上下两层绝缘体可以防止弧光放电, 因为两电极之间场强高达 1.5MV/cm. ELD 发光大约要经过四个步骤: ① 电子从绝缘体界面隧穿到磷光剂中; ② 电子被加速到弹道能

量 (ballistic energy); ③ 高能电子将磷光剂中的某些原子电离并产生发光中心, 或者产生电子–空穴对; ④ 发光中心回复到基态, 发出光子.

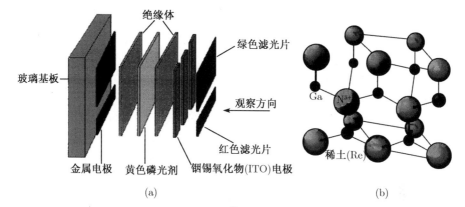

图 8.8 电致发光. (a) 彩色 ELD[①]; (b) ELD 的 GaN:Re 磷光剂结构

表 8.4 电致发光显示器磷光剂[②]

化学成分	颜色和波长	化学成分	颜色和波长	化学成分	颜色和波长
SrS:Ce	蓝色 (450 nm)	ZnS:Mn	黄绿色 (545 nm)	GaN:Eu	红色 (626 nm)
SrS:Cu	蓝色 (450 nm)	ZnS:Mn,Cu	绿色 (510 nm)	CaS:Cu	红色 (626 nm)

与液晶显示相比, ELD 的优点是高对比度和亮度、显示速度快、任意视角. 1974 年, 日本夏普公司的猪口林寿 (Inoguchi Toshio) 研究组用交流电、发绿光的 ZnS:Mn,Cu 作磷光剂、用 Y_2O_3 作绝缘材料, 制造了第一台高亮度 ELD 单色电视屏幕, 1983 年率先实现了 ELD 商业化. 日本夏普公司的研究影响了的美国 Tektronix、IBM、Westinghouse 等公司, 他们自 1976 年开始也进入这个领域.

在大规模工业生产前, ELD 最急需解决的问题是稳定性, 因为两电极之间的电场非常高, 容易击穿, 日本夏普、美国 Tektronix 和芬兰的 Lohja 公司在 20 世纪 80 年代初解决了这个问题. 第二个问题是如何实现那么高的电压, 德州仪器公司的 Tom Engibous 根据等离子体显示驱动器发展了专用于 ELD 的驱动器. 第三个问题是彩色问题. 1984 年, 美国 Planer 公司的巴娄 (William

① 引自: SAE International. 2006-11-05. Electroluminescent displays permit custom gauges. City of Washington DC, USA. http://www.sae.org/automag/toptech/1298t13. htm.

② 引自: Jeffrey A. 2006-10-20. Hart, Stefanie Ann Lenway, Thomas Murtha. A History of Electroluminescent Displays. City of Indianapolis, Indiana, USA. http://www.indiana. edu/hightech/fpd/papers/ELDs.html.

Barrow) 发现了蓝光磷光剂 SrS:Ce, 使这个公司于 1988 年实现全彩色 ELD, 1993 年实现商业化, 用于微型移动显示系统.

　　LED 在本书第七章 7.3.2 节中已经初步讨论过了. 1962 年, 随着激光技术的成熟, LED 开始由贝尔实验室、HP、IBM、Monsanto、RCA 等公司开始市场化研究. LED 的光电特性与半导体二极管类似: 发不同颜色光的半导体能隙不同, 会要求有不同的正向电压, 如图 8.9(a) 所示. LED 的光电特性还与温度相关, 当温度升高的时候, 声子散射增强, 发光强度会降低; 发光波长也会降低, 这与能隙的温度依赖关系有关. 一般来说, 缺陷较少的 LED 的效率或发光强度会随着正向电流的增大而升高, 如图 8.9(b) 所示. 综合上述两个因素的效应, 必然存在一个最佳的电流值, 此时再增加电流不会获得更高的效率.

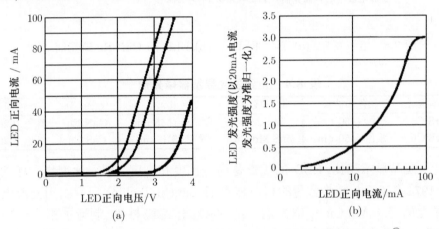

图 8.9　发光二极管 (a) *I-V* 曲线; (b) 发光强度与电流的关系[1]

　　LED 的主要参数包括辐射测量 (radiometry) 和光度测定 (photometry). 这两个度量都是在 1930 年的国际度量大会 (CIE) 上确定的. 辐射测量是指测量各个不同波长的辐射能量, 单位流 [明](lm). 光度测定是指人眼对某种光的亮度感觉, 人眼对日光的敏感度见图 8.10(a), 在白天人眼对 555 nm 的绿光最敏感, 在晚上则对 515 nm 的蓝光最敏感. 功率为 1 W 的 555 nm 的单色绿光辐射的能量被定义为 683 lm; 辐射光强度, 即流明密度, 被定义为坎 [德拉](candela), 简写为 cd, 显示强度一般用坎德拉来表示.

　　LED 的数字显示一般以 8 为基准, 字母显示一般用 5 × 7 点阵, 它的通用性更好, 可以显示大小写的罗马字母、数字等. LED 灯泡或指示灯的结构与二

---

　　[1] 引自: Maxim Integrated Products Corporation. 2006-11-07. LEDs Are Still Popular (and Improving) after All These Years. City of Dallas, Texas, USA. http://www.maxim-ic.com/appnotes.cfm/appnote_number/1883.

极管类似, 如图 8.10(b) 所示. LED 核心部分的制备与半导体集成电路类似, 从晶片上切割下来的二极管就是面积在 $0.18\sim0.36~\text{mm}^2$ 的 die, 它被导电环氧树脂固定在占铅制架子一半的凹处, 然后与导线相连. 为了使光顺利出射, 一般发光二极管的两个电极中必然有一个是透明的, 这个透明电极可以用玻璃上的氧化铟或氧化锡 (ITO) 薄膜来做; 另一个电极一般用反光材料来做, 以提高发光效率. 环氧树脂还可以进行设计, 使得 LED 的出射光的辐射方向集中 (观测角 $15° \sim 30°$) 或比较发散 (观测角 $120°$). 出射集中的 LED 比较亮, 一般用于显示器; 出射发散的 LED 比较暗, 可用于广角探测器或汽车车灯.

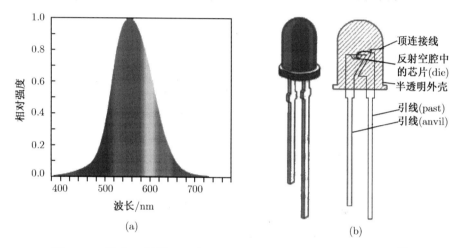

图 8.10 发光二极管 (a) 人眼对日光的敏感度; (b) LED 结构[①]

LED 的发光颜色必须通过选择不同的半导体来实现, 基本的红色、黄绿色、蓝色发光二极管的材料选择和能带特征见表 8.5. 如果要实现白光二极管, 一个办法是把红、绿、蓝 LED 芯片封装在一起, 使三种光恰当地混合并显示白色, 这个办法比较贵; 另一个办法是日本 Nichia 公司首先提出的, 用蓝光 LED 与磷光剂发出的荧光配合, 实现白色的感觉, 这样的蓝色 LED 的正向电压一般要 4~4.2V, 这对移动电话来说太高了, 所以必须为移动电话面板的白色 LED 做特殊的设计以降低蓝光的发射电压.

1968 年, HP 和 Monsanto 公司首次推出波长 (655 nm) 的红色 GaAsP-LED, 用于电子表、计数器、仪器设备面板等, 只是在电子表显示方面很快就被液晶显示取代. 20 世纪 70 年代和 80 年代, LED 在商业应用上的最大竞争

① 引自：Maxim Integrated Products Corporation. 2006-11-07. LEDs Are Still Popular (and Improving) after All These Years. City of Dallas, Texas, USA. http://www.maxim-ic.com/appnotes.cfm/appnote_number/1883.

对手是真空荧光显示, 因为 VFD 的单色性和亮度都很好. 80 年代以后, 在器件显示、仪器显示、汽车面板等领域, 单色 LCD、LED、VFD 之间有激烈的竞争. 在使用电池的设备中, 液晶显示因为特别省电而胜出, 而 LED 常作为 LCD 的背光光源使用.

表 8.5　不同颜色 LED 半导体材料的特征

化学成分	能带特征	颜色和波长
$Hg_{1-x}Cd_xTe$	直接带隙, $0\sim1.5$ eV	红外 (>828 nm)
$Al_xGa_{1-x}As$	直接带隙, $x = 0.5$ 时 $E_g = 1.85$ eV	红色 (670 nm)
$In_x(Al_yGa_{1-y})_{1-x}P$	直接带隙, $x = 0.49, y = 0.52$ 时 $E_g = 2.24$ eV	黄绿色 (554 nm)
$Al_xGa_{1-x}N$	直接带隙, $x = 0.35$ 时 $E_g = 2.75$ eV	蓝色 (450 nm)

　　LED 的寿命极长, 为 10 万 $\sim$100 万 h, 相当于 11$\sim$110 年. 器件中的电流分布是不均匀的, 因此温度分布也是不均匀的, 温度分布的不均匀会导致晶格畸变, 产生缺陷, 这些缺陷是限制 LED 寿命的重要原因. 晶体缺陷还会使得同一批 LED 器件的发光特性略有差别. 目前, LED 的主要应用是室外滚动显示屏, 其基本结构是每个 25 mm 显示单元含有一个发光二极管. LED 还比较节能, 因此可用于的室外照明、信号灯、电视屏幕背光光源、车灯等. 现在 LED 的市场总额约为每年 40 亿美元, 主要的 LED 供应商来自日本、中国台湾和美国, 其中中国台湾约占 50% 的市场份额.

　　有机发光二极管 (OLED) 是最新兴起的电致发光器件, 它是有可能在移动器件显示 (手机面板、笔记本电脑屏幕、汽车 GPS 屏幕、室外显示屏等) 方面与液晶显示竞争的技术. 较完善的 OLED 的两个电极之间包含一个芳香基二胺类 (NPD) 的空穴传输层 (hole transport layer, HTL)、一个二咔唑基二苯类 (CBP) 的电子传输层 (electron transport layer, ETL), 如图 8.11(a) 所示.

　　HTL/ETL 之间还有 (有机磷光层/有机荧光层)$_n$ 构形的发光层 (emission light layer, ELL). 另外, ELL/ETL 之间往往还嵌有空穴阻挡层 (hole blocking layer, HBL), 以提高发光效率、亮度和色彩. 上述几层材料的能级特性见表 8.6. OLED 的屏幕一般在低电压、低电流的状态下就比较亮, 这样在日光下都可以看到屏幕信息.

　　OLED 显示屏幕可以分为被动矩阵式和主动矩阵式两种结构. 被动矩阵式 OLED 主要用在简单的单色显示领域, 其中横向和纵向导线的交义点构成显示单元. 主动矩阵式 OLED 则适用于高分辨、全彩色的显示领域, 它使用集成电路系统, 每个单元配备有一个三极管, 以实现单个导通或截止.

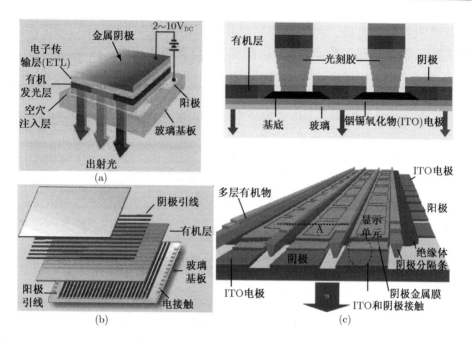

图 8.11 有机发光二极管显示 (a) OLED 单元的结构; (b) 适用于单色显示领域的被动矩阵式显示[1]; (c) 适用于全彩色显示领域的主动矩阵式显示, 其中 ITO 表示铟锡氧化物 (indium tin oxide)[2]

表 8.6 有机发光二极管 HTL、ETL、HBL 常用材料的能级

材料	能级上/下限	材料	能级上/下限	材料	能级上/下限
HTL(NPD)	5.5eV/2.4eV	HBL(Firpic)	5.8eV/2.9eV	HBL(SC5)	6.2eV/2.6eV
ETL(CBP)	6.1eV/2.8eV	HBL(OPCOT)	6.1eV/2.8eV	HBL(BCP)	6.5eV/3.2eV

引自: Adamovich et al., 2003.

8.1.5 等离子体显示

等离子体显示屏 (PDP) 是 1964 年美国伊利诺斯大学香槟 (UIUC) 分校的两位教授比策 (Donald Bitzer) 和斯洛特 (Gene Slottow) 发明的, 具体目标是为计算机系统 PLATO 设计单色显示屏.

PDP 的显示单元沿着管子排列, 然后一系列管子排成矩阵, 管子之间用绝缘条隔绝, 显示单元之上覆盖了透明的磷光剂层. 在显示单元层上下, 玻璃基

---

[1] 引自: Silicon Chip Company. 2006-11-09. OLED Displays. City of Brookvale, NSW, Australia. http://www.siliconchip.com.au/cms/A_30650/article.html.

[2] 引自: Hyundai LED Corporation. 2006-11-12. Organic LED Display (OLED). City of Seoul, Korea. http://www.hylcd.com/english/rnd/rnd.asp? page=overview.

底、透明的扫描电极、两个绝缘层总称为前面板 (front board); 另一面的玻璃基底、数据电极、绝缘层、分隔绝缘条, 以及磷光剂层总称为后面板 (rear board), 如图 8.12 所示. 显示单元或放电单元位于扫描电极与数据电极的交义点上. 在显示图像的时候, 每个放电单元可以被单独控制, 通电时放电单元的平行板电极之间产生的强大电场将放电单元中的惰性气体等离子体化, 放电并发射出紫外线, 激发磷光剂发出各种颜色的光.

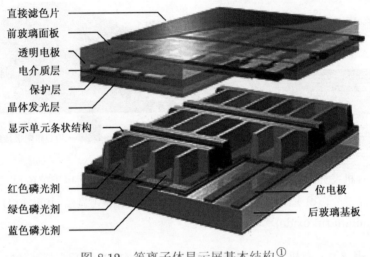

图 8.12　等离子体显示屏基本结构[①]

前后面板的玻璃基底一般都是 3 mm 厚, 两块玻璃之间的距离只有 0.2 mm, 包括电极、绝缘层、磷光剂层和放电单元层. PDP 的扫描电极 (scan electrode) 又叫做显示电极 (display electrode), 数据电极 (data electrode) 又叫做位电极 (address electrode). 电极中通有交流电的等离子体显示屏叫做 AC PDP, 电极都被 MgO 绝缘体包覆. 电极中通有直流电的等离子体显示屏又叫做 DC PDP, 电极直接暴露在放电单元内.

　　PDP 的发光实际上包含了惰性气体电离发光和光致发光荧光两个步骤: ① 它的核心工作物质就是等离子体, 其中的电子受外场驱动快速运动, 会与未电离的气体原子碰撞, 使得气体原子激发到更高的能级, 然后跃迁发出紫外光; ② 紫外光击打每个放电单元上三原色 RGB 的磷光剂, 发出最后让人眼看见的光. 三原色磷光剂的化学成分和特征波长见表 8.7, 与表 8.2 中的荧光灯磷光剂十分相像.

---

　　① 引自: http://www.array-electronics.de/consumer.php.2006-12-04.

表 8.7　等离子体显示器 (PDP) 磷光剂[①]

化学成分	颜色和波长	化学成分	颜色和波长
$BaMgAl_{10}O_{17}$:Eu	蓝色 (450nm)	Zn_2SiO_4:Mn	绿色 (525nm)
$CaMgSi_2O_6$:Eu	蓝色 (450nm)	$(\dot{Y},Gd)BO_3$:Tb	黄绿色 (543nm)
$Y(P,V)O_4$:Eu	红色 (620nm)	$(Y,Gd)BO_3$:Eu	红色 (611nm)

　　PDP 的结构天生就比较容易制备成很平的大屏幕, 视角大, 发光很亮、分辨率高而且在温度和电磁场等外界干扰下很稳定. 因此, 等离子体电视是除了传统的 CRT 电视以外很有前途的新显示方式, 可以制成 20~60in 的计算机屏幕、电视屏幕、录像机、外墙面电视、大型告示牌等, 价格也不是非常贵. PDP 的主要生产商目前有日本的 NHK、Fujitsu 公司以及韩国的三星公司和日本的 Sony 公司的合资企业.

8.1.6　调制光 —— 液晶显示

　　上述所有显示或发光过程, 都是某种物质自己在发光. 但是, 还有一类显示材料, 自己不能发光, 只能调制入射光 (modulating light), 其中最重要的就是液晶显示 (liquid crystal display, LCD). 液晶的基本结构和光学性质在固体物理中已经讨论过, 目前所有实用的 LCD 都用的是扭曲向列相 (twisted nematic, TN) 模式.

　　LCD 的结构与 PDP 很像, 都是在两块玻璃板之间构筑显示单元矩阵. 其不同之处在于 LCD 需要在显示单元阵列后面设置背光光源. 每个单元包含两个透明电极之间的很多液晶分子, 以及单元两端极化方向互相垂直的两个滤波器. 如果没有液晶分子, 光必然被两个滤波器的组合结构阻挡; 有了液晶分子以后, 向列相液晶分子的取向在一个单元内有 90° 的扭曲, 这样光的偏振方向会从一个滤波器的极化方向转到另一个滤波器的极化方向, 最后光可以出射并激发磷光剂显示一个亮的单元, 如图 8.13 所示.

　　液晶显示屏幕的结构包含玻璃、按照行或列排列的金属氧化物电极、液晶分子层、高分子隔离小珠 (polymer spacer bead) 以及另一层玻璃, 液晶分子最后注入, 然后整个结构用环氧树脂密封, 见图 8.13(a). 显示屏受驱动器的电路控制, 可以按照某行、某列的地址选择出需要的显示单元, 只是被选择的显示单元中的电压比相邻单元的电压高出不多, 因此液晶显示单元的响应要求是高度非线性的.

---

　　① 引自: Kasei Optonix Corporation. 2006-10-11. The Functions of Phosphors. City of Tokyo, Japan.　http://www.kasei-optonix.co.jp/english/products/phosphor/phosphor.html.

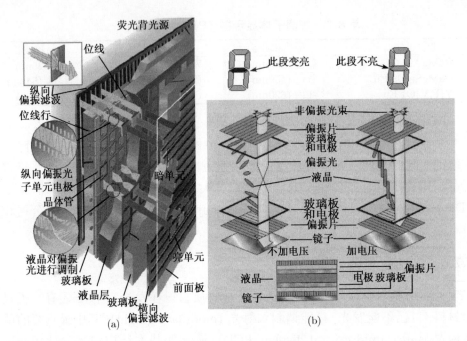

图 8.13　液晶显示. (a) LCD 屏幕的基本结构; (b) 每个单元的结构: 电压为零时光
透过液晶显示单元, 电压较大时光被阻挡[1]

　　液晶分子的两端带往往不同符号的电荷, 同时这些分子又接近平行排列,
这样不同分子同一端的静电排斥力就会使这些液晶分子自动呈螺旋状排列,
即形成扭曲向列相 (twisted nematic phase, TN), 这是在 1971 年首先由瑞士
巴塞耳大学物理系的希达特 (Martin Schadt) 和海夫立齐 (Wolfgang Helfrich)
发现的. 在他们的 TN-LCD 设计中, 通过摩擦两个透明电极使之呈互相垂直
的极化取向, 可以使紧贴这个表面的液晶分子取向固定, 这样就可以实现扭曲
向列相.

　　当 LCD 显示单元的两个电极之间加上比较大的电压以后, 除紧贴电极表
面的液晶分子以外, 其他分子几乎都平行于外电场的方向, 见图 8.13(b), 这样
入射光的偏振方向就不会转动, 最后就不能通过两个互相垂直的滤波器. 在不
加电压的时候, 背光源发出的光可以通过这个包含扭曲向列相液晶的显示单
元, 不过由于一半的偏振光总要被滤波器吸收, 液晶显示单元的最大透射系数
也只有 50%, 见图 8.14(a). 通过控制 LCD 每个显示单元的电压, 形成明暗和

　　① 引自: Department of Chemistry. 2006-11-18. Single Element in a Simple Liquid
Crystal Display Device. City of Orono, Maine, USA. http://chemistry.umeche.maine.
edu/CHY132/LXDisplay.html.

颜色, 就可以构成一幅幅图像.

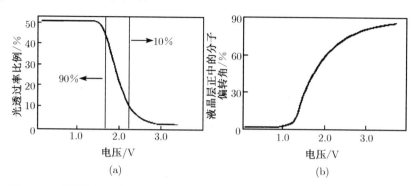

图 8.14 液晶显示 (a) 显示单元中间液晶分子转动角与电压的依赖关系;
(b) 光的透射系数与电压的依赖关系[1]

20 世纪 90 年代之前, 大多数 TN-LCD 显示都是黑色–银灰色对比的, 采用被动矩阵式显示, 只能用于某些单色手表、手机和计算器的显示. 用于笔记本电脑屏幕的高分辨全色彩的 LCD 的技术则不是那么简单, 一般采用主动矩阵式显示, 每个单元配有一个晶体管, 显示单元内使用超级扭曲向列相 (super twisted nematic, STN) 液晶: 在一个显示单元内液晶分子的扭曲可达 180°、240° 或 270°, 而且两个透明电极没有被极化. STN-LCD 的阈值电压附近的光电变化非常敏感而尖锐, 这样才能使驱动器比较好地同时控制一列上的 500 个单元. 为实现全彩色显示, 需要把一个显示单元划分为三原色子单元 (subpixel), 使用与背光光源 (经常是冷阴极荧光) 相适应的三原色磷光剂, 荧光磷光剂的具体化学成分见表 8.2.

LCD 在近 10 年已经成为主要的显示技术之一, 评价 LCD 显示器的主要指标是分辨率、视角、响应时间、色彩、亮度和对比度等. 1993 年, LCD 的市场总值约为 60 亿美元, 至 2000 年, 市场总值已达 160 亿美元. 这样的市场成功有很多原因: ① LCD 十分省电, 因此适用于电池驱动的显示器中; ② 与 CRT 的彩色显示质量相当; ③ 比较轻、薄、不受周围照明影响; ④ 在新的显示方式中价格比较低廉等很多优点. LCD 的主要短处包括 ① 与传统的 CRT 显示器比, 价格还较高; ② 视角受限; ③ 比较慢的响应时间 50~200ms; ④ 比较狭窄的运行温度区域 (−20 ~65°C) 等. 这些短处都是跟液晶物质本身的特性相关的, 可以改善但不容易完全消除.

---

[1] 引自: Polymers and Liquid Crystals, Case Western Reserve University. 2006-10-31. Twisted Nematic (TN) Displays. City of Cleveland, Ohio, USA. http://plc.cwru. edu/tutorial/enhanced/files/lcd/tn/tn.htm.

8.2　光电转换器件

光电转换器件 (photo-device) 主要包括光导材料 (photoconductor)、光电二极管 (photodiode) 和光伏器件 (photovoltaic). 光导材料就是在光探测器 (photodetector) 中使用的材料, 当光导材料暴露在光下的时候, 其电导率会增加, 也就是说电阻会降低. 光电二极管也称光电晶体管 (phototransistor), 外界入射的光能使它导通, 产生电流. 光伏器件则能把外界入射的可见光、紫外线等光能转换为电压. 可见, 光电转换器件就是能把光能转换为电能的器件, 因此在信息的输入/输出、新能源等工业领域有重要的应用.

光导材料俗称感光材料 (photoreceptor). 半导体是最简单的光导材料, 如图 8.15(a) 所示, 其电阻在光线照射下会改变, 因为光子会激发价带电子进入导带, 使得电子浓度和空穴浓度同时增加, 导致电导增加、电阻减小. 能激发半导体的电磁波波长区域见表 8.8.

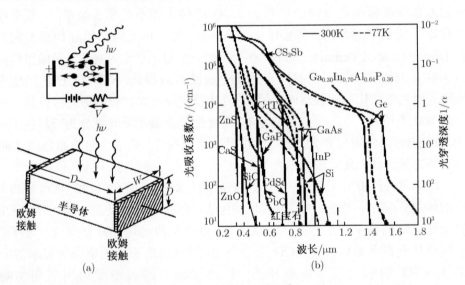

图 8.15　光导材料 (a) 最简单的纯半导体光导器件[1]; (b) 各种半导体材料的光吸收系数以及光穿透深度的频谱[2]

① 引自：Wamuro F I. 2006-11-10. City of Tokyo, Japan. http://www.kusastro.kyoto-u.ac.jp/iwamuro/LECTURE/OBS/detector.html.

② 引自：Department of Physics, University of Munich. 2006-11-14. Elektronik Komplett. City of Munich, Germany. http://www.nano.physik.uni-muenchen.de/elektronik/nav/komplett.html.

表 8.8 可激发半导体光导材料的电磁波长

半导体	波长范围	半导体	波长范围	半导体	波长范围	半导体	波长范围
Si	<1.1 μm	Si:As	6~27 μm	Ge:Ga	40~200 μm	InSb	0.9~5.6 μm
Ge	<1.8 μm	Si:Sb	14~38 μm	GaAs	<0.86 μm	HgCdTe	0.8~12 μm

光电工作物质有个重要的增益系数 G, 即在光束传播方向上单位长度内光强的增加率 $\frac{1}{I}\frac{dI}{dx}$; 另有一个参数吸收率 (absorption coefficient)α, 即在光束传播方向上单位长度内光强的减小率 $-\frac{1}{I}\frac{dI}{dx}$, 与增益系数反号. 实际上, G 与 α 都是工作物质 (经常是指半导体) 的本征特性, 在激光二极管中常用增益的概念; 在光导、光伏器件中则常用吸收率的概念. 半导体的本征吸收率频谱见图 8.15(b), 注意吸收率开始陡峭上升的电磁波长 —— 吸收边 (absorption edge) 与表 8.8 中的数据是对应的, 由能隙决定.

8.2.1 光导材料的应用

光导材料是复印机 (xerox machine)、打印机 (printer)、扫描仪 (scanner) 和数字照相机 (digital camera) 的核心材料. 1938 年, 美国加利福尼亚州理工本科毕业, 后又于纽约业余就读法学的卡尔逊 (Chester Carlson) 为实现快速复制大量的法律文件, 用了一两年发明了静电复印技术, 对应的 Xerography 一词来自希腊词汇 xero 和 graphos, 直译意思是 "dry writing". 此前, 通用油印 (mimeograph) 来复制文件, 这种技术在 20 世纪 70 年代还在中国普遍使用, 它需要首先划刻蜡纸, 然后在蜡纸上涂上墨, 再用人工机械的方式印在纸上, 非常缓慢. 卡尔逊的新技术则可以在几分钟内复印一张纸上的文字和图像.

卡尔逊复印技术的核心材料就是光导材料, 包括 V A 族的砷、III A 族的硒、碲, 其晶体结合特点是既有共价结合又有范德瓦耳斯力, 它们在黑暗中是绝缘体, 但在光的照射下会变成导体. 非晶硒被涂覆在鼓形图版的表面. 卡尔逊复印技术见图 8.16(b). ① 首先通过摩擦或喷射使鼓形图版带上静电荷 (charging). ② 对需要复印的一页纸照射强光, 并通过一个透镜成像到带电的感光鼓上; 感光鼓上被光照射的地方成为导体, 这个区域的电荷也就通过金属电极漏走了, 其余暗的区域还是带电的 (imagewise photodischarging). ③ 然后, 吹送一些黑色的颜料颗粒或调色剂 (toner) 到图版上, 这些微小的颗粒只会粘在有电荷的部分, 即暗的区域. ④ 另一张白纸滚过这个感光鼓, 那些黑色的颗粒就转移到这张纸上, 复制出最初那一页纸的图形. ⑤ 刚印上的图形不牢固, 需要通过对黑色热塑性颗粒加热, 使之熔化并固着在纸上. 有时也通过化学方法使调色剂溶解并固着. ⑥ 将感光鼓去静电, 等待下一次复印.

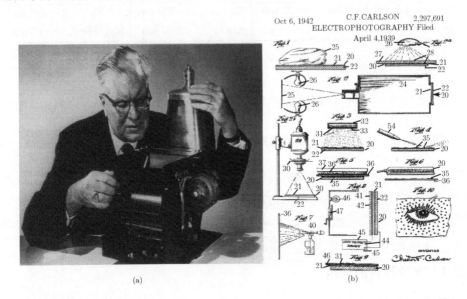

图 8.16　复印技术 (a) Chester Carlson; (b) 卡尔逊复印技术的原始设计图[①]

卡尔逊的新技术几乎有 20 年无人问津, 甚至遭到 IBM 等公司的打击. 1950 年, 美国施乐公司 (Xerox) 接受了卡尔逊的技术, 并于 1959 年制成了世界第一台落地式办公用 Xerox-914 型全自动复印机. 《财富》杂志曾撰文认为, "施乐 914 型普通纸复印机是美国有史以来利润最大的产品". 1965 年日本理光公司 (Rico) 研制成功的用 CdS 作为光导材料; 小西六公司与奥西公司研制成功将 ZnO 作为光导材料, ZnO 感光速度慢, 无法进行中高速复印. 1970~1972 年, IBM 公司把聚乙烯咔唑、三硝基芴酮系列的有机物涂在铅箔上, 试制成功比较环保的有机光导材料 (optical photoconductor, OPC), 用于新的激光打印机.

目前 OPC 的类型有苯二甲蓝染料 (phthalocyanine)、氮色素 (azo pigment)、二萘嵌苯 (perylene) 等, 基本是无毒无害的材料, 比硒和硫化镉要来得环保. OPC 结构是双层的, 包含一个电荷产生层 (charge generation layer, CGL) 和一个电荷转移层 (charge transfer layer, CTL), 在电荷产生层中受激

---

① 引自: Xerox Corporation. 2006-11-14. Chester Carlson's Electrophotography. City of Stamford, Connecticut, USA. http://www.xerox.com/images/usa/en/n/nr_Chester Carlson_Electrophotography.jpg.

光照射产生电子–空穴对, 然后空穴注入电荷转移层, 形成静电图形, 并导致电荷产生层表面是带负电的. 光导材料 OPT、非晶 α-硅, 以及传统的硫化镉和硒鼓 Se/Se$_3$As$_2$ 的性能对比见表 8.9.

表 8.9 重要的复印机光导材料的性能对比

项目	OPC	非晶 α-Si	CdS	Se/Se$_3$As$_2$
光谱区域/nm	450~850	400~700	500~600	500~700
硒鼓尺寸/mm	60~100	>30	约 50	>80
带电能力	最优 (+−)	差 (+)	差 (+)	优 (+)
表面硬度	低	极高	优	一般
使用寿命/万次	6~200	50~300	约 10	5~10

20 世纪 80 年代前的复印机都是模拟 (analog) 的, 其工作原理是: 通过曝光、扫描将原稿的光学模拟图像通过光学系统直接投射到已覆盖电荷的感光鼓上, 产生与原稿明暗相似的静电潜像, 再黏结调色剂并转移到白纸上, 完成复印过程. 1982 年, IBM 公司推出了第一台 PC, 同年施乐公司第一次把微芯片植入复印机, 并且利用机内以太网把微芯片和其他部分连接起来, 实现了数字激光复印方式, 其原理见表 8.10.

表 8.10 数字复印机的工作过程

(1)	利用电荷耦合器件对经激光扫描、透镜和反射镜构成的光路获得的原稿的光学模拟图像信号进行光电转换
(2)	将存在 CCD 存储器中的光电信号由图像处理装置做各种数码处理后, 图像数码信号输入到激光调制器, 经过调制后的激光束对已覆盖电荷的感光鼓 (photoreceptor) 进行扫描, 产生与原稿高度对应的静电潜像
(3)	在感光鼓上的电荷区黏结调色剂, 并转移到白纸上, 完成复印、并复原

1970 年, 贝尔实验室发明了电荷耦合器件, 这是一种与计算机芯片结构类似的光探测器, 由数量巨大的单元构成一个阵列, 整个器件制备在覆盖有 1 μm 厚的 n 型半导体薄膜的 300 μm 厚的 p 型半导体基底上. 图 8.17(a) 中的双相 CCD 的每个单元中含有四个 MOS 晶体管, 双双配对, 每一对中有一个晶体管的 n 区掺杂相对更重一些 (记为 n⁻ 区).

当一个 CCD 单元受到光照射时, pn 结的耗尽层中就会产生电子–空穴对. 受到栅极加的正电压的驱动, 电子进入 n 型半导体层, 对这些电子而言, 栅极的高电压对应于低电势能, 低电压对应于电势能垒. 在图 8.17(a) 中的 t(1) 态中, P(1) 栅极对的电压较低, P(2) 对的电压较高; 注意在一对栅极中, n⁻ 区电压更低, 会有相对更 "正" 的电势能; 因此电荷会被 "捕获" 在 P(2) 栅极对的正常掺杂区. 值得注意的是, 每个单元中存储的电荷与入射光的强度是呈正比的. 当曝光过程结束后, 被 "捕获" 在势阱中的电荷就从 CCD 的每个单元输出 (charge transfer), 入射光的模拟信号就转换成了分立的数字电信号.

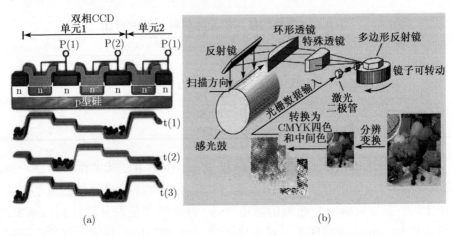

图 8.17　彩色光电技术. (a) 一个单元含有两个电容的双相 CCD 的结构[①];
(b) 四色 CMYK 数据对感光鼓的曝光过程 (Vrhel et al., 2005)

　　在复印机中, 来自原稿的光使亮区 CCD 单元下面有电荷, 暗区没有电荷, 这样外来光信号就转换成了 CCD 单元阵列的电信号, 可以进行各种图像处理. 在扫描仪、摄像机和数字照相机中, 也要用电荷耦合器件进行光电转换.

　　在数字复印机实现一年以后, 即 1983 年, 施乐公司和日本佳能公司 (Canon) 都推出了彩色复印机. 在彩色复印机或彩色打印机中, 首先图像被分解成三原色 (红, 绿, 蓝) 或四分色 (青, 品红, 黄, 黑), 然后单色激光束被光栅分散, 出射角就有不同. 在系统运转的时刻 A, 多边形反射镜 (polygon mirror) 恰好转到某一个角, 反射红光, 在下一时刻 B, 又转动到另一个角, 恰好反射蓝光, 被镜子反射的光再经过两个透镜和一个反射镜, 对感光鼓曝光, 见图 8.17(b). 在实际系统中, 可能有更多的反射镜、棱镜和波导来实现光束更好的转向和聚焦.

　　与复印机的商业应用一样, 激光打印机也是首先由施乐公司于 1978 年推出的. 施乐公司的工程师斯塔克外瑟 (Gary Starkweather) 把一束激光引入到施乐复印机中, 制造成了第一台激光打印机, 每分钟可以打印 120 页, 就是到目前为止, 这也是速度最快的打印机, 只是这种打印机太昂贵了, 无法使个人

[①] 引自：Wamuro F I. 2006-11-10. City of Tokyo, Japan. http://www.kusastro.kyoto-u.ac.jp/iwamuro/LECTURE/OBS/detector.html.

客户接受. 20 世纪 80 年代初, 由于个人计算机 (PC 机) 的出现, 市场大量需求较高分辨率、与 PC 机配合的台式打印机. Hewlett Packard 公司适时推出了 LaserJet 打印机, 每分钟可以打印 8 页, 价格也比较合适; HP 公司对激光打印机设计的最大的贡献是重新设计了内部结构, 使得客户可以很容易地自己换硒鼓. 打印机的工作原理与复印机基本相同, 都要经过感光鼓充电、曝光、成静电潜像、加墨粉印制、消电、清洁、加压热溶定影等工序, 只是信息输入方式不同, 复印机执行光 – 电 – 光 – 印制过程, 打印机则执行电 – 光 – 印制过程. 激光打印机既包含图 8.17(b) 中的激光器、光偏转器、扫描器和感光鼓, 也包含调制器和存储器等.

在打印过程中, 首先把要打印的文本或图像通过计算机软件进行预处理, 数字化处理可以提高打印质量、节省调色剂. 然后由驱动程序转换成打印机可以识别的语言 (Adobe PostScript、PCL 等), 送到高频驱动电路, 以控制激光发射器的开与关, 形成点阵激光束, 再经扫描转镜对感光鼓进行轴向扫描曝光, 纵向扫描由感光鼓的自身旋转实现. 激光打印机使用的感光鼓, 一般为三层结构: 第一层是铝合金圆筒 (导电层), 使曝光后电荷迅速释放; 第二层是在圆筒表面上采用真空蒸镀的方法, 镀上一层光导材料 (光导层); 第三层是在光导材料的外面再镀一层绝缘材料 (绝缘层), 可以提高耐磨性能、增加使用寿命, 并保护光导层. 感光鼓的光导层受到光照射的地方带的电荷消失, 带电未消失的区域吸引带相反符号电荷的墨粉, 在白纸上印制, 最后加热加压把印制的图像文字固定. 在彩色打印机中, CMYK 调色剂都有自己的存储格以及显影剂. 在网络打印机 (network printer) 中, 上述器件常常做双倍设置, 并自带网卡.

彩色激光打印机的单元尺度决定分辨率. 评价分辨率的基准是在 90 dpi 单元密度 (dpi-dots per inch) 下, 每个单元的尺度 1/90 in 对一臂远处 (约 28in) 的观察点张开的角度为 0.0227°. 那么, 对于分辨率为 300 dpi 的打印机, 这就意味着尺度在 0.2 5mm 左右的单元中, 含有三个点, 见图 8.18; 对于分辨率为 600 dpi 的打印机, 单元中则大约含有五个点. 图形信息的点阵形成与字符的点阵形成基本相似. 每一页对应的点阵信息都存在打印机中与计算机直接连接的存储器或容量更大的硬盘中.

除复印机和打印机外, 美国施乐公司在加利福尼亚州湾区的帕拉奥托研究中心 (Palo Alto Research Center, PARC) 还于 1976 年推出了扫描仪 (scanner), 全名叫做激光光栅输出扫描仪 (laser raster output scanner). 注意, scanner 这个词还指 1970 年左右出现的超市使用的条码扫描仪、医院使用的 X 射线扫描仪、核磁共振扫描仪等. 另外, 柯达公司 (Kodak) 于 1975 年推

出的数字照相机 (digital camera) 与扫描仪原理十分类似, 在此可以一并讨论.

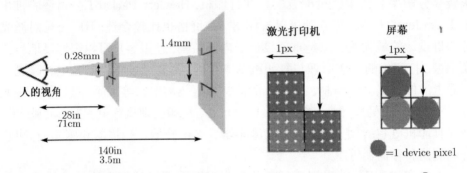

图 8.18   彩色激光打印机或彩色计算机屏幕的一个 RGB 显示单元[①]

扫描仪或数字照相机的工作原理类似. 图像一般是二维的, 要记录这样的二维信息. 单个点式传感器必须分别沿着 x、y 这两个正交的方向运动, 才能保证捕获完整的信息. 因此, 绝大多数扫描仪使用一排传感器、沿一个方向运动来记录图像信号, 也有使用零维或二维排列 (分别做二维、零维运动) 的传感器的, 甚至有设计让图像本身运动的.

在扫描仪或数字照相机中, 最常用的光电转换传感器就是 (CCD) 阵列, 见图 8.17(a). 也有用接触式图像传感器 (contact image sensor, CIS) 的. CIS 的工作原理是利用三原色的发光二极管做光源, 发出的光通过一系列呈 45° 角排列的塑料光导管 (light pipe) 照射到被扫描的图像上, 从图像散射的光再通过一系列垂直取向的光导管照射到光电晶体管 (phototransistor) 上, 形成电信号, 这个系统没有光学透镜和反射镜, 因此价格更低廉.

基于 CCD 技术的扫描仪工作原理见图 8.19(a): ① 首先由管形荧光灯发光, 照射在被扫描的图像与一维传感器对应的 1/90 000 in 宽的区域上, 图像中较白的部分反射更强; ② 从图像反射的光, 通过条形孔径 (aperture)、透镜和反射镜系统, 进入 CCD 传感器阵列, 某个单元上光照强度的模拟信号被转换成对应的数字电信号, 并存储起来; ③ 从 CCD 阵列中将电荷转移输出 (charge transfer), 然后通过计算机软件, 如 OCR (optical character recognition) 转换成图形文件. 在彩色扫描仪中, 从图像反射的光会通过三个滤波器和光栅分成三原色或者四分色图像, 然后每种颜色分别通过 CCD 转换成电荷, 再由计算机软件合成为彩色的图形文件.

---

① 引自: W3C. 2006-11-10. CSS2 Syntax and Basic Data Types. (MIT, INRIA, Keio), USA. http://www.w3.org/TR/1998/PR-CSS2-19980324/syndata.html.

在数字照相机中, 光电转换器件是 CCD 或直接用二维 CMOS 阵列. 与 CCD 相比, CMOS 信噪比较低, 但容易与模–数转换器集成. 数字照相机的工作原理见图 8.19(b), 进入照相机镜头的光, 首先要通过三原色的彩色滤波阵列 (color filter array, CFA); 这样紧贴在 CFA 后面的 CCD 的每个单元只感受到一种颜色的光, 将这些单色光转换成电荷信号, 经过放大器以后, 用计算机软件进行插补 (interpolation) 才能获得最终的图形.

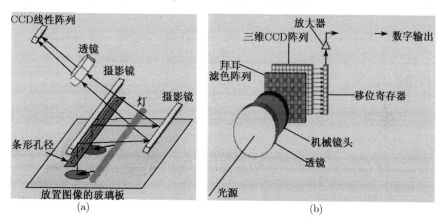

图 8.19 CCD 设备的工作原理 (a) 扫描仪; (b) 数字照相机 (Vrhel et al., 2005)

8.2.2 光电晶体管

众所周知, 1947 年贝尔实验室的肖克莱 (William Shockley)、巴丁 (John Bardeen) 和布喇顿 (Walter Brattain) 的工作开启了固体电子器件 (solid-state devices) 的时代. 光电晶体管实际上在固体电子器件发展的很早期就已经出现了. 1948 年, 贝尔实验室的夏艾夫 (John Northrup Shive) 在一个会议上报告了他独立发明的光电晶体管 (phototransistor), 这个器件制备在通过打磨和腐蚀、厚度仅为 0.01 cm 很薄很平的楔形 n 型锗晶体上, 晶体上下各连接了一个点接触导线引出端作为载流子的发射极 (emitter) 和接收极 (collector), 另外有一个接触面积比较大的栅极连在 p 区基极 (base) 上, 见图 8.20(a). 器件工作的时候, 空穴经 n 型锗晶体从发射极流往接收极. 这种 "薄膜" 类型的设计更接近集成电路发展以后的晶体管形制, 肖克莱和巴丁在当时已经认识到这个工作的重要性.

当光照射到光电晶体管的发射极–栅极平面上时, 一个入射到 n 区和 p 区之间耗尽层的能量足够大的光子就会产生一个电子–空穴对; 然后, 耗尽层中从 n 区指向 p 区的内禀电场会促使电子往 n 区 (发射极)、空穴往 p 区 (栅极) 运动. 这样, 从发射极流往接收极的电流恰好会与入射光的强度呈正比. 图 8.20(b) 中光电晶体管的 *I-V* 曲线与一般的 MOS 三极管很类似, 只不过它的放大曲线是受外界光照强度控制, 而不是受栅极电压控制, 其初始 dI/dV_{CE} 斜率也比 MOS 大得多, 这就意味着在恰当的电压附近只要有一点点变化, 电流就会有跃变, 具有很好的开关特性. 图 8.20(c) 中显示的是光电晶体管的相对频率灵敏度 (spectral sensitivity), 它在可见光的紫色 (400 nm) 到红外 (1000 nm) 的区域内都比较灵敏, 这恰好是日光和白热光 (incandescent light) 的主要频率范围. 在光照射下, 光电晶体管在通路时总电阻会减小, 在断路时外部电路中会产生电压. 因此, 它既是光导材料 (photoconductor), 也是光伏器件 (photovoltaic).

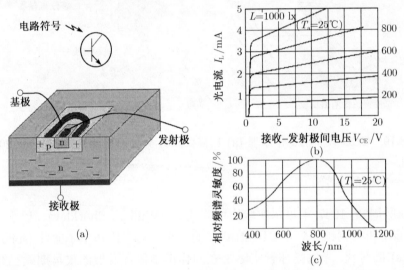

图 8.20　光电晶体管. (a) 结构[1]; (b) 硅光电晶体管的光电流放大曲线; (c) 硅光电晶体管的相对频谱灵敏度[2]

　　光电晶体管又称 "电子眼", 它对日光或白炽灯发出的光很敏感, 阻抗低, 信噪比高. 它在日常生活中最常见的应用就是超市或者办公大楼的自动门, 另外还在电视、电影、电话转接、有线传真 (wirephoto) 和其他很多工业领域都有应用. 光电晶体管产生的电能功率很高, 响应频率也很高, 因此不用再加放大线路, 可以直接作为开关应用.

---

　　[1] 引自: Thiel College. 2006-10-24. Photosensors. City of Greenville, Pennsylvania, USA. http://www.thiel.edu/digitalelectronics/chapters/apph_html/apph.htm.
　　[2] 引自: Kyosemi Corporation. 2006-11-17. Si Phototransistor. City of Kyoto-shi, Japan. http://www.kyosemi.co.jp/product/data/en/KPT801C.html.

光电二极管也是在 20 世纪 40 年代末、50 年代初由贝尔实验室研发出来的, 其结构中只有发射极和接收极, 没有栅极. 光电二极管的物理过程正好与由电流促成电子 – 空穴对湮灭的发光二极管互为逆过程, 它们的发射极的材料特性见表 8.11, 其中所有材料都是直接带隙 III ∼ V 族化合物半导体.

表 8.11 发射极材料的主要特性

材料	λ/nm	$n_{\rm r}$	α/cm^{-1}	$\tau_{\rm e}$/ns	材料	λ/nm	$n_{\rm r}$	α/cm^{-1}	$\tau_{\rm e}$/ns
GaAs:Si	940	1.5	340	500	GaAs$_{60}$P$_{40}$	655	0.1	3000	5
GaN	363	0.15	10^5	~ 10	GaAs$_{70}$P$_{30}$	700	0.5	2150	25

注: 辐射最强处的波长 λ, 辐射最强处的相对折射率 $n_{\rm r}$、基准是 $n=15$, 吸收系数 α, 发射光的响应时间 $\tau_{\rm e}$.

1950 年后的 20 年间, 又有很多光电二极管的种类出现, 如雪崩型 (avalanche)、pin 型、肖特基势垒型 (Schottky-barrier)、异质结型 (hetro-junction)、MOS 型等, 以满足不同的器件功能需要, 具体见表 8.12. 图 8.21 中的光电二极管一般比图 8.20 中的光电晶体管对光照的灵敏度差一些, 光电流也要小一些, 不过有些改进设计的灵敏度也不错.

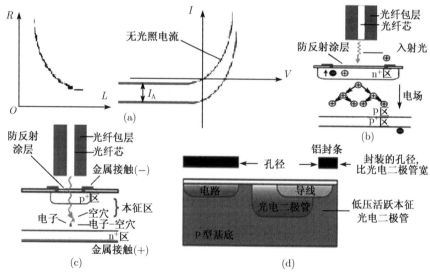

图 8.21 (a) 光导材料的电阻 R 随着光照 L 的增强而下降, 光电二极管的 I-V 曲线随着光照增强下移; (b) 用于光纤通信接收信号的雪崩型结构; (c) 用于光纤通信的 pin 型结构[1]; (d) 用于照相机的 MOS 型结构[2]

---

[1] 引自: Force Incorporated. 2006-11-17. Avalanche Photodiode (APD). http://www.fiber-optics.info/glossary-a.htm.

[2] 引自: Olympus Corporation. 2006-11-03. CCD in Camera. City of Tokyo, Japan. http://www.dpreview.com/reviews/olympuse330/.

表 8.12　光电二极管的主要类型及其功能

雪崩型	自增益, 高灵敏度, 检测弱光时的极限取决于信号读取电路的噪声
肖特基型	金属–半导体结, 适用于雷达微波信号、红外线频段信号的探测
pin 型	在 p 区和 n 区之间有绝缘层, 以增加灵敏度和响应速度
异质结型	p 区和 n 区的基础半导体不同, 比如 InGaAs/InP 类型的 pn 结
MOS 型	在肖脱基型的金属和半导体之间, 加入氧化物绝缘层, 增加灵敏度

8.2.3　光伏器件

光伏器件就是直接把太阳光变成电能的器件. 1838 年, 一位非常年轻的物理学家贝克勒尔 (Edmund Becquerel) 首次提出了自然具有光伏 (photovoltaic) 特性的材料的设想, 当然, 当时还没有任何实际的材料可以做到这一点.

1873 年, 英国人斯密斯 (Willoughby Smith) 在研究水下电报电缆的时候, 发现了元素硒的光敏特性, 这是第一次在固体中发现光伏特性, 随之就有人试验做硒太阳能电池 (solar cell). 1883 年, 发明家弗里茨 (Charles Fritz) 制造成了一个太阳能电池, 效率为 1%~2%, 这使得太阳能的应用似乎有了希望, 但是还不能实用化.

现代的太阳能电力技术始于贝尔实验室. 1954 年, 贝尔的技术人员无意中发现掺杂硅半导体对光非常敏感, 结果第一个实用的太阳能电池诞生了, 效率约 6%. 在 20 世纪 50~60 年代, 太阳能技术还被普遍认为是属于未来的, 只是在偏远的地点、特殊的情况下才会有用, 这种观点和态度的发生主要是由于太阳能电池的高成本.

自 20 世纪 60 年代以后, 太阳能电池首先在太空中获得广泛的使用 (见图 8.23(a)), 为太空飞船的通信、设备运转和控制系统提供能源. 时至今日, 太阳能电池的效率已经有了很大的提高, 价格也有很大的降低, 应用也就日渐广泛: 在数量巨大的家庭、商业机构、通信站以及其他领域, 太阳能电池可以提供全部或部分电力. 目前, 太阳能的价格比煤发电还是要高不少, 但这种技术是长远可用的.

太阳能电池的基本结构是由两层掺杂不同的硅半导体构成的, 基本原理与光电二极管相同, 可以在外部电路中形成电压差和电流. 图 8.22(b) 中显示了太阳能电池的基本结构, 在较厚的 p 型硅基底表面, 重掺杂 V 族元素, 制备较薄的 n 型半导体层. 当太阳光的光子随机地击打在耗尽层中的时候, 很多电子–空穴对就产生了, 然后由于耗尽层内电场的驱动, 空穴流向 p 区, 电子流向 n 区, 最后汇聚到 pn 结上下排列较疏的网状电路中, 形成外部电流.

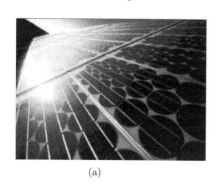
(a)

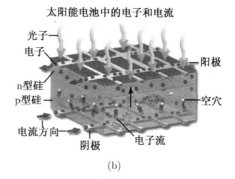
太阳能电池中的电子和电流

光子
电子
n型硅
p型硅
阳极
空穴
电流方向
阴极
电子流
(b)

图 8.22   光伏器件 (a) 太阳能电池面板 (solar cell panel)[①]; (b) 太阳能电池结构[②]

实际上, 当入射光的波长改变时, 光子能量改变, 这样太阳能电池的电压也会改变. 在具体的设计中, 太阳能电池一般要求吸收太阳光频谱中尽可能多的光子. 表 8.8 中已经给出了硅半导体可以吸收的范围 $\lambda < 1.1\,\mu\text{m}$, 那么, 为了吸收更多的可见光, 必须要用能隙更大的半导体, 与硅太阳能电池互相配合.

一块几英寸硅片制成的太阳能电池只能供电给小小的灯泡. 为了给更大的器件和设施提供电力, 就必须把数量很大的太阳能电池板连在一起, 一般相邻太阳能硅片连接的缝隙处就是金属导线的位置. 1981 年, 一架全部由太阳能提供动力的飞机 Solar Challenger 成功试飞 (见图 8.23(b)), 其表面覆盖了 16 000 块太阳能电池, 可提供 3000 W 的电力, 因此飞越了英吉利海峡. 这个壮举扩大了太阳能电池的影响和使用范围.

太阳能电池本身还是有很多缺陷, 如平均功率低, 其使用总的来说还是初步的. 在研究方面, 目前, 太阳能电池的效率达到 20% 左右, 在材料使用方面, 已经可以不再用昂贵的单晶硅, 而可以用较便宜的多晶硅, 甚至非晶硅晶片. 其他的材料, 如砷化镓、碲化镉、铜铟化合物、二氧化钛等也被试着用来做太阳能电池, 以探索更廉价有效的技术. 2004 年世界太阳能电池总产能达到约 1000 MW 至 2006 年底国内太阳能电池生产能力约为 300 MW. 估计到 2011~2020 年, 光伏发电可能实现并网发电系统.

---

① 引自: Big Frog Mountain Corporation. 2006-11-20. Intro to History of Solar Electric Power. City of Chattanooga, Tennessee, USA. http://www.bigfrogmountain.com/solarhistory.htm.
② 引自: Florida State University. 2006-11-22. Solar Cell Operation. City of Panama, Florida, USA. http://micro.magnet.fsu.edu/primer/java/solarcell/.

1. 太阳能电池板: 为吸收太阳光, 工程师把太阳能电池粘在机翼、机身、甚至垂直的尾翼表面. 太阳能被存在锂离子电池内

3. 推进器: 为提高效率, 飞机速度只有60mile/h, 有两个16ft的推进器

2. 飞行员: 此计划包括一个飞行员和一个自动飞行系统, 后者在飞行员睡觉或清醒时可帮助节省燃料. 白天在35000ft高度巡航, 夜晚则滑翔, 可以节省能量

4. 机翼: 为在低速下保持足够的升力, 机翼长度设计为230ft, 比波音747-400的机翼还要长20ft

(a)　　　　　　　　　　　　　　　(b)

图 8.23　太阳能动力. (a) 卫星[①]; (b) 飞机[②]

8.3　信息工业的内在一致性

在本书即将结束的时候, 讨论一下信息电子工业的内在一致性是很有趣的. 工学研究的最终目的是为了服务于人类的各种需求, 信息电子工业当然也不例外.

与信息有关的人类需求, 是与人体的生理构造直接相关的, 人耳能听见声音, 人眼能看见图像, 这是一个人最基本的信息来源. 种类极其丰富的信息电子工业产品, 无非也是从声音、图像信息入手, 从各个角度满足人类对于信息的需求. 最早发明的电报, 传输的是文字, 广义来说, 文字也是图像的一种. 收音机和电视机, 分别是典型的声音信息和图像信息来源. 计算机内部的运算虽然是纯数字格式的, 但是计算机的大量软件应用还是围绕文字、声音、图像方面进行的.

任何信息电子产品的设计, 都要包含信息工业的四大要素: 信息处理、信息存储、信息传输、信息的输入输出. 相比较而言, 信息的输入输出部分与人体的生理结构的关系最密切, 因为声音、图像、文字的输入输出都是源于人和达于人的. 声音信号的频率范围设计要符合人耳的听力敏感范围, 图像信号的

① 引自: Leonics Corporation. 2006-11-20. The Multifarious Advantages of Solar Power. City of Bangkok, THAILAND. http://www.leonics.com/html/en/aboutpower/solar_benefit.php.

② 引自: Solar Impulse and Bertrand Piccard. 2007-01-20. http://www.Sdarna-vigator.net/solar_impulse.htm.

分辨率也得满足人眼对光和色的感觉. 信息在输入以后、输出以前, 必须经过信号的转换、调制过程, 才能将声波、光波承载的信息变为在电路中运行的电子信号. 在暂时不使用信息的时候, 可以通过录音、录像、光盘、计算机硬盘等方式存储成电子文件, 这确实是可以代替古代的纸和笔, 并有过之的信息存储方法. 最后, 信息如果要进行快速处理, 一般必须转换为二进制数, 以适应由晶体管组成的逻辑电路的基本要求. 可见, 信息存储和信息处理是比较接近于数据形式, 而离人体的直接生理需求比较远.

一个成功的信息电子产品设计, 其源头一定是要满足新的人类需求的. 过去的历史证明, 人类的需求无止境, 因此包括信息电子产品在内的工业产品的更新换代也没有止境. 工业生产本身对于分工有越来越严格的要求, 因此任何一个工业产品的组成都变得越来越复杂, 包含的学科范围越来越多. 对于材料科学与工程专业或者任何其他专业的人, 把握这个复杂的系统都变得越来越困难. 不过, 只要把握信息在人–机器–人循环中的流动过程, 并且以自然科学为基础严格地分析如何能从硬件上实现这样的流动, 对信息电子工业有更全面、准确和深入的了解, 还是有可能的.

本书的内容涉及的范围相当广泛, 作者本人的研究只是涉及微磁学与信息存储基本理论的领域, 对于其他相关的研究领域只是有非常初步的了解. 好在古人说过, 学无止境, 因此作者才有勇气试图在电动力学这门物理学的经典课程的基础上, 以电磁相互作用为主线, 分析信息电子工业中与材料有关的基本物理过程、器件设计和计算. 希望能对材料科学与工程及相关研究领域的工程技术人员有所帮助.

本 章 总 结

本章以信息的输入输出要素为中心, 讨论了与材料的发光特性相关的各类显示材料, 以及和半导体器件相关的光电转换器件; 并以此为基础, 分析了灯、荧屏、复印机、打印机、扫描仪、太阳能电池等诸多系统. 与本书第七章类似, 与上述系统密切相关的电路设计、微电子工艺、器件制备等方面的内容没有涉及, 请感兴趣的读者去阅读其他材料和电子学科的相关著作.

(1) 白热光. 物质加热到足够温度以后发射的光. 白热光理论与黑体辐射理论非常接近, 可由量子物理开端的普朗克定律解释. 白炽灯的温度远低于太阳, 因此其辐射最大处的波长在红外区, 也比太阳光低.

(2) 阴极辐射荧光. 阴极辐射荧光就是电子束击打磷光剂而发出的光. 其核心材料就是能发出各种颜色光的磷光剂. 能让电视荧屏、雷达屏、示波器和荧光管显示红、绿、蓝三原色的磷光剂是由锌、锰、铝和稀土元素的氧化物、硫化物、硒化物、卤化物和硅化物组成的. 与 CRT 一样依赖磷光剂发光的一种新的显示方式叫做场发射显示 (FED), 其中电子束不用扫描, 而是通过数量巨大的碳纳米管发射的.

(3) 光致发光. 光致发光可分为荧光和磷光两种现象. 荧光是物质吸收光子以后, 立刻跃迁并发光的过程, 比较快. 相关的重要器件有荧光灯和真空荧光显示, 两者都需要特定的磷光剂配合. 磷光现象则与跃迁选择定则有关, 有些具有单重态基态的物质, 被光子激发到单重态激发态以后, 通过电子–声子耦合先转移到略低的三重态, 因此能长时间缓慢发光的现象.

(4) 电致发光. 电致发光材料包括通电就能发光的材料以及 pn 结类型的器件. 电致发光显示器件具有多层结构, 其核心层就是电致发光磷光剂, 主要是 SrS、ZnS、GaN 与催化剂配合而成的. 发光二极管和有机发光二极管都是重要的显示器件. 前者就是一种发射非相干光的 pn 结; 后者则是包含 p 型、n 型和发光层等多层有机物的器件.

(5) 等离子体显示. PDP 核心发光过程包括了惰性气体电离发光和光致发光荧光这两个步骤, 其中惰性气体电离以后构成等离子体, 其中的电子撞击未电离的原子会发出紫外光, 然后紫外光击打磷光剂发出荧光.

(6) 调制光–液晶显示. 液晶本身不会发光, 装有液晶的显示单元两端的电压控制了不同频率光的透射系数, 数量巨大的显示单元构成屏幕, 由此可以构成一幅幅图像. 液晶显示屏中使用的是扭曲向列 (TN) 相, 显示单元中液晶分子的总扭曲角度可以为 $180°$、$240°$、$270°$.

(7) 光导材料. 光导材料的电阻会随着光照强度快速变化的材料, 包括 Si、Ge、Se、GaAs、InSb、HgCdTe 等半导体材料, 还包括有机 OPT 材料. 半导体材料的吸收系数频谱与其能带结构有关, 能隙越小, 吸收边对应的波长就越长.

(8) 光导材料的应用. 包括复印机、打印机、扫描仪和照相机. 1936 年, 卡尔逊发明了复印机: 首先在光导鼓表面普遍带静电荷, 然后把待复印的文件用强光透射到光导鼓上, 被光照射的部分变得导电, 并失去电荷, 暗影部分继续带电, 因此可以粘上调色剂, 印在白纸上, 再烘干, 就完成了复印过程. 1970 年, 贝尔实验室发明了 CCD, 这是一个能进行光–电信号转换的 pn 结阵列, 这也是一种广义的光导材料. 其后的扫描仪、激光打印机、数字复印机和数字照相机都以 CCD 为核心构建.

(9) 光电晶体管. 光电晶体管是三极管的一种变形, 是使 npn 沟道暴露在器件表面, 容易与外界入射的光相互作用, 使光电晶体管是放大曲线随光照变化的器件. 类似的光电二极管则是二极管的一种变形. 光电晶体管和光电二极管都可以作为 "电子眼" 使用.

(10) 光伏器件. 第二次世界大战以后, 硅太阳能电池由贝尔实验室制成, 其结构就是在 pn 结上制备导线网格, 可以在光照时收集电流. 太阳能电池首先用到航天器上作为驱动能源, 现在已经是重要的能源类型.

参 考 文 献

Adamovicha V I, Corderoa S R, Djurovicha P I et al. 2003. New charge-carrier blocking materials for high efficiency OLEDs. Organic Electronics, 2003, 4(2): 77~87.

Array Electronics. 2006-11-12. Plasma TV screen. City of Munich, Germany. <http://www.array-electronics.de/consumer.php>.

Carlson C F. 1940. Electro Photography: U S, 2, 221, 776.

Schadt M, Helfrich W. 1971. Voltage-dependent optical activity of a twisted nematic liquid crystal. Appl Phys Lett, 18(4): 127~128.

Vlasenko N A, Popkov Iu A. 1960. Study of the electroluminescence of a sublimed ZnS-Mn phosphor. Optics & Spectroscopy, 8: 39~42.

Vrhel M, Saber E, Trussel H J. 2005. Color image generation and display technologies. IEEE Signal Processing Magazine: 23~33.

本 章 习 题

1. 用式 (8.3) 估算人体每天辐射出的热量.

2. 在表 8.1 中选择两三种磷光剂, 对比图 8.3 中的频谱, 分析它们为什么在 20keV 电子束的击打下能发出那样波长的光.

3. 根据式 (8.4) 估算碳纳米管往真空中发射电子的隧穿概率.

4. 用简单的空穴模型估计稀土铥的主要激发态, 并与图 8.5 中的谱线对比.

5. 试分析, 当表 8.5 中 II ~ VI或III ~ V族化合物半导体材料 LED 的化学成分比 x 增大或减小的时候, LED 发光最强处的波长有什么变化?

6. 利用氢原子模型, 估算等离子体屏幕的显示单元中, 电子击打氖原子或氩原子以后, 氖原子或氩原子发出的光的能量.

7. 利用固体物理中单个液晶分子的反射特性公式, 分别计算: (1) 全部顺着光入射方向排列; (2) 以 twisted nematic 的方式排列 (可假设角度在旋转面内的 0° ~90° 范围内均匀变化) 时光的透射和反射系数.

8. [思考题] 若要实现视角接近 180° 的液晶电视, 如何设计显示单元?

9. (1) 在可见光区域, 如果要做激光器件, 是用硅还是用锗来做半导体的基底更好? 为什么? (2) 如果要做太阳能器件, 是用硅还是锗来做半导体的基底更好? 为什么?

10. 选择一种商用 CCD 器件, 估算 1000 lx 光照射下每个单元内的电荷大小.

11. 考虑用于控制自动开关门的光电晶体管, 分析一个人进入的时候光强的变化, 并根据图 8.20(b), 给出合适的电压下电流的变化. 这个电流的变化是否容易被探测到?

12. 图 8.21 中, 为什么光电二极管受到光照后 (在一定的电压下) 电流会下降?

索　引

E